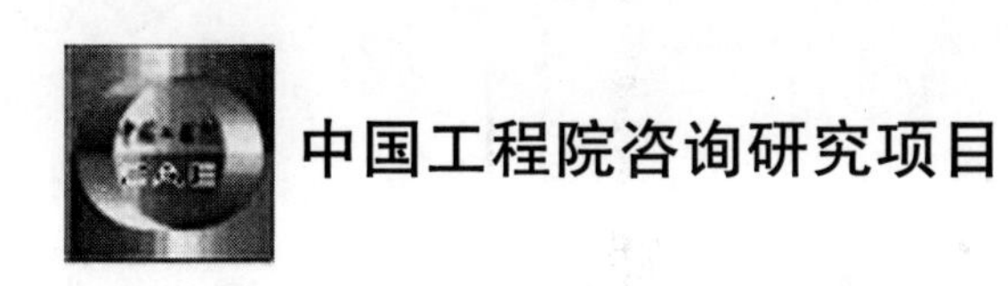

我国专属经济区渔业资源增殖战略研究

唐启升　主编

海洋出版社

2019年·北京

内 容 简 介

本书是中国工程院渔业资源养护战略咨询研究项目的主要成果，共分两部分：第一部分为我国专属经济区渔业资源增殖战略研究综合报告，包括战略需求、国内外发展现状、主要问题、发展战略与任务、政策建议和重大项目建议；第二部分为我国专属经济区渔业资源增殖战略研究专题报告，包括黄、渤海专属经济区渔业资源增殖战略研究，东海专属经济区渔业资源增殖战略研究和南海专属经济区渔业资源增殖战略研究。

本书可供渔业管理部门、科技和教育部门、生产企业以及社会其他各界人士阅读参考。

图书在版编目（CIP）数据

我国专属经济区渔业资源增殖战略研究/唐启升主编．—北京：海洋出版社，2019. 9
ISBN 978-7-5210-0408-3

Ⅰ. ①我… Ⅱ. ①唐… Ⅲ. ①专属经济区-水产资源-资源增殖-研究-中国
Ⅳ. ①S931. 5

中国版本图书馆 CIP 数据核字（2019）第 184682 号

责任编辑：方 菁
责任印制：赵麟苏
海洋出版社 出版发行
http://www. oceanpress. com. cn
北京市海淀区大慧寺路 8 号 邮编：100081
北京朝阳印刷厂有限责任公司印刷 新华书店北京发行所经销
2019 年 9 月第 1 版 2019 年 9 月第 1 次印刷
开本：787mm×1092mm 1/16 印张：22
字数：390 千字 定价：98. 00 元
发行部：62132549 邮购部：68038093 总编室：62114335
海洋版图书印、装错误可随时退换

《我国专属经济区渔业资源增殖战略研究》编委会

前　言

由于人类活动和全球气候变化的影响，近年来我国近海渔业资源面临着急剧衰退或波动，小型化、低值化现象严重，制约了我国渔业的可持续发展，同时也带来了诸多的生态环境问题。另外，渔业资源增殖作为现代渔业的新组成部分和新业态，即增殖渔业或称海洋牧场，如何健康持续的发展，引人关注。为此，中国工程院于2018年启动实施了“我国专属经济区资源养护战略研究”项目。

项目按黄、渤海区，东海区和南海区分为3个专题，以渔业资源增殖为重点，综合分析了我国专属经济区渔业资源增殖放流和人工鱼礁建设的发展现状、主要问题和国内外发展趋势，针对存在的问题及与国际先进水平的差距，提出了我国专属经济区渔业资源增殖的指导思想、发展思路、发展目标、重点任务、政策建议和重大项目建议。项目形成了《我国专属经济区渔业资源增殖战略研究》一书，书中含综合研究报告和3个海区的专题研究报告。主要成果包括以下几个方面。

（1）大力推进增殖渔业，养护好近海渔业资源，是推动渔业绿色发展、促进生态文明建设的战略需求，是保障渔民持续增收、推进乡村振兴的战略需求，是促进渔业三产融合、满足人民美好生活的战略需求，是确保优质蛋白供给、助力健康中国建设的战略需求。

（2）通过对比分析国内外增殖渔业发展和研究进展，我国专属经济区渔业资源增殖存在4个主要问题：①顶层设计不足，缺乏科学完善的长期规划；②综合管控堪忧，增殖效果得不到有效保障；③科技支撑薄弱，基础研究和应用技术相对滞后；④宣教力度不够，公众意识与参与度参差不齐。

（3）针对存在的问题，坚持新发展理念，坚持渔业绿色高质量发展，提出应实事求是、适当地选择发展定位，根据不同的需求目标和功能目标明确各类增殖活动的效益定位，需要采取精准定位措施。提出2025初步构建完善的渔业资源增殖管理体系和2035建立完善的集技术研发、实施监测和监管评估等一体的资源增殖体系的发展目标。提出4项战略任务：①加强我国增殖渔业的科学规划与综合管理；②开展我国近海增殖渔业的生态学基础研究；③构建我国近海渔业资源增殖容量评估体系；④突破我国近海渔业资源增殖效果评价关键技术。

（4）项目组提出5项政策建议：①制定增殖渔业中长期发展规划；②提升渔业资源增殖科技支撑能力；③构建渔业资源增殖综合管理体系；④加强渔业资源增殖宣传教育；⑤扩大渔业资源增殖国际合作交流。

（5）提出3项重大项目建议：①我国专属经济区增殖渔业的生态学基础研究；②我国专属经济区渔业资源增殖关键技术研究；③我国专属经济区人工鱼礁建设关键技术研究。

另外，研究报告中还以专栏形式对“渔业资源增殖”“海洋牧场”“增殖渔业”等基本术语并无科学性质差别和各类增殖活动发展需要采取精准定位措施等有关问题进行了评述，特别强调国际一个半世纪成功的经验和失败的教训均值得我们高度重视和认真研究。

项目于今年3月通过结题评审，评审组认为：研究成果具有较强的前瞻性和创新性，所提对策建议具有较强的指导性和可操作性。

期望本书能够为政府部门的科学决策以及科研、教学、生产等相关部门提供借鉴，并为我国渔业资源增殖事业健康可持续和现代化发展发挥积极作用。本书是课题组数十位院士、专家集体智慧的结晶，在此向他们表示衷心的感谢。由于时间所限，不当之处在所难免，敬请批评指正。

编　者

2019年5月

目 录

第一部分 综合研究报告

第二部分 专题研究报告

专题Ⅰ 黄、渤海专属经济区渔业资源增殖战略研究

专题Ⅱ 东海专属经济区渔业资源增殖战略研究

专题Ⅲ　南海专属经济区渔业资源增殖战略研究

第一部分
综合研究报告

一、我国专属经济区渔业资源增殖的战略需求

专属经济区（Exclusive Economic Zone，EEZ）指从测算领海基线量起 200 海里、在领海之外并邻接领海的区域，沿海国对这一区域内自然资源享有主权和其他管辖权。

我国专属经济区为我国领海以外并邻接领海的区域，从测算领海宽度的基线量起延至 200 海里，我国管辖的海域约 300 万 km^2。我国专属经济区地跨温带至热带海域，具有丰富的海洋生物种类，其中重要的渔业资源就有 300 余种，渔业年捕捞量约 1 300 万 t，被称为“蓝色粮仓”，为保障优质蛋白的有效供给发挥了重要作用，同时其海洋生态系统在社会经济发展和生态文明建设中具有十分重要的战略地位。

海洋渔业尤其是捕捞业的快速发展，导致近海渔业资源几近枯竭、小型化低值化现象严重，制约了我国渔业的健康持续发展，同时也带来了诸多生态与环境问题。为了改变这一局面，我国大力推进渔业资源养护与管理工作，增殖放流和人工鱼礁建设蓬勃发展，陆续采取了“伏季休渔”“双控”“零增长”等渔业管理措施，对减缓近海渔业资源的衰退起到了积极作用，但近海渔业资源衰退的趋势仍然没有得到根本性的扭转。

当前，我国社会经济发展进入新时期，面对新时期主要社会需求和渔业发展的主要矛盾，科学规划和发展我国专属经济区渔业资源增殖具有十分重要的现实意义和战略需求。主要体现在以下 4 个方面。

（一）推动渔业绿色发展，促进生态文明建设的战略需求

党的十九大报告把建设美丽中国作为建设社会主义现代化的重要目标，提出了新时代“生态优先，绿色发展”的理念和要求。渔业资源和生态环境是渔业发展的基础和前提，也是建设美丽中国的重要内容。当前，我国渔业面临着转方式、调结构，全面转型升级的艰巨任务。促进渔业绿色发展，是当前渔业转型升级的重头戏，是渔业供给侧结构性改革的主要方面。今后我国渔业发展的重点将放在渔业资源养护和管理上，坚持走生态优先，绿色发展之路，做到保护、开发与利用并举，实现人与自然和谐共生，促进生态文明建设，这就

需要大力推进和发展增殖型渔业，实现我国渔业的绿色发展。

（二）保障渔民持续增收，推进乡村振兴的战略需求

党的十九大做出“乡村振兴战略”的重大决策部署，对加速推进渔村美丽、渔民增收、渔业生态发展提出了更高的标准与要求。渔业是我国农业发展的重要一环，在以往的发展中为渔民增收和渔港渔村繁荣做出了重要贡献。在新时期，加大近海渔业资源增殖力度，推进渔业一、二、三产业融合发展，提高渔业的质量和效益，延长产业链、提升价值链，而不再追求数量和规模的扩张，将是提高渔民收入和振兴渔村的重要举措，也是贯彻落实乡村振兴和推进海洋强国建设等国家战略的重大需求。

（三）促进渔业三产融合，满足人民美好生活的战略需求

党的十九大明确指出，我国经济已由高速增长阶段转向高质量发展阶段，人民日益增长的美好生活需要和不平衡不充分的发展之间的矛盾是新时期的主要社会矛盾。我国渔业发展从20世纪80年代解决“吃鱼难”问题，到后来不仅要“吃上鱼”，还要“吃好鱼”，实现了从量向质的根本性转变。当前，我国渔业发展的主要矛盾已经转化为人民对优质安全水产品和优美水域生态环境的需求，与水产品供给结构性矛盾突出和渔业对资源环境过度利用之间的矛盾。大力推进增殖渔业、养护近海渔业资源，发展资源增殖和休闲渔业融合发展的新业态，促进渔业一、二、三产业融合发展，是提高我国渔业发展质量效益和竞争力的关键所在，也是解决水产品供给结构性矛盾和渔业对资源环境过度利用之间的矛盾，满足人民对优质安全水产品和优美水域生态环境需求的战略需求和重要保障。

（四）确保优质蛋白供给，助力健康中国建设的战略需求

人民健康是民族昌盛和国家富强的重要标志，进入新时代，立足新方位，党的十九大提出全面“实施健康中国战略”，把人民健康放在优先发展的战略地位。水产品不仅能让人们享受到食物的美味，更重要的是可以获得丰富的矿物质、维生素、优质蛋白和具有较高健康价值的多不饱和脂肪酸。水产品的蛋

白质含量比一般动物的肉类都高而且好吸收，水产品是一种低脂肪高蛋白的食品，有利于人体吸收，有助于提高免疫力，对于提高人民健康水平具有十分重要的作用。经过40余年的发展，我国渔业产量大幅增加，人均水产品占有量大幅度提高。1950年中国渔业产量约100万t，占世界渔业总产量的6%；2016年总产量达6 900万t，占世界渔业总产量的近40%；1950年，中国人均水产品占有量仅1.7 kg，世界人均水产品占有量7.7 kg；到了2015年，中国人均水产品占有量达48.7 kg，为世界人均水产品占有量23.8 kg的2倍。因此，大力发展增殖渔业，走现代渔业绿色发展之路，推进渔业供给侧改革，提供更多健康优质的水产蛋白，是推进健康中国建设、提高人民健康水平的战略需求。

二、我国专属经济区渔业资源增殖的发展现状

（一）增殖放流

渔业资源增殖放流，是指向海洋和内陆天然水域投放鱼、蟹、虾、贝等水产动物苗种而后捕捞的一种作业方式。广义的讲还包括改善水域的生态环境，向特定水域投放某些装置（如附卵器、人工鱼礁等）以及野生种群的繁殖保护等间接增加水域种群资源量的措施。渔业资源增殖放流是人工补充渔业资源数量，改善与修复因捕捞过度或水利工程建设等遭受破坏的资源种群及生态环境，保持生物多样性的重要手段。

1. 发展简史

我国早在10世纪末就有淡水青、草、鲢、鳙四大家鱼在长江捕捞野生种苗运送放流至湖泊的文字记载，但是真正的渔业资源增殖却始于20世纪50年代，即在“四大家鱼”人工繁殖取得成功，从而有可能为放流增殖提供大量种苗以后才逐渐发展起来的。

我国近海渔业资源增殖起步较晚，20世纪20年代末海带通过航船从日本传入辽东半岛大连附近水域定居生长形成野生种群；30年代，当时的浙江省水产试验场曾做过乌贼的人工增殖试验；50—60年代为了研究主要经济鱼类

的洄游分布等生活史情况，进行了标志放流试验，标志放流鱼种有带鱼、大黄鱼、小黄鱼、鳓、绿鳍马面鲀和曼氏无针乌贼等；80年代后，增殖放流成为增加资源量的重要手段，这一时期开展了放流、移植、底播等增殖方式，主要种类有海蜇、中国对虾、梭子蟹、鲮、大黄鱼、石斑鱼、牙鲆、黑鲷、真鲷、缢蛏、泥蚶和魁蚶等。

2003年农业部发出“关于加强渔业资源增殖放流工作的通知［农渔发（2003）6号］”，2006年2月国务院批准颁布了《中国水生生物资源养护行动纲要》，我国渔业资源增殖放流迎来了大发展期。2015年起，6月6日被农业部设立为全国“放鱼日”。2008年以来，全国海洋增殖放流规模不断扩大（图1-2-1），2017年我国海洋增殖放流不同种类苗种近260亿单位，是2008年增殖苗种数量的5倍。2018年全年海洋增殖放流超过300亿单位，全国累计增殖放流各类苗种超过2 000亿单位。同时，伴随着繁育技术的日趋成熟，增殖放流种类由鱼、虾、蟹、贝类、海蜇等海洋经济种类逐渐增加了多种珍稀濒危物种，放流物种数达到百余种。2008年以来，我国增殖放流资金投入呈快速上升趋势（图1-2-1），各级渔业部门积极争取地方财政配套、生态补偿和社会各界的支持，不断扩大增殖放流资金投入规模，与2008年投入2.1亿元相比，2017年我国投入的放流资金规模为10.2亿元，增加了近4倍。增殖放流资金的来源也已从以中央资金投入为主，逐渐地形成中央资金和省（自治区、直辖市）资金为主体、社会资金和市县财政资金为有效补充的经费多元化来源新格局。

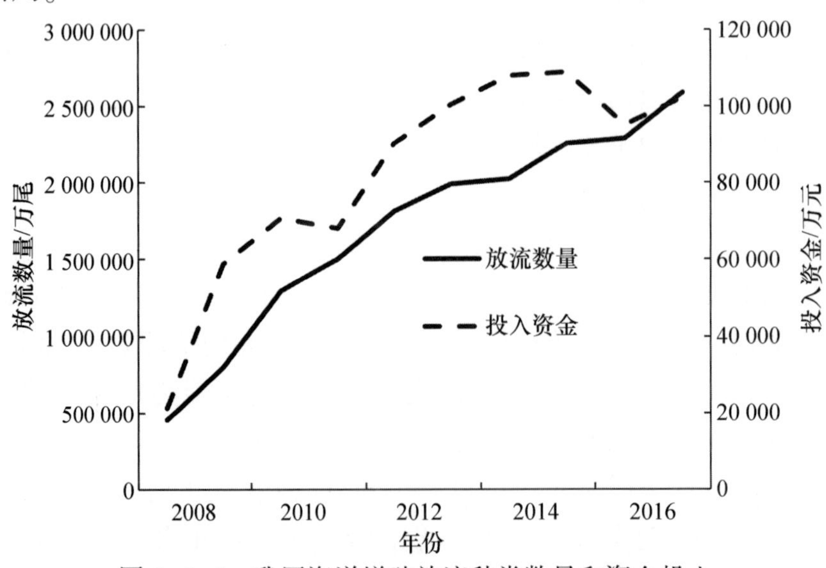

图1-2-1　我国海洋增殖放流种类数量和资金投入

增殖放流后配套的渔业监督管理是增殖放流管理策略和效果评估中的保障环节，以避免出现上游放、下游捕，海洋放流中，甚至出现专门捕捞放流苗种的非法捕捞。我国增殖放流实践中，与增殖放流配套的渔业管理措施严重缺失，许多放流海域放流苗种过早被渔业捕捞，使得增殖放流效果大打折扣；另一方面，增殖放流活动缺乏长效机制，偶然性的增殖放流对渔业资源的恢复和经济种类资源量的补充作用甚微，需制定与增殖放流配套的管理措施，仅凭单一的增殖放流过程无法完成资源养护与修复的重任。

2. 主要技术进展

当前，中国渔业资源增殖放流工作仍以政府为主导，以增加重要渔业水域的经济种类资源量为首要任务，兼顾濒危与珍稀物种。增殖放流是一整套系统工程，涉及增殖放流种类甄选、增殖放流技术研发、增殖放流容量评估、增殖放流效果评价和增殖放流生态风险预警等一系列关键环节。

1）增殖放流种类甄选

放什么？即合理选择增殖放流种类是渔业资源增殖放流中的首要关键环节，是确保增殖放流效果的前提条件。因此，增殖放流种类的甄选在渔业资源养护工作中具有非常重要的作用。目前，我国渔业资源增殖放流在种类的选择上普遍遵循以下 4 个原则：①经济价值高且易于进行苗种培育和放流的地方种；②食物链级次较低、适应性较强的种类；③生活周期短、生长快的种类；④移动范围小的底栖性种类或回归性很强的种类。

从增殖放流目的来看，增殖放流种类主要分为 3 种类型，即渔民增收型、濒危物种保护型和生态平衡维护型。

渔民增收型：以渔业增产、渔民增收为目的进行增殖放流，选择对象为突破人工繁育的重要经济种，主要有：中国对虾、中华绒螯蟹、三疣梭子蟹、褐牙鲆、大黄鱼、海蜇、曼氏无针乌贼、锯缘青蟹、竹节虾、长毛对虾、日本对虾和刀额新对虾等。

濒危保护型：以濒危物种保护为目的而开展的增殖放流，选择的种类主要有：中华鲟、淞江鲈、鳗鲡和中国鲎等。

生态维护型：以维护生态平衡和优化种群结构为目的开展的增殖放流，物种选择上一般都是从生态系统角度出发，选取目前资源严重衰退的重要经济物种或地方特有物种，主要有：刀鲚、菊黄东方鲀、暗纹东方鲀、双斑东方鲀、石斑鱼、黄姑鱼、黑鲷、真鲷、条石鲷、鮸、鲻等。

目前，我国各地开展增殖放流的目的还是以增加资源量、增加渔民收入为主，选择的物种多属于经济性物种，而珍稀濒危物种以及水域生态修复作用的物种放流较少。据2015年度全国水生生物增殖放流基础数据统计，各地放流经济性物种的种类占所有放流种类的73.2%，数量达到放流总数量的86.5%。斑鰶、鲻、鮻等滤食性鱼类在海洋生态系统中占有比较重要的生态位，但由于其经济效益低下，人工繁育研究和实际生产少有开展，近年来基本没有进行增殖放流。偏重短期效益和直接效益，对具有长远效益或间接效益的物种支持不够，目前增殖放流的物种基本以繁殖技术成熟、育苗量大的物种为主，对繁育技术不成熟的物种支持力度不够。

从当前的增殖放流来看，增殖放流种类甄选方面尚显不足，基本是有什么放什么，没有统一的甄选标准和管理规范。今后应该在基于生态系统水平上，坚持"技术可行""生物安全""生物多样性"和"兼顾效益"4个筛选原则下，开展深入系统的研究。

2）增殖放流技术研发

怎么放？何时何地放？是增殖放流关键技术内容，是决定渔业资源增殖放流成败的关键因素。目前，渔业资源增殖技术研发的内容主要包括苗种繁育与质量控制技术、放流规格、时间和地点选择以及暂养驯化、运输及放流方式等方面。

我国在渔业资源增殖放流实践过程中，针对存在的问题，不断地研发和完善增殖放流技术，先后出台了《水生生物增殖放流管理规定》和一系列行业及地方标准与技术规范，例如仅东海区三省一市公布实行的有关增殖放流的行业标准就有8项，地方标准有19项。随着增殖放流技术标准与规范的不断颁布实施，增殖放流工作得以科学、规范的开展和推进。

苗种繁育与质量控制：人工繁育技术突破和苗种规模化生产是渔业资源增殖放流的前提。我国是世界第一养殖大国，突破人工繁育技术的水生生物种类十分丰富，为增殖放流奠定了良好的物质基础。近年来，我国各地开展的渔业资源增殖放流工作也基本上是围绕人工繁育技术成熟和可以规模化苗种生产的种类开展的，如海蜇、对虾、乌贼、鲷科鱼类、大黄鱼、黄姑鱼等几十个种类。这些种类一般经济价值较高、生长快，种苗培育技术十分成熟、且能够大批量培育，培育成本也较低。但是，一些珍稀濒危物种、关键生态种，由于种群数量稀少，而且生活史较复杂，或者对环境变化较为敏感，或者经济价值不高等因素，导致人工繁育技术没有实质性进展、苗种无法实现规模化批量生产。

放流苗种的质量控制包括种质、疫病、健康状况、规格大小等方面。为了增强放流物种的环境适应力，防止因亲本种群数量过少或遗传变异，造成放流苗种生物多样性或对野外适应和生存能力的下降，对用于培育放流种的亲本的质量也提出了更高的要求。我国沿海各省、市、自治区制定发布的技术标准里对不同放流物种的种质要求进行了规定，一般要求增殖放流前提供有资质部门的种质检验报告。疫病检验也是增殖放流前的必检项目，目前这项工作均由各地水产品质量检验检疫部门承担完成。而对于放流物种健康状况和规格大小等目前尚无统一的标准，一般是增殖放流实施和监督部门的相关技术人员把关。

放流规格：放流种苗的大小对放流后的成活率有直接影响。当前，一般会在考虑成活率的前提下，综合考虑放流成本而选择放流对象的规格。放流苗种太小，抵抗风浪等自然环境影响的能力差，活动力弱，易被捕食，因而存活率低，直接影响到放流效果。放流苗种过大，则需要增加更多的经济投入。最佳的放流规格应是种苗放流入海存活率较高的最小体长。由于《中国水生生物资源养护行动纲要》明确指出增殖放流的中期目标为“到 2020 年，每年增殖重要渔业资源品种的苗种数量达到 400 亿尾（粒）以上”，对放流数量进行了明确要求。这就导致在各地的放流工作中，为了完成数量指标，在资金没有增加的情况下只能放流一些小规格、低质量的物种，“重数量、轻来源、轻安全”现象较为普遍。

一般来说，不同的种类由于个体差异性，适宜的放流大小也不同，即使是同一种类，在不同的海区，适宜放流的个体大小也可能有很大不同。例如，东海区象山港多年放流两种不同大小的对虾苗种，放流平均体长 30 mm 的幼虾回捕率高达 8%~10%，而放流 7 mm 的仔虾回捕率则只有 0.2%~0.3%；福建东吾洋在 1987—1989 年放流体长 8~15 mm 仔虾的回捕率为 3.08%~5.66%，平均为 4.5%；1991—1992 年放流平均体长为 10.5~13.8 mm 仔虾的回捕率为 5.85%~6.42%，平均为 6.14%。

放流时间与地点：放流时间和地点是保证增殖放流取得良好效果的重要因素，一般都是根据增殖放流种类的生活史特性进行筛选。不同放流种类选择在不同季节进行放流，从而更好地提高目标物种放流后的成活率，如在冬季 12 月进行长江口中华绒螯蟹亲体的增殖放流，在春季 5 月进行吕泗渔场大黄鱼的增殖放流，黄、渤海区中国对虾虾苗放流一般为每年 5 月下旬至 6 月，海蜇一般在 3 月底至 5 月初，大黄鱼在 6 月底至 7 月初，黑鲷为 6 月底至 10 月中旬，三疣梭子蟹为4—7月；都是考虑到不同种类的生物学特性进行放流时间与地点的合理安排。

增殖放流苗种最适宜海区的选择是按照增殖种类自然产卵场分布的区域进行的，主要是因为产卵场的水温、盐度、溶氧、饵料生物和敌害生物等环境条件对幼鱼的存活率有很大的影响。放流水域饵料生物丰富、敌害生物少，生态环境和其他理化因子都比较适宜放流苗种的栖息生长，这样不仅可以提高成活率，还有利于放流物种的回归。例如，在东海区进行的海蜇增殖放流，浙北渔场的放流效果不如浙江南部，主要是因为杭州湾水域捕捞强度大、张网比较多，放流后的海蜇苗大部分被张网杀伤；而浙南海域张网分布少，自然海水中海蜇卵的受精率和孵化率都比较高。在黄、渤海区，褐牙鲆主要放流在沙底质的海域；真鲷主要放流在倾斜度小、沙底质的有海藻的海湾，水深大约在10 m左右；半滑舌鳎可放流在泥沙、泥、砂砾底质且无还原层污泥的海域，海域表层水温以15~20℃为宜，底层水温以8~28℃为宜，并要求放流海域的十足类、头足类、双壳类、多毛类等生物饵料丰富；鲮主要放流在远离排污口、水质清澈的海域，且要求浮游植物、浮游动物和底栖生物丰富；许氏平鲉主要放流在潮流畅通、水清、流大的岛礁海域，且要求水温为5~28℃，小型鱼类、虾类等饵料生物资源丰富；中国对虾放流海域应选在潮流畅通的内湾或岸线曲折的浅海海域，远离排污口、盐场和大型养殖场的进水口；三疣梭子蟹放流海域选择在生长繁殖饵料生物丰富的海域，并远离不利于生长栖息的海域，底质为泥沙或沙泥质，无还原层污泥；海蜇放流海域要求在潮流畅通的内湾或岸线曲折的浅海海域，附近有淡水径流入海。其盐度为10~35，饵料生物丰富，避风浪性良好，水深在5 m以上，距离海岸5 km以上，远离排污口、盐场和大型养殖场的进水口，为非定置网作业区。

暂养运输：为了确保放流苗种在最终放流时的存活率，放流及科研单位对苗种暂养驯化、运输和放流方式等进行了相关的技术研发与操作规范制定，希望以最小的工作量获得最大的效益。暂养的主要目的是适应性驯化或野化，短期的暂养有利于苗种快速适应放流环境，提高成活率。高效的暂养技术对于物种在野外的成活率非常关键，尤其是对于珍稀濒危物种具有更加重要的意义。例如长江口每年进行的中华鲟放流，放流单位在对其进行野外放流之前要进行1年左右的驯化，就是要让其适应野外的生存环境，能够具有捕食能力。

苗种的合理运输也是避免放流物种受伤的关键步骤，涉及装苗器具、运输密度、装苗方法、运输工具和运输方法等相关技术，各种技术方法要因物种而异，沿海各地的增殖放流规范及地方标准中都有明确的指导意见和规定。

放流方式：目前，增殖放流方式主要有 3 种：①从海面直接放流；②通过船载放流装置进行放流；③人工潜水放流。

海面直接放流简单且成本低廉，是目前国内渔业增殖放流的主要方式，但存在不足，主要体现在 3 个方面：①放流过程中水面对苗种的冲击力大，容易对苗种造成较大的物理伤害；②苗种在下沉过程中易被其他大型鱼类吞食，死亡率高；③苗种在水中受水流影响大，易被冲离增殖区，造成苗种流失。为减缓海面直接放流对苗种产生的冲击力，目前多采用安置放流装置于放流船上或沿岸边的方式进行放流。其优点在于，在放流过程中能够降低海面对苗种的冲击，减少苗种受到的物理伤害，起到缓冲作用。但目前大部分苗种通过放流装置放流时，依旧在海面进行放流，无法避免苗种在放流过程中被水流冲散造成的苗种流失及被其他鱼类捕食的危险，且难以达到定点定位的放流效果。人工潜水放流方式是指将放流生物装入聚乙烯网袋中，再放至盛满海水的容器，由潜水员携带苗种袋潜入海底均匀播撒至放流区域。该方法能够准确地放流至目标海域，从而避免被其他物种吞食，减少苗种的流散率，确保苗种的放流安全，还可以按人为意志进行放流，操作性强，可达到定点定位的放流效果，主要适用于海珍品。该方法可以大大提高放流苗种的存活率，但该种方法成本过高，且容易对潜水员的身体造成损伤。此外，放流过程中，覆盖大面积的分散放流好于高密度放流到一个站点，能更好地避开天敌。

3）增殖放流容量评估

放多少？是渔业资源增殖放流中的基础问题，是研究最佳放流数量的前提。随着增殖放流活动的大规模开展，确定增殖放流物种的最大生态容纳量成为指导科学放流的关键因素。由于水生生物基础生物学和生态学缺乏深入系统的研究，导致不能科学评估增殖容量；同时，因为放流个体标记数量有限甚至未进行标记，无法对放流效果进行有效评估，进而无法确定最佳增殖容量。针对合理放流容量的评估，尽管存在各种各样的困难，仍有学者对放流物种开展过评估，评估方法有“放流效果统计量评估法”，通过估算对虾体长瞬时生长速度参数及开捕时对虾群体的平均体长并结合其他数据，进而估算对虾合理放流数量；在利用 Ecopath 模型研究水域生态系统结构和功能的基础上确定种类的生态容纳量等。

然而，当前我国在增殖放流容量评估方面的基础研究存在严重不足，大多是依据历史经验和调查数据作为基础。很多增殖放流工作没有进行容量评估，一方面是因为容量评估技术上较难，主要由相关科研机构负责，需要进行长期和持续的基础调查研究；另一方面是因为放流数量还未达到足够规模，对于历史产量较高的或是长距离洄游的种类，与历史产量峰值还有较大差距，放流数量远达不到历史产量峰值。增殖放流可对增殖种类野生种群的种群规模产生显著影响，其影响方式及程度主要与增殖水域野生种群的资源密度和增殖苗种的放流规模有关。当野生种群资源密度较高或接近增殖水域对该种类的最大容纳量时，大规模的增殖放流会使野生种群显现负密度依赖效应，即随着种群密度的增大，个体生长开始受到可获得性资源比率的限制，种内竞争逐渐激烈，进而影响其存活、生长和繁殖投入。

增殖放流容纳量可以随季节以及通过种群的放流引起水生生物的生活空间与饵料生物变动等而发生变化，要想完全确定拟放流品种的最佳放流数量是非常困难的，因为苗种的放流数量不仅与苗种的成活率有关，而且还和该种的饵料、食物竞争者、敌害生物以及拟放流水域的水文条件有着密切的关系。但是，为了实现增殖放流最大限度的目的，可以结合不同的补充量水平以及回捕率，并参照该种类往年的最大世代产量，来确定具体的放流数量。

渤海的中国对虾是中国最早开展增殖放流的种类之一，放流种类增殖容量的评估也是从其开始。中国对虾适宜的放流数量最初是以渤海的年最高产量和最低产量为基础，在条件较差的年份设定预期的产量，根据中国对虾的死亡系数、回捕率约略估算，渤海放流体长 30 mm 中国对虾的数量为 30 亿尾。通过计算中国对虾的体长瞬时生长速度参数和对各年的放流数量与体长瞬时生长速度参数进行回归分析，求得开捕时增殖对虾体长与放流数量的关系和开捕时资源量与放流数量的关系，依据开捕时中国对虾的体长判断和确定丁字湾适宜放流数量。随着 Ecopath 模型的应用发展，其逐步发展成为渔业资源增殖容量评估的主要工具，在渤海、莱州湾和黄河口水域主要应用于中国对虾、三疣梭子蟹、贝类等的增殖生态容量评估，但其准确性尚难确定。

4）增殖放流效果评估

增殖放流效果评估是实施增殖放流过程中不可忽略的重要一环，是检验增殖放流是否取得实效的重要手段和过程。通过增殖放流效果评估，可以改进放流策略，避免无效增殖放流现象的发生，提高增殖放流工作效率。增殖放流效果评估包括放流海域生境质量评价、放流种群与野生种群的遗传关系、生态关系以及放流个体的扩散与存活情况等，这些都是主要通过本底调查、海上跟踪、社会调查和标志实验等开展的。本底调查主要是放流前的大面调查，包括增殖放流品种的生物学习性、时空分布特征以及自然资源量和捕捞量等。海上跟踪是在放流后通过海上多个站位的重点调查与跟踪，分析放流物种的资源变化情况。社会调查包括渔港码头、水产市场以及渔政管理部门对增殖放流效果的调查访问。总体来讲，短生命周期的、定居性或活动范围小的种类，其增殖放流效果好；反之，生命周期长、活动范围大的种类增殖效果不明显。

放流个体标记和回捕率分析是目前对海洋渔业生物进行增殖放流效果评估的主要方法。科学区分放流群体和野生群体是准确评估增殖放流效果的基础，也是增殖放流效果评价的主要难题。目前，应用于海洋生物的标志方法主要有实物标记、分子标记和生物体标记三大类。实物标记是传统的标记方法，标记物的种类很多，也是目前应用最广的标记方法，如挂牌、切鳍、注射荧光燃料等。实物标记法虽然操作简单、容易发现和回收，制造成本较低，但实物标记对放流个体的生理和身体运动可能会产生不良影响。挂牌标志可以适宜于鱼、虾、蟹等物种，但对于较小的海洋生物幼体，利用传统标记法很难进行标记。其中，编码微型金属标记、分子标记和耳石标记已被证明对于标记海洋生物幼体是最有效的。但对于标记幼鱼来说，它们仍旧在标记的大小上没有因为所标记的对象为幼体而进行相应减小。研究表明，中国对虾分子标记、三疣梭子蟹分子标记、牙鲆和大黄鱼耳石微化学标记方法在技术上比较成熟。

回捕率的计算一般通过定点调查和渔民调查访问的方式获得数据，同时结合地方渔业部门的统计数据。但由于放流品种较多，地域特点不同，所以在不同的地域采取不同的调查方法，利用社会调查、标志鱼回收和监测调查 3 种方式结合获取数据，通过分析放流海域的种类、渔获量变动状况、死亡和生长状况，综合评估放流效果。

完整的增殖放流效果评估应从生态、经济和社会效益多角度进行，目前的研究多注重对经济效益的评估。以东海区增殖放流为例，增殖放流使海域中渔业资源补充量有明显的增加作用，形成了局部区域性渔场，使作业范围扩大。在舟山南部近海和中街山海域形成曼氏无针乌贼密集群体，在中街山海域附近形成黑鲷群体，在舟山渔场北部海域形成大黄鱼群体。大黄鱼、曼氏无针乌贼、日本对虾、条石鲷等放流种类的投入产出比为 1∶1.4~1∶10。增殖放流使放流目标种类的产量增加，从而增加了渔民的收入。同时，增殖放流增强了当地自觉保护资源和环境的意识，带动了休闲渔业的发展，也使部分渔民得到了实惠。从问卷调查结果来看，渔民普遍拥护增殖放流工作，增殖放流的社会认知度越来越高，有利于今后放流工作的开展和资源保护管理政策的制定和执行。

5）放流生态风险预警

近年来，各级政府和科研工作者越来越重视增殖放流的生态风险问题。2018 年 10 月国务院办公厅印发的《关于加强长江水生生物保护工作的意见》中专门提出，要完善增殖放流管理机制，科学确定放流种类，合理安排放流数量，建立健全严格的放流苗种管理追溯体系和效果跟踪评估制度，严禁向天然开放水域放流外来物种、人工杂交或转基因种，防范外来物种入侵和种质资源污染。近海渔业增殖放流工作中容易引起的生态风险主要是疫病的传播、种群遗传结构的变化以及外来物种的入侵风险。

疫病传播风险：总体上来说，目前在疫病、药残和规格大小的检验方面比较成熟，也是目前主要的检测内容。针对不同的放流物种，各地制定了相关的地方标准，同时还有一些增殖放流实施方案与工作规范。目前的检测规定是：用于增殖放流的水产苗种生长到适合规格后，供苗单位所在地渔业主管部门监督指导供苗单位向有资质的机构（单位）申请苗种药残检验，并向当地水产技术推广机构（或委托有能力的科研机构）申请疫病检测。增殖放流苗种药残检验按《农业部办公厅关于开展增殖放流经济水产苗种质量安全检验的通知》（农办渔〔2009〕52 号）执行；苗种疫病检测参照《农业部关于印发〈鱼类产地检疫规程（试行）〉等 3 个规程的通知》（农渔发〔2011〕6 号）执行，经检验含有药残或不符合疫病检测合格标准的水产苗种，不得用于增殖放流。药残检验主要包括涵盖孔雀石绿、呋喃西林、呋喃唑酮以及氯霉素 4 项指标，检测方法为酶联快速检测技术。

生物入侵风险：主要指的是外来物种的放流引起的生物入侵风险。增殖放流除了政府部门主导的官方机构，还有民间社会团体和宗教的放生活动，而目前还缺少对社会放生的监管力量，导致放生工作缺少科学指导，随意放生，加剧一些外来物种的扩散传播，造成潜在的生物入侵风险。我国因为随意放生而造成的外来入侵鱼类如胡子鲇、雀鳝、清道夫、埃及塘鲺、桑氏锯脂鲤、罗非鱼等，另外还有小龙虾、牛蛙、巴西龟、鳄龟、福寿螺等外来物种的危害。自然水域正面临着各种外来水生生物入侵的风险。

遗传多样性退化风险：合理的种群遗传结构是保持种群稳定性的必要条件。渔业增殖放流已成为渔业生物遗传多样性保护工作的重要胁迫因素之一。目前，增殖放流对增殖种类野生种群遗传多样性的胁迫方式主要包括两种类型：一是增殖群体通过与野生种群的种间竞争，降低野生种群的种群规模，进而降低其遗传多样性水平；二是增殖群体通过与野生种群的遗传交流，对其进行基因渗入，影响其遗传结构。当前，在增殖放流活动中，对于种质的遗传多样性检验相关分析较少，一般通过形态特征的鉴定确定是否为目的种。从分子上进行种群和遗传分析不足，主要是因为目前在技术层面上还不能完全实现鱼类原种或原种子一代的检验，无法鉴定出哪些属于原种或子一代，不同种群之间的差异鉴定也比较困难。这直接导致放流物种必须是原种或子一代的要求无法通过技术指标进行鉴别。

（二）人工鱼礁

人工鱼礁是人为设置在水体中的工程构件，用以为水生生物提供产卵、庇护、索饵等场所，从而达到改善生态环境，为水生生物营造栖息地，提高渔业资源的数量和质量，养护增殖渔业资源的目的。人工鱼礁建设作为栖息地构建的重要手段之一，是海洋牧场系统工程的基础环节，通过人为投放海底工程构件为海洋生物提供栖息地、产卵场、索饵场，并有效限制拖网等资源破坏严重的捕捞作业方式，起到环境修复和资源保护的作用。

1. 发展简史

我国人工鱼礁建设起始于 20 世纪 70 年代末，50 多年来，我国的人工鱼礁建设得到了长足发展，沿海各省、市、自治区已建设了一系列以投放人工鱼礁、移植种植海草和海藻、底播海珍品、增殖放流鱼、虾、蟹和头足类等为主要内容的海洋牧场示范区。截至 2018 年年底，全国共创建国家级海洋牧场示范区 86 个，投放鱼礁 6 094 万空方；据测算每年可产生直接经济效益 319 亿元，通过贝藻养殖，年固碳量 19 万 t，消减氮 16 844 t、磷 1 684 t，产生生态效益 604 亿元。另外，据统计，通过与海上观光旅游、休闲海钓等相结合，年可接纳游客超过 1 600 万人次。在我国沿海很多地区，人工鱼礁建设已经成为海洋经济新的增长点，成为一、二、三产业相融合的重要依托，成为沿海地区养护海洋生物资源、修复海域生态环境、实现渔业转型升级的重要抓手。我国在人工鱼礁投放技术、藻场建设技术和海洋生物标志放流技术等海洋牧场建设的关键技术方面取得了不同程度的进展。

我国的人工鱼礁建设分为两种类型：一种是在原先人工鱼礁建设与增殖放

流技术的基础上以政府行为建设起来的，这类示范区一般是基于安排“双转”渔民再就业、发展休闲渔业、修复渔业资源等社会公益型目标建立起来的；另一种是利用民间企业在承包海域实施底播增殖，这种生产方式一般出现在我国海域确权明确的北方，生产种类主要是海参、鲍鱼、扇贝等海珍品。

我国南北生态环境和生物因子差异较大，黄、渤海区，东海区和南海区均因地制宜，发展了不同类型的以人工鱼礁为主的海洋牧场示范区。黄、渤海区形成了海珍品增殖型人工鱼礁、鱼类养护礁、藻礁、海藻场以及鲍、海参、海胆、贝、鱼和休闲渔业为一体的复合模式，具有物质循环型-多营养层次-综合增殖开发等特征，产出多以海珍品为主，兼具休闲垂钓功能，主要属于增殖型和休闲型海洋牧场示范区。东海区形成了以功能型人工鱼礁、海藻床（海藻（草）场）以及近岸岛礁鱼类、甲壳类和休闲渔业为一体的立体复合型增殖开发模式，主要属于养护型和休闲型海洋牧场示范区。南海区形成了以人工鱼礁、海藻场和经济贝类、热带亚热带优质鱼类以及休闲旅游为一体的海洋生态改良和增殖开发模式，以生态保护以及鱼类、甲壳类和贝类产出为主，兼具休闲观光功能，主要属于养护型海洋牧场示范区。

以南海区的人工鱼礁建设为例，其发展历程可分为 3 个阶段。

初试阶段（1979—2000 年）：南海区人工鱼礁试验研究始于 1979 年广西北部湾，研究设计了 26 座小型单体式人工鱼礁，这部分礁体被投放于防城县珍珠港外的白苏岩附近海域。在此基础上，于 1980 年 8 月在北海、合浦等地的海域投放了石块、废旧船体鱼礁、钢筋混凝土鱼礁，并取得了一定的效果。1981—1987 年，广东省在惠阳、南澳、深圳、电白、湛江、三亚等市县开展了人工鱼礁建设试点工作，并且设计了包括船型在内的 10 多种鱼礁，共投礁 4 654个、18 227 空方，投放鱼礁总体面积为 73. 7 万 m^2。2000 年，配合广东省沿海人工鱼礁建设规划工作，广东省在阳江市双山海域、珠海市东澳海域，采用废旧船体、钢筋混凝土作为礁体，开展了人工鱼礁投放的海洋牧场示范区建设试验。

起步阶段（2001—2005 年）：2001 年，广东省第九届人民代表大会常务委员会第二十九次会议通过《广东省人大常委会关于建设人工鱼礁保护海洋资源环境的决议》，将人工鱼礁建设上升为省发展战略。决定自 2002—2011 年，用 10 年时间，省财政投入 5 亿元，市、县（县、区）财政投入 3 亿元，计划在广东省沿岸海域建设 50 座生态和准生态型人工鱼礁。2002—2003 年，海南省投资 45 万元，在三亚双扉石附近海域投放 20 个 2 m × 2 m × 2 m 人工鱼礁，

25 个 1.5 m × 1.5 m × 1.5 m 人工鱼礁，材质为钢筋混凝土结构，占海面积 15 亩。

发展阶段（2006 年至今）：从中央到地方均加大了对南海区人工鱼礁建设的支持力度。2007—2015 年，中央财政下达给广东省海洋牧场示范区项目经费共 6 975 万元，完成 20 个中央海洋牧场示范区的人工鱼礁建造 8.136 6 万空方和藻类种植 0.96 km^2以及鱼苗、虾苗增殖 13 681 万尾（粒）、贝苗底播 70 t 等相关建设。

2018 年 10 月 25 日，全国海洋牧场建设工作现场会在山东烟台召开。会议指出，到 2025 年，我国将创建 178 个国家级海洋牧场示范区。我国将重点在近海“一带”和黄、渤海区，东海区和南海区“多区”推进海洋牧场示范区建设。

2. 主要技术进展

1）人工鱼礁工程设计与结构优化技术

抗滑移抗倾覆技术：在鱼礁定位投放研究方面，南海区基于小振幅波和力学理论，以车叶型鱼礁为研究对象，分析了车叶型鱼礁在不同波浪、不同水深、不同海床坡度及附着生物等多种条件下的安全性，确定了车叶型鱼礁的安全重量和适宜投放的水深范围。根据深圳杨梅坑人工鱼礁区海域的波流、水深等状况，对方型角板中连式礁体和方型对角板隔式礁体进行了不同海流速度下的受力、抗翻滚系数和抗滑移系数的计算，结果显示，两种礁体的抗滑移、抗翻滚性能均较好，不会因为波流状况的突变而导致滑移、翻滚，投放后能长期维持其功能稳定不变。东海区针对该方面以及建礁海域选址、礁体结构优化、礁群配置组合等各个环节的共性关键问题，提炼形成了人工鱼礁建设工程技术体系，实现了人工鱼礁建设的安全性、规范性和高效性，有效提升了人工鱼礁的建设水平。

物理环境功能造成技术：在鱼礁和礁区天然物理环境的相互作用下，鱼礁投放后的新环境深刻影响鱼礁功能。人工鱼礁投放到海域后，产生局部上升流，上升流能把底层的沉积物和营养盐向上层水体输送，加快营养物质循环速度，提高海域的基础饵料水平，使礁区成为鱼类的聚集地。研究确定浅海贝壳礁以具有不规则表面形态的贝壳制作，能有效增加礁体的生物附着量，改良海区海洋生态环境，增加水域生产力，提高海洋生态系统服务价值。

礁体（群）配置组合技术：鱼礁设计和建造中需要根据投放目的以及投

放区域的生物资源状况确定人工鱼礁礁体的结构和配置方式，包括礁体的开口、表面积、形状、高度、朝向、投放密度、渔获方式等，这些因素决定了人工鱼礁增殖和诱集鱼类的效果。潜水观测表明，大多数鱼种在礁体配置越密集的区域资源量越大。黄、渤海区针对北方沿海使用的方型礁、圆管型礁、三角型礁、M 型礁、半球型礁、星型礁、大型组合式生态礁、宝塔型生态礁，采用粒子图像测速技术、FLUENT 计算机数值模拟技术、风洞实验等物理模型和仿真分析，研究单体鱼礁形状、尺寸对周围流体流态的影响，为鱼礁结构优化提供科学依据；分析礁体摆放方式和组合布局模式对流场分布的影响，为单位鱼礁的配置规模、布局方式和摆放设计提供合理参考。东海区应用海洋模型和 CAD 技术结合海洋生态系统动力学理论和鱼类行为学实验等，在鱼礁单体-单位鱼礁-鱼礁群的流场仿真技术上取得了重要突破。

2）人工鱼礁材料及其生物附着技术

人工鱼礁的材料不同，其生态效果也不同。采用开路电位、电化学极化曲线、电化学阻抗谱（EIS）研究了紫铜在海水盐度和微生物影响下的腐蚀行为，查明了在海洋微生物作用下紫铜的加速腐蚀进程。研究确定浅海贝壳礁以具有不规则表面形态的贝壳制作，能有效增加礁体的生物附着量，改良海区海洋生态环境，增加水域生产力，提高海洋生态系统服务价值。

3）人工鱼礁生态诱集技术

具有一定结构设计和配置的人工鱼礁投放后，礁区流场的改变提高了营养盐和初级生产力水平，并具有一定的生态诱集效应。人工鱼礁的生态效应主要体现在对渔业资源的诱集和增殖效果上。通过在风洞中对人工鱼礁模型进行了流态的模拟试验，观测到在鱼礁的前部能形成上升流，在鱼礁的两侧形成绕流，在鱼礁的后部形成涡流，其强弱则按流速快慢而定，在各种流态中最主要的是鱼礁后部的涡流，这股流影响的范围大，而且其作用是多方面的，由于流水在鱼礁的背面会产生负压区，在那里海流带来的泥沙和大量的漂浮物如海藻浮游生物等都会在此滞留沉淀，因此，此处积聚了较多的营养物，同时泥沙的沉积会改变底质。在水槽和烟风洞实验室对 4 种鱼礁模型如梯形、半球形、三角锥体、堆叠式鱼礁做了观察。研究表明，4 种礁体形成的流态不同，但均有上升流和涡流的出现。研究揭示了人工鱼礁生态诱集的机理，主要是人工鱼礁区产生的上升流与人工鱼礁的阴影效益，上升流加快了海底营养盐的释放，促进了食物链低端的浮游生物生长，阴影效应向鱼类提供了理想的避敌、栖息和产卵的场所。

4）人工鱼礁区资源增殖与效果评估技术

人工鱼礁区资源增殖技术：黄、渤海区人工鱼礁区增殖放流物种的生物行为习性研究主要集中在鱼礁结构、材料对增殖对象的诱集效果方面，研究了真鲷、许氏平鲉、牙鲆、鲍鱼、海胆、刺参等在不同结构、材料鱼礁表面的附着效果与周围的聚集效果。研究结果从生物学角度为人工鱼礁的结构选型提供依据，但缺乏生态学方面的相关研究。人工鱼礁增殖物种的容纳量、放流技术、标志方法、回捕策略与评价体系是今后人工鱼礁区增殖放流研究的重点内容，对人工鱼礁生态系统可持续开发利用具有重要意义。

东海区形成了适宜增殖种类筛选流程、建立了生态系统水平适宜增殖种类生态容量评估技术；依据重点增殖种类的生物、生态学特征，从体长频率分步法、分子标记、体外挂牌标记和耳石微量元素标记等技术手段入手，构建了重点增殖种类的属性判别方法。基于增殖目标物种行为与生态习性、人工鱼礁区生境与空间异质性、海域生态系统能流与物质基础，建立了不同海域人工鱼礁区增殖放流和底播的效率提高技术，开发了沉底鱼礁和浮筏设施有机结合的全水层生物资源增殖模式。构建了融合增殖群体数量动态、生态适合度及生态风险于一体的增殖功效量化评估指标体系，建立了以调查实测和模型模拟为核心的增殖功效评估方法；研建了以回捕强度和回捕规格为管理要素的增殖资源高效利用管理模式。

南海区通过室内模拟实验、增殖试验和调查验证，构建了人工鱼礁区增殖品种筛选指标体系，建立了增殖品种筛选和数量评估模型，提出了最优增殖品种、最佳增殖数量和最适增殖方式，建立了人工鱼礁区立体增殖模式。通过实验水槽模拟试验和人工鱼礁试验海域现场调查，研究不同海洋生物对不同类型鱼礁、不同配置礁群的行为反应和趋附效果；建立基于示范区特色、技术可行、品种优良、种群稳定、产出高效的海洋牧场增殖品种筛选指标体系；建立基于无机磷、无机氮和供需平衡理论的海洋牧场牧化品种增殖容量评估模型，建立了基于市场调查、渔捞日志调查和流刺网现场调查等3种渔业资源增殖评估方法，推导出按时间序列计算增殖群体捕捞产量、回捕率、产值、投入产出比的“海洋牧场增殖效果统计量评估法”新模型；从苗种中间培育、最佳标记方法、最适运输和增殖方式等方面，建立中、下层水域游泳生物增殖技术模式；通过水槽和池塘试验、海上驯化放流实践和监测验证，建立南海游泳性品种“声频-饵诱”驯化回收技术。

人工鱼礁效果评估技术：黄、渤海区三省一市人工鱼礁建设重点海区均有开展生态效应研究，研究对象涵盖浮游植物、浮游动物、附着生物、底栖生物、游泳生物、藻类、生物碳汇等。研究内容涉及：理化环境因子的变化；生物群落结构的组成与演替特征；人工鱼礁建设对渔业资源的增殖诱集作用；人工鱼礁区生态系统健康状态、环境容纳量、服务价值与碳汇机理等。为加强管理监测，配套研发了管理作业平台，并配备生态环境监测系统，利用互联网技术，实现对基础环境因子的实时在线监测，利用物联网可视技术，实现对人工鱼礁区生物对象行为的实时观测。

在南海区，围绕人工鱼礁生态效果和礁区渔业资源增殖效果，开发了礁区试捕调查-声学评估-卫星遥感评估、增殖效果评估模型、生态系统社会服务功能及价值模型等综合评价方法，研发了海洋牧场示范区可持续利用地理信息管理决策系统，建立海洋牧场示范区生态系统水平管理的指标体系和管理规定、建设规划、技术标准，实现了为海洋牧场示范区选址、效果评估和可持续发展服务的目的。针对海洋牧场示范区环境监控需求，开发了环境水质、海流实时在线监测技术及装置，实现了实时在线远程监测。

（三）典型案例

1. 中国对虾增殖

20 世纪 70 年代末，国内中国对虾工厂化育苗技术的日臻完善，使得中国对虾增殖放流研究有了良好的基础。1981 年开始了对虾种苗试验性放流，1984 年开始山东省率先开展了中国对虾生产性增殖放流，并取得了初步成效，中国对虾当年捕捞量为 1 200 t，比 1956—1983 年的 65～518 t 的年产量大大提高，从此开启了中国对虾的增殖放流之路。此后，辽宁、河北等地也开始了中国对虾的放流，黄、渤海除 1987 年未放流中国对虾外，其他年份从未间断。

根据中国对虾多年的增殖放流经验以及中国对虾的生长发育等生态习性，黄、渤海中国对虾放流技术归纳如下：①中国对虾放流点要求避风良好、饵料丰富、畅通的内湾和岸线曲折的浅海海域，盐度 10～35，距离岸线 5 km 以上，水深 5 m 以上，水质条件符合 GB 11607—89 要求的非定置网作业区。②中国对虾亲体应来源于黄、渤海海域的野生群体，以个体大、体形完整、体色正常、健壮无伤、行动活泼的野生对虾为佳；中国对虾苗种放流规格为 1～1.5 cm。③中国对虾放流前须进行中间饲养，人工模拟中国对虾生长的自然海域环境，以培育出适应力强的对虾健康种苗。④中国对虾苗种运输要求将苗种装入先注入海水的双层尼龙袋，充氧后扎紧，装进泡沫塑料箱（纸箱），用胶带密封。⑤放流时通常选择天气晴朗、海面风力小于 4 级，海面浪高小于 0.5 m 的时间进行放流。运输水体温度与投放海域温度相差 2℃以内，放流海区水温不低于 16℃。放流时要尽可能使虾苗袋接近水面分散投放水中。⑥中国对虾苗种放流时间通常为 5—6 月，为延长中国对虾的生长时间，提高捕捞量，及避开中国对虾敌害生物大量发生的季节与从外形上区分放流群体与野生群体，黄、渤海沿岸有的地区中国对虾放流时间为 5 月中旬至 5 月下旬。

中国对虾是黄、渤海主要的经济虾类，1955—2000 年中国水产科学研究院黄海水产研究所对黄、渤海中国对虾渔获量进行了连续调查。1956 年渔获量为 3.7 万 t；1961—1972 年，黄、渤海中国对虾的渔获量是在较低水平上波动，平均年渔获量为 1.35 万 t，其中以 1965 年最高，为 1.70 万 t；1973—1990 年中国对虾的渔获量在高水平上波动，平均渔获量为 2.05 万 t，以 1979 年最高，为 4.27 万 t，1982 年最低，为 0.7 万 t。1991 年以后，中国对虾资源是在低水平上波动，平均渔获量为 0.63 万 t，其中以 1995 年最低，仅为 0.44 万 t。

2010—2016 年山东省共放流中国对虾苗种共 970 082.46 万尾，年平均 138 583.21万尾；其中小规格苗种 713 705.79 万尾，年平均 101 957.97 万尾；大规格苗种 254 143.2 万尾，年平均 36 306.17 万尾。2016—2018 年分别增殖放流中国对虾 275 413.96 万尾、260 873.99 万尾和 80 559.277 2 万尾。

2010—2016 年山东省增殖放流中国对虾回捕数量在 538.2 万~4 536.04 万尾，年平均为 2 568.23 万尾，整体呈下降趋势。产量月份调查为 9 月最高，平均为 453.42 t，占平均总产量的 40.37%；其次为 10 月，平均为 339.08 t，占平均总产量的 30.19%；11 月平均产量为 201.77 t，占平均总产量的 17.97%；8 月最低，平均产量为 128.73 t，占平均总产量的 11.46%。山东省各地回捕中国对虾累计产值在 2 632.45 万~35 194 万元。

2009 年 8 月和 10 月黄海水产研究所对渤海放流中国对虾进行了详细的资源量评估调查，依据 8 月中国对虾的资源密度和 10 月中国对虾生物学数据，评估 2009 年中国对虾的资源量为 2 237 t，与当年渤海周边三省一市生产统计调查产量相近，约为生产产量的 94.1%。10 月下旬生产捕捞活动结束后中国对虾洄游出渤海之前，调查评估渤海中国对虾资源量仅为 137 t，开捕后的捕捞强度很大，回捕率很高，加之后期的捕捞和兼捕，放流的中国对虾对来年群体补充贡献极少。

2010—2016年山东省增殖放流群体资源跟踪调查结果显示，山东省中国对虾主要来自于增殖放流种群，2010—2016年秋汛，中国对虾捕捞群体中增殖放流群体比例达到94.85%～100%，平均达到97.43%。黄海水产研究所采用分子生物手段，对放流中国对虾占捕捞中国对虾的比例进行了研究：2012年度山东半岛胶州湾秋汛放流对虾所占比例为95.73%；渤海湾放流对虾所占比例为97.06%；2015年夏季渤海增殖放流对虾占回捕样本比例为53.63%。2013—2015年，微卫星分子标记发现中国对虾增殖放流对当年的生物量补充效果明显，对来年资源有极少量补充，中国对虾群体近交现象严重，衰退的程度还无法确定。通过Ecopath模型估算2010年莱州湾和2015年渤海中国对虾生态容量，基于当年增殖放流的数量，认为中国对虾在莱州湾和渤海仍有较大的增殖潜力。

总体而言，中国对虾在黄、渤海的增殖放流具有良好的经济效益和社会效益以及生态效益。从多年调查数据可以看出，渤海放流中国对虾成功地提高了其捕捞量，但自然种群依然很少，放流的大部分中国对虾在开捕后即被捕捞殆尽，无法对自然群体进行补充与恢复，形成不放流就没有中国对虾可捕的窘境。因此，适当减少秋汛对中国对虾增殖群体的捕捞，增加亲体补充，对于资源恢复将有重要作用。

2. 中华绒螯蟹增殖

中华绒螯蟹（*Eriocheir sinensis*），俗称河蟹、大闸蟹，是广泛分布于我国的长距离洄游性物种。中华绒螯蟹因其亲体（冬蟹）的降河生殖洄游和幼体（蟹苗）的溯河索饵洄游形成捕捞蟹汛，曾是长江口“五大渔汛”之一，也是长江下游流域重要的渔业资源和关键生态物种，具有重要的经济和社会效益。

长江口是我国最大的中华绒螯蟹天然繁育场和种质资源库，优质而丰沛的种苗资源支撑着我国年产值700亿元的水产养殖支柱产业——河蟹养殖业的健康发展。20世纪80年代中期以来，受过度捕捞、环境污染和涉水工程等多重压力影响，长江中华绒螯蟹天然资源濒临枯竭，长江口冬蟹和蟹苗产量均下降至不足1 t，渔汛消失，丧失商业捕捞价值。河蟹养殖业由于缺乏优良种质和天然苗种的补充，养殖性状衰退，经济效益下降，制约了产业的可持续发展。从2003年起，中国水产科学研究院东海水产研究所在国家和省部科技项目支持下，联合攻关，从长江中华绒螯蟹“资源衰退机理、修复养护技术、种质评估利用”3个依次递进层面开展系统研究，取得多项创新性成果和关键技术的突破。

1）发展历程

中华绒螯蟹资源的变动规律及其保护和开发利用，大体上可以分为以下 3 个阶段。

资源开发阶段（1970—1984 年）：由于中华绒螯蟹品质优良、经济价值高，该阶段主要是对长江中华绒螯蟹资源的开发利用。1970—1984 年长江口成蟹资源丰富，总体保持较高的捕捞产量。随着捕捞工具的改进和捕捞效率的提高，1976 年捕捞产量达 114 t，此阶段中华绒螯蟹成蟹捕捞量达到了年均约 50 t 的水平。

资源衰退阶段（1985—1996 年）：该时期中华绒螯蟹资源严重衰退。从监测数据来看，长江口的中华绒螯蟹成蟹资源骤降，除了 1991 年成蟹捕捞量达到 25. 5 t 外，其余年份捕捞量均为 10 t 左右，年均捕捞量仅为 11. 3 t，不到前一阶段的 1/4。

资源枯竭阶段（1997—2003 年）：该阶段长江中华绒螯蟹资源趋于枯竭，年均捕捞量仅为 0. 8 t，1999 年捕捞量为 1. 2 t，最低的 2003 年仅为 0. 5 t，中华绒螯蟹失去捕捞价值。

1970—2003 年间，长江中华绒螯蟹成蟹资源量年间变幅较大，但总体上呈现出严重的衰退趋势（图 1-2-2）。

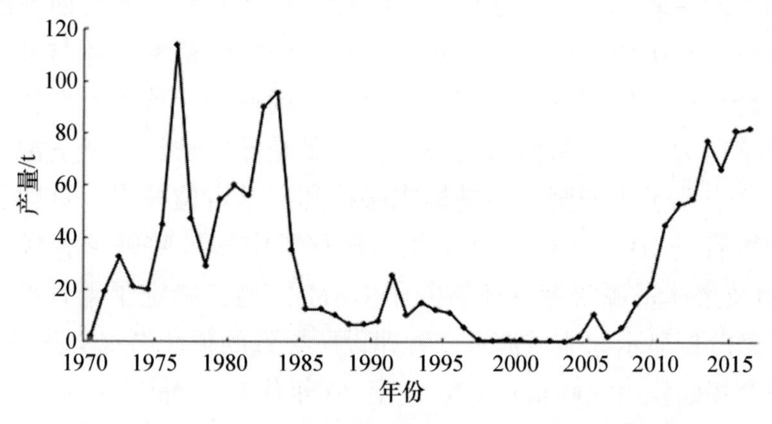

图 1-2-2　长江口中华绒螯蟹成蟹（冬蟹）产量变化

资源增殖阶段（2003 年至今）：面对长江中华绒螯蟹资源严重衰退的局面，2003 年以来，在长江口开展了连续的大规模中华绒螯蟹亲体增殖放流，中华绒螯蟹资源量得以逐年恢复，在长江口重新出现了冬蟹蟹汛。资源监测评估表明，2010—2017 年成蟹资源量显著增长，年均达到近 100 t；同样，长江口中华绒螯蟹蟹苗的产量也由2003年以前的年均不足1 t恢复并稳定在60 t左右的历史最好水平（图1-2-3）。

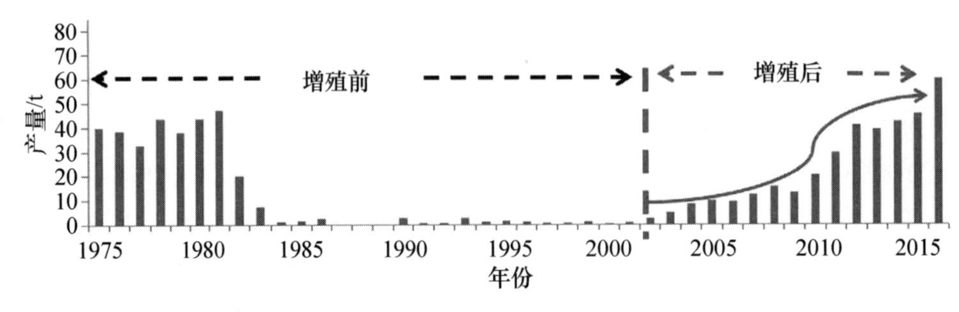

图1-2-3　长江口中华绒螯蟹蟹苗产量变化

2）做法与成效

主要做法包括以下3个方面。

（1）创建高精度、高密度、全覆盖的资源监测系统，揭示了长江中华绒螯蟹资源衰退机制，奠定了资源增殖的理论基础。①构建了覆盖长江下游至河口的系统监测网络，掌握了长江河蟹资源及生境变动规律。从2003年起，在长江下游至河口12 000 km^{2}水域，构建了以48个固定站和4个流动站相结合的中华绒螯蟹资源监测网络。持续13年对长江中华绒螯蟹资源，以及相关的水文、理化和浮游、底栖生物等30余个资源环境因子进行了长期系统监测。基于连续监测数据和历史文献资料，建立了长江中华绒螯蟹亲体与补充量关系模型和动态综合模型。模型评估表明，补充型过度捕捞导致繁育群体不足，使资源种群的繁殖能力下降，从而造成补充量不足是导致长江河蟹资源衰退的主要成因之一。②发明了小型蟹类声呐标志跟踪和三维定位技术，首次实现了亲体洄游路径和繁育场10 m级的精准定位；建立了中华绒螯蟹繁育场适合度指数（HSI）模型及亲体资源密度—环境因子GAM模型，确定了繁育场适宜水文条件需求；模型分析显示，流域涉水工程建设所导致的长江口水文条件改变，使中华绒螯蟹繁育场面积由300 km^2（20世纪80年代）萎缩至56 km^2（2003年），且核心区向口内西移约5海里。③创新了蟹类行为生态学定量研究方法，阐明了河蟹生活史不同阶段的生境需求，发现由早期浮游至底栖生活的转换阶段是死亡敏感期。近20年来，长江口大规模的滩涂围垦使幼蟹的主要栖息地——潮间带湿地面积减少了57%，使河蟹从早期浮游到底栖生活的关键转换期失去了赖以生存的栖息地。

（2）创立“亲体增殖+生境修复+资源管控”的资源增殖模式，长江中华绒螯蟹资源量回升到历史正常水平。①提出放流亲体以增殖繁育群体的新思路，创建了以“营养调控、性比优化”等为核心的亲体增殖放流成套技术体系，率先成功实施了长达 13 年的中华绒螯蟹亲体增殖放流。②创建了以“漂浮湿地”为核心的微生境营造技术，满足了早期发育阶段对隐蔽、摄食等特殊生境需求，实现了关键栖息地的替代修复。③提出了捕捞总量控制、捕捞地点和时间限制的“一控二限”管控措施，为农业部“长江河蟹专项（特许）捕捞”制度的动态调整提供科学依据，实现了资源的可持续利用。

（3）创新增殖放流评估和种质评价利用技术，阐明了资源增殖过程及其机制，挖掘了优良种质资源，促进了产业可持续发展。①运用标志重捕和模型评估技术，确定繁育群体数量和放流贡献率。②集成形态、生理、生殖、分子等河蟹种质评价技术，证实增殖放流未对遗传多样性造成影响。③率先测定了河蟹全基因组，实现了胚胎超低温冷冻保存，挖掘了优良种质。

通过 10 多年的增殖放流，取得的主要成效包括：①实现了资源回升、渔民增收。项目的实施使长江口成蟹和蟹苗产量均由年产不足 1 t 恢复并稳定在 100 t 和 60 t 的历史最好水平，取得了巨大的生态和经济效益，使渔民增收，支撑了产业可持续发展。②提升了行业科技竞争力和国际影响力。该项目取得了多项创新性成果，推动了行业科技进步，为政府制定相关资源养护政策提供了有力的科技支撑。③推动了社会宣传教育和生态文明建设。中央电视台、新华社、英国 BBC 等做了系统报道，项目社会宣传示范作用显著。

3）经验与启示

（1）改变传统思路，注重放流亲本。放流中华绒螯蟹苗种，虽然成本较低，然而从监测结果来看，死亡率较高，往往导致放流效果不佳。在深入研究中华绒螯蟹生殖洄游习性的基础上，结合增殖放流实践，长江口水域放流中华绒螯蟹亲蟹，此时亲蟹性腺发育到Ⅳ期前后，已完成最后一次蜕壳，具有较强的环境适应性，放流后能保证很高的成活率，而且可较快地抵达产卵场，抱卵繁育。

（2）强化技术攻关，强化效果评估。适宜的标志技术是困扰增殖放流效果评价的主要难题之一。目前应用于海洋生物的标志方法主要有实物标志、分子标志和生物体标志三大类型，其中实物标志种类相对较多，且操作方法也相对简便。实物标志是早期增殖放流实践中使用最多的标记手段，传统上多采用体表标志，如挂牌、切鳍、注色法等。近年来，随着现代科学技术的进步，体内标志技术及其他高新标志技术也得到很快的发展，如编码微型金属标、被动整合雷达标、内藏可视标、生物遥测标、卫星跟踪标等也已广泛应用于海洋生物洄游习性和种群判别研究，而且这些标志技术仍在不断改进和完善。东海水产研究所项目组查阅了大量资料，自主研发了适合中华绒螯蟹成蟹的适宜标志，从而保证了效果评估的顺利开展，获取大量一手数据。

（3）注重宣传工作，营造良好氛围。近年来，开展的长江口中华绒螯蟹资源恢复技术研究与示范，起到良好的效果，促进了自然种群的恢复，亲蟹与蟹苗资源量大幅提升，已达到了历史最好水平。相关工作引起了政府和社会的高度关注，《解放日报》《文汇报》《新闻晚报》《上海科技报》和东方卫视等媒体对此科研活动进行了详细跟踪报道，为国内水生生物增殖放流工作提供了示范。而且项目组在长江口各个码头和众多渔船上分发标志放流宣传单，开展标志有奖回收，使渔民充分掌握亲蟹标志识别能力和信息上报途径。这些工作增加了标志放流的影响力，使相关措施得以成功实施。

（4）坚持系统研究，加强科技投入。针对长江口中华绒螯蟹增殖放流中存在着诸多科学技术问题开展了深入研究：一是深入系统开展长江口水域生态环境因子调查与监测，加强环境容纳量动态研究与评估；二是优化当前增殖放流技术，尤其是对放流亲蟹的行为特征、生理生态和环境适应力等基础研究，提高质量管理；三是开展放流效果跟踪评估技术研究，建立科学量化评估体系；四是加强长江口中华绒螯蟹产卵场与环境因子需求的调查研究。

（5）注重后期管控，坚持多方受益。从科学管理、切实恢复中华绒螯蟹资源的角度来讲，中华绒螯蟹洄游路径各江段渔业管理与研究部门需要切实实行联动机制，根据中华绒螯蟹洄游习性与发育特征，分别制定增殖放流与资源保护计划，控制捕捞压力。加强渔政管理，严厉打击偷捕船只，规范长江口亲蟹捕捞作业，严格控制捕捞期和捕捞区，取缔插网作业，保障资源合理有序利用；对九段沙上下水道附近的捕捞强度合理控制，保证繁殖群体的数量。

需要建立中华绒螯蟹种质评价标准，加强养殖业特别是育苗业的种质监控力度，防止种质混杂和退化。在亲本种质得到有效保障的前提下，加强河口放流亲蟹力度，可在禁渔期内迅速扩大种群数量。建立“政府+企业+研究所”的联动机制，为企业参与长江增殖放流和生态修复树立了样板。

3. 中山市增殖管理

广东省中山市自 1981 年以来，每年均开展增殖放流活动，增殖放流为当地渔业的可持续发展做出了巨大贡献，为了保障增殖放流的有效性和可持续性，中山市海洋与渔业局一直以来坚持对增殖放流整个流程的管控力度，并自2012年以来委托科研院所对中山市增殖放流项目进行现场验收，结果表明，36年的水生生物资源增殖放流已取得了明显的资源增殖和渔民增产增收的效果。

1）主要做法

（1）根据苗种特性，结合地方水域特点，制定详细放流方案。中山市水域河网密布，河流面积占全境的8%；所辖海域属珠江河口浅海区半咸淡水域，大陆海岸线长57.0 km；由于受珠江径流、海洋潮流、地形及外海水的影响，中山水域水质肥沃、生物栖息环境多样、渔业资源种类繁多。针对中山市水域咸淡水交汇，海水盐度较低的特性，中山市海洋与渔业局筛选多个品种，在不同水域进行放流，每次增殖放流前均根据放流地点、时间、内容，制定详细的放流方案，保障了放流工作的顺利、安全进行。

（2）严格落实苗种来源招投标制度。采取公开招标的方式选择增殖放流苗种生产场家，苗种生产供应单位应具有水产苗种生产许可证、信誉良好、技术水平较高、苗种质量保证和具有相应生产能力的苗种生产单位，并由增殖放流验收技术单位对投标的苗种场的苗种进行审查，为放流活动的实施提供苗种保障。

（3）委托具有增殖放流经验的水产科研机构，实施放流流程管理制度。2012年以来，中山市委托具有长期开展增殖放流经验的水产科研机构对增殖放流过程开展全程监督和验收，要求验收单位，严格根据国家和省市关于增殖放流的相关规定，从苗种场资质、苗种亲本来源、苗种质量、放流苗种规格与数量、放流过程、放流效果评估等方面，开展全方面验收，为保质、保量完成增殖放流活动提供依据。

2）主要成效

为了保证增殖放流质量，中国水产科学研究院南海水产研究所自2015年开始对中山市海洋与渔业局组织的增殖放流活动及其效果开展跟踪评价，现结合历史调查数据对中山市近3年的增殖放流成效进行评价。

2015—2017年，中山市累计在南朗附近海域增殖刀额新对虾9 011.78万尾、黄鳍鲷63.56万尾、花鲈34.42万尾、黑鲷99.59万尾。以刀额新对虾为例，2005年南朗海域刀额新对虾密度为41.6 kg/km^2，经连续增殖放流后2017年刀额新对虾密度达到43.95 kg/km^2，相比2005年资源密度略有上升（图1-2-4），这说明刀额新对虾的增殖放流活动对于保护刀额新对虾资源量，增加渔民收入起到了重要作用。而花鲈、黑鲷和黄鳍鲷 3 个种类 2005 年 11 月在相近海域调查中并未捕获，而开展增殖放流活动后的 2016 年调查中花鲈、黑鲷和黄鳍鲷均有捕获，而 2017 年调查中除黄鳍鲷仍存在一定的资源量外，花鲈和黑鲷均未捕获，这可能与花鲈在此季节根据盐度可能溯河索饵、黑鲷为礁区种类等原因有关，因此，开展长期的跟踪调查对于综合评价增殖放流效果至关重要。

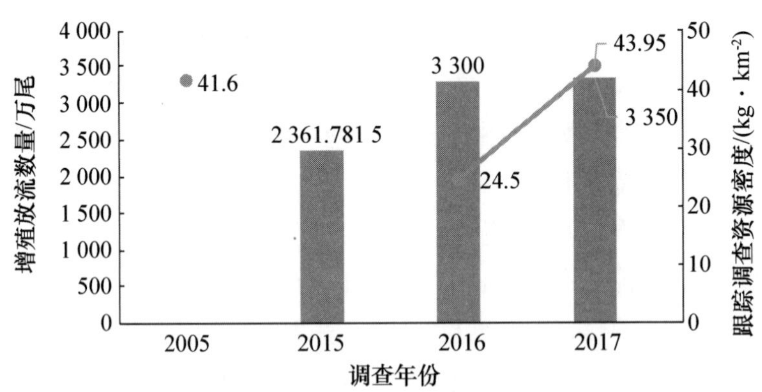

图 1-2-4　效果跟踪调查与 2005 年现状调查刀额新对虾资源密度情况比较

3）中山市增殖放流情况小结

增殖放流效果跟踪评估，是科学分析和预测增殖放流的生物增产效果及其经济效益、对生态系统结构与功能的影响及其对社会经济影响的基础，因此，开展增殖放流效果评估对于确定增殖生物的种类、数量以及规格具有重要的意义，开展增殖放流效果评估重要且迫切。

根据 2016 年和 2017 年跟踪调查结果，结合历史调查数据分析，我们可以看到，中山市多年来的增殖放流活动对于养护水生生物资源、增加生物多样性方面起到了重要作用，部分增殖放流品种生物量显著增加，然而，我们也应当注意到相对于捕捞努力量来说，增殖放流的种类结构和数量仍然需要进一步的调整和增加。因此，加大水生生物增殖放流力度，合理调整增殖放流种类结构和数量，对于进一步增殖中山市水生生物资源具有重要意义。

4）经验启示

（1）根据放流区域特性，合理的规划增殖放流品种是放流成功的前提。中山市地处河口区域，水生生物物种资源多样，水体盐度变化较大，因此，根据不同区域水体盐度的情况，合理确定放流种类尤为重要，中山市每次增殖放流前都和科研单位通过前期调研，结合历史数据分析，确定放流站点的放流品种，并根据资源变动情况合理调整放流数量。

（2）引入科研院所开展放流过程监督，为放流成功提供保障。中山市海洋与渔业局在放流过程中与中国水产科学研究院南海水产研究所密切沟通合作，委托经验丰富的科研人员，从苗种场资质、苗种亲本来源、苗种质量、放流苗种规格与数量、放流过程、放流效果评估等方面对放流过程进行全程监督，为保障放流苗种品种、数量、规格、质量提供技术支持，为增殖放流活动的成功提供了技术保障。

（3）开展跟踪调查与效果评估，为第二年确定放流品种及其数量结构提供基础数据。中山市海洋与渔业局在放流后，坚持委托经验丰富的科研人员开展放流效果跟踪监测，通过调查放流区域附近水域的渔业资源种群结构、增殖放流种类的效果评估等内容，为下一步开展增殖放流活动，确定增殖放流种类和数量结构提供一手数据。

4. 大亚湾杨梅坑人工鱼礁建设

1）发展历程

深圳市人工鱼礁建设项目于2002年列入广东省人工鱼礁建设规划，并于2002年11月成立了深圳市海洋与渔业服务中心，负责全市的海洋渔业资源增殖和人工鱼礁建设。为改善海洋生态环境，恢复日益衰退的海洋渔业，带动滨海旅游业及休闲渔业的发展，实现深圳市海洋渔业及其他海洋相关产业的可持续发展。深圳市政府颁布了《深圳市海域功能区划》，计划用5年时间在深圳东部海域建设4个人工鱼礁区，规划海域面积8 km^2，包括杨梅坑人工鱼礁区2.65 km^2，鹅公湾人工鱼礁区2.54 km^2，东冲—西冲人工鱼礁区2.15 km^2，背仔角人工鱼礁区0.62 km^2。杨梅坑人工鱼礁区于2003年5月开建，至2007年12月建成，由24个礁群组成，投放10种类型的礁体1 912个，总空方量为9.98万空方。礁区设计以保护恋礁性鱼类为主，提供头足类产卵场地为辅，兼顾底栖海洋生物增殖保护。期间，还在礁区附近进行了两次增殖放流，一期投放鱼、虾、贝苗共2.2亿尾（粒）、二期投放40万尾黑鲷鱼苗、10万尾真鲷鱼苗、20万尾花尾胡椒鲷、10万尾红鳍笛鲷鱼苗，标粗长毛对虾苗500万尾、标粗刀额新对虾苗500万尾，30 t花蛤苗、500万粒华贵栉孔扇贝苗。

2）做法与成效

主要做法包括以下几方面。

（1）政府重视，切实推进人工鱼礁建设。2001年广东省第九届人民代表大会第四次会议审议通过《建设人工鱼礁　保护海洋资源环境》议案，2002年广东省省政府批准《议案》的实施方案，计划从2002年起至2011年，用10年时间，投资8亿元（省财政5亿元，市、县财政3亿元），广东省沿岸约3 600万亩幼鱼幼虾繁育区里，按10%左右（约360万亩）的比例，建设12个人工鱼礁区，共100座人工鱼礁。议案下达后各级政府部门高度重视，广东省海洋与渔业局成立了以局长为组长的领导小组，深圳市成立了由政府、海洋与渔业管理人员组成的人工鱼礁建设领导小组，并指派专人负责落实《议案》工作。

（2）依托科研机构人工鱼礁系统研究成果，指导杨梅坑人工鱼礁建设。以中国水产科学研究院南海水产研究所承担的我国十一五“863”计划现代农业技术领域项目“南海人工鱼礁生态增殖及海域生态调控技术”等科研项目科研成果为指导，系统地应用人工鱼礁的物理环境功能造成、礁体抗滑移抗倾覆、礁群礁区结构优化、鱼类生态诱集、礁区人工生物附着和生物资源增殖等研究成果对杨梅坑人工鱼礁区的礁型筛选、礁体材料筛选、礁区布局、礁区效果提升等方面进行指导，综合提升了杨梅坑人工鱼礁建设效果。

（3）建立了后续跟踪评估机制。杨梅坑人工鱼礁区投礁前本底调查于2007年4月进行，投礁后分别于2008年3月、2008年5月、2008年8月、2008年11月和2009年5月进行了5次跟踪调查。根据杨梅坑人工鱼礁区已建礁区和试验礁区的地理分布位置及所处海区的水文状况，在监测海域共设计12个调查站位，其中7号站位和10号站位分别为已建礁区和试验礁区的中心点；2号、3号、8号和9号站位分别为已建礁区的4个拐角（图1-2-5），对杨梅坑人工鱼礁建设前后的海水环境要素、叶绿素a和初级生产力、浮游植物、浮游动物、底栖生物、鱼卵仔鱼和游泳生物等进行监测，并构建了生态系统服务功能评估方法，实现了杨梅坑人工鱼礁建设效果的定量评估。

根据深圳市杨梅坑海域与生物资源的特点，组装和集成“人工鱼礁关键技术研究与示范”成果，指导和完成了杨梅坑人工鱼礁区的建设。取得的主要成效包括以下几方面。

（1）建立多参数评价体系优选单礁构型。以深圳市水利规划设计院初步设计的30种礁体为基础，选择了10种设计礁体原型进行典型模拟研究。模拟研究比较了大亚湾不同海况条件下10种设计礁体原型的抗倾覆抗滑移能力，物理环境功能造成功能；模拟研究和掌握了10种单礁模型和11组多礁组合对7种试验生物诱集效果；研究和阐述了不同鱼礁材料和不同环境条件下的生物

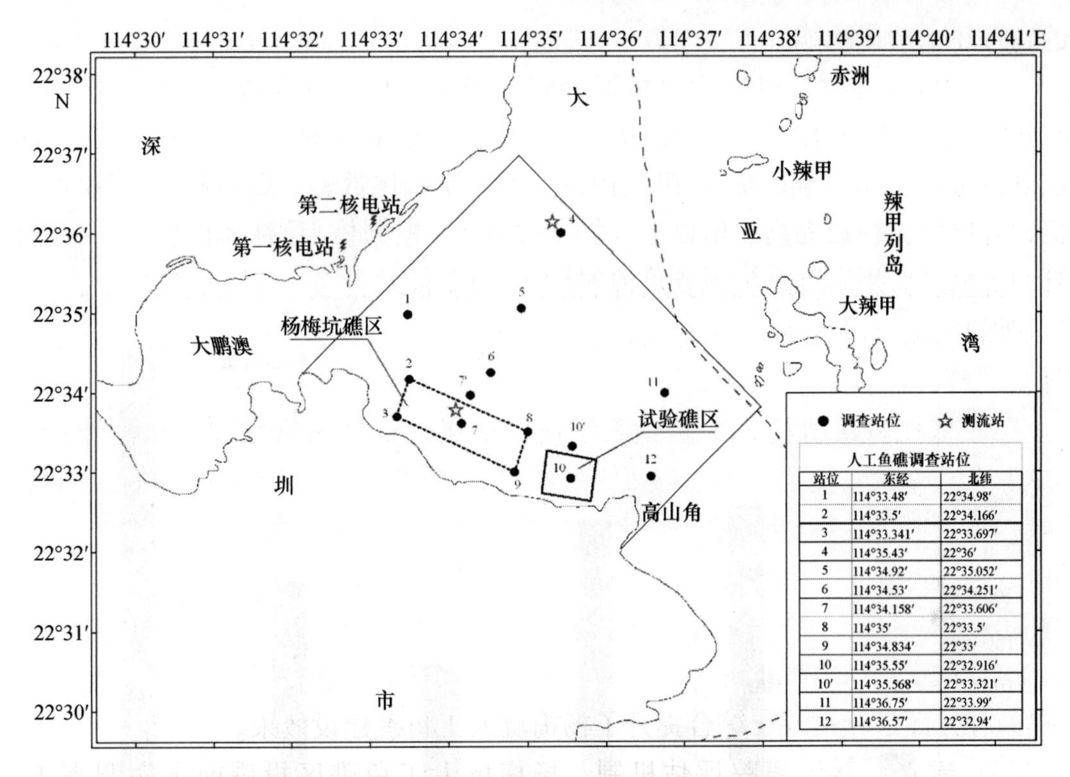

站位	东经	北纬
1	114°33.48′	22°34.98′
2	114°33.5′	22°34.166′
3	114°33.341′	22°33.697′
4	114°35.43′	22°36′
5	114°34.92′	22°35.052′
6	114°34.53′	22°34.251′
7	114°34.158′	22°33.606′
8	114°35′	22°33.5′
9	114°34.834′	22°33′
10	114°35.55′	22°32.916′
10′	114°35.568′	22°33.321′
11	114°36.75′	22°33.99′
12	114°36.57′	22°32.94′

图 1-2-5　深圳杨梅坑人工鱼礁生态调控区

附着效果。根据中国水产科学研究院南海水产研究所的研究结果，对部分设计礁体原型进行了结构优化和改进，最终选定了 12 种礁型用于杨梅坑人工鱼礁生态调控区建设。

（2）以生物环境特征优化礁群类型。根据深圳杨梅坑人工鱼礁生态调控区的海况条件、海洋生态环境特点和主要渔业资源生物学习性，优化设计 3 种礁群类型。其中，1 号礁群由 7 号鱼礁、8 号鱼礁、9 号鱼礁、10 号鱼礁、11 号鱼礁和 12 号鱼礁 6 种礁型构成，共 120 个礁体，体积 9 355 m^3。2 号礁群由 1 号鱼礁、2 号鱼礁、6 号鱼礁和 7 号鱼礁 4 种礁型构成，共 119 个礁体，体积 5 103. 8 m^3。3 号礁群由 3 号鱼礁、4 号鱼礁、5 号鱼礁和 7 号鱼礁 4 种礁型构成，共 137 个礁体，体积 6 111 m^3。

（3）以海洋物理特性优化结构布局。杨梅坑人工鱼礁区构建时优选投放了 12 种礁体，各类型鱼礁的礁高水深比为 0. 25（水深 16 m、礁高为 4 m）。构建优化设计的礁群类型 3 种共 18 个，其中 1 号礁群 4 个，2 号礁群 7 个，3 号礁群 7 个。杨梅坑人工鱼礁区总体结构布局为长轴方向，为与杨梅坑海域主流轴方向平行，单位礁群间距约是单位礁群边长的 2 倍，能最大程度地发挥礁区的物理环境造成功能。

（4）以生态效益提升为目标评价礁区建设效果。杨梅坑人工鱼礁区面积 2.65 km^2，海域生态调控面积达 42.6 km^2，核心调控面积达 7.02 km^2，每个单位礁群调控面积为 540 hm^2。礁区内渔业资源量和尾数密度提高 6.83 倍和 8.11 倍，优质鱼类种数提高 3 倍以上（图 1-2-6）。根据核心调控面积 7.02 km^2计算，示范区 5 年生态系统服务价值累计达 7.02 亿元。

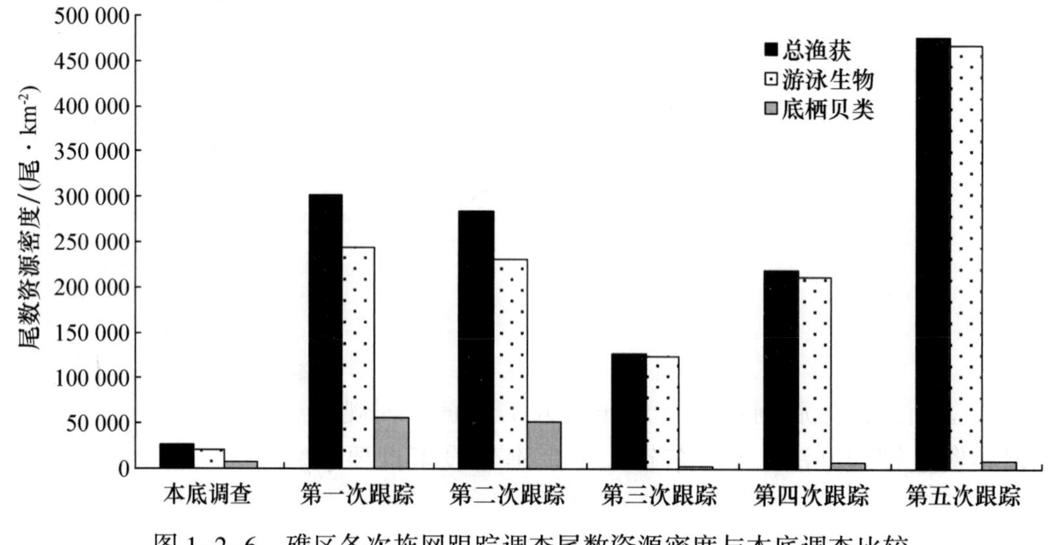

图 1-2-6　礁区各次拖网跟踪调查尾数资源密度与本底调查比较

3）经验与启示

（1）顶层设计，对建设过程进行指导。以 2001 年广东省第九届人民代表大会第四次会议审议通过的《建设人工鱼礁　保护海洋资源环境》议案为依托，2002 年制定了详细的《议案》实施方案，成立了由广东省海洋与渔业局、中国水产科学研究院南海水产研究所和广东省海洋与渔业环境监测中心等科研管理部门组成的人工鱼礁建设专家指导咨询委员会，同时把人工鱼礁专业人才队伍组建起来，与人工鱼礁议案实施有机地结合起来，切实推进和指导人工鱼礁建设。同时，依托我国“十一五”“863”计划现代农业技术领域项目“南海人工鱼礁生态增殖及海域生态调控技术”等科研项目的科研成果，指导广东省人工鱼礁建设实践，保障广东省人工鱼礁建设项目的成功开展。

（2）积极探索，不断开拓人工鱼礁建设新思路。《建设人工鱼礁　保护海洋资源环境》议案的实施，是一项全新的工作，在广东省乃至全国都是首创，既无现成的“蓝本”可供参考，又缺乏技术规范可以借鉴，在实施过程中，各级部门在坚持合理规划、科学调研的基础上，针对广东省海洋渔业资源的实际状况和渔区经济发展的现状，按照海洋产业结构调整的需要，人工鱼礁建设坚持“成熟一个、批准一个、建设一个”的思路，坚持做到“五个优先、五个结合”的原则。“五个优先”即：海洋渔业产业结构调整和海洋综合开发示范点优先原则；海洋渔业资源和海洋生态破坏严重急需拯救的海区优先原则；保护特殊海洋物种和海洋水产自然保护区建设优先原则；带动相关传统产业结构优化升级和发展休闲渔业产业见效快的优先原则；试点先行与市、县配套积极的优先原则。“五个结合”即：人工鱼礁建设要坚持与海洋渔业产业结构的重大调整相结合；人工鱼礁建设与带动相关海洋产业的发展相结合；人工鱼礁建设与国土整治和修复改善海洋生态环境相结合；人工鱼礁建设与拯救珍稀濒危物种和保护海洋生物多样性相结合；人工鱼礁建设与海洋综合利用和依法管海用海相结合。

（3）加强规范，不断完善人工鱼礁建设程序。广东省人工鱼礁建设过程在严格执行《中华人民共和国招标投标法》《农业基本建设管理办法》等法规要求的基础上，先后制订了《广东省人工鱼礁管理规定》《广东省建设人工鱼礁议案资金管理办法》《广东省人工鱼礁建设审批要求》《广东省人工鱼礁建设技术规范》《广东省人工鱼礁建设监理标准》《广东省人工鱼礁建设竣工验收规定》等规章制度，对人工鱼礁礁区选址、礁体设计、工程施工、验收和投放等做了明确规定。既规范了广东省人工鱼礁建设程序，又为其他兄弟省、市、自治区建设人工鱼礁提供了可参照的依据。

5. 海洋工程项目渔业资源补偿增殖修复

为了修复广西液化天然气（LNG）项目对广西壮族自治区北海市北海港东部的铁山港区石化作业区南港池南突堤端部所造成的生态环境影响。中石化北海液化天然气有限责任公司通过竞争性投标形式，确定由中国水产科学研究院南海水产研究所负责对广西液化天然气（LNG）项目施工期渔业资源补偿服务实施单位。根据国家及地方相关法律法规及标准，自2016—2018年，渔业资源补偿服务实施单位利用中石化北海液化天然气有限责任公司提供的针对广西液化天然气（LNG）项目码头及接收站工程施工期的渔业资源损失补偿金，在工程附近海域进行增殖放流修复。同时进行规范管理并在修复期间定期进行生物资源的跟踪监测和评估，以使项目实施海域生态得到良好的修复。

1）渔业资源增殖放流状况

本增殖放流项目分两次进行，放流时间分别为 2017 年 6 月 13 日和 2018 年 6 月 18 日。放流地点选于铁山港周边海域或涠洲岛附近海域的人工鱼礁区，根据农业部《水生生物增殖放流管理规定》中对放流品种的选择原则以及《农业部关于做好“十三五”水生生物增殖放流工作的指导意见（征求意见稿）》（2015 年 10 月）中规定适合北部湾增殖放流的种类。本项目选定的增殖放流种类包括真鲷、黑鲷和黄鳍鲷 3 种重要经济鱼类；长毛对虾和墨吉对虾两种经济虾类，两次放流鱼虾苗种数量总计约 20 476.753 万尾。

2）放流效果评价

渔业资源跟踪监测分为两个阶段，放流前本底调查和放流后效果评估调查。放流前本底调查 3 个航次，调查时间分别为 2016 年 11 月（秋季）、2017 年 1 月（冬季）和 2017 年 4 月（春季）。放流后进行 5 个航次渔业资源跟踪监测，调查时间分别为 2017 年 8 月（夏季）、2017 年 11 月（秋季）、2018 年 1 月（冬季）、2018 年 4 月（春季）和 2018 年 8 月（夏季）。根据渔业增殖放流的地点，在北部湾海域中方一侧对渔业资源调查和跟踪监测的站位进行了布设，共布设了 30 个调查站位（图 1-2-7）。

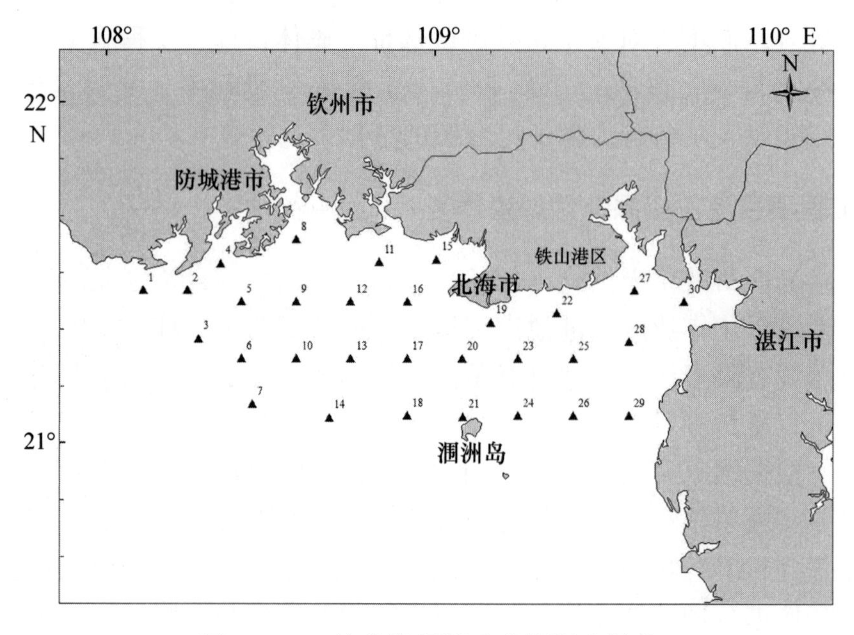

图 1-2-7　渔业资源跟踪监测调查站位

放流前、后渔业资源量变化比较

（1）总渔获率。增殖放流前、后的鱼类游泳动物重量渔获率变化情况见图1-2-8。放流前，3 次本底调查的鱼类重量渔获率差异不大，最高为 6.75 kg/h（第二航次）；放流实施后，鱼类渔获率变化较为明显，最高为 33.61 kg/h（第八航次），最低则为 6.03 kg/h（第五航次）。放流前、后的鱼类重量渔获率平均值分别为 5.93 kg/h 和 17.36 kg/h，且放流后各航次调查结果均明显高于放流前同期渔获率水平（$P< 0.05$）。由此可见，项目的放流实施对鱼类资源的增殖效果较为显著。

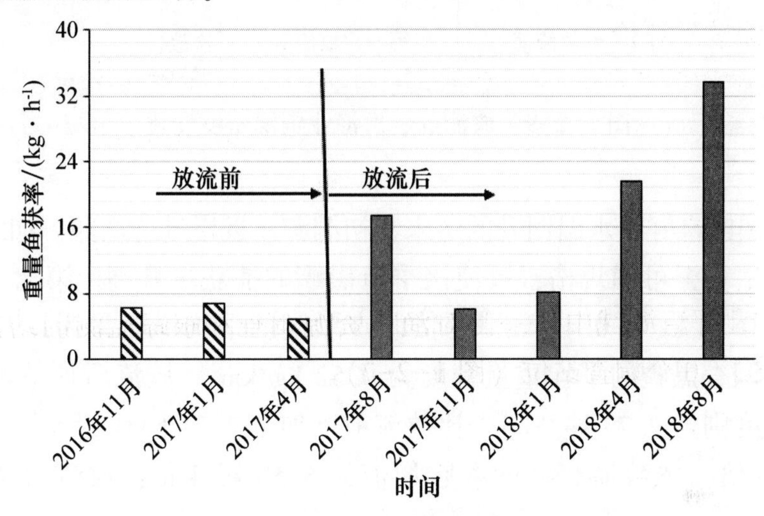

图 1-2-8　放流前、后鱼类重量渔获率变化

（2）总渔业资源密度。通过对比分析增殖放流前、后渔业资源整体密度变化，可在一定程度上反映出项目放流对海域内渔业增殖的实施效果。图 1-2-9 所示为增殖放流前、后附近海域资源重量和尾数密度变化，从图中可反映出，放流后整体渔业资源量呈较为明显的上升趋势。放流后秋季（第五航次）、春季（第六航次）和冬季（第七航次）渔业资源重量密度和尾数密度平均值分别为 894.16 kg/km^2 和 160 706 尾/km^2。与放流前相比，资源重量密度增量为 487.39 kg/km^2，尾数密度增量为 119 477 尾/km^2，分别增加了 1.2 倍和 2.9 倍。

放流对象资源量变化

（1）黑鲷。放流前黑鲷渔获量相对较低，仅第一航次和第三航次有捕获，共渔获 1.12 kg，平均渔获 0.37 kg/航次。放流后，所有调查航次均捕获有黑鲷，渔获最多的为第六航次（7.16 kg），这可能与黑鲷的产卵习性和补充群体的生长

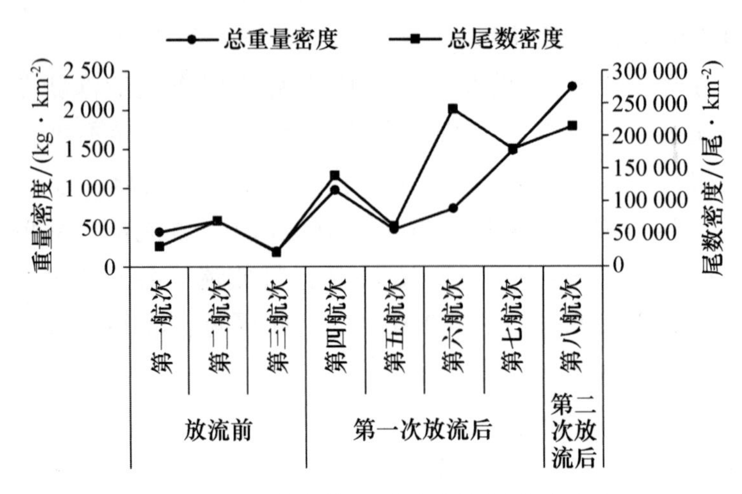

图 1-2-9　放流前、后渔业资源密度变化

特性有关，黑鲷喜好于水温回升的冬末春初洄游至近岸进行产卵，加之放流的黑鲷在此时也生长至可捕规格，致使该季节黑鲷的捕获量升高。第七、八航次较低，分别为 0.24 kg 和 0.41 kg，评估调查黑鲷的平均渔获量为1.97 kg/航次。放流前本底调查黑鲷的平均重量密度为 0.52 kg/km^2。放流后评估调查黑鲷的平均重量密度则为 2.73 kg/km^2，比放流前增加了 2.21 kg/km^2，估算资源量约提高了 4.25 倍。尾数渔获密度本底均值为 5.53 尾/km^2，放流后密度均值为 19.64 尾/km^2。

（2）真鲷。真鲷在放流前的渔获频率较低，仅第一航次有捕获，渔获重量为 1.09 kg，本底调查平均渔获重量为 0.36 kg/航次。放流后，各评估调查航次均捕获有真鲷，渔获量最高的为第七航次，达 12.21 kg；其次为第四航次，渔获量为 4.73 kg；最低为第六航次，渔获量为 1.52 kg。放流后五次评估调查的真鲷渔获量均值为 4.85 kg/航次，较放流前有明显提升。放流前真鲷的本底资源重量密度为 0.50 kg/km^2，尾数密度平均值为 3.69 尾/km^2。放流后，真鲷的重量密度和尾数密度均值分别为 6.71 kg/km^2 和 71.37 尾/km^2，比放流前增加了 6.21 kg/km^2 和 67.62 尾/km^2，增幅较为明显。

（3）黄鳍鲷。黄鳍鲷在放流前 3 次本底调查中仅第一航次有出现，渔获重量为 0.35 kg，渔获尾数为 4 尾，3 次调查平均渔获量为 0.12 kg/航次和 1.33 尾/航次。放流后效果评估调查，第六至第八航次 3 个航次渔获物中鉴定到放流目标种黄鳍鲷，分别渔获 1 尾、1 尾和 5 尾，重量分别为 1.00 kg、0.19 kg 和 0.44 kg。5 次评估调查的黄鳍鲷渔获重量和尾数平均值为 0.33 kg/航次和

1.40 尾/航次，与放流前相比有较大的提高。黄鳍鲷在放流前本底调查的重量密度和尾数密度分别为 0.16 kg/km^2 和 0.46 尾/km^2，放流后则分别为 0.45 kg/km^2 和 1.94 尾/km^2。放流后海域内黄鳍鲷的资源量有一定提升，增加量为 0.29 kg/km^2 和 1.48 尾/km^2。

（4）长毛对虾。长毛对虾为北部湾近岸海域的常见经济虾类品种，在放流前后的所有八次渔业资源调查中均有出现。放流前，3 次调查长毛对虾渔获量范围为 0.13～2.01 kg，平均值为 1.00 kg/航次，最高为第一航次，最低则出现在第三航次；尾数渔获范围为 8～47 尾，均值为 29.67 尾/航次。放流后，长毛对虾的渔获重量介于 0.65～13.61 kg，渔获尾数则介于 13～478 尾，各航次重量和尾数平均值分别为 3.32 kg/航次和 111.40 尾/航次。长毛对虾在放流前本底调查的重量密度和尾数密度分别为 1.39 kg/km^2 和 41.03 尾/km^2，放流后则分别为 4.59 kg/km^2 和 154.08 尾/km^2。放流后海域内长毛对虾的资源量有较大幅度的提升，增加量为 3.20 kg/km^2 和 113.05 尾/km^2，重量密度和尾数密度分别增加了 2.30 倍和 2.76 倍。

（5）墨吉对虾。本底调查，墨吉对虾在第一和第二航次有捕获，渔获重量分别为 0.16 kg 和 0.69 kg，渔获尾数分别为 8 尾和 16 尾。3 次本底调查的渔获重量和尾数算术平均值为 0.28 kg/航次和 8.00 尾/航次。放流后效果评估调查，墨吉对虾在所有调查航次均由渔获，渔获重量范围为 0.22～3.93 kg，尾数渔获范围为 6～126 尾，5 次调查的平均渔获量为 1.30 kg/航次和 40.20 尾/航次。放流前本底调查墨吉对虾的重量密度和尾数密度分别为 0.39 kg/km^2 和 11.07 尾/km^2，放流后则分别为 1.82 kg/km^2 和 55.60 尾/km^2。放流后海域内墨吉对虾的资源量有较大提升，增加量为 1.43 kg/km^2 和 44.53 尾/km^2，增幅较为显著，重量密度和尾数密度增加量分别为 3.67 倍和 4.02 倍。

3）体外挂牌标志放流效果评价

本项目标志放流的鱼种选择鲈形目鲷科所属黑鲷为标志对象。本项目主要采用塑料椭圆标牌（POTs）的这种外部标志方式，用以监测标记回捕黑鲷的迁移路线和生长情况。标志放流：本项目于 2017 年 6 月 13 日及 2018 年 6 月 16 日分两年/次实施了黑鲷 POTs 体外挂牌标志放流，按照上述步骤进行黑鲷放流幼鱼的体外标志工作，共计标志黑鲷幼鱼 52 860 尾。

2017 年和 2018 年回捕的标志黑鲷，其鱼体携带的 POTs（绿色）明显可见。2017 年批次的标志黑鲷，至 2018 年 10 月末，共回捕了 381 尾带有绿色 POTs 的黑鲷，绝对回捕率为 1.92%（381/19 877≈1.92%）。2018 年批次的标志黑鲷，至 2018 年 10 月末，共回捕了 712 尾带有绿色 POTs 的黑鲷，回捕率为 2.19%（712/32 560≈2.19%）。

经过进一步分析标志黑鲷回捕地点及相关迁移路径的数据，我们绘制出了放流后的黑鲷的迁移路线，包括 2017 年及 2018 年放流黑鲷的迁移路线图（图 1-2-10）。结果表明，2017 年和 2018 年的标志黑鲷在放流后均呈近岸辐射状迁移扩散。回捕时间最长的黑鲷是在 2017 年的标志放流中，在放流后的第 187 天，回捕处距离放流地点 120 km（回捕地点为东兴市江平镇附近海域）。

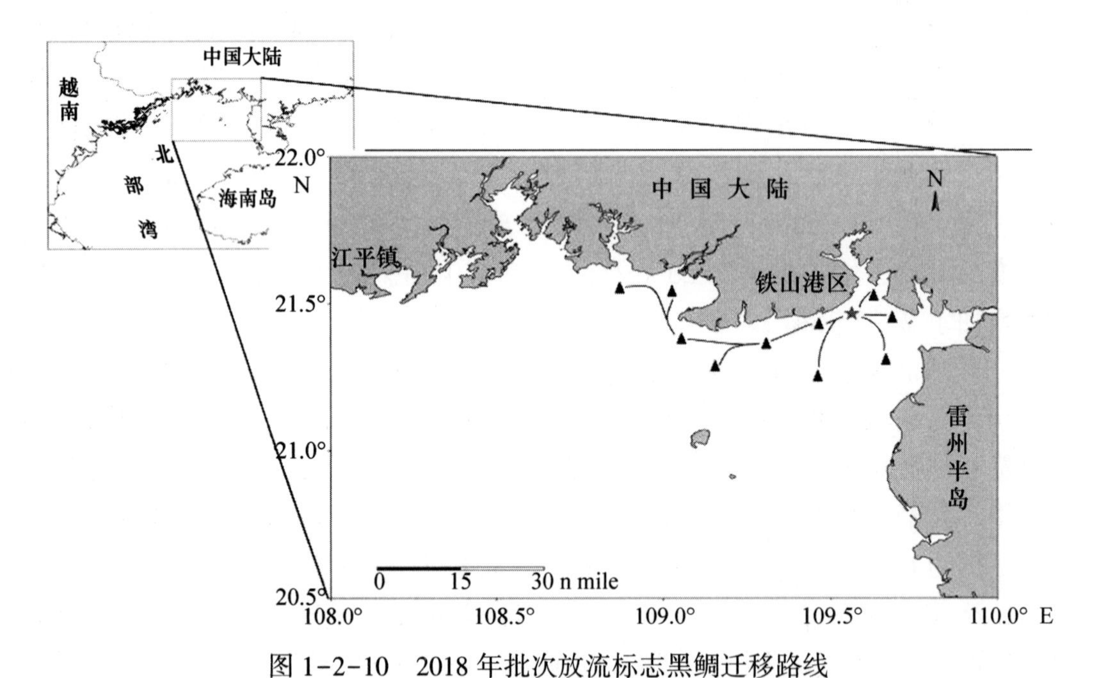

图 1-2-10　2018 年批次放流标志黑鲷迁移路线

注：★代表放流地点；▲代表回捕地点，但是▲的数量并不代表标志黑鲷的回捕数量；黑线为根据回捕黑鲷的地点推测出的迁移路线

附录　全国海洋生物资源增殖放流统计表

附表 1-2-1　2016 年全国海洋生物资源增殖放流统计

放流品种		放流数量/万尾	单价/(万元·万尾$^{-1}$)	投入资金/万元				举行活动次数
				中央	省级	市县	社会	
虾类	中国对虾	1 165 976. 392	0. 01	1 055	6 282	4 875. 73	1 261. 24	国家级:34 次 省级:135 次 市县级:67 次 其 他:15 次
	日本对虾	443 507. 06	0. 01	2 174. 97	488	20	120	
	长毛对虾	61 769. 184	0. 02	310. 8	227. 6	293. 8	179. 68	
	斑节对虾	15 003. 146 5	0. 01	110. 67	5	0	70	
	墨吉对虾	3 500	0. 02	0	0	0	70	
蟹类	锯缘青蟹	103. 778	0. 69	71. 4	0	0	0	
	三疣梭子蟹	123 562. 441 3	0. 04	357	3 298	115. 7	813	
头足类	金乌贼	125. 9	2. 54	80	240	0	0	
	长蛸	31. 65	3. 16	50	50	0	0	
水母类	海蜇	62 742. 75	0. 03	0	1 650	0	174. 05	
鲆鲽类	褐牙鲆	3 643. 478 8	0. 83	1 272	410	310	1 024. 59	
	圆斑星鲽	25 727. 09	0. 02	139. 5	0	0	304. 11	
	钝吻黄盖鲽	500. 57	0. 83	0	60	276	81. 6	
	半滑舌鳎	661. 194 1	1. 73	708. 2	0	96	339. 39	
鲻鲮类	鲮	1 040. 02	0. 48	0	51. 65	0	450. 95	
鲉鲉类	许氏平鲉	3 241. 67	0. 49	0	1 230	108	253	
鲷科鱼类	真鲷	104. 752	0. 55	57. 6	0	0	0	
	黑鲷	2 648. 22	0. 62	69. 7	1 180. 5	244. 7	145. 76	
	黄鳍鲷	30	0. 74	14. 8	7. 5	0	0	
	紫红笛鲷	259. 48	0. 51	22	0	0	110	
	红笛鲷	57. 626 4	0. 52	30	0	0	0	
鲀科鱼类	红鳍东方鲀	50	1	50	0	0	0	
石斑鱼类	点带石斑鱼	50	2. 2	0	0	0	110	
	青石斑鱼	5. 66	3. 89	22	0	0	0	
鲳鲹类	卵形鲳鲹	497. 072	0. 5	51	0	0	200	
其他鱼类	大泷六线鱼	78. 38	3. 1	105	0	138	0	
	断斑石鲈	200	0. 8	0	0	0	160	

续表

放流品种		放流数量/万尾	单价/(万元·万尾$^{-1}$)	投入资金/万元				举行活动次数
				中央	省级	市县	社会	
非规划海水物种	毛蚶	2 763.52	0.02	0	0	0	50	国家级:34 次 省级:135 次 市县级:67 次 其 他:15 次
	星斑川鲽	60	1	0	0	0	60	
	斑石鲷	80.72	2.48	0	120	0	80	
	解放眉足蟹	26.4	0.76	0	0	20	0	
	紫彩血蛤	750	0.01	0	0	10	0	
	浅色黄姑鱼	400	0.8	0	0	0	320	
合计		1 919 198.155	—	6 751.64	15 300.25	6 507.93	6 377.37	251

附表 1-2-2 2017 年全国海洋生物资源增殖放流统计

放流品种		放流数量/万尾	单价/(万元·万尾$^{-1}$)	投入资金/万元				举行活动次数
				中央	省级	市县	社会	
虾类	中国对虾	1 724 023. 138	0. 01	4 618. 55	8 430. 33	1 320. 67	2 111. 73	国家级:24 次 省级:235 次 市县级:245 次 其他:34 次
	日本对虾	438 175. 784 6	0	620. 28	600	438	185	
	长毛对虾	134 704. 92	0	250	0	0	56. 6	
	刀额新对虾	9 834. 4	0. 01	45	0	45. 3	2. 18	
	斑节对虾	17 097. 457 5	0. 02	274. 07	45	4. 6	0	
蟹类	锯缘青蟹	243. 010 6	0. 24	20. 48	0	5. 01	34	
	三疣梭子蟹	74 244. 072 8	0. 07	307. 27	3 276. 5	1 129. 23	765. 62	
海水贝类	马氏珠母贝	1 075. 07	0. 03	35	0	0	0	
头足类	金乌贼	487. 950 3	1. 62	63	640	0	86. 04	
	曼氏无针乌贼	1 207. 661 3	0. 11	65	0	45	20. 4	
水母类	海蜇	100 971. 703 8	0. 03	101. 6	2 159	0	500. 69	
鲆鲽类	褐牙鲆	5 223. 293 8	0. 83	905. 4	794. 6	1 471. 42	1 152. 45	
	圆斑星鲽	41. 580 6	2. 91	0	120	0	1. 08	
	钝吻黄盖鲽	125. 09	1. 09	0	60	36	40	
	半滑舌鳎	876. 926 2	1. 77	684. 22	310	312. 8	247. 95	
石首鱼类	黄姑鱼	767. 328 2	0. 51	156. 5	0	30	208. 14	
	大黄鱼	5 683. 611 6	0. 19	771. 5	65	113	127. 81	
鲻鮻类	鮻	965. 282 3	0. 21	50. 62	0	0	153. 19	
	鲻	115. 520 3	0. 2	0	0	7. 71	15	
鲬鲉类	许氏平鲉	3 745. 037	0. 57	27	1 545	98. 6	447. 65	
鲷科鱼类	真鲷	1 279. 079 4	0. 34	150. 4	0	0	286	
	黑鲷	7 015. 685 3	0. 39	526. 48	1 467. 5	324. 2	429	
	黄鳍鲷	856. 435 1	0. 46	239. 98	7. 5	15. 79	132. 83	
鲷科鱼类	条石鲷	157. 41	0. 45	0	0	71. 25	0	
	紫红笛鲷	71. 819 6	0. 61	13. 7	30	0	0	
	红笛鲷	70	0. 74	0S	0	12	40	
鲀科鱼类	红鳍东方鲀	112. 396 6	1. 33	50	0	0	100	
	菊黄东方鲀	2. 5	3	0	7. 5	0	0	
	暗纹东方鲀	269. 018 8	0. 97	38. 5	175. 1	6. 36	40. 8	
石斑鱼类	青石斑鱼	117. 065 7	2. 8	20	31. 25	0	276. 2	
	斜带石斑鱼	1	7	0	0	7	0	
鲳鲹类	卵形鲳鲹	208. 508 7	0. 55	42. 51	0	5. 5	66	

续表

放流品种		放流数量/万尾	单价/(万元·万尾$^{-1}$)	投入资金/万元				举行活动次数
				中央	省级	市县	社会	
其他鱼类	大泷六线鱼	361.137 8	2.91	0	870	0	180	国家级:24 次 省级:235 次 市县级:245 次 其他:34 次
	花鲈	885.876	0.4	102.5	0	40	215.2	
非规划海水物种	西施舌	122.61	0.63	47	0	30	0	
	双线紫蛤	102	0.15	15	0	0	0	
	毛蚶	14 958.378	0.03	163.85	0	40	192	
	刺参	614.243 7	0.66	58	0	190	154.96	
	菲律宾蛤仔	53 977.083	0	56	0	30	88.81	
	文蛤	131	0.27	0	32	0	3	
	厚壳贻贝	2 264.565	0.03	0	0	64	0	
	魁蚶	720.5	0.01	0	0	10	0	
	大竹蛏	4 615.4	0.01	10	20	0	0	
	东风螺	171.03	0.18	0	0	30	0	
	斑石鲷	110.237 5	2.27	0	210	0	40.2	
	解放眉足蟹	21.021	0.95	0	0	20	0	
	短蛸	5	1	0	0	0	5	
	紫彩血蛤	1 250.1	0.02	0	0	20	0	
	管角螺	94.954 7	0.47	45	0	0	0	
	鳗草	34.310 6	1.75	0	60	0	0	
	铜藻	3.12	9.62	0	30	0	0	
	单环刺螠(海肠)	230.77	0.26	0	0	60	0	
合计		2 610 443.096	—	10 574.41	20 986.28	6 033.44	8 405.53	538

三、国外渔业资源增殖的发展现状与趋势

联合国粮农组织（FAO）报告指出，全球87%的鱼类被过度捕捞或种群已经崩溃。随着世界上许多国家渔业资源的衰退，世界上2/3的沿海渔业已被完全开发、过度开发或耗尽，许多渔业种群已经或面临枯竭，无法再支持捕捞业的继续发展。针对海洋渔业资源衰退的现状，世界各国政府相应实施了一系列的渔业管理政策和措施，以增加或恢复海洋渔业资源。

（一）增殖放流

1. 发展简史

欧、美发达国家开展增殖放流等资源养护工作较早，早在1842年，法国最早开展了鳟鱼的人工增殖放流。其后，美国、加拿大、俄国、日本、英国、挪威和澳大利亚等国家也先后开展了增殖放流活动。据FAO统计，截至2017年，世界上有94个国家报道开展了渔业资源增殖放流工作，增殖放流物种涉及200余种类。

世界渔业资源增殖放流的发展历史可大体分为以下3个阶段。

起步阶段：19世纪中后期，随着海水鱼类人工繁殖技术的逐步突破，美国、加拿大、俄国、日本和挪威等国家开始建立海洋鱼类孵化场，人工繁殖经济价值较高的鳕（*Gadus maerocephalus*）、大麻哈鱼（*Oncorhynchus keta*）等鱼种，并尝试通过人工投放种苗的方式增加自然水域的野生种群资源量，渔业资源增殖放流工作由此兴起。

快速发展阶段：进入20世纪，随着海洋生物人工繁育技术的进一步发展和人工繁育种类的不断增加，世界上许多国家诸如美国、俄罗斯（前苏联）、挪威、澳大利亚、日本和韩国等国家开展了大规模的增殖放流活动，放流种类涵盖鱼类、甲壳类和软体动物等多种类型，多达100余种类。该阶段增殖放流活动存在一个很大的缺陷，即重投放规模、轻效益评估。在增殖放流过程中，过分强调种苗的生产数量和放流规模，每年投入大量人力、物力和财力用于种苗繁育和投放。但是由于标记技术的限制、基础研究的滞后、放流策略和方法尚不成熟，致使增殖放流成效很难评估，许多增殖放流活动无法达到预期的效果。

“负责任增殖放流”阶段：20世纪90年代，随着种苗（卵、仔、稚、幼体）标记技术的日益成熟，通过“标记—放流—重捕”评价增殖放流效果、优化增殖放流策略已成为可能，增殖放流技术得到快速的发展和提高。围绕此主题的世界增殖放流和海洋牧场大会先后在挪威（1997）、日本（2002）、美国（2006）、中国（2011）和澳大利亚（2015）连续召开了5届，促进了世界增殖放流和海洋牧场领域技术的迅速发展。

此外，随着人们对海洋生态系统认识的不断加深，通过增殖放流来维护海洋生态系统稳定、实现渔业可持续发展又重新成为资源养护和管理的研究热点。各国正在探索一种旨在取得经济、社会和生态效益三赢的“负责任增殖放流”模式（表1-3-1），即增殖放流目标定位不能仅局限于提升增殖种类的资源量，还应确保野生资源群体的环境适应性和遗传资源多样性不会因为投放人工繁育苗种而发生退化和降低；应充分考虑增殖水域生态系统的承载能力，注重其结构和功能的维持和稳定，决不能以破坏增殖水域环境和原生自然生态系统平衡为代价，片面追求增殖放流可能带来的渔业增产收益。

表1-3-1 负责任的增殖放流概念模型

第一阶段：初步评估和目标设定
1. 了解增殖放流在渔业系统中的作用； 2. 吸引利益相关者参与，建立严谨、负责的决策流程； 3. 定量评估增殖放流对渔业管理目标的贡献； 4. 优先选择目标物种和种群进行增殖放流； 5. 评估增殖放流的经济和社会效益
第二阶段：研究及技术发展，包括先导研究
1. 界定增殖放流系统，设计适合的渔业和管理目标； 2. 制定适宜的养殖系统和养殖方法； 3. 利用遗传资源管理，使增殖群体遗传资源的有效性最大化，避免对野生种群的有害影响； 4. 运用疾病与健康管理； 5. 确保孵化场放流的鱼能够被识别； 6. 采用经验过程确定最优释放策略
第三阶段：业务实施和适应性管理
1. 制定有效的管理策略； 2. 制定渔业管理计划，明确目标、衡量成功的标准和决策规则； 3. 评估和管理生态影响； 4. 采用适应性管理

全球近海生物种群的衰退和资源量下降、人们对水产品需求日益增加，使得增殖放流成为许多国家增加渔业产量，修复渔业生态环境的主要方法之一。然而增殖放流是一项复杂的系统工程，其健康发展需要有长远的目标与设想。

（1）不同时期不同海域因地制宜，设立不同的增殖放流策略：增殖放流最终目的是恢复放流海域的生态系统，但有的海域短期内重在增加资源量。一代回收型和资源造就型的增殖放流策略同时并举。

（2）资源造就型的增殖放流应增殖洄游范围大的广域性种苗，利用后的残存种（亲）鱼的补充来增加资源，恢复生态系统。

（3）事先预警生态风险：先利用分子标记调查野外各个种群的遗传结构，随后以当地种群的遗传结构为基准，依据不同的育种或渔业资源管理需求筛选种鱼，调节放流鱼苗的遗传差异度，然后再进行种苗人工放流。避免种苗亲缘关系过近，降低种苗人工放流对环境及野生种群的冲击。

（4）政府主导是增殖渔业发展的重要保证：政府主导才能把渔业资源、渔业生产和生态环境有机整合，促其持续发展。在增殖渔业的发展思路和研发项目上，注重渔业生物资源的研究开发与实际应用相结合，注重地域渔业生物资源的可持续利用和生物多样性相结合，注重渔业生物资源的经济价值和社会价值相结合。这样才能依托科技，整体把握增殖种类的甄选、增殖技术的研发、增容容量评估、增殖效果评估以及生态风险预警等增殖放流技术的发展。

2. 主要技术进展

1）增殖放流种类甄选

早期，国外在增殖放流种类的筛选上更加关注捕捞量的恢复和经济效益，通常养殖潜力、生产能力和成本效益等经济因素是增殖放流种类首要考量因素。一般会选择种苗培育技术成熟、能够进行大批量培育，而且培育成本低、生长快、经济价值高的种类，以缩短拟放流海区的食物链，提高海区的资源量，达到资源增殖的目的。同时，适量放流一些营养级次较高的优质种类，可以提高资源的质量，优化群落结构。但在增殖放流之前，对放流海域的种间生态关系一定要论证处理好，如果确定放流高营养层次的鱼类，特别是高营养层次的凶猛鱼类，应与放流的本土弱势经济种类匹配进行，或是后者先行放流。否则本土弱势经济种类及天然渔业资源被大量蚕食，结果是得不偿失，不利于原有群落结构的稳定。总体上讲，中国增殖放流种类处于国际领先地位，这与中国水产养殖，尤其是苗种繁育技术发达、国内水产品特别是海鲜产品的庞大需求以及近海渔业资源的严重衰退密切相关。

渔业管理需求与增殖放流种类的生活史则是放流时渔业管理部门需考虑的因素。美国渔业协会 1995 年制定的负责任增殖放流十大准则第一条提及，通过应用和排序标准筛选增殖放流种类，一经选定后评估其野生种群减少的原因，然后再开展有针对性的放流。Garlock 等（2017）将普通的生物学信息整合入定量模型中，建立年龄结构种群模型，通过评估预测渔获量、预测捕捞量、可捕渔获量的丰度、捕捞渔获量的丰度和总产卵群体生物量等指标来选择美国佛罗里达州海洋增殖放流种类。

增殖放流种类的选择还应考虑该种类在海区的栖息分布习性，之前很多中外学者认为不宜放流长距离洄游的种类，因洄游分布距离长而无法管理和利用，应放流一些短距离洄游或者定居性的种类。日本作为栽培渔业发展最成熟和最完善的国家，在关键生物增殖技术、牧场生态效应调查与评估、开发利用与管理模式等栽培方面做了大量系统的研究工作。目前，日本已把过去“一代回收型”的栽培渔业理念改为“资源造成型”，放流苗种改为广布种，即洄游范围大、跨海域分布的苗种，以增强放流溢出效应，利用放流捕捞后存活下来的种鱼对渔业资源进行自然补充。增殖放流不仅要恢复商品渔业资源种类，更要增强放流海域初级生产力和各种群补充量，以恢复放流海域的生态系统。

据不完全统计，2011—2016 年，20 个国家共放流了 187 种，以日本放流种类最多（2015 年达到 72 种），我国台湾地区放流 24 种，美国放流 22 种，韩国 24 种，澳大利亚、加拿大、俄罗斯放流 6~7 种。鲑鳟鱼类是国外增殖放流的代表性物种，在美国、加拿大、韩国和日本等国家开展了 7 个种的增殖放流工作，包括粉鲑（*Oncorhynchus gorbusha*）、红鲑（*O. nerka*）、银鲑（*O. kisutch*）、王鲑（*O. tshawytscha*）、白鲑（*O. masou*）、硬头鳟（*O. mykiss*）和大西洋鲑（*Salmo salar*）。大西洋鲑和细鳞大麻哈鱼的人工繁育、增殖放流被列入美国和加拿大的濒危种类保护法案。美国、苏格兰、挪威、英国主要增殖放流种类还有美洲西鲱（*Alosa sapidissima*）、美洲拟鲽（*Pleuronectes americanus*）、鳕（*Pollachius virens*）等。

2）增殖放流技术研发

增殖放流过程中，涉及种苗繁育、种苗放流规格和规模、放流水域与放流时间、放流标记与效果评估等技术环节。国外在增殖放流过程中，从苗种繁育与质量管控、标志与放流技术以及评估管理决策方面开展了系统深入地研究，积累了丰富的实践经验。

苗种繁育与质量管控：国外在增殖放流苗种繁育及其质量管控等方面随着管理体制与技术研究的不断深入而逐渐得到加强，基础研究对于增殖放流实践和渔业管理起到了重要的指导作用。

国外在鲑鳟育苗技术上开展较早，尽管早期的鲑鳟繁育及放流没有达到预期的保护目标，但苗种繁育技术的突破为目前鲑鳟养殖推广做出了重要贡献。鲑鳟苗种繁育可大致分为4个阶段，即①起步阶段，自19世纪70年代中期至20世纪30年代初。②苗种繁育规模减小注重天然繁育阶段，自20世纪30年代中期至60年代初期，从单纯的育苗放流转向将人工繁育与自然生产相结合。③繁育规模减小与增殖养护阶段，自20世纪60年代中期至90年代初，美国开始发展天然鲑鳟幼体批量保育技术，一是降低成本；二是防止人工育苗导致的潜在生态风险。④保育保护兴起时期，自20世纪90年代末至当今。政府与渔业研究人员认识到因鲑鳟自然栖息地的不足而影响了天然鲑鳟的生态适应度维持，管理体制与研究从苗种繁育技术的群体养护转向天然水域关键栖息生境的保护。基于鲑鳟苗种繁育技术所需要的栖息地保护成为美国和加拿大保护鲑鳟的重点。

苗种质量管理包括繁育的各个环节，如半自然生境、一次性产卵种类的卵子催产、保育技术以及卵子人工干预孵化，直至发育成仔、幼鱼在室内、室外或水泥池或湖泊、海洋中的网箱内进行活饵投喂等中间暂养后，放流至天然水域。育苗环节严格采用无病原微生物的水体，完备的鱼类健康养殖法案（Fish health protocols for hatchery fish）涵盖了鱼类早期阶段的检疫、全面的病理诊断、治疗、疫苗及抗体技术手段等。广泛的苗种质量管控还包括对最佳放流个体的年龄、规格、放流地点等后续研究，以增加放流苗种对渔业的贡献。增殖放流苗种质量的管控还包括关注增殖放流种类的遗传效应及其生态适应性。

放流技术与策略：放流时间、地点、规格称之为增殖放流三要素，是增殖放流成功与否的关键，通常是在基于渔业资源现状和管理目标的基础上，结合放流鱼种的生活史特性、苗种存活率及其对野生种群的影响等进行确定。

早期鲑鳟的放流以仔、稚鱼为主，放流水域为其进行洄游产卵的河流。随着养殖技术的发展，放流种苗逐渐被1~2龄的幼鱼所代替，放流水域也随之更改为鲑鳟野生群体所生活的海域。英国南威尔士对褐鳟的放流时间与放流方式进行了对比研究，表明同一苗种在放流季节不同时期的放流，其存活率有所不同，避开敌害生物大量发生时的放流能提高14.9%苗种的存活率，聚点放流比散点放流方式有更高的回捕率（分别为65%和16%）。

一般来说，放流苗种的规格越大，存活率越高；然而，大规格的放流苗种培育和生产成本也将提高。研究发现规格大于 9 cm 的放流牙鲆个体成活率远大于小规格个体，对放流牙鲆的最适放流规格进行了研究，发现体长为 10～11 cm 的牙鲆存活率最高，并确定其为牙鲆苗种的最佳放流规格。

鲑鳟在特定的生活史阶段仅能生活在特定水域，若放流时苗种投放地点不能满足其特定的局部适应性要求，很难保证放流苗种的成活率。如果没有选择放流群体适合的生境，放流效果将甚微，日本对虾放流在栖息地宽阔的海域其回捕率高，另在海草茂盛的海域，其苗种存活率为海草稀少海域的 19 倍，生长速度则为 2 倍；挪威研究者发现在食物充足的海湾放流鳕幼体的效果明显好于一些食物匮乏的小海湾。此外，在放流海域苗种栖息地往往会投放人工鱼礁，可为一些岩礁性鱼类及海珍品苗种提供庇护场所，从而对苗种起到聚集和保护作用，以降低苗种的死亡率。

国外增殖放流的策略与其目标明确相关，主要增殖放流类型包括基于生态修复、增加资源量以及改变生态结构等 3 种，从而制定一系列的相应策略。放流策略需要考虑多种影响因素，如放流的季节、放流个体的大小，放流的时间（包括放流当天的时段）、放流水域的环境条件（水深，温度等）及放流密度。在放流海域的网箱或较大围隔等较少捕食者条件下进行暂养、驯化是较理想的放流策略。

标志技术：对放流鱼类进行标记，追踪其在水域中的洄游和生存情况，可科学地评估增殖放流效果，对渔业资源管理具有较强的科学指导作用。目前，鱼类放流的标志主要有 3 种方式，即物理标记、化学标记和分子标记。

物理标记主要有挂牌标记、金属线码标记、整合式雷达标记、耳石热标记和卫星标记。挂牌标记是将不锈钢和聚酯纤维等标记牌固定于标记苗种的背部与头部，方法相对简单，成本低，但一般用于个体较大的放流苗种。小型鱼类难以忍受标记牌固定时的压力，难以承受额外的代谢负担，小型鱼类标志部分易感染，容易直接导致鱼类的死亡，通常体长在 15 cm 以上的鱼类标记效果较好。雷达标记和金属线码标记是将雷达和金属线码标记注入标记鱼肌肉或腹腔内，回收后通过检测器扫描确认，应用范围广。标记鱼类的存活生长情况和标志保留率是评价该标记方法是否适用于被标记对象的重要指标。耳石热标记是在放流前对放流苗种养殖水体进行短暂的水温调控以改变耳石轮纹的生长特征，形成终生可识别标记。对 1993—1997 年夏季阿拉斯加东南部当年入海鲑科幼鱼进行来源鉴定，对其中部分鲑鳟鱼进行矢耳石热标记检测，在约 15.1%

的个体上均检测到热标记轮，并成功获取了其放流位点、标记条件等信息。该法仅仅通过调控养殖水温就能对胚胎、仔鱼耳石进行有效地大规模标记，方法简单，费用低廉。

基于卫星传输数据的PAT标志是目前国际最为先进的海洋动物标志跟踪技术，可实时记录标志对象洄游路径以及水温、盐度和深度等数据。目前，在金枪鱼、鲨鱼、鳗鲡、海龟等长距离洄游性物种中得到了广泛应用，并取得了良好的应用效果。

化学标记主要有耳石荧光标记和耳石微化学标记，主要用于有耳石的海洋生物。耳石荧光标记主要是使用与钙具有亲和性的荧光化合物作用于标记对象，使其沉积在耳石上以形成在荧光显微镜下可识别的荧光，化学标记可在具耳石海洋生物任何生活史阶段开展，包括受精卵，且耳石标志永久保存，常用标记化合物有土霉素、盐酸四环素、茜素络合物、茜素红和钙黄绿素等。标记途径有注射、浸泡或投喂，不同标记化合物标记途径效果不一样。耳石微化学标记与耳石荧光标记类似，通常在放流前将微量元素沉积于放流群体耳石上以区别于自然，主要利用耳石上Sr含量和Sr/Ca值指示其早期生活环境的差异。

自20世纪80年代以来，分子遗传学技术的不断发展为渔业遗传管理和保护提供了新的手段，近年来已成为标志放流的有效标志方法。随着分子技术的发展，扩增片断长度多态性、微卫星标记、线粒体DNA标记、单核苷酸多态性、限制性片段长度多态性等多种分子标记技术被应用于增殖放流群体的研究。

3）增殖放流容量评估

增殖放流容量评估是研究最佳放流数量的前提，能够回答生态系统中是否有生态容量可容纳放流群体，这是增殖放流是否有必要开展以及能否取得预期效果的前提条件。增殖放流指不断地向增殖水域的生态系统增加增殖品种（种类或数量），当某一种经济水生生物其资源量衰退后，其生态位是留空还是被其他物种取代占用，所放流的种类是否数量足以避免其捕食者的影响这些问题，与这些问题密切相关的是渔业资源的补充机制。其次，放流种类的生长多是密度制约性的，其在海域中的食物竞争不容忽视，而放流种与野生种及其生态位竞争种在生长率方面可能同时受到生态容量制约。日本、墨西哥湾、欧洲西北部鲆鲽类成功的增殖放流经验很可能与其生态容量利用较好相关。

资源增殖的首要目标是在不损害野生资源的前提下增加整个种群的规模大小和提高种群的生长率。在许多情况下，并不一定要直接测定生态容纳量的绝对值（也难以测定），可以用一些指标观察容纳量的相对变化。容纳量是一个涉及多方面的综合概念，自然因素（地理位置、环境、生物和非生物资源）、社会经济因素（渔业管理法规、产业结构）、人为因素（人口数量及素质、人类活动的影响）以及主观因素（评价方法、评价指标、操作手段等），容纳量的评估具有主观性。在容纳量的研究方面，目前没有成熟的、实用的定量化方法，而海洋方面的容纳量较之陆域方面的研究，更是存在诸多明显不足。

增殖放流中，拟放流海域的生态容纳量及放流数量是影响增殖放流成效的重要因素。生态容纳量本身是一个动态变化的过程，种群的时空变化和沿岸生态环境变化是生态容纳量的重要调控因子，当前的生态容纳量计算多从静态的模型或现场实测出发。增殖放流前有必要对海洋生物栖息地的生态容纳量进行研究，并在进行任何规模的放流前对目标种群的生态位进行考察。

增殖放流目标种的饵料是否充足对增殖放流取得成效至关重要，饵料生物受限成为一些海域增殖放流不成功的主要原因。目前许多尝试将营养物、浮游植物和浮游动物等及放流目标种的饵料种类整合入生态系统生态动力学模型中，探索科学有效的增殖容量评估方法，如 Ecopath 模型。近海增殖容量方面的研究目前仍较少，主要受限于环境、生物及生态系统的复杂性。增殖放流种类在海区的容纳量可参考养殖方面的开展进行深入研究。在浅海关于养殖容量的研究方法主要包括以下几种。

（1）经验研究法：结合养殖实验多年的养殖面积、产量、密度及环境因子的历史数据，估计养殖容量。该经验值受限于养殖技术和种类，存在一定的偏差。

（2）生理生态模型：在测定单个生物体生长过程中所需平均能量的基础上，通过估算养殖实验区的初级生产力或供饵力所能提供的总能量，建立养殖生物的养殖容量模型。用于增殖放流种类的容量计算时，由于放流海域的生物种类太多，且食物关系错综复杂，需要做适当简化，只能以放流目标种和放流海域群落优势种为研究对象，综合运用统计模型和现场实测、实验等技术手段进行估算。基于经济水生生物食性和资源量评估的结果，结合饵料生物的资源量等结果，可以估算当前鱼类和虾类的饵料生物利用状况以及拟放流鱼类的饵料可利用状况。

（3）生态动力学模型：基于生态通道（Ecopath Ⅱ）模型的改进，生态动力学模型从物质平衡的角度对不同营养层次的生物量进行估算，这对估算某海区的增殖品种及其生态容量纳量更具可行性。基于 Ecopath 模型模拟的结果容纳量强调的是理论最大限制值，但广泛采用的最大持续产量（MSY）理论，当MSY等于生态容纳量一半时，增殖生物生长率较高。

（4）现场实验：通过现场测定养殖生物的生理生态因子及环境参数，计算养殖生物瞬时生长率为零时的最大现存量，即生态容纳量。此方法数据来自现场实验，适用于小面积海域的生态容纳量计算。美国十分重视增殖放流容量评估，科研人员认为在放流之前需要对放流水域和生态容量进行基础调研，对放流区域的生态容量和合理放流数量进行科学的计算。调研内容主要包括放流水域的初级生产力及其动态变化、食物链与营养动力状况，从而有针对性地确定放流物种的数量。目前，美国的生态容量主要是通过评估饵料食物、环境承载力的方法来进行增殖容量评估。例如，通过初级生产力调查和生态容量评估，确定放流水域中饵料生物所能支撑的鲑鱼数量，然后根据气候变换对放流规模进行动态调节。在海洋初级生产力水平较低的气候异常年份，如厄尔尼诺现象发生时，大规模放流人工繁育苗鲑鱼种群不仅不利于流域中野生资源群体的恢复，还会给其带来诸多不利影响。由于该时段增殖水域的饵料供给明显不足，大规模放流人工繁育苗种，必将引发增殖群体同野生种群间的饵料竞争，大幅降低野生资源群体的摄食成功率和存活率，进而加速该种类野生资源群体的衰退速度，所以在这些年份就要控制放流规模以保护野生自然种群。

4）增殖放流效果评价

增殖效果评估结果可以帮助增殖养护规划者选择以合理的成本取得实质性成果，为今后增殖放流的科学开展提供重要的参考依据，以便及时调整增殖养护策略。增殖放流的目标多样，有的是为了获得较高的商业捕捞价值，有的是为了保护物种种类、维护生态平衡，也有的是为了社会效益，如休闲渔业、提供宗教需求等。根据目标的差异采用不同的评价方法。一般来说，渔业资源增殖放流与管护效果主要是通过生物条件（放流幼体数量、成体洄游返回数量或繁殖群体保护数量）以及经济条件（渔业价值增加或公众受益）来衡量。

经济效益评价：经济效益最直接也较容易评估。鲑鱼增殖放流计划吸收了大量的经济资源，在商业捕捞、娱乐性捕鱼或资源保护方面提供了实质性利益。在美国西海岸，增殖放流使鲑鱼种群的数量得到显著恢复和提升，增加了鲑鱼的产出，目前商业捕捞的鲑鳟鱼类中80%以上来自于增殖放流，发挥了重要的经济效益。自20世纪70年代，阿拉斯加东南部区域建立了第一个现代鲑鱼孵化场开始，到现在已经有15个生产型孵化场和2个研究型孵化场。记录表明从2005—2009年每年放流4.74亿~5.8亿尾（平均5.17亿）鲑鱼幼体。

在此期间，该区域每年商业捕捞的鲑鱼数量也从 2 800 万增加到 7 100 万尾（平均 4 900 万尾）。在这些商业捕捞鱼类中，王鲑、银鲑和白鲑来自于孵化场的贡献比例分别平均为 19%、20%和 78%。自增殖放流连续开展以来，阿拉斯加大部分地区来自孵化场和野生的鲑鱼种群都保持了较高的海洋存活率，捕获量也在过去的 20 年中取得了创纪录的收成。

社会效益评价：社会效益主要体现在社会公众的认知程度，尤其是在孵化场、鱼道以及拆除大坝的生态恢复现场进行的各种公众科普宣传展示上，增强了公众保护资源与环境的意识，带动了休闲渔业和游钓业的发展，也使部分渔民得到了实惠，一些孵化场和过鱼设施还能作为旅游景点成为公众的娱乐休闲场所。另外，鲑鱼对于美国土著印第安人来说具有非常重要的文化象征意义，鲑鱼的洄游既有生命的现实意义又有神圣的宗教意义，增殖放流工作能够让他们有更高的认同感。

生态效益评价：生态效益评估更加注重放流物种的种群保护、生物多样性的维持、生态系统的平衡。增殖放流一方面避免了特定水域鲑鱼野生种群的枯竭甚至灭绝，发挥了极其重要的生态效益；另一方面由于鲑鳟鱼类在陆地和水生生态系统中都扮演着重要的角色，是物质和能量循环的重要载体，当鲑鱼洄游到其出生地产卵然后死亡，它们能够从海洋环境带来大量的营养物质到河流之中，从而为这里的动植物提供营养，增殖放流对于维护河流生态系统的营养传递发挥了非常重要的作用。

美国一些学者对渔业资源养护的生态效益评价常采用替代分析方法。当渔业资源养护的动机是难以赋予经济价值的多用途目标时，结果仅以生物单位表示（例如，返回产卵亲体的数量或某些生活史阶段的存活率增加）。在这种情况下，进行替代项目或设施设计的成本-效果分析（CEA：Cost-Effectiveness Analysis）发挥着主要作用。成本-效果分析揭示了哪些项目为所发生的成本提供了最好的效果。当项目成本和经济效益估计都可用时，增殖养护项目可以通过收益-成本分析（BCA：Benefit-Cost Analysis）进行评估。收益-成本分析方法最适用于对人们具有价值的鲑鱼增殖养护或保护方案。为了更好地告知决策者，可能需要通过评估诸如区域就业或收入影响等其他后果来加强 BCA 和 CEA 的效果评估，以说明更广泛渔业增殖所带来的社会经济效果。

全球范围内，增殖放流品种的回捕率平均在 8%或以下，各放流种类或实践中存在较大的变化，码头上岸渔获调查是定量回捕效果有效途径。分子技术的发展和其在增殖群体判别中的应用，促进了增殖放流效果评估的进步，目前分子标记法有 RAPD、微卫星、mtDNA、RFLP、AFLP 等方法，有关学者利用线粒体标记技术对褐牙鲆的增殖放流进行研究，成功追踪到了放流后的牙鲆个体。

5）增殖放流生态风险预警

增殖放流取得显著经济效益的另一面却也给放流水域的生态环境带来了诸多生态风险，通过风险评估知道系统的潜在风险，通过风险分析和风险防控进而制定具有针对性的管理策略，提升增殖放流的工作成效。增殖放流所带来的潜在生态风险包括：

遗传基因丧失：美国的育苗孵化场大多都是从野外自然水域中捕捞繁殖亲体进行繁育，放流子一代，但是在对鲑鱼人工孵化放流的相关研究中，很多学者也指出了其潜在的遗传基因风险。在自然水域环境中释放人工养殖鱼类的潜在遗传基因风险大致主要可分为 3 类：一是繁育场对人工养殖鱼遗传基因的影响；二是人工孵化鱼对野生鱼的直接影响；三是养殖鱼对野生鱼的间接影响。这些影响通过诸如生态位竞争、疾病传播和增加野生自然种群死亡率等过程发生，所有这些过程都导致野生种群的变化。

育苗场对人工养殖鱼遗传基因的影响。在放流鲑鱼过程中实施的收集、繁育、饲养和放流过程，通过两种方式导致野生种群遗传多样性的改变或者减少。①随着种群规模的减小，群体中遗传变异的随机损失增加。遗传变异的缺失可能导致近亲繁殖和相关的适应性下降，称为近亲繁殖抑制。②育苗环境可能是野生条件的一个拙劣的模仿者，并且孵化鱼可能通过一种称为驯化选择的过程来适应它们的环境。这两种效应的结果可能最终导致基因改变的种群的释放从而对野生种群产生负面作用。

人工养殖鱼对野生鱼的影响。如果人工繁育措施导致圈养种群的遗传组成发生变化，那么这种变化同样会对野生种群产生负面影响。野生种群能够通过与不适合野外环境的养殖鱼类杂交来影响野生种群的特性。导致自然种群有效群体大小的改变，或者繁育能力的衰退以及群落结构的变化，最终导致濒危野生种群的减少甚至灭绝。

当放流群体与野生群体存在较大的遗传差异时，会出现远缘杂交的情况，即各亲本具有的适应当地生境的特有等位基因组合遭到破坏，导致杂交后代适合度和适应性水平锐减，具体表现为抗病力越来越差、生长速度缓慢。研究表明远缘杂交后代的适合度比正常交配后代的适合度下降约 40%～50%。当增殖放流群体数量明显高于野生群体数量时，杂交会出现遗传同化现象，即野生种群作为小种群一方与逃逸或放流群体这种大种群的个体交配，干扰了野生种群个体之间正常交配，其后代数量越来越少，最终将被“大种群”（逃逸和放流群体）“稀释”掉，小种群遗传特异性趋于减弱或丧失。正常情况下，挪威大西洋鲑增殖放流幼体经过两年达到性成熟并进行洄游产卵活动，野生种群完成上述过程只需 1 年。然而当增殖群体与野生种群发生基因交流，野生种群与放流种群个体发生遗传同化，造成部分野生大西洋鲑个体的繁殖洄游时间推迟 1 年，繁殖补充能力变差。

当增殖放流群体与野生群体同属，或者遗传差异较小时，会出现近缘杂交现象。研究表明，即使是少量的近交行为也会使野生种群生长率、繁殖力和生存力严重下降，致使其后代的遗传多样性无法完全反映野生种群的遗传背景，生态适应能力会明显降低。随着虹鳟人工繁育世代数的增加，其在自然水体中的遗传力会呈指数式下降，大约每经过一代人工繁育过程，其遗传力降低为 37.5%；而且野生虹鳟个体与人工繁育的杂交一代个体进行杂交后，其后代的繁殖能力仅相当于野生个体的 1/2。

种群平衡压力：对于增殖放流活动的开展通常有两个假设前提：第一个假设是，放流增加了物种在某个关键生活史阶段种群的数量和存活率，而这一阶段在野外自然生境中其种群数量受到限制，并且在后续其他生活史阶段的生长没有受到限制；第二个假设是，野生自然群体和人工繁育群体之间没有显著的相互作用。然而，现实的情况并非如此，放流群体和野生群体之间会有明显的竞争关系。个体获得和保留高质量摄食区域的能力取决于许多相互关联的因素。较大的鱼比较小的鱼更有优势，很小差异就会产生相反结果，领地占有也强烈地影响竞争。由于溪流的食物和空间有限，鲑鱼幼体之间高度竞争。即使在一些捕鱼压力下，从砾石中浮出的幼鱼也远远多于溪水所能支撑的数量。因此，对于这些物种来说，如果足够数量的繁殖亲体返回产卵，则真正限制其数量的是位于生活史早期的幼体阶段。因此，由于竞争激烈，将人工孵化产生的大量鱼苗放入溪流可能不会增加降海洄游的个体数量，反而可能会由于放流群体的竞争关系，导致野外自然繁殖群体数量的降低。

虽然大多数关于野生和人工孵化生产的鲑鱼相互作用的研究都强调竞争，但捕食是另一个重要的生态相互作用。鲑鱼幼体取食无脊椎动物（例如，溪流中的昆虫和湖泊中的浮游动物），但是一旦它们达到 10~20 cm 就会取食更多的其他鱼类。在淡水和海洋的研究中发现银鲑是粉鱼和白鲑的重要捕食者。银鲑（通常长约 10~12 cm）可以比较容易地取食其他物种新孵化出的幼苗（约

3~4 cm）。

增殖群体通常会与野生种群、同处相同营养级的其他野生种群在空间和食物等方面产生竞争，威胁野生种的生存。人工繁育苗种被放流入海后，如放流种群的规模较大，会造成同生态位的野生种群资源密度降低、生存空间格局发生改变，严重时会使野生种群发生区域性灭绝。研究表明，新西兰水域放流的褐鳟，其比同生态位的南乳科鱼类适应力更强，造成南乳科鱼类正在逐渐消亡。若增殖放流品种是营养级别较低的浮游生物食性鱼类，浮游生物的生物量和物种丰富度将会降低，这一现象在德国境内所有湖泊内得到验证。对营养层次较高、凶猛的肉食性苗种进行大规模的增殖放流，可降低低营养层次的鱼类的生物量和物种丰富度，对增殖水域原有食物网结构造成破坏。如密歇根湖湖区鲑鳟经过约 70 年的增殖放流，放流水体中肉食性鱼类与浮游生物食性鱼类的比值由 1∶8 升高至 1∶1.3；高营养级别生物的饵料生物种类已由 8 种降至 3 种。

兼捕误捕影响：当增殖放流成功地产生大量用于捕捞的鲑鱼时，增加捕捞力量相应的对自然水域中其他野生鱼类的捕捞也相应加强，而混合捕捞力量的增加对生态系统中其他水生生物的生存能力构成非常严重的威胁。从 20 世纪 90 年代开始，人们越来越认识到这个问题，主要是因为对放流鱼苗的标志数据更加完善，对野生鱼类资源的关注日益增强，导致大西洋和太平洋的捕捞政策发生了重大变化。保护野生鲑鱼的政策已导致混合捕捞的捕捞力量显著降低，从而使得在淡水生境仍然适宜、海洋条件有利的地方，野生种群数量逐渐增加。在不影响野生种群的情况下应该允许人们选择性捕捞那些增殖放流的渔业资源，这也许是资源利用的有效手段，然而现在仍然有许多讨论和争议。这些努力是否会取得成功还有待观察，如果结果证明是负面的，相应地通过减少或改变捕鱼量来进行调和。

疾病传播危害：疾病传播虽然是一个令人关注的重要领域，但是只有少数有充分记录的案例表明人工孵化放流的鲑鱼直接影响野生种群的健康或疾病状况。然而，这仍然是一个相当大的有争议的领域，也是需要进一步研究的不确定性的科学要素。然而，有几种潜在的机制可以通过人工繁育场影响野生种群的疾病状态，包括：①外来病原菌的引入；②人工繁殖鱼类群体地方性病原体的扩散；③带病个体的放流；④养殖场有可能作为长期感染的蓄水池持续释放病原体引发野生鱼之间的感染；⑤释放对野生种群抗病性的遗传效应；⑥养殖场水体未经处理流入自然水域，富营养化的水体能够为各种病原体暴发提供合适的生态环境。

鲑鱼的疾病传播感染可能发生在流域、河口和海洋等野生和放流的鲑鱼种群共同生存的地方，许多相同的病原体将由两者共享。虽然养殖场的处理措施可能对野生鱼类的疾病水平产生影响，范围从破坏性（例如，引入外来病原体）到没有影响，但是养殖场中各类疾病的来源总是来自水环境本身或感染源。此外，合理的管理措施和有效的疾病控制策略对降低野生种群的疾病风险具有很大作用。有研究表明合理的放流当地种群能够降低外来病原体所带来的威胁。然而，需要进一步的研究来提供信息，以便更好地理解和量化鱼类自然群体中感染疾病的风险。

（二）人工鱼礁

1. 发展简史

据 FAO 统计，目前已有 64 个沿海国家开展了人工鱼礁建设，资源增殖种类逾 180 个，取得了显著成效。亚洲有日本、中国、朝鲜、韩国、马来西亚、新加坡、泰国、菲律宾、印度尼西亚、印度等；美洲有美国、加拿大；欧洲有英国、法国、德国、意大利、西班牙、葡萄牙、荷兰、芬兰、罗马尼亚、波兰、俄罗斯、土耳其、希腊等；大洋洲有澳大利亚。

世界范围内的人工鱼礁建设起源于 19 世纪末西方国家的“sea ranching”。1884 年起，为了应对由于片面注重发展工业经济以及蒸汽船舶性能提高等导致的海洋野生鱼类资源衰退，挪威、美国、英国、丹麦、芬兰等国纷纷开展沿海鳕、鲽等鱼类资源增殖。20 世纪 60 年代末，200 海里专属经济区动议迫使远洋渔业强国回归和经营本国沿岸海域，日本在沿岸海域大规模实施栽培渔业。20 世纪 70 年代以来，日本、韩国、美国、挪威、俄罗斯、西班牙、法国、英国、德国、瑞典等世界海洋发达国家把发展海洋牧场作为振兴海洋渔业经济的战略对策。

日本政府在 1932 年就制定了“沿岸渔业振兴政策”，第二次世界大战以后就逐年在其沿岸海域投放人工鱼礁，1950 年日本投资 340 亿日元沉放 10 000 艘小型渔船建设人工鱼礁渔场，1951 年开始用混凝土制作人工鱼礁，1954 年将建设人工鱼礁上升为国家计划。此后 40 多年，日本持续投放人工鱼礁群 5 886 座，礁体总空方量 5 396 万空方，总投资约 100 亿美元，已在近海的 107

个地方建设人工鱼礁区 4.67 万 km^2，全国 47 个都道府县中已有 40 个开展人工鱼礁建设，全国近岸海域渔场面积的 12.3%已成功建设了人工鱼礁，实现了“海底田园化”，鱼群在牧场中已经可以进行管理。日本海洋牧场成功建设的经验，一是 1975 年颁布《沿岸渔场整修开发法》，使海洋牧场建设以法律的形式作为国家政策来实施，保障了产业的持久发展；二是设立专门的人工鱼礁与海洋牧场研究机构，开展系统的科学研究，有效支撑海洋牧场大规模建设；三是制定沿岸治理渔场整修规划，设立专项资金用于渔场环境改良、藻类栽培和资源增殖。

韩国从 1971 年开始在沿海投放人工鱼礁，1973 年开始大规模建设人工鱼礁。京机道和忠清南道是韩国人工鱼礁建设的两个主要区域，1988—2000 年的 13 年间，京机道已建设了 11 处人工鱼礁区，建造面积 2 188 hm^2，占全国已建鱼礁面积的 11.8%，投资 91 亿韩元，其中中央政府投资 66 亿韩元，京机道投资 24 亿韩元。此后韩国每年都在沿岸水域设置各种类型的鱼礁 5 万个以上。1971—2007 年，投放鱼礁的海域面积达到约 19.8 万 hm^2，投资约 7 661 亿韩元，2010 年全国沿岸建设鱼礁渔场 1 016 处，投放鱼礁 1 343 078 个。韩国的人工鱼礁建设投资项目在水产业作为单项预算，主要由政府出资，国家和地方共同承担（国家 80%，地方 20%），约占水产业总预算的 6.5%。韩国人工鱼礁建设的核心技术体系，包括海岸工程及人工鱼礁、鱼类选种和繁殖及培育、环境改善和生境修复、海洋牧场管理经营等 4 个方面的技术，突出了海洋生态系统水平管理。韩国统营海洋牧场的建设取得了较好的效果，牧场区渔业资源量大幅增长，已达 900 多吨，比项目初期增长了约 8 倍。海洋牧场示范区的建设，也使当地渔民收入不断增加，从 1998 年的 2 160 万韩元提高到 2006 年的 2 731 万韩元，增长率达 26%。

美国在第二次世界大战后开始大规模投放人工鱼礁。1935 年，热心海洋的体育性捕鱼者在新泽西州梅角附近建造了世界上第一座人造鱼礁，1936 年，里金格铁路公司在大西洋城疗养中心建成了另一座人造鱼礁。第二次世界大战后，建礁范围从美国东北部逐步扩大到西部和墨西哥湾，到夏威夷。1968 年美国政府提出建造海洋牧场计划，1972 年通过 92-402 号法案，以法律形式保障人工鱼礁的发展后，近海鱼礁规模有了很大发展。20 世纪 70 年代，美国联邦政府开始启动人工鱼礁科学研究计划，1972—1974 年在加利福尼亚建成巨藻海洋牧场，1980 年通过在全国沿海建设人工鱼礁的公共法令，1984 年国会通过了国家渔业增殖提案，对人工鱼礁建设进行了规定，1985 年《国家人工鱼礁计划》出台，将人工鱼礁纳入国家发展计划。美国沿海各州掀起了人工鱼礁建设的高潮，并得到财政资金的支持，至1983年就建造1 200个鱼礁群，每个礁群的体积均有数万立方米，遍布水深60 m以内的东西沿海、南部墨西哥湾、太平洋的夏威夷岛等海域，礁区的渔业生产力为自然海区的11倍。以美国佛罗里达州为例，截至2016年，已经持续开展了36年的人工鱼礁建设，礁体投放在沿岸的3 170个地点，投放水深从1. 2~100 m，仅2016年就投资了1 140万美元进行了人工鱼礁建设，投放的人工鱼礁类型包括沉船和钢筋混凝土礁体。由于人工鱼礁的建设，美国沿海鱼类资源量增加了42倍，沿岸新增了大批休闲渔业游钓点，全国海钓爱好者从1982年的2 000万人增加到近年的8 000万人，年收入380多亿美元，是常规渔业产值的3倍，游钓渔业为120万人提供了就业机会。美国海洋牧场的核心技术体系，是通过投放鱼礁、藻礁和藻场修复，实现了生境改造、资源增殖和休闲渔业产业化。美国计划今后将人工鱼礁的投放海区由近海逐步扩展到外海。

澳大利亚认识到人工鱼礁会改善环境，但没有长远规划，也没有大量投资，主要是结合潜水、游钓观光，沉放退役军舰和废旧船只、废轮胎等作为鱼礁。1974年澳大利亚开始在悉尼以南约30 km的波特赫金近海投放了70万个废轮胎建设人工鱼礁区。2005年在布里斯班近海炸沉长133 m的“布里斯班”号驱逐舰作为人工鱼礁，并结合已沉放的15艘旧船形成了人工鱼礁群，发挥了良好的旅游功能。据估计，沉船鱼礁每年吸引1万名潜水、游钓爱好者，可以带来2 000万澳元的旅游收入。近年来，澳大利亚结合游钓休闲旅游发展，针对性地在沿海多个海域开展人工鱼礁建设。

亚洲其他国家如马来西亚、泰国、菲律宾等国投入资金不多，投礁数量也不多，大部分是投放废旧船、废轮胎等作鱼礁，只有少量的钢筋混凝土鱼礁，有些甚至用竹、木、石块作鱼礁。意大利比较重视人工鱼礁建设，政府和民间团体共同投资，有组织、有计划、有管理地投放鱼礁，除了利用废船、废轮胎外，还把废煤灰也利用起来，设计煤灰和混凝土混合鱼礁。

当前，国际上人工鱼礁建设主要形成了3方面的特点：一是基本上形成了从政府到民间广泛而深入的多层次参与；二是大多从国家层面上对人工鱼礁建设做了宏观上的长远规划；三是高度重视人工鱼礁建设技术研究和应用。

2. 主要技术进展

国际人工鱼礁核心技术体系也可分为3种代表类型：一是日本研发和应用

现代生物工程技术、电子学技术等先进技术，实现鱼群在人工鱼礁中随时处于可管理状态；二是韩国开发海岸工程及人工鱼礁、鱼类选种和繁殖及培育、环境改善和生境修复、人工鱼礁管理经营 4 个方面的技术，突出了人工鱼礁生态系统的管理；三是美国研究人工鱼礁综合建设技术，通过投放鱼礁、藻礁和藻场修复，实现生境改造、资源增殖和休闲渔业产业化。

1）人工鱼礁材料选择

人工鱼礁制作材料多种多样，天然材料有石块、木材、金属；废旧材料有轮胎、船只、车辆、飞机、坦克等；建筑材料有混凝土、钢板、工程塑料；另外还有其他复合型材料等。1999—2001 年，韩国学者对 PVC、钢材和混凝土 3 种不同材质的鱼礁进行了连续 3 年的比较研究，结果表明：钢制鱼礁上的底栖生物附着率比混凝土和 PVC 均高出约 1/3，PVC 材料鱼礁的附着率略超过混凝土礁 5%。连续 3 年对美国长岛海域的粉煤灰和普通混凝土鱼礁进行监测，结果发现：两种材料鱼礁对生物的附着影响效果相似，生物数量和覆盖面积区别较小，粉煤灰礁体并没有产生负面作用。对比分析混凝土和石油灰材料人工鱼礁的生物聚集效果，发现两种材料对生物的聚集没有显著不同，混凝土礁体附近毛鲇鱼和石鲈出现频率较高，石灰油礁体附近甲鱼出现频率较高。韩国利用铝合金流电两极方法进行钢制鱼礁的防腐蚀焊接，这种礁体能够在松软的底质防止沉陷和倾覆，具有良好的稳定性，通过测算得到该鱼礁的寿命可延长至 60~70 年。废弃贝壳礁已成为日本人工鱼礁的一个发展方向，有关学者在不锈钢管里填充扇贝壳，并将其放置在四棱台框架内。美国的贝壳礁材料主要是牡蛎壳，将牡蛎壳铺设在近岸海底制作牡蛎礁。多种废弃物如交通工具、军用设施、石油平台等也经过改造后作为人工鱼礁使用。美国的路易斯安那州有世界上最大由废弃石油平台改造的人工鱼礁，墨西哥湾退役石油平台改造的人工鱼礁发挥了良好的生态功能，已成为墨西哥湾休闲渔业的重要支柱。2002 年美国将退役“格罗夫”号经过改造后沉入海底。1994 年，阿拉巴马外海海区沉入了大量的退役坦克，1995 年，飓风袭击佛罗里达沿岸，大量的小型鱼礁被飓风移动，坦克投放附近海域的生态破坏并不明显。但是有些国家认为轮胎析出物会破坏生态环境，因此对是否准许废旧轮胎鱼礁的投放各国政策有所不同。

2）人工鱼礁结构选型

鱼礁设计和建造中需要根据投放目的以及投放区域的生物资源状况确定人工鱼礁礁体的结构和配置方式，包括礁体的开口、表面积、形状、高度、朝向、投放密度、渔获方式等，这些因素决定了人工鱼礁增殖和诱集鱼类的效果。日本的人工鱼礁已有 300 多种形状，而且还在不断研发新型鱼礁。日本的人工鱼礁类型，按照鱼礁的不同功能和作用，划分为资源增殖型鱼礁、环境改善型鱼礁、渔获型鱼礁、游钓型鱼礁和防波堤构造型鱼礁等；按投放水层分为底层人工鱼礁、悬浮式人工鱼礁等；按鱼礁材料不同分为混凝土鱼礁、钢材鱼礁和混合型鱼礁等，并且还利用废旧船只、轮胎、汽车、石块等作为建礁材料。此外，德岛县、高知县等地也开发了悬浮式鱼礁，以诱集金枪鱼、鲣等中上层鱼类。人工鱼礁的形状也多种多样，如方形礁、三角形礁、台形礁、梯形礁、十字形礁，圆形礁、塔形礁、管状礁、平板礁等，以便于适应各种海洋生物附着生长和繁殖，为不同体形和大小的鱼类提供栖息、索饵、防敌避害和生长繁育的良好环境。为了更合理地建设人工鱼礁，日本开始建设高层鱼礁，高层礁具有稳固性和位置不易发生移动的优点，其高度可达 40 m，体积可达 3 558 空方，重量可达 121 t，有的礁体的高度甚至可达 70 m。

人工鱼礁投放后会对礁体周围的流体产生一定的作用，在礁体周围产生流态效应、阴影效应和饵料效应等，鱼礁产生的一系列效应和礁体自身结构密切相关，为筛选出结构合理的礁体，发挥礁体结构性能，国内外学者在水动力学、生物行为学方面对礁体结构进行相关研究。研究发现：鱼礁渔场中鱼类的行为主要是由饵料密度、避害空间及索饵欲求等生理因素决定的，避敌、索饵和休憩是幼鱼的主要活动。日本学者利用鱼探仪、水下摄像和潜水方式对礁区鱼类的昼夜活动规律研究发现，真鲷在小型单体礁排列组成的鱼礁群中数量较多，不同结构鱼礁诱集鱼类的种类和规格不同，构造越复杂的鱼礁诱集的鱼类种数和生物量越多，因此，集鱼型礁体应具有结构复杂多变的特点。

日本学者首先在人工鱼礁水动力特性方面开展了一系列研究：①利用水槽和风洞实验，研究三角柱、立方体、四角锥鱼礁模型的流场流态；②分析鱼礁投放后的定常层流水域的流场变化；③研究浅水区鱼礁在波浪作用下的局部冲刷和下陷，发现鱼礁形状对局部流有显著影响，并决定着局部冲刷程度，因此，海流特征是人工鱼礁选型中考虑的一个重要因素。

3）人工鱼礁组合布局

单位鱼礁规模对礁区内生物的群落结构和动态存在影响，相邻鱼礁群之间的间距同样会影响彼此间的生物因素分布和变化，为防止鱼类从一个鱼礁群游到另一个，相邻鱼礁群的距离最好超过鱼类感知鱼礁距离的 2 倍，因此，鱼礁的配置规模和礁体布局方式是人工鱼礁能否发挥理想效果的重要影响因素。日本学者提出，单位鱼礁规模至少达到400空方，才能发挥实质效应。日本在新潟县的人工鱼礁区利用三重刺网进行捕鱼试验，试验礁区总面积180 000 m^2，鱼礁结构是高度和直径均为1 m的圆管型，根据渔获试验，鱼礁至200 m以内的海区渔获量最高，距鱼礁200~400 m范围海区的渔获高于距礁400~800 m海区；在北海道大型鱼礁区的三重刺网捕获试验则发现，斯氏六线鱼、塔氏鲳在鱼礁中部至370 m范围的渔获量占48%，距礁370~470 m范围的渔获量占27%。

4）人工鱼礁生态效应

投放人工鱼礁的目的是为海洋生物提供庇护、索饵、繁殖、育幼等场所，其根本宗旨是修复生态环境，保护增殖渔业资源，人工鱼礁投放后对海区生物环境和非生物环境的影响一直是国内外学者研究的重点方向。Faleao等对位于葡萄牙南部的人工鱼礁区进行跟踪监测，监测内容包括叶绿素 *a*、无机氮、硅酸盐、磷酸盐、有机碳、无机碳等环境指标，监测结果显示：礁区沉积物中的叶绿素 *a* 和有机碳有明显变化，氮和有机碳含量高出建礁前4倍，水体中叶绿素 *a* 和营养盐的含量也比对照区高。日本学者对沿海人工鱼礁区生物资源研究发现：青森县岩崎海域的鱼礁区内，枪乌贼、许氏平鲉等鱼的资源量比投放礁前增多，神奈川县沿海的几处鱼礁渔场的竹荚鱼、鲈等也比投礁前增多。Kjeilen等对我国北海废弃石油平台鱼礁进行了5年的监测，发现石油平台上附着大量生物，平台周围鱼类明显增加。Massimo等对亚得里亚海北部废弃钻井平台改造的人工鱼礁进行水下摄像和礁体取样，发现平台上被大量贻贝和牡蛎所覆盖。人工鱼礁区附着生物、底栖生物及鱼类的群落的演替和季节变化的研究发现，红海北部埃拉特湾，投礁后第二天就出现了三点光鳃鱼和稀带蝴蝶鱼，投礁后的7个月内，鱼类种类逐渐增多；在意大利罗亚诺礁区，投礁6~8个月后群落结构趋于稳定；在人工鱼礁区内幼鱼和成鱼的个体数量具有明显的垂直变化、昼夜变化和季节变化。而底栖生物的群落演替是渐进的过程，即使在热带，要形成一个丰富的生物多样性鱼礁群落，也至少需要10年。

人工鱼礁生物附着技术：鱼礁材料的质地和组成影响鱼礁的性能。混凝土、钢铁、废旧船舶、橡胶、木材甚至煤灰粉都曾被用作鱼礁的材料。礁体材料本身要有一定的寿命，根据国外的经验，人工鱼礁的礁体寿命至少应该在20年以上。鱼礁材料和海水发生化学反应所产生的腐化，往往导致鱼礁材料的不稳定。例如，常因为钢铁等材质的腐蚀而导致鱼礁解体，或者因为鱼礁部件连接部位处的螺母和螺钉被腐蚀而导致解体。最近，韩国在钢制鱼礁建造中采用了铝合金流电两极方式进行防腐蚀焊接，据测算可使鱼礁寿命延长至60~70年，并且因为在同体积鱼礁中钢制鱼礁的重量较轻，适合松软的底质，不易下陷和倾覆，稳定性能好，几乎可以发挥半永久性的人工鱼礁功能。钢制鱼礁是近年来顺应鱼礁深海化、大型化的趋势，是国外大力发展的鱼礁类型。一些研究表明，钢材释放出浮游植物所必需的铁离子，容易使海洋生物附着。韩国对钢材、混凝土和PVC 3种不同材质的鱼礁进行对比研究表明，钢制鱼礁的底栖生物附着率比另外两种材料均高出1/3左右，PVC材料鱼礁的附着率比混凝土礁略高5%。

人工鱼礁生态诱集技术：具有一定结构设计和配置的人工鱼礁投放后，礁区流场的改变提高了营养盐和初级生产力水平，并具有一定的流场效应和生态效应。人工鱼礁诱集和增殖渔业资源的生态效应主要是通过人工鱼礁的流场效应来实现的。目前的研究一般都集中在潮流主流轴和稳定的海流作用下的流场效应，而关于波浪作用的研究较少。日本通过对24个鱼礁区波浪与鱼类关系的调查，建立了以下的相互关系：①波浪高度与鱼礁所诱集生物的多样性及生物量；②波浪高度与主要诱集鱼种；③所诱集生物量与鱼礁的构造、形状、原料与主流向和主要波向；④所诱集的各生物种类之间的关系。墨西哥从1989—1990年对位于东墨西哥湾的鱼礁区进行了监测，主要项目是不同配置单位鱼礁的鱼类种群丰度及其多样性。这个鱼礁区由6座混凝土管道构成的鱼礁群组成，沿着佛罗里达海岸的12 m等深线绵延了30 km。每月一次的潜水观测发现，大多数鱼种在礁体配置越密集的区域资源量越大。

人工鱼礁增殖效果评估技术：国外人工鱼礁区渔业资源增殖放流效果调查方法有潜水观测、水下摄像、鱼探仪探测、渔获取样等。田中（1985）利用鱼探仪对鱼礁区与非鱼礁区的鱼群进行了探测，其结果显示，鱼礁区平均集鱼量为非鱼礁区的约2.6倍。增沢寿（1974）通过分析渔获量得知，日本青森县岩崎海域的鱼礁区内，枪乌贼、黑鲪等鱼的资源量比投放礁前增多，神奈川县沿海几处鱼礁渔场的竹荚鱼、鲈等也比投礁前增多。Rooker等（1997）采用水下摄像的方法对佛罗里达花园湾人工鱼礁与天然礁的集鱼效果进行比较研究，并分析了人工鱼礁区的鱼种组成以及渔业资源的垂直分布和昼夜变动情况；另外分析比较了人工鱼礁区和珊瑚礁区鱼种组成的差异。Rilov等（2000）利用水下摄像分析比较人工鱼礁区与临近的3个自然海区天然礁集鱼效果之间的差异。

（三）典型案例

1. 美国鲑鳟鱼类增殖

美国在鲑鳟鱼类增殖放流方面具有悠久的研究历史和实践经验，在增殖养护规划设计、放流与效果评估、标志研发与应用、资源养护监管等方面积累了丰富的经验教训，处于国际领先水平。

鲑鳟对于美国具有特殊意义。从经济的角度来讲，鲑鳟捕捞业对美国西北部的经济发展起到了巨大的支撑作用。1996 年，仅华盛顿州的鲑鳟捕捞产值就达 1.48 亿美元。另外，休闲游钓业花费了约 7 亿美元带动了 13 亿美元的产业发展，并提供了约 1.5 万个工作岗位。从生态的角度来讲，鲑鳟是保障美国水生生态系统平衡的重要组成部分。鲑鳟在陆地和水生（海水和淡水）生态系统中都扮演着重要的角色，是物质和能量循环的重要载体。从文化的角度来讲，鲑鳟具有美国土著人的精神和文化象征意义。对于印第安人来说，鲑鱼的洄游既有生命的现实意义又有神圣的宗教意义。

1）管理与执行机构

美国鱼类增殖养护工作的管理与协调机构主要包括官方机构、民间组织以及跨国间的国际性区域性组织 3 种类型。

官方机构：在联邦政府和州政府都分别设有鱼与野生动物管理局或管理处，专门负责鱼类增殖养护的决策管理与协调。国家鱼类增殖站体系（National Fish Hatchery System，NFHS）：是鱼与野生动物管理局中鱼类增殖放流的具体执行部门，也是增殖放流取得显著成效的保障机构。目前，全美 NFHS 包含 72 个国家鱼类保育场、1 个国家鱼类保育场历史博物馆、9 个鱼类健康中心、7 个鱼类研发技术中心和 1 个水生动物药物批准（审批）合作项目部，这些机构遍布美国 35 个州。2016 财政年度，NFHS 的 68 个保育场和两个鱼类和野生动物保护办公室开展了增殖放流，共计向 47 个州放流约 2.4 亿单位，包含了 5 个大类 83 种，涉及鱼类的幼体、成体和卵等不同生活史阶段。NFHS 可以开展 100 余种不同水生动物养殖和繁育，主要种类包括鲑鳟、鲟鱼、淡水贻贝和两栖动物等。

民间组织：主要指部落渔业委员会，如西北印第安渔业委员会（Northwest Indian Fisheries Commission，NWIFC）等。美国土著群居部落享有与政府部门共同管理自然资源的权利，从而也成立了渔业委员会来开展鱼类增殖养护等相关工作。部落渔业委员会向部落提供生物特征识别、鱼类健康和鲑鱼管理等领域的直接服务，以实现规模经济，从而更有效地利用有限的联邦资金；还为部落提供了一个平台，以解决共有的自然资源管理问题，并使部落能够与华盛顿特区就相关问题进行统一交涉。

区域性组织：区域性组织是在打破行政区划界线，基于生态系统水平或鱼类全生活史周期的基础上成立的，目标是通过跨区域联合决策和行动，切实增殖养护鱼类资源。如太平洋鲑鱼委员会、太平洋地区鱼和水生保护协作网、太平洋七鳃鳗保护联盟等。

2）增殖养护历程

随着认知水平和科学技术的不断发展，美国鲑鳟鱼类的养护工作也得到了不断完善，取得了显著的成效，但也存在着一些经验教训。例如，在对增殖放流鲑鳟鱼类的种质鉴定和基因监测与控制方面，以往存在着混乱无序、缺乏监管的状态，直到最近 30 年来才开始逐步规范。从 1982 年起，对每条河流都建立了专门的增殖放流鱼类的基因库，以避免增殖放流可能导致的基因污染。总知，无论是美国鲑鳟鱼类增殖养护的成功经验，还是失败教训都值得我们借鉴，以使得我国的增殖放流工作更加科学合理，取得实效。纵观美国的渔业资源增殖养护的历史，可以划分为以下几个阶段。

起始阶段（1865—1900 年）：以孵化场的建立为标志。

1865 年，新罕布什尔州建造了第一个国营鱼类孵化场，1871 年成立了美国鱼类委员会（USFC），到了 1880 年，国会资助了从芬迪湾到旧金山湾、从哥伦比亚河到萨凡纳河、从墨西哥湾到五大湖的孵化场。到 19 世纪末，在鲑鱼数量减少 30 年之后，渔业科学家和公众普遍认为从孵化场补充个体数量是解决鲑鱼数量减少的办法。到了 1900 年，从孵化场放流大部分胜过保护或恢复自然栖息地作为首选的恢复策略。从此，美国建立了广泛的孵化厂计划，几乎每一条主要渔业溪流都受到至少一个联邦、州或私人孵化场的影响，渔业孵化养护已成为北美洲管理游钓和商业捕捞的一个重要工具。

发展阶段（1900—2000 年）：以单物种数量的增加为基础。

美国的鲑鱼孵化场在鲑鱼管理中发挥着日益突出的作用。大多数公共孵化场最初是为了重建枯竭的种群和减轻自然产卵栖息地的损失而建造的，其目标只是为了在商业渔业中提高捕获量。整个 20 世纪上半叶，孵化场的数量逐渐增加；从 1900—1950 年，建造速度每年约为 1.5 个。从 1951—2000 年，每年以接近6个的速度增长。孵化场生产总量在20世纪80年代初达到顶峰，近6亿只鲑鱼被放流到自然水体中。从1990—2000年，平均每年释放2.56亿尾王鲑幼苗，银鲑和白鲑的年平均放流量分别为7 700万尾和6 600万尾。在这个时期，渔业资源养护可以描述为增加产量阶段，所有资源量增加计划都集中在孵化量和放流数量上。

“负责任增殖”阶段（2000年至今）：重视生态系统的管理及种质保护。

关于渔业增殖放流的作用、放流个体对野生种群的影响以及增殖放流对于满足社会需求的相关性上近年来出现争议。渔业资源增殖放流作为一种管理技术，已经不再受到人们的一致青睐。许多人指出孵化场未能阻止鲑鱼数量的下降，在某些情况下，甚至可能加剧了这种下降。在孵化放流之后可能出现的生物学问题包括野生种群的遗传多样性变化、疾病病原体向野生种群传播的风险、超过溪流和海洋的承载力以及由于混合捕捞而导致野生种群的过度捕捞等。近年来随着育种、孵化、养殖、疾病控制、标记以及遗传和生态管理方法的改进已经激发了该领域的新的研究。这些技术改进符合一种不断变化的理念，即，渔业资源增殖养护不仅仅是通过增加大量的可捕捞数量，或放流一些濒危物种的方式进行，而应该是以科学基础和可持续的方式进行，要更加注重生态系统的管理、野外种群的种质保护以及遗传多样性的维持。近年来的增殖养护改革举措给种质资源保护和遗传多样性维持注入了活力。

3）主要做法

对野生鱼类资源的过度无序捕捞，以及鱼类栖息生境的破坏或丧失是美国渔业资源，尤其是鲑鳟鱼类衰退和濒临灭绝的两个根本原因。美国早期移民到达西部地区时，对于鱼类捕捞没有限制，也没有相关法律或法规约束对栖息地的破坏。随着移民数量的不断增加以及后来工业化发展的进程，水利工程开发（建坝等）、环境污染等严重侵占和破坏了鱼类的关键栖息地。这种无序地过度捕捞，尤其是栖息地的严重破坏或丧失导致鱼类资源迅速下降，甚至于达到了濒临枯竭的境况。

美国在鲑鳟鱼类增殖放流与资源管护方面不断地进行着探索和实践，总结形成了一套行之有效的4Hs综合管护措施，即控制捕捞（Harvest）、保护栖息地（Habitat）、修建过鱼设施（Hydropower）、开展人工繁育和增殖放流（Hatchery）。随着增殖放流与资源管护实践的不断深入，研究发现增殖放流鱼类投放到自然水域中被捕食的几率十分高，减少和预防天敌（Predation）也就成为综合管护措施中的重要一条。因此，综合管护措施也就拓展为4Hs+P，具体措施和典型案例分述如下。

（1）控制捕捞（Harvest）。主要通过以下几项措施实现科学控制捕捞。①捕捞配额（TAC）制度。分为几个层次，通过国际的区域性组织，如太平洋渔业管理委员会、太平洋鲑鱼委员会等确定国家间的捕捞配额；通过国内的区域性组织，确定各州间的捕捞配额；通过条约签署明确政府与部落间的捕捞配额。②禁渔区和禁渔期制度。在不同水域，根据不同种类的生活习性及其时空分布特征专门针对性地设置了禁渔区和禁渔期。这些规定均由各州鱼与野生动物管理处负责制定发布和监管。③渔具渔法管控：对于不同种类、不同时间所采取的渔具和渔法都进行了限制，以保证增殖放流鱼类的补充群体数量。管理制度科学的制定和严格执行落实是科学管控捕捞的保障。美国所采取的对捕捞的管理制度都是目前国际通用的管理措施，但更加注重科学性、动态性和严格执行方面。美国对生物资源的保护具有严格的监管和惩罚措施，如通过国会或州立法，规定剪鳍鱼或有标识鱼不准捕捞，鱼警巡查发现违法行为会进行惩罚，严重的进监狱。

（2）保护栖息地（Habitat）。美国相关机构和学者都认为栖息地丧失是渔业资源衰退的最主要原因之一，导致增殖放流效果不佳。在美国的渔业资源养护中，栖息地的修复具有非常重要的地位，尤其是重要经济物种鲑鳟鱼的洄游过程中，洄游通道的连通性是栖息地修复的关键。主要目标有 4 个：①保护和保持水生生态系统的完整和健康；②防止鱼类栖息地进一步退化；③逆转水生动物栖息生境质量和数量下降的趋势；④提高鱼类栖息地质量和数量，维持鱼类多样性。2006 年制定了“国家鱼类栖息地保护行动计划”。

（3）开展人工繁育与增殖放流（Hatchery）。美国联邦政府、州政府及部落均有不同层级、不同规模的繁育场（Hatchery），相当于我国的增殖放流站，用于规模化培育鲑鳟鱼类苗种开展增殖放流。繁育场增殖鲑鳟鱼主要有两种途径：一种是每年捕捞成熟亲体进行繁育，然后将繁育的后代投放到自然水体中；另一种是收集濒危种幼体保种，突破全人工繁育技术，将培育的苗种待时机成熟再放归自然水域。每个繁育场均具有现代化的养殖和繁育设施。

（4）修建过鱼设施（Hydropower）。早在百年前，美国学者就认识到洄游通道对鲑鳟鱼类的重要性。1917 年在华盛顿运河百乐德水闸（Ballard Locks）修建的鱼道是保护鲑鳟鱼类洄游通道的最著名案例，该鱼道为 5 种鲑鳟鱼类在太平洋和华盛顿湖之间提供了生殖洄游通道，至今还在使用。近些年来，洄游通道对鲑鳟鱼类的重要性有了更深刻的认识，以致在美国掀起了一场拆除大坝和增建鱼道的运动。

（5）减少和预防被捕食（Predation）。美国在增殖放流实践工作中发现，放流的鲑鱼幼体在自然水域中常常被其他凶猛鱼类或江豚等捕食，影响到增殖放流效果。究其原因可能与放流鲑鱼的规格及其放流时间和地点有一定的关系，通过提高放流规格、优化放流水域和时间等措施减少被捕食风险已得到了普遍的认可和实施。

4）经验启示

美国开展鱼类增殖养护已有150多年的历史，尤其是在鲑鳟鱼类增殖放流方面取得了显著的成效，资源量得到明显提升。目前，增殖种类包括5种鲑和2种鳟共7个种类，美国西海岸鲑鳟鱼类商业捕捞中80%以上来自于增殖放流。在这些工作过程中积累了许多成功的经验和做法，归纳起来以下两大方面值得借鉴。

（1）具备完善的增殖站体系和管理机构。美国鲑鳟养护管理中既有官方机构，又有民间组织，还有区域性组织，纵向和横向相结合，形成了科学完善的增殖管理网络。

（2）具备科学的综合养护与管控措施。既有严格的法律法规制度作保障，又有涵盖鲑鳟全生活史阶段与关键栖息生境的增殖养护技术手段，做到了基于生态系统水平的增殖养护管理。

当然，美国在鲑鳟增殖放流中也存在着一些失败的教训，值得我们引以为戒。尽管美国开展鲑鳟鱼类增殖放流有150多年的历史，但以前并没有科学规划，尤其是在自然种群的种质管理方面。为了增加鲑鱼捕捞数量，到处放鱼，且放流的野生群体与人工群体混杂不清，造成繁育力与遗传多样性下降，种质退化（达20%~50%）。遗传多样性下降表现在：①原来在春季和秋季各有一次繁殖的，目前仅在秋季繁殖，春季已无繁殖（原因是栖息地丧失）；②卵径明显变小、繁殖力下降；③在淡水中的时间变化，生活史策略和习性发生改变。直到近30年来，鲑鳟野生种群的种质退化问题引起了广泛关注。随着科学技术的发展，也形成了一系列技术措施，如为每条河流都建立种质资源库、增殖放流前进行基因检测、建立增殖放流共享网络等，同时，为了保证增殖放流苗种遗传多样性不下降或较高水平的措施，每年会补充10%~20%的野生个体作为亲本用于繁育场育苗。在自然种群基本消失的河流里增殖对象必须是原来保留的少量个体繁育或是其他河流移植而来的野生自然群体；种质资源的保护很重要，尽量提高野生鱼的繁育力，美国有些原种在养殖场保存传代了100

多年。

2. 挪威大西洋鳕增殖

1）挪威渔业基本概况

挪威海岸线总长度为 21 000 km，如果将所有岛屿岸线包括在内，为 57 000 km。领海基线和海岸线（海岸带）之间的面积为 9 万 km²，等于挪威陆地面积的 1/3。海岸带传统上主要是用于交通、捕捞和休闲。渔业主要是基于诸如春季产卵的大西洋鲱（*Clupea harengus*）以及东北的北极鳕（*Gadus morhua*）、北极黑线鳕（*Melanogrammus aeglefinus*）、毛鳞鱼（*Mallotus villosus*）等。典型的沿岸渔业资源产量也很高，如沿岸鳕鱼、青鳕（*Pollachius virens*）、鳗鱼（*Anguilla anguilla*）、黄道蟹（*Cancer pagurus*）、帝王蟹（*Paralithodes camtschatica*）、龙虾（*Homarus vulgaris*）等，2016 年捕捞总产量为 220 万 t。2016 年挪威水产养殖总产量为 132. 62 万 t，其中海水养殖大西洋鲑和虹鳟养殖产量占总产量的 99. 63%，其他海水养殖品种主要有蓝贻贝、大西洋比目鱼、大西洋鳕、红点鲑、有鳍鱼类等，而淡水主要养殖海鳟，产量仅为 77. 4 t（FAO，2018）。在过去的 40 年里，沿海地区大西洋鲑和虹鳟网箱养殖呈指数增长，2000 年达到 47. 4 万 t。2017 年挪威鲑鳟鱼成鱼和幼鱼养殖许可证分别有 1 162 个和 220 个，共有 986 个海水养殖位点，幼鱼培育和成鱼养殖公司份为 125 个和 175 个，分别拥有 194 个和 1 129 个许可证。

2）挪威渔业资源增殖情况

在挪威通过资源增殖增加渔业产量具有悠久的历史，在 1864 年挪威著名的科学家 G. O. Sars 提出了通过放流人工孵化的鳕鱼来增加大西洋鳕的产量的问题和建议，该建议被 G. M. Dannevig 所采纳，于 1882 年建设了 Flødevigen 孵化场，并于 1884 年实现生产，与此同时美国也开始了鳕鱼的增殖放流，这项工作持续了近一个世纪，在美国和挪威放流了近 10 亿尾鳕鱼的卵黄囊仔鱼，但是并没有证据证明是有益的，原因在于没有评估放流效果的有效工具和很难区分放流效果与每年放流所产生的随机变量。

1990 年，挪威政府资助了 1. 78 亿克朗、为期 7 年的国家海洋牧场项目（Norwegian Sea Ranching Program，即 Program for Utvikling og Stimulering av Havbeite，简称 PUSH）（1990—1997 年），挪威海洋研究所（IMR）等机构参与实施，集中在大西洋鲑（*Salmo salar*）、北极红点鲑（*Salvinus alpinus*）、鳕鱼（*Gadus morhua*）、欧洲龙虾（*Homarus gammarus*）4 个品种，标记放流数量分

别为 120 万（2 龄鲑鱼苗）、12.3 万（野生和集约化生产）、72 万（生产数量为 120 万，粗放和集约化生产）幼鱼和近 12.8 万（生产数量为 17 万，5~20 月龄，3.5~7 cm）幼体，主要目的是评估开展增殖放流生物学和经济分析基础研究，相继开展了苗种生产、病害、孵化和天然群体、捕食者等之间的相互关系等系列研究以及标记、放流和回捕研究等系列工作。其中，对于北极红点鲑来说，最大的“瓶颈”就是放流后的高死亡率，体长小于 20 cm 的幼鱼在海洋中的死亡率达 90%，研究显示开展北极红点鲑牧场项目在经济上是不可行的。

基于 PUSH 项目的研究成果，挪威议会于 2001 年通过了一项新的关于资源增殖和海洋牧场的法律《海洋牧场法案》（Sea Ranching Act），该法案原则上指出谁投入资源谁就有权利捕获，完全打破了挪威每个人都可以从海洋中收获的旧传统，强调放流和回捕甲壳动物、软体动物和棘皮动物措施，开放了在沿岸带开展龙虾和扇贝养殖，即谁获得养殖龙虾或者扇贝的许可，可以在特定水域放流选定的幼鱼或幼贝并收获成体销售，但对于其他拥有捕捞许可证的渔船只能在该特定区域捕获鱼类和其他品种。2004 年颁发了首批位于默勒-鲁姆斯达尔郡（Møre og Romsdal）和松恩-菲尤拉讷（Sogn og Fjordane）的 3 个海洋牧场许可证，截至 2017 年共颁发了 190 个海洋牧场许可证，其中扇贝、龙虾和蓝贻贝分别为 124 个、64 个和 5 个。但是龙虾和或扇贝是受保护的，应以在均衡和可持续发展框架下促进海岸产业经济发展为目标。

3）对我国渔业资源增殖放流的启示

（1）依据科学资源评估状况开展针对性的增殖放流。从挪威 PUSH 项目启动、实施到海洋牧场法案的实施整个发展历程和经验看，开展资源增殖放流和海洋牧场示范区建设是可持续利用海洋生物资源和保护海洋生态系统的重要手段之一，经济效应、生态效应和社会效应是该项实践的检验标准。渔业资源的衰退除了气候变化因素外，很大程度上是由于过度捕捞、环境污染、油气田开发、水电工程等人为因素引起的。开展资源增殖放流与海洋牧场示范区建设应避免盲目性、随意性和“遍地开花”，应先通过科学的资源调查和科学评估海洋资源状况，有针对性地选择目标物种，进而开展一系列的科学研究获取该物种的生物学、生态学、行为学等信息，最后通过试验研究、科学评估和推广实践，才能最终达到增殖资源、增加产量、保护生态的最终目的。同时，挪威的做法和实践给予启示，从经济效益考虑，只有确保放流种群的回捕率达到特定值或者市场价格达到一定标准时，才能够确保私人海洋牧场项目真正获益。

（2）根据生物特性筛选适宜的放流规格和放流地点。从挪威开展鳕鱼、大西洋鲑和欧洲龙虾增殖放流与牧场建设的历程来看，选定目标物种后，要通过掌握全面而系统的生物特性制定科学、可行的增殖放流策略，孵化养殖来源的品种对环境的适应度是不同的，不同规格的苗种在自然环境中的成活率、生长表现、健康状况等也是有差异的，筛选出适宜的放流规格对于成功率至关重要，如 Jørstad 等（2001）通过模拟天然底质（庇护场所）培育出成活率和生长率高的欧洲龙虾幼体，增殖放流效果较好；同时，为了有效评估增殖放流项目的效果，选择适宜的放流地点对于放流品种的成活率、回捕率等很关键，应避免捕食者、竞争者和饵料生物资源匮乏的地点、有遗传影响风险等，如在挪威，由于海洋水文条件和地形等因素，欧洲龙虾、大西洋鲑还存在不同地理群体的遗传差异性，因此，在开展资源增殖放流时应该考虑不需要的遗传影响的风险评估，开展商业化的牧场项目包括选育等应该在遗传差异较低水平的区域实施。

（3）放流生物亲本来源于当地物种，严禁跨区域性引种。Knut 和 Eva（1999）研究发现，来自挪威沿岸的 22 个龙虾群体存在着遗传差异；Knut 等（2004）研究显示，来自 Tysfjord 和 Nordfolda 的两个群体（相距仅 142 km）存在虾体规格等生物学性状和遗传差异。挪威有 400 多个河道分布着大西洋鲑，有的还属于地理隔离种群。在挪威开展增殖的品种亲本都是从本区域海域捕捞的亲本进行人工繁殖生产苗种的，也是禁止从其他国家或地区引进放流品种进行增殖放流，目的是为了避免对野生群体的遗传多样性影响和遗传渗入。在我国同样存在不同地理种群的空间异质性，增殖放流的生物亲本应来源于当地野生群体或原种场，要避免选择人工选育品种的子代和跨区域引种放流。同时也需要预防养殖群体在野生群体中传播病害（如挪威绿色气球菌引起的龙虾败血症案例）。

（4）制定严格的渔业资源管理措施，促进渔业资源恢复。采取严格、细致的措施确保野生资源的遗传多样性。对网箱养殖大西洋鲑逃逸问题，采取有效措施避免可能引起的遗传渗入等的威胁。应用基于生态系统的渔业管理（EAFM）工具。2008 年 6 月批准、2009 年实施的《海洋资源法案》（No. 37），主要目的是确保对野生海洋生物资源和从中获得的遗传物质进行可持续和经济有利可图的管理，并促进沿海社区的就业和定居，其中更加强调基于生态系统的渔业管理（EAFM），对渔业资源给予分类并进行不同目标的管理。稳步降低海洋捕捞能力。挪威通过巴伦支海等地休渔、终止补贴和引入普适结构措施，已成功地减少了渔船的数量和停止了捕捞能力的增长（图 1-3-1）。

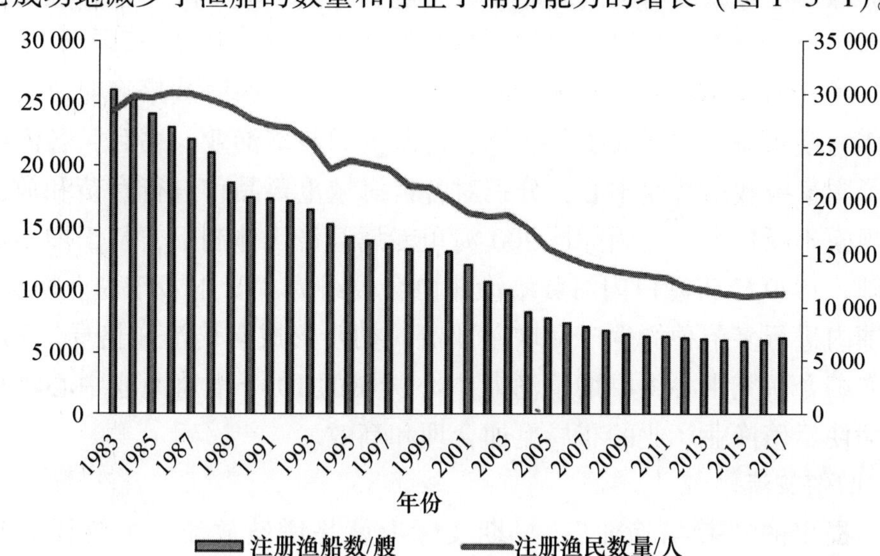

图 1-3-1　挪威 1983—2017 年注册渔船和渔民数量变化

资料来源：挪威渔业署

与此同时，严控休闲和游客垂钓业减少对沿海鱼类资源的压力。在挪威对游客海钓（tourist fishing）专门有一系列针对外国游客的规定，以减轻沿海鱼类种群的压力和确保后代能够享受捕鱼娱乐，外国人在挪威海域可以免费捕鱼，只要您遵循一套简单的规则：只用手钓渔具、不得垂钓保护的品种、遵守最小捕鱼规格、销售鱼是违法的、距离养殖渔场至少保持 100 m、离开挪威可带 10 kg 或 20 kg（如在注册垂钓渔场）的鱼或渔产品（有效期为 7 d）、必须穿戴海上救生衣等。其中，如果垂钓到最小规格以下的必须放流回海洋，保证能够生存并成熟繁殖，除非死亡的可以留着食用。

如此种种，挪威在严格渔业资源管理方面起到了很好的示范，因此，要有效恢复天然海洋生物资源，在开展资源增殖和人工鱼礁建设等工作的同时，还需要根据我国的实际，在保护野生渔业资源遗传多样性和生物多样性、有效的渔业资源管理方法、减船减产与转产转业、捕获物控制、休闲垂钓等全方位、系统性的管控和立规立法，最终实现天然渔业资源的恢复和可持续利用海洋渔业资源。

3. 日本的增殖渔业

20 世纪 50 年代末，日本经济进入高度增长期，填海造地、海洋污染和近海渔业资源衰退等原因引起沿海渔业劳力过剩，生产量下降，这种现象在濑户内海尤其突出。为振兴沿岸渔业，日本在1963年联合濑户内海周围12个县政府及各自民间渔业团体在西部濑户内海，组建了濑户内海栽培渔业协会，将濑户内海作为模式海域，开启了鱼、虾、蟹及贝的栽培渔业。之后，各海区也相继成立了国家级栽培渔业中心，分别对各自海域重要品种进行育苗和放流，栽培渔业规模不断扩大。在国际性200海里专属经济区体制下，基于增殖放流的研发基础，1979年将濑户内海栽培渔业协会改组为“日本栽培渔业协会”，在全国范围内进行多苗种的生产和增殖放流，初步形成栽培渔业格局。2011年，日本水产综合研究中心将原增殖渔业中心所属的10个增殖渔业中心进行布局调整，为使增殖渔业产业的布局更加合理和高效。

1）增殖放流

日本提出的“栽培渔业”，早期实际上就是增殖放流，主要任务是开展鱼、虾、贝、藻等苗种的生产、中间培育、放流技术研发等。日本实施增殖放流的主体是中央和地方国有增殖渔业中心，占总量的70%以上，地域渔业协同组合、渔业联合会和市町村以及民间企业为辅。

日本增殖渔业的对象是资源量下降严重的资源种类，进行人工繁殖培育，将培育的幼鱼放流于增殖水域，并进行适当的管理，以达到增殖种类持续捕捞的目的。近年来，日本对80余个渔业物种进行规模化苗种生产和增殖放流。其中，主要放流鱼类有20余种，如比目鱼、真鲷、牙鲆、叉牙鱼和鲱等品种；甲壳类主要有10余种，如斑节对虾、基围虾、三疣梭子蟹等品种；贝类主要有20余种，如扇贝、鲍鱼类等品种；其他水产动物近10种，如海胆等品种。日本每年增殖放流数量超过百万尾的种类约30种，不仅有固着性的岩礁性物种，也有大范围洄游性鱼类。

放流技术是增殖是否取得成效的关键环节。为提高放流苗种在自然海域的存活率，日本对放流苗种进行了中间养育，提高苗种的适应性和躲避敌害的能力，提高成活率，如日本对虾苗种适宜放流规格在3 cm左右，1~1.5 cm的苗种容易成为其他鱼类的饵料，成活率低，3 cm的苗种已有潜沙能力，能大大减少敌害生物的捕食死亡率；经过中间养育的日本对虾仔虾，回捕率由最初的1%左右提高到25%~30%。1988—1999年持续10余年对宫古湾牙鲆增殖放流效果研究证实，牙鲆的最佳放流时间为8—9月，最佳放流体长为90 mm。

日本在1980年采用直接调查渔获量的市场调查法对鹿儿岛湾真鲷放流效果进行了评价，放流的效果得到确认，这是世界上首次对放流效果评价成功的案例。但大多数增殖放流种类的效果评估是基于标志放流。自 1975 年开始，日本使用以放流苗种数量与渔获的关系、放流苗种数量与标志回捕数据关系为主，建立了“放流苗种数量-渔获关系”、“放流苗种数量-标志回捕”的放流效果评价体系。

研究者发现，随着增殖的物种数和放流规模的不断增加，增殖放流也带来了一些问题，如病原体的扩散、食物与栖息地的竞争、同类相残以及给野生资源种类的遗传多样性、种群结构、增殖水域生态系统的结构与功能等带来诸多风险。日本真鲷放流研究结果表明，当其放流量超过环境承载能力时会取代野生群体；2017 年日本发现放流大麻哈鱼基因丰度低于其他地区的基因丰度。

基于对增殖放流技术的研究，日本 1978 年开始建立各增殖放流物种生产技术体系，筛选共同的辅助技术体系，最后发展复合型资源增殖技术体系。例如：运用此技术开发了马苏大麻哈鱼稚鱼大规模培育技术、缩短其稚幼鱼在河流的生活期以及建立稚幼鱼的渔场管理技术；在竹荚鱼栖息地投放人工增殖漂流藻，科学管理其卵和仔稚鱼，扩大竹荚鱼环境容纳量，最终提高其成活率；对金枪鱼等大洋性洄游性鱼、虾类，通过对其仔稚鱼幼体科学的管理及控制其洄游路线，提高这些大洋性洄游性鱼、虾类在日本近海的洄游归率；对牙鲆和鲽等底栖性洄游鱼、虾类，通过改造产卵场和索饵场环境等技术，提高稚幼鱼的成活率；日本沿海各县水产试验场通过对真鲷、牙鲆、蝶类、黑鲷和石鲷等种类放流技术的联合开发，建立了真鲷等洄游性种类的循序放流技术。对一些小众放流种类或县水产试验场难以开展的增殖放流领域，如联合集中放流、晚期放流、小型鱼放流、特殊标志放流，国家栽培渔业中心进行前期技术开发，逐步积累经验。

2）人工鱼礁

在世界 200 海里专属经济区制度下，基于栽培渔业的发展，日本在 70 年代提出“海洋牧场”计划，即在栽培渔业中引入渔场改造，如投放人工鱼礁、恢复海藻（草）场等，以及渔业资源管理措施。

早在 1950 年，日本投资 340 亿日元沉放 10 000 艘小型渔船建设人工鱼礁渔场，1951 年开始用混凝土制作人工鱼礁，1954 年将建设人工鱼礁上升为国家计划。1971 年日本海洋开发审议会提出将“海洋牧场系统”作为一个技术体系，并于 1975 年日本颁布了《沿岸渔场储备开发法》，使人工鱼礁的建设以法律的形式确定下来，保障了产业的持久发展。日本水产厅制定的 1978—1987 年《海洋牧场计划》，计划在日本列岛沿海兴建 5 000 km 的人工鱼礁带，把整个日本沿海建设成为广阔的“海洋牧场”。1986 年，日本渔业振兴开发协会制定并公布了“沿岸渔场整备开发事业人工鱼礁渔场建设计划指南”，在人工鱼礁建设、规划、效益评估及管理等各个方面，做了具体阐述和明确规定，成为日本人工鱼礁建设的依据和标准。

进入 20 世纪 90 年代，日本人工鱼礁建设事业已划为国家事业，每年出巨资用于人工鱼礁建设，并逐渐形成制度，在建礁规划、礁址选择、礁体设计、效益评估等方面更加合理完善，向着科学化、合理化、计划化、制度化方向发展。2002 年日本政府内阁通过《水产基本计划》，继续在沿岸渔业项目中设置人工鱼礁，强化渔业资源的培育和增长，人工鱼礁向类型多样化、材料综合化、结构复杂化、礁体大型化发展。日本持续 40 多年总投资约 100 亿美元，已在近海的 107 个地方建设人工鱼礁区 4.67 万 km^2，共投放人工鱼礁群 5 886 座，礁体总空方量 5 396 万空方。据比较研究，每方（立方米）人工鱼礁每年至少可增加 2.3~5.2 kg 的渔获量，已投放人工鱼礁的渔场比未投放的渔场资源再生能力高 6~13 倍。

目前，日本是世界上人工鱼礁建造规模最大的国家，具有国际领先水平，经历了普通型鱼礁、大型鱼礁和人工鱼礁渔场 3 个发展阶段，现已掌握在深水区投放特大型鱼礁的技术，在深度超过 100 m 的水域投放了以诱集和增殖中上层鱼类、洄游性鱼类为主的规格为 30~40 m 大型、70 m 超大型鱼礁；针对不同功能开发出 1 000 多种礁型，不仅有以鱼类为对象的底鱼礁和悬浮鱼礁，还有供海藻类、鱼类、虾类、贝类繁殖的特种鱼礁，以及保护幼鱼的人工海藻礁；鱼礁材料除钢筋混凝土鱼礁外，出现了钢制鱼礁、玻璃钢鱼礁、塑料嵌板组合鱼礁。贝壳礁目前已成为日本人工鱼礁的一个重要发展方向。

3）发展趋势

日本栽培渔业（增殖渔业）在 2013 年迈入第 50 个年头，其水产界在总结、回顾中发现，栽培渔业 50 年的研究与发展竟未完成当初设定的“增加与恢复渔业资源”目标，即在 2011 年渔业生产量恢复到 1960 年 200 万 t 左右的水平，但实际生产量仅在 110 万 t 左右。目前，日本已把过去“一代回收型”的栽培渔业理念改为“资源造成型”，放流苗种改为广布种，即洄游范围大、跨海域分布的苗种，以增强放流溢出效应，利用放流捕捞后存活下来的种鱼对渔业资源进行自然补充。2015 年有学者提出增殖放流不仅要恢复商业种类渔业资源量，更要增强放流海域初级生产力和各种群补充量，以恢复放流海域的生态系统。2015 年日本在第七次栽培渔业基本方针中提出，在其全国海域实行六大海区渔业栽培计划，将人工鱼礁和增殖放流作为今后资源增殖和生态修复的发展方向。提出“当今沿岸渔业面临崩溃的危机，唯有存在丰饶的海洋，方能维持渔业的存在，而维持渔业的存在，方能确保渔村的存在。周遭环绕着丰饶的海洋，沿岸区域散落着充满活力的渔村，这才是身为海洋国日本的应有样貌。”

4. 国际文献分析

增殖放流：论文数据来源于科学引文索引数据库（Science Citation Index Expanded，SCIE）、中国科学引文数据库（Chinese Science Citation Database，CSCD）、全球科研项目数据库（ProjectGate）、《科学研究动态监测快报》，利用增殖放流作为主题词，共检索到 974 条数据。关于增殖放流的最早文献始于 1979 年题为“龙眼沙棘秋蟒幼鱼在羽江孵化场饲养的评价及海产与下游放养的回收率比较”一文。1990 年前文献较少，1997 年开始数量增加，但年度论文数量不多，年度论文数量最多的时候是 2006 年 64 篇。从 2006 年以后论文数量稳定（图 1-3-2）。

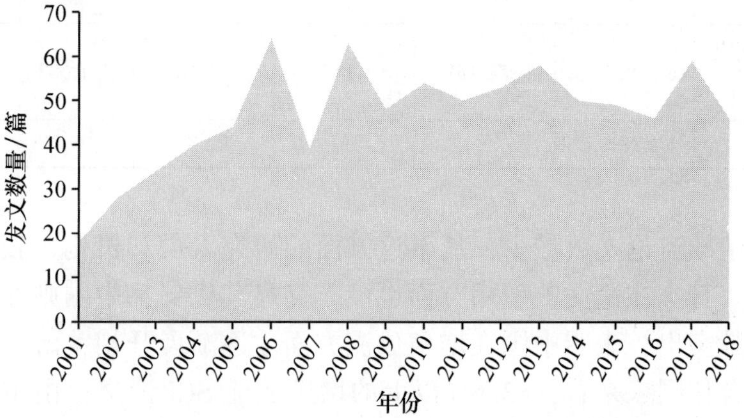

图 1-3-2　2001—2018 年增殖放流 SCI 论文数量

主要国家在增殖放流论文数量方面，美国论文数量位居全球首位，日本紧随其后，论文数量与文献报道以及历史资料与日本增殖渔业位于全球领先位置并不相符，一方面是日本为非英语国家，SCI 论文数量有限；另一方面渔业增殖多属于工程应用，其基础科学研究内容偏少。中国论文数据位于第 4 位，但离前 10 位国家发文平均值还有一定的距离（表 1-3-2）。

表 1-3-2 世界主要国家 SCI 论文数量分析

排名	国家	文章数量	第一国家所占比例/%	近 3 年发文数量	近 3 年发文数量占比/%	总被引频次	篇均被引
1	美国	338	88.17	44	13.02	6 640	19.64
2	日本	211	92.42	17	8.06	2 782	13.18
3	澳大利亚	112	83.93	26	23.21	2 331	20.81
4	中国	57	92.98	24	42.11	743	13.04
5	英国	54	66.67	5	9.26	1 345	24.91
6	加拿大	39	74.36	7	17.95	777	19.92
7	挪威	35	77.14	5	14.29	790	22.57
8	西班牙	33	75.76	8	24.24	462	14.00
9	意大利	22	72.73	3	13.64	528	24.00
10	菲律宾	19	47.37	1	5.26	422	22.21
	前 10 国家平均值	92	77.15	14	17.10	1 682	18.28
	全部	981		151	15.39	16 423	16.74

由于增殖放流论文数量少，从事这方面的研究人员和机构也较少，论文引用数量偏低。日本在论文被引用方面也没有突显其优势，中国则在近 3 年的论文发表中贡献突出，表明中国在增殖放流方面才逐渐展开相关研究。

从论文合作国家来看，83.6%以上的增殖放流 SCI 论文仅由本国研究力量完成，这反映出目前的增殖放流的区域性特点。各个国家制定适合自己国家近海的增殖放流项目，使得国家间的相互合作不太重要。

在发表增殖放流 SCI 论文主要机构方面，日本机构突显了其实力，日本渔业资源局、京都大学、东京大学海洋科学技术学院在这方面的研究都比较强，其他是美国的一些涉海机构（表 1-3-3）。

表 1-3-3　增殖放流 SCI 论文主要机构数据

序号	机构	国家	文章数量	总被引频次	篇均被引	近 3 年发文数量	近 3 年发文数量占比/%	被引频次≥50 论文/%
1	Fisheries Res Agcy	日本	58	511	8.81	2	3.45	0.00
2	NOAA	美国	54	1 485	27.5	2	3.70	11.11
3	Kyoto Univ.	日本	43	560	13.02	4	9.30	4.65
4	Tokyo Univ. Marine Sci & Technol	日本	39	474	12.15	3	7.69	5.13
5	Inst Marine Res	挪威	24	623	25.96	2	8.33	8.33
6	Tohoku Univ.	日本	19	389	20.47	3	15.79	5.26
7	Univ. Washington	美国	19	697	36.68	2	10.53	26.32
8	Univ. Florida	美国	18	380	21.11	6	33.33	11.11
9	Murdoch Univ.	澳大利亚	17	345	20.29	6	35.29	11.76
10	Univ Maryland	美国	17	468	27.53	1	5.88	5.88
11	Univ New S Wales	澳大利亚	17	323	19	0	0.00	5.88
12	Mote Marine Lab	美国	16	489	30.56	2	12.50	18.75
13	Texas A & M Univ.	美国	16	396	24.75	2	12.50	6.25
14	Univ Tokyo	日本	16	397	24.81	0	0.00	18.75
15	Washington Dept Fish & Wildlife	美国	16	524	32.75	2	12.50	12.50

对发表增殖放流 SCI 论文的关键词进行聚类，主要研究方向集中在 3 个方面：以生存率和死亡率为主要研究内容的增殖放流的成功率研究；以种群特点、生物多样性、基因特点为主要研究内容的增殖放流以后的种类在自然环境中的适应和生活研究；以渔业供需、经济性、渔业管理为主要内容的增殖放流政策、效益和管理方面的研究（图 1-3-3）。

增殖放流 SCI 论文发表的期刊属于常见的渔业学和海洋学类别，论文所在期刊整体影响因子都不太高。

根据文献中出现的物种关键词，可以看出在 SCI 论文增殖放流研究对象中，最常见的为三文鱼、虹鳟、比目鱼等，鱼类之外研究较多的物种有美国大虾、三疣梭子蟹等。

高频作者是领域内识别专家的重要信号，发文超过 10 篇的高频作者见表

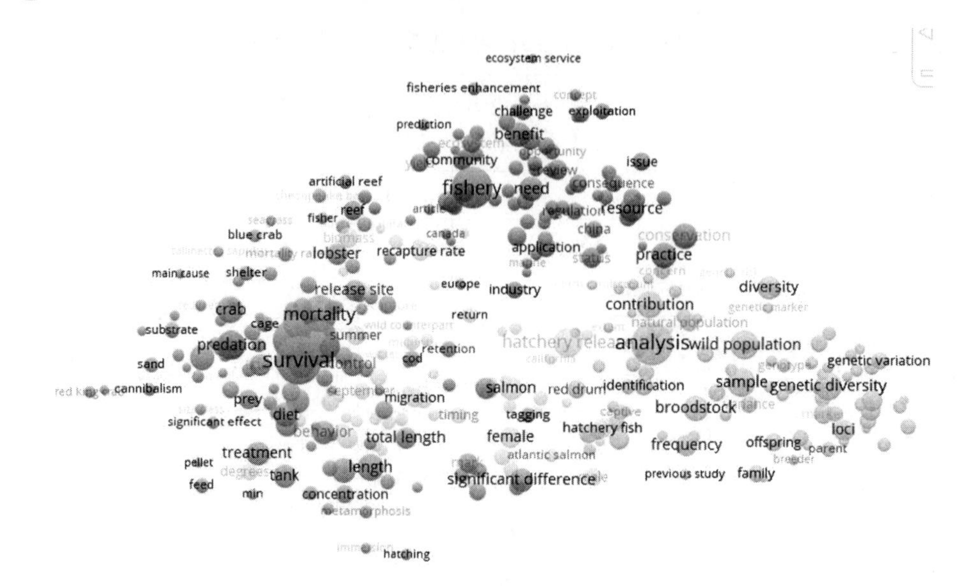

图 1-3-3　增殖放流 SCI 论文关键词图谱

1-3-4。根据姓名推断，有至少 5 位来自日本。

表 1-3-4　增殖放流 SCI 论文高频作者

高频作者	发文频次
Taylor M D	29
Kitada S	27
Lorenzen K	16
Hamasaki K	13
Taniguchi N	13
Yamashita Y	13
Arai N	12
Hines A H	12
Masuda R	12
Lopera-Barrero N M	11
Ribeiro R P	11

人工鱼礁：论文数据来源于科学引文索引数据库（Science Citation Index Expanded，SCIE）、中国科学引文数据库（Chinese Science Citation Database，CSCD）、全球科研项目数据库（ProjectGate）、《科学研究动态监测快报》，利

用人工鱼礁作为主题词，共检索到770条数据。涉及人工鱼礁论文从20世纪90年代开始数量增加，但年度论文数量不多，年度论文数量均在50篇以下（图1-3-4）。一方面反映出人工鱼礁的科学研究不多，从研究内容、方法和结果方面创新较少；另一方面人工鱼礁涉及大量的工程设计与应用，人工鱼礁的建设数量和应用规模无法从论文数量上反映出来。

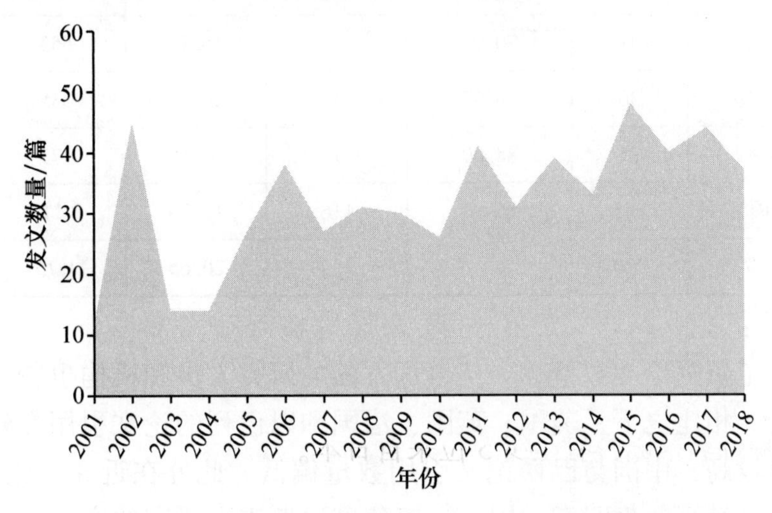

图1-3-4　2001—2018年人工鱼礁SCI论文数量

美国人工渔礁论文数量位居全球首位，并且论文数量远远领先于其他国家，其次是澳大利亚，论文数量在前10位的国家论文平均数之上，中国在这方面的研究论文相对较少，但整体数量依旧能够排列在第四位。欧洲国家在人工鱼礁方面各自研究论文数量都偏少（表1-3-5）。

表1-3-5　世界主要国家SCI论文数量分析

排名	国家	文章数量	署名第一国家所占比例/%	近3年发文数量	近3年发文数量占比/%	总被引频次	篇均被引
1	美国	231	92.64	38	16.45	4 158	18.00
2	澳大利亚	69	86.96	26	37.68	859	12.45
3	英国	62	74.19	6	9.68	1 232	19.87
4	中国	43	93.02	20	46.51	273	6.35
5	意大利	42	90.48	6	14.29	426	10.14

续表

排名	国家	文章数量	署名第一国家所占比例/%	近3年发文数量	近3年发文数量占比/%	总被引频次	篇均被引
6	葡萄牙	40	92.50	2	5.00	547	13.68
7	巴西	32	93.75	4	12.50	261	8.16
8	法国	31	70.97	5	16.13	553	17.84
9	西班牙	30	76.67	8	26.67	335	11.17
10	以色列	25	88.00	1	4.00	473	18.92
	前10国家合计	605	85.92	116	18.89	9 117	15.07
	全部	770		159	20.65	11 757	15.27

由于人工鱼礁论文数量少，从事这方面的研究人员和机构也较少，论文引用数量偏低。相比之下，美国、英国、法国和以色列的论文引用数量较高，论文质量相对较高，中国与巴西论文引用数量偏低。此外在近3年论文数量中，中国所占比例最高，表明在中国，人工鱼礁逐渐进入研究的高速发展阶段，同时也表明中国在人工鱼礁方面的研究起步较晚。

从论文合作国家来看，77.6%以上的人工鱼礁SCI论文仅由本国研究力量完成。这反映出目前的人工鱼礁建设与研究还普遍在近海完成，涉及远洋深海需要合作的人工鱼礁还偏少。各个国家近海放置人工鱼礁，使得国家间的相互合作不太重要。

根据关键词聚类，可以看出人工鱼礁的论文关键词主要聚焦在3个方面：①以物种群落结构、物种丰度、鱼类丰度和群聚为代表的人工鱼礁对生物群落的影响；②人工鱼礁工程、技术以及管理方面的研究，包括人工鱼礁对波浪的影响、建设方案选择等；③具体区域的研究，例如墨西哥湾以及美国加州沿岸等（图1-3-5）。

在发表人工鱼礁SCI论文的主要机构中，美国的机构占主要力量，加州大学、路易斯安那州立大学和美国国家海洋与大气管理局排在前3位，澳大利亚新南威尔士州初级产业部排在第4位，中国仅有中国海洋大学排在第7位。从近3年论文数量看，澳大利亚新南威尔士州初级产业部在这方面的研究投入较多，是前15位机构中近3年占比最大的机构（表1-3-6）。

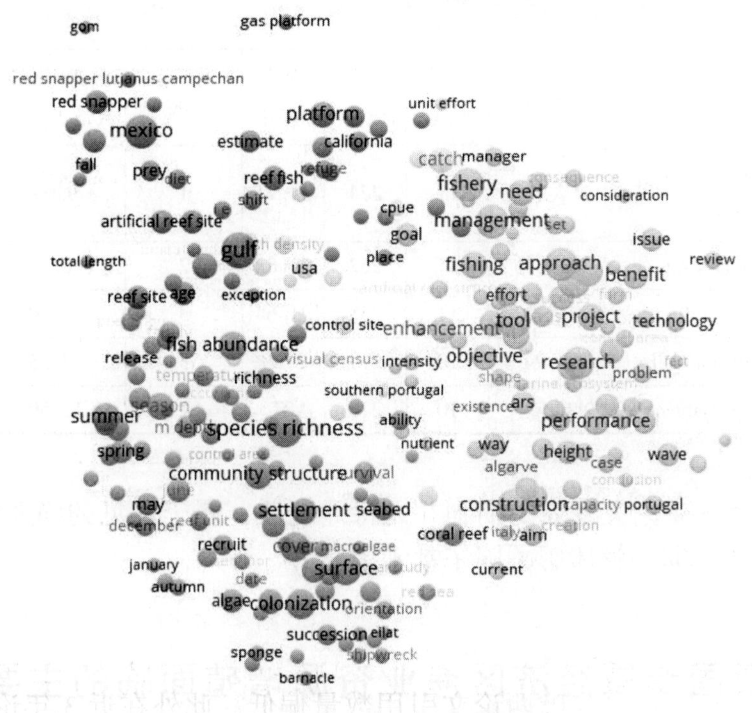

图 1-3-5　人工鱼礁关键词聚类

表 1-3-6　人工鱼礁 SCI 论文主要机构数据

序号	机构	国家	文章数量	总被引频次	篇均被引	近 3 年发文数量	近 3 年发文数量占比/%	被引频次≥50 论文占比/%
1	Univ. Calif	美国	27	954	35. 33	1	3. 70	22. 22
2	Louisiana State Univ.	美国	24	380	15. 83	3	12. 50	8. 33
3	NOAA	美国	22	464	21. 09	4	18. 18	9. 09
4	NSW Department of Primary Industries	澳大利亚	20	187	9. 35	13	65. 00	0. 00
5	Univ. Southampton	英国	15	347	23. 13	1	7. 14	13. 33
6	CNRS	法国	14	243	17. 36	6	46. 15	0. 00
7	Ocean Univ. China	中国	13	55	4. 231	4	33. 33	0. 00
8	Auburn Univ.	澳大利亚	12	265	22. 08	2	16. 67	16. 67
9	Texas A&M Univ.	美国	12	283	23. 58	1	8. 33	16. 67
10	Univ. New S Wales	澳大利亚	12	250	20. 83	2	18. 18	0. 00

续表

序号	机构	国家	文章数量	总被引频次	篇均被引	近3年发文数量	近3年发文数量占比/%	被引频次≥50论文占比/%
11	Scottish Assoc Marine Sci	澳大利亚	11	274	24.91	1	9.09	9.09
12	Tel Aviv. Univ.	以色列	11	262	23.82	2	18.18	9.09
13	Univ. Florida	美国	11	238	21.64	3	30.00	18.18
14	Occidental Coll	美国	10	219	21.9	3	33.33	10.00
15	Univ. S Alabama	美国	10	270	27	1	12.50	30.00

人工鱼礁SCI论文发表的期刊并无特殊现象，属于常见的渔业学和海洋学类别。论文所在期刊整体影响因子都不太高。

四、我国专属经济区渔业资源增殖面临的主要问题

20世纪80年代以来，我国近海渔业资源增殖工作得到逐步重视，尤其在2006年国务院颁布《中国水生生物资源养护行动纲要》以后，沿海各省、市、自治区每年都要开展大规模的渔业资源增殖放流活动，同期人工鱼礁建设也得到了迅速发展。截至2018年，全国累计增殖放流鱼类、甲壳类、贝类、头足类等渔业资源物种2 000亿单位，创建国家级海洋牧场示范区86个，投放鱼礁6 094万空方。同时，国家也制定实施了“双控”“伏季休渔”“零增长”等渔业资源增殖养护管理措施。通过这些措施的实施，我国近海的部分渔业资源，如中国对虾、中华绒螯蟹、海蜇等资源生物量得到明显回升，取得了显著的社会经济效益。

但是，我们也应该清醒地认识到，我国近海渔业资源总体持续衰退、生态系统服务功能持续下降的趋势还没有得到根本性的扭转。40余年来的研究和实践表明，我国在渔业资源增殖放流和人工鱼礁建设过程中还存在许多问题，概括起来主要体现在管理和技术两个层面上的4个大问题。

（一）顶层设计不足，缺乏科学完善的长期规划

资源增殖是一项复杂的系统工程，科学规划是资源增殖事业持续发展的前提和保障。近几年，我国水生生物资源增殖事业取得了跨越式发展，但是在顶层设计方面还不够完善。主要体现在以下几个方面。

1. 法律法规效力不足

法律法规等管理制度是渔业资源养护全面健康可持续发展的基础保障。我国现行的相关法律、法规缺乏渔业资源养护方面的相关规定，不适应渔业资源增殖管理需求，致使存在许多真空地带。我国渔业资源养护与管理的基本法律制度初步形成于20世纪80年代后半期，90年代中期以来有所调整和加强，在基本立法上已经形成了较为完整的制度体系，并在渔船消减和禁渔措施方面取得了一定的成效，但仍存在法制不完善、现有制度未能全面执行的问题：①《中华人民共和国渔业法》（以下简称《渔业法》）配套行政立法滞后；②部分已经实行的养护和管理措施尚没有立法予以规范；③现有的渔具限制、幼鱼保护等措施在部分海区未能得到有效执行；④捕捞产出控制和渔业资源分配制度缺失，仍主要依靠捕捞投入控制和技术管理措施；⑤捕捞准入制度、捕捞统计管理制度等重要的基本制度缺乏。

在渔业资源养护与管理过程中，应该全面加强法制建设，借《渔业法》修订之机将渔业资源养护与管理措施列入其中，予以规范。既需要加强现有制度的实施性立法，也要注重基础管理制度的完善，更为重要的是加强执行。

2. 科学规划设计不明

当前我国资源增殖工作主要是按照2006年国务院发布的《中国水生生物资源养护行动纲要》的要求进行布局，“2020年，每年增殖……达到400亿尾（粒）以上”的发展目标成为主管部门和各地政府一味追求增殖放流的数量指标，但放流的质量往往无法达到要求。在各省、市、自治区制定的放流规划中，适合放流种类较多，几乎把当地水域的物种全部罗列，未根据放流对象的生物学特点和放流水域特征进行匹配。面面俱到的后果就是不能够突出重点，造成财政资金增殖放流效果不好的现象。在各省、市、自治区的地方规划中对增殖放流的功能目的界限不明，资源增殖、物种保护、生态平衡，对应的放流

物种论证不充分，未根据功能定位来选择物种，过多的注重渔业增殖，而缺少生态平衡。目前的增殖放流工作存在“重数量、轻来源、轻安全”的普遍现象。项目考核也只是看放流了多少数量，缺少综合考核机制，放流苗种来源以及是否安全缺少评价，放流效果评价不在考核范围内。

随着增殖放流规模的扩大和社会单位、个人开展增殖放流活动的增多，放流者在选择适宜放流对象、确定放流种苗最佳规格和数量、合理配比投放结构等方面存在着一定的盲目性，将会使潜在的生物多样性和水域生态安全问题更加突出。

3. 增殖放流主体庞杂

增殖放流作为水生生物资源增殖事业的一个重要部分，除了政府主导外，当前，我国一些科研和企事业单位、宗教组织和个人等也都参与其中，增殖放流主体十分庞杂。增殖放流涉及生态环境、渔业资源、水生生物、水产养殖、捕捞、渔业渔政管理等多学科，管理和技术并重，必须有专门机构和大量的专业人员参与做实做细，并不断完善，方能做大做强。但我国尚未成立专门负责渔业资源养护及管理的机构，大多数由省级以下（含省级）渔政部门机构监管渔业资源养护工作，这种实施和管理方式各自为政，形不成合力，而且管理与科研脱节，加上基础研究不足，管理缺乏科学依据，缺乏有效的技术支撑体系，从而导致无法制定行之有效的规划和目标，或已制定的规划不合理。

因此，我国可借鉴日本栽培渔业中官、民、学联合一体的组织形式，即政府主管部门、科研单位、栽培渔业协会的统一体，完善我国增殖放流的管理合作体系，促使增殖放流的整个过程相互衔接，紧密联系；同时，还可借鉴美国的“国家鱼类增殖体系”，从国家层面设立专门的增殖放流机构。增殖放流过程中，政府主管部门负责制定增殖放流的政策规划，科研教学机构根据现有科研、教学资源，发挥各自技术优势，对增殖放流的核心和关键技术进行多学科联合攻关，增殖体系具体实施。渔政管理机构既要维护好增殖水域的渔业生产秩序，为增殖工作提供良好的外部环境，并切实做好渔业资源增殖保护费的征收等工作，为开展更大规模的增殖提供物质保障，实现良性循环。

（二）综合管控堪忧，增殖效果得不到有效保障

增殖放流工作“三分放、七分管”，管理工作涉及增殖放流前、中、后全

过程的各个方面，科学有效的管理是增殖放流获得成功的重要保障。当前在增殖放流管理工作中突出的问题表现在以下几方面。

1. 增殖放流物种质量把控不严

主要体现在3个方面：①供苗企业资质认定缺失。苗种生产许可证基本由县级相关部门颁发，生产资格的界限不清晰，没有统一的标准与部门来进行放流苗种企业资质的认定与监管。如有些证书只标定是鱼类、虾蟹类等的苗种生产，无法判断是否具有特定放流物种的生产资质。增殖放流工作主要是通过政府采购程序采购放流苗种，供苗单位不固定且条件参差不齐，部分供苗单位基础条件较差，有些放流苗种是养殖剩下的劣质苗种，甚至极少数中标单位从资质较差单位（周边小育苗场或个体户）低价采购苗种，苗种质量根本无法得到保障。②招投标制度存在弊端。当前，增殖放流苗种供应实行公开招标制度，较好地解决了放流苗种来源和公正性问题，但现行最低价招标模式也存在不少弊端。为降低育苗生产成本苗种生产不规范，放流苗种偏瘦、体质弱、个体差异大。国家级、省级水产原良种场、驯养繁殖基地以及农业部公告的珍稀濒危水生动物增殖放流苗种供应单位因生产成本高失去竞争优势，难以中标。个别小品种、特色品种育苗单位少，部分品种实际具有育苗能力的可能只有1~2家。甚至有些具有较高生态价值而经济价值低的物种找不到育苗企业，造成无法开展这些物种的招标放流工作。③种质检测难度较高。各种技术规程及标准中都要求放流苗种为原种或者子一代，在实际操作中不具备可行性，一个大家都不能执行的规定就是空话。原种或者子一代的要求在一些虾蟹类中也许可行，在鱼类的实际放流过程中几乎无法做到。

2. 增殖放流过程监管不到位

（1）放流中监管不充分。虽然《水生生物增殖放流管理规定》中对放流过程中苗种的检测检验有严格规定，但是在实际放流过程中，常常发生监管不充分的情况。主要体现在：①放流前暂养驯化没有硬性要求，缺乏管理。②苗种的装运也缺少监管措施，在装车、运输、卸车过程中野蛮操作，遍体鳞伤。③规格数量等把关不严。对于一些经济鱼类苗种，放流的个体很多是养殖户卖剩下的劣质苗种，规格大小不一，品质无法保证，有时也会发生数量不足的现象。④放流方式不作要求，大多采用直接放流的方式，将苗种从船上直接倒入海中，严重影响到增殖放流的效果。

（2）放流后管理不到位。现在的考核机制只看放了多少数量，苗种放下去就算工作完成了，后面的监管几乎空白。增殖放流活动如果缺乏制度性保障，无法形成有效的养护管理机制，偶尔的增殖放流行为无法对恢复渔业资源起到实质性的作用。现在的禁渔工作虽然效果很好，然而一旦开捕，各种非法禁用捕捞网具就出现在水面，但是现有的执法管理力量薄弱，即便有渔民举报也没有精力去管理，成了监管空白。增殖放流的效果被非法捕捞消耗掉，造成管理成本大于放流效果的现象。以浙江省大黄鱼放流为例，放下去的苗种很快就被提前捕捞，导致大量放流不久的低龄鱼被捕，市场上拿大黄鱼小个体当做小黄鱼来卖，0.5 kg 重的野生大黄鱼成为稀缺个体，导致大黄鱼的资源增殖效果不佳。黄、渤海区牙鲆放流后 3 个月内回捕率达 70%，以放流点周边定置网具捕捞为主。因此，控制好捕捞力量，让一些放流个体能够继续在野外水体中存活长大是监管的关键。

（3）协调管理机制缺失。目前增殖放流主管机构由各省、市、自治区渔业局负责，不同省区间缺少良好的协同机制，只是按照本省的情况制定放流规划、执行放流任务。没有一个区域性的统一管理机构，无法从整个海区的高度进行增殖放流的系统规划与评价。对于高度洄游种类的资源养护工作需要有全局性的视角，管理难度较大，原来海区局实施的区域性统一管理形式比目前单个省、市、自治区的管理效果要好，随着海区局的撤销这种管理模式也消失了。此外，为实现渔业资源的有效养护，还应当与环保、交通、海洋等管理部门积极配合，建立良好的协调机制，加强对增殖放流或海洋牧场水域的管控。

（4）社会放流缺乏有效监管。目前，增殖放流主要由各省级渔业行政主管部门负责监管，但是具体执行的放流主体单位较多，对大规模财政项目的放流能够执行监管，而对于一些如企业、个人、宗教活动、民间团体等组织的放流活动由于规模较小或者没有备案等原因而发生监管缺失。近年来，社会力量已成为我国增殖放流和水生生物资源养护事业的一支重要力量，但是普通民众因对科学放生知识不了解，加上主管部门对其监管不到位，造成放流无序，乱象丛生。群众自发的社会放流放生行为，一般不会去进行备案申请，缺少科学指导，放生苗种主要从市场或小育苗场采购，基本都未进行检验检疫，常常发生海陆种互放、南北种互放、外来种、杂交种等随意放生的现象，存在很大的生态安全隐患。

3. 增殖放流资金管理有待优化

（1）财政资金拨付管理不科学。在渔业资源养护的相关规划与实施方案中，很少涉及项目资金的执行与管理。现实的情况是对资金拨付与使用缺少灵活规划，只考虑资金的使用进度，没有考虑到实际操作过程中的生物学特性，实际使用执行中存在较多困难。一是财政资金要求是当年用完，不允许跨年结转使用，导致供苗单位跨年度供货，加大了资金使用的风险。如果苗种厂家提前备货，生物的生长存活需要资金，成本增加，影响收益；不备货就可能会影响到放流时机。二是放流专项资金下拨的时间较晚，每年都要到 10 月前后才拨付到位，已经错失了苗种采购的最佳时期，导致放流资金的到位时间与不同生物种类的放流季节要求不适应。三是财政资金分配层次较多，从中央到省级到主管局，再到最终的项目单位，要经过 3 道环节，层层转拨的过程时滞较长，难以起到及时有效的作用。

（2）生态补偿资金使用不持续。渔业增殖放流资金主要是中央财政拨款、地方财政配套和生态补偿资金，最近几年的生态补偿资金最多。然而，从 2018 年开始，很多涉海涉水工程停工，江苏、浙江等地的用海工程基本已经完成，以后很可能没有大型工程，直接导致占比最多的第三方企业的生态补偿资金急剧下降。例如，浙江省海洋水产研究所自 2013 年以来从中海油、LNG 公司及衢山港公司的工程相关的生态修复项目中，获得资金约 3 000 万元，实施大黄鱼、曼氏无针乌贼、海蜇、黑鲷等 16 亿尾苗种的增殖放流工作。随着项目的完工，生态补偿金的缩减，相关的放流工作也将暂停。近年上海南汇东滩的生态修复资金分年度实施投入 1 亿元左右，其中大部分用于增殖放流活动。缺少稳定持续性的放流长期规划，社会资金为了完成任务导致集中放流，对生物资源的恢复不仅没有帮助，甚至可能会产生负面效应。

（三）科技支撑薄弱，基础研究和应用技术相对滞后

渔业资源增殖工作是个系统工程，需要充足的基础性研究作为支撑，以达到科学地增殖和养护渔业资源的目的。然而，目前的基础研究及成果还远远不能满足渔业资源增殖养护发展的需求，尤其是资源变动机理、增殖放流容量评估、生态风险评价等方面还存在着较多的研究空白。

1. 资源衰退机理、增殖容量评估等基础性研究严重不足

（1）资源变动机理研究不够透彻。渔业资源的衰退导致渔业产出下降、优质蛋白供给不足，同时，对近海的生态服务功能也产生了严重的影响，这是

全球范围内开展渔业资源增殖和养护工作的根本原因。近海渔业资源产出及其动态变化受到气候变化、人类活动等多方面的影响，生物地球化学过程极其复杂，种群与群落结构、功能也在不停地发生着变化，这就导致对近海渔业资源变动趋势与机制掌握不够透彻，渔业资源养护效果差强人意。尽管我国在渔业资源产出及其动态变化和驱动机制方面取得了一定的研究成果，但随着全球气候的变化及当前近海渔业资源衰退趋势的发展，生态系统角度的中长时间以及大范围尺度的研究还有待加强。应积极开展渔业资源的基础性调查研究，全面掌握增殖放流水域渔业资源时空更替状况和变动趋势，明确放流对生态系统的影响，保障放流水域的生态安全。重要经济种和关键生态种的基础研究也有待加强。除了关注资源量及其洄游分布状况以外，重点开展补充特点、幼鱼行动习性、生态系的种间关系（食物、敌害、空间分布等）等方面研究，弄清楚各种影响其早期成活率的因子，确定补充苗种的数量、规格、放流时间和地点。此外，还应系统研究捕捞等人为因素和环境因子对这些物种的影响。

（2）增殖容量评估研究不够深入。增殖放流数量和规模的确立，将对增殖种类野生种群的种群规模产生显著影响，其影响方式及程度主要与增殖水域野生种群的资源密度和增殖苗种的放流规模有关。当野生种群资源密度较高或接近增殖水域对该种类的最大容纳量时，大规模的增殖放流会使野生种群显现负密度依赖效应，即随着种群密度的增加，个体生长开始受到可获得性资源比率的限制，种内竞争逐渐激烈，进而影响其存活、生长和繁殖投入。

我国在增殖容量评估方面的基础研究严重不足。当前，大多是依据历史经验和调查数据作为基础。很多增殖放流工作没有进行容量评估，一方面是因为容量评估技术上较难，主要由相关科研机构负责，需要进行长期和持续的基础调查研究；另一方面是因为放流数量还未达到足够规模，对于历史产量较高的或是长距离洄游的种类，与历史产量峰值还有较大差距，放流数量远达不到历史产量峰值。增殖放流容纳量可以随季节以及通过种群的放流引起水生生物的生活空间与饵料生物等变化而发生变化，要想完全确定拟放流品种的最佳放流数量是非常困难的，因为苗种的放流数量不仅与苗种的成活率有关，而且还和该种的饵料、食物竞争者、敌害生物以及拟放流水域的水文条件有着密切的关系。但是，为了实现增殖放流最大限度的目的，可以结合不同的补充量水平以及回捕率，并参照该种类往年的最大世代产量，来确定具体的放流数量。

（3）增殖效果评估研究不够全面。资源增殖效果评估是一项十分重要且必不可少的工作，全面、科学地评估是保证增殖工作有效开展的基础，同时效果评估又是指导后续增殖规划的重要参考。增殖评估的重要性很早就被认识到，国外的管理者在20世纪70年代就开始通过物理标记进行增殖评估，后来又发展为用分子标记来进行增殖放流群体遗传多样性水平检测及效果研究，期望能对增殖效果进行合理评价。随着对增殖评估重要性的深入认识及相关技术的发展，增殖效果的评价应该包括增殖前对放流物种的选择、放流群体的筛选、放流方式、放流水域的生境质量，以及放流生物在水域中存活和生长状况、放流群体对野生种群的影响、放流的生态及经济效益等多方面的综合评估。相对来说，我国资源增殖评估研究还没有系统开展，目标评价体系大多仅涉及增加资源对象的渔获产量内容，利用物理和分子标记对于少数资源物种及群体进行初步评估。有关资源放流对野生群体遗传多样性、生态系统结构功能影响以及生态风险预警等方面的基础研究远远不足。

2. 增殖放流、效果评估和增殖管理等关键技术尚待突破

（1）增殖放流技术。在大规模化增殖放流前进行试验性放流，根据放流效果设计放流方案，并为规模化增殖放流策略的制定提供依据，以期达到更好的放流效果。但目前我国开展试验性放流较少，大多数的放流活动都是根据经验直接进行，具有较大的盲目性。放流前，对放流对象开展适应性驯化可以提高其放流到野外自然水域的适应能力，提高存活率，增加放流效果。但目前增殖放流过程中，大多数未开展增殖放流前的适应性驯化，直接从培育车间运输到放流地点进行放流。放流前适应性驯化与试验性放流相关技术标准有待研发和建立。尽管目前颁布了一些物种的增殖放流技术标准和规范，但放流过程中在苗种运输、放流方式等方面也很少严格按照技术标准进行操作，基本是一放了事。今后，在运输和放流方式等方面应加强攻关，形成轻简化技术和操作标准，以提高科学放流水平。

（2）效果评估技术。效果反馈与评价是放流工作极为重要的一环，通过放流成本与收益分析综合客观地评价当前放流成效，对攻克放流技术难关，改善后期放流策略，开展更具适应性的管理工作有重要意义。然而目前的增殖放流工作仅对部分容易进行标志的物种进行效果评价，如大黄鱼、对虾等，而对于一些标志困难的物种还缺少评价数据与结果，如文蛤、大竹蛏、乌贼等。效果评价的不完善主要受到资金和技术两方面的制约。虽然每年有较多的增殖放流工作，但是委托科研机构进行效果评价的比例较少；技术上对增殖群体的判别比较困难，一些放流个体虽然进行了标志，但是没有获得回捕个体的数据，如牙鲆、半滑舌鳎、黑鲷等。完整的增殖放流效果评估应从生态、经济和社会效益多角度评估增殖放流效果，目前的研究多注重对经济效益的评估。增殖放流生态效果评价应包含评估增殖放流对目标种类资源数量的增殖效果和评估放流群体对增殖水域的生态作用，重点分析增殖放流对生态系统结构和功能的影响程度。当前，需要加强标志及其标记技术的研发，开发适宜的标志技术；更为重要的是要加强增殖放流评估技术体系建设和评估指标研究，以满足全面系统开展效果评估的需要。

（3）增殖管理技术。我国的增殖放流存在“重放流轻管理”的现象，放流之后基本没有与之配套的渔业管理措施，很多放流种苗在放流后短时间内就被捕捞上来，从而无法起到增殖放流的预期效果。故仅凭少数种类的单一增殖放流行为很难达到近海渔业资源及生态环境修复的效果，必须因地制宜地制定并实施与增殖放流配套的相应渔业管理制度和技术措施，例如在放流水域建立放流后短时禁渔区，或者仿效国外设定捕捞规格等；而且，要对放流过程中诸如苗种质量、放流地点、放流方式选择等各个环节进行监管。增殖放流后的监管是否到位，需要强有力的技术支撑作为保障，但目前相关研究还远远不足。在增殖放流的同时，关键栖息地的生态修复十分重要，是满足放流物种生境需求，提高成活率的重要技术手段。但目前这方面工作针对性不强，应该在产卵场、育幼场、索饵场、越冬场和洄游通道等关键栖息地生境营造技术上加强研究。

3. 苗种生产、种质检测、疫病药残检测等缺少技术规范

（1）苗种生产技术标准。增殖放流物种规模化繁殖和苗种培育技术，是开展增殖放流工作的基础和重要保障。然而，目前一些重要的经济物种、濒危物种或价值较低的生态种由于未能突破人工繁育技术和规模化苗种生产技术，导致无法开展增殖放流。因此，需要加强人工繁殖和苗种规模化培育技术的研发。对于可以规模化生产的增殖放流对象，往往在人工养殖过程，对于遗传管理的重视不足，比如近亲繁殖或者亲本有效数量较少的子代被投放到海域中，很可能出现遗传方面的危害，导致遗传多样性的降低。因此，增殖放流种类在亲本筛选、保种、更新等方面尚需加强研究，建立科学的技术标准。

（2）种质检测技术标准。苗种质量检测主要是对药残和疫病的检验，而对于种质来源、遗传结构等并没有进行区分，这一方面是受到技术的限制、成本的制约；另一方面也是由于部分放流单位专业知识不足，如针对单次繁殖的虾蟹类，应尽量保证放流苗种为子一代；而多次繁殖的物种，应有针对性地进行实验，确定放流苗种的最佳代数。需要进一步加强种质研究，制定详尽可检测的种质标准，研发简易实用可实施的检测技术。

（3）疫病药残检验技术。总体上来说，对增殖放流物种的疫病、药残等检验比较成熟，也是目前主要的检测内容。针对不同的放流物种，各地制定了相关的地方标准。同时还有一些增殖放流实施方案与工作规范。目前的检测规定是，用于增殖放流的水产苗种生长到适合规格后，供苗单位所在地渔业主管部门监督指导供苗单位向有资质的机构（单位）申请苗种药残检验，并向当地水产技术推广机构（或委托有能力的科研机构）申请疫病检测。增殖放流苗种药残检验按《农业部办公厅关于开展增殖放流经济水产苗种质量安全检验的通知》（农办渔〔2009〕52 号）执行；苗种疫病检测参照《农业部关于印发〈鱼类产地检疫规程（试行）〉等 3 个规程的通知》（农渔发〔2011〕6 号）执行，经检验含有药残或不符合疫病检测合格标准的水产苗种，不得用于增殖放流。然而，目前的检验检疫均针对特定的疫病或药物残留，对于一些检验目录中没有规定的疫病和药物等潜在风险还是无法检出，这方面还需要进一步加强研究，建立风险预警技术及其检验技术。

（四）宣教力度不够，公众意识与参与度参差不齐

水生生物增殖是“功在当代、利在千秋”的社会公益事业，需要社会各界的广泛参与和共同努力。各级主管部门要通过多种多样的形式积极开展水生生物资源养护和增殖宣传教育，增强国民的生态环境忧患意识，提高社会各界对资源增殖的认知程度和参与积极性，鼓励、引导社会各界人士广泛参与增殖活动，为增殖可持续发展营造良好的社会氛围；同时，还要引导社会各界人士科学、规范地开展增殖活动，有效预防和减少随意增殖可能带来的不良生态影响，使水生生物增殖事业可持续发展。

附录　关于渔业资源增殖、海洋牧场、增殖渔业及其发展定位

资源增殖作为现代渔业的新业态，发展中难免存在这样那样的问题，认识上产生不同的看法，甚至混乱不清。项目执行过程对有关问题进行了研讨，其中对基本术语的定义和发展定位作了较多的探讨，现以专栏评述的形式记录下

来，供参考。

关于渔业资源增殖、海洋牧场、增殖渔业及其发展定位

渔业资源增殖历史悠久，早在10世纪末我国就有将鱼苗放流至湖泊的文字记载。1860—1880年，以增加商业捕捞渔获量为目的，大规模的溯河性鲑科鱼类（salmonnide，以太平洋大麻哈鱼类和大西洋鲑为主）增殖计划（enhancement programs）在美国、加拿大、俄国及日本等国家实施，随后在世界其他区域展开，如南半球的澳大利亚、新西兰等。1900年前后，海洋经济种类增殖计划开始在美国、英国、挪威等国家实施，增殖放流种类包括鳕、黑线鳕、狭鳕、鲽、鲆、龙虾、扇贝等。1963年后，日本大力推行近海增殖计划，称之为栽培渔业（或海洋牧场），增殖放流种类迅速增加，特别是在近岸短时间容易产生商业效果的种类，如甲壳类、贝类、海胆等无脊椎种类，与此同时，业已成规模的人工鱼礁建设得到快速发展。中国现代增殖活动始于20世纪70—80年代，规模化发展活跃于近10余年。这些活动，在国际上统称为资源增殖（stock enhancement），同时也称之为海洋牧场（sea ranching，marine ranching，ocean ranching）。

国际《海洋科学百科全书》对“海洋牧场”有一简单而明确的定义，即海洋牧场通常是指资源增殖（Ocean ranching is most often referred to as stock enhancement），或者说海洋牧场与资源增殖含意几乎相等。它的操作方式主要包括增殖放流和人工鱼礁。增殖放流需要向海中大量释放幼鱼，这些幼鱼捕食海洋环境中的天然饵料并成长，之后被捕捞，增加渔业的生物量；人工鱼礁是通过工程化的方式模仿自然生境（如珊瑚礁），旨在保护、增殖，或修复海洋生态系统的组成部分。它形成的产业涉及捕捞、养殖和游乐等。

《中国水生生物资源养护行动纲要》确认渔业资源增殖是水生生物资源养护的重要组成部分，而渔业资源增殖包括：统筹规划、合理布局增殖放流；科学建设人工鱼礁，注重发挥人工鱼礁的规模生态效应；积极推进以海洋牧场建设为主要形式的区域性综合开发，建立海洋牧场示范区，以人工鱼礁为载体，底播增殖为手段，增殖放流为补充，积极发展增养殖业，并带动休闲渔业及其他产业的发展。2013年，国务院召开全国现代渔业建设工作电视电话会议，明确现代渔业由水产养殖业、捕捞业、水产品加工流通业、增殖渔业、休闲渔业五大产业体系组成。增殖渔业是渔业资源增殖活动达到一定规模时形成的新业态，作为现代渔业体系建设的一个新的部分，包含了渔业资源增殖活动或海

洋牧场的主要内容。

以上表明，国内外对“渔业资源增殖、海洋牧场、增殖渔业”等基本术语的表述基本是一致的，也是清楚的，它们的共同目标是增加生物量、恢复资源和修复海洋生态系统。虽然在实际使用和解释上有时有些差别，但仅是操作方式层面的差别，如现在国内实施的海洋牧场示范区就是人工鱼礁的一种形式(或者说是一个扩大版)，其科学性质没有根本差别。在发展过程中，这些基本术语的使用也有些微妙的变化，如海洋牧场的英文字，在很长一段时间里是使用 sea ranching，本世纪初前后则出现了 marine ranching 和 ocean ranching 用词，似乎意味着海洋牧场将走向一个更大的发展空间，但至今尚未看到一个具有深远海意义的发展实例，看来从设想到现实需一个较长的过程，因为复杂和难做；在日本，20 世纪 60 年代之后几十年里一直使用“栽培渔业”（汉字）或“海洋牧场”来推动渔业资源增殖的发展，并引起中国的高度关注（如学习濑户内海栽培渔业经验)，但本世纪这些用词在日本逐渐被淡化，更多的使用“资源增殖”，在相关专著出版物书名用词中特别明显。这些用词的微妙变化的内在原因值得关注和深入研讨。

当我们探究这些变化内在原因时，必然涉及发展定位。从以上表述可以看出，增殖放流和人工鱼礁对渔业资源增殖的发展定位略有不同，增殖放流强调对增加渔业生物量的贡献，人工鱼礁则强调对修复生态系统的贡献。二者对恢复渔业资源的贡献定位均持谨慎态度。这里需要特别强调的是“增加渔业生物量与恢复渔业资源”不能混为一谈，因为它是种群数量变动机制上两个层面的过程。例如，5—6 月放流的对虾苗，当年 9—10 月渔业收获了，被称之为增加了渔业生物量（资源量)，因第二年或年复一年需要不断放流，渔业才能有收获。持续了 150 多年的世界鲑科鱼类增殖就是年复一年的放流，才保证了这个事业的成功；假如放流后或经过几年放流，不用再放流，渔业资源量能持续维持在较高水准上，那就达到了资源自然恢复的目的，现实中这种实例鲜有所见。挪威鳕增殖放流经过 100 多年的反复试验最终停止了，因为无法达到资源恢复和增加补充量的目标，经济上也不合算。日本在栽培渔业 50 年小结中说“未取得令人满意的成果”或私下说“失败了”，是因为当初设定的目标之一为“扩大与复育资源量”，2010 年制定的第六次栽培渔业基本方针，虽明确表示将过去的“一代回收型”改为“资源造成型”，但短时间内仍然没有让人们看到希望。事实上，从增加渔业生物量或经济效益的角度看，“一代回收型”也是可取的，即当年增殖当年见效，资源量增加，渔业者有了收益，如中国黄海、渤海开展对虾增殖放流是学习濑户内海栽培渔业经验基础上开展的，当年经济效益显著。所以，对增殖效果取向（即发展定位）应采取实事求是的态度。

国际《海洋科学百科全书》“海洋牧场”条目中称，大约60%的放流计划是试验性或试点性的，25%是严格商业性的（捕捞），12%具有商业和娱乐目的（游钓或休闲渔业），只有少数（3%）致力于资源增殖。国际100多年的增殖史表明，实现资源恢复意义的增殖比较难。产生这样结果的原因，除增殖技术和策略本身的问题外，主要是因为生态系统的复杂性和多重压力影响下的不确定性所致。世界海洋渔业资源数量波动历史表明，渔业资源恢复是一个复杂而缓慢的过程，而目前我们的科学认识还很肤浅，控制力也很弱，设置过高或太理想化的目标难以实现，开展深入持续的基础研究对未来发展十分必要。

国际成功的经验和失败的教训均值得高度重视和认真研究。为了健康持续发展，对于发展中的我国渔业资源增殖事业（或称海洋牧场），应该实事求是，准确、适当地选择发展定位，而且这样的选择应是多向和分类的，包括不同的需求目标和功能目标，不同类别的效益目标，如经济效益、社会效益、生态效益等。需要采取精准定位措施，即各类增殖放流和人工鱼礁建设实施前应有明确的目标定位，甚至采取一类一定的单向措施来保证目标的实现。从目前状况看，单向目标定位比较现实，综合目标定位需要较长的时间实践，难以验证或考核，容易脱离现实。另外，增殖策略或适应性增殖模式也是一个值得深入研究的重要问题，如大西洋鳕增殖效仿鲑科鱼类增殖放流仔、幼鱼，未能获得成功，而中华绒螯蟹采取放流亲蟹策略，增殖效果显著。总之，深入研究渔业资源增殖事业发展过程中存在的问题，将会使增殖渔业或海洋牧场作为一种新业态在推动现代渔业发展中发挥更大、更实际的作用，也将为促进生态文明建设、推进乡村振兴、满足人民美好生活、助力健康中国建设等战略需求实施做出新贡献。

参考文献

Salvanes A G V. 2016. Ocean ranching. Encyclopedia of Ocean Sciences（2nd edition）. Elsevier Pte Ltd，Singapore.

Seaman W，Lindberg W J. 2016. Atitificial reefs. Encyclopedia of Ocean Sciences（2nd edition）. Elsevier Pte Ltd，Singapore.

国务院 . 2006. 中国水生生物资源养护行动纲要 . 国发［2006］号文，1-18.

韩长赋. 明确任务狠抓落实加快推进现代渔业建设. 中国渔业报, 2013-07-01.
洪圣铭. 日本栽培渔业的回顾与展望. 中国鳗鱼网, 2014-02-07 11: 07: 00 (摘译自日刊水产经济新闻, 19 November 2013).
Tang Q S, Ying Y P, Wu Q. 2016. The biomass yields and management challenges for the Yellow Sea large marine ecosystem. Environmental Development, 17: 175-181.

五、我国专属经济区渔业资源增殖的发展战略与任务

(一) 指导思想与定位

1. 指导思想

深入贯彻党的十九大精神和习近平总书记系列重要讲话精神，以及党中央国务院关于生态文明建设、乡村振兴战略和建设海洋强国的有关要求，以“创新、协调、绿色、开放、共享”五大发展理念为指导，针对新时代我国渔业发展的主要矛盾和需求，紧密围绕我国乃至全球当前和今后一段时间内渔业增殖面临的重大科技和管理问题，坚持“重大需求与科学发展前沿相结合、基础研究与技术能力建设相结合、前瞻布局与科学可行相结合”原则，通过采取统筹规划、合理布局、科学评估、强化监管、广泛宣传等措施，实现渔业资源增殖事业科学、规范、有序发展，促进渔业绿色发展和水域生态文明建设。

2. 战略定位

针对当前新时期社会经济发展的主要矛盾，在新发展理念的指引下，科学规范地发展增殖渔业，推动我国现代渔业绿色发展、促进生态文明建设，保障渔民持续增收、推进乡村振兴战略，促进渔业三产融合、满足人民对美好生活的需要，确保优质蛋白供给、助力健康中国建设，为现代海洋渔业强国建设做出贡献。

(二) 发展思路与目标

1. 发展思路

坚持新发展理念，坚持推进渔业绿色高质量发展，坚持以供给侧结构性改革为主线，针对新时代我国渔业发展的主要矛盾，理清近海渔业资源衰退和栖息生境破坏的原因及机理，努力认识渔业资源变动规律及其资源恢复的复杂性，分析渔业资源增殖和栖息地修复工作中存在的问题，认真总结国内外的发展经验教训，应该实事求是，准确、适当地选择发展定位。可采取多向和分类定位策略，根据不同的需求目标和功能目标，对不同类别的增殖活动明确不同的效益定位（如经济、社会、生态效益等），需要采取精准定位措施。根据国家发展战略需求，提出渔业资源增殖及生态修复措施，制定切实可行的行动计划。

2. 发展目标

1）近期目标

至 2025 年，在黄海、渤海、东海和南海建立增殖渔业基础研究和技术研发平台 2~3 个，突破增殖放流物种甄选、增殖放流与人工鱼礁建设技术、资源增殖经济社会效果评估、资源增殖容量评估、增殖资源生态风险预警 5 项关键技术，初步构建完善的渔业资源增殖管理体系。

2）中远期目标

到 2035 年，建立完善的集技术研发、实施监测和监管评估等一体的资源增殖体系，在我国近海建立增殖渔业示范区 3~4 处，推动我国渔业资源增殖向科学化、精细化、标准化、规模化、安全化水平发展，实现现代渔业绿色发展，为创新型现代海洋渔业强国做出贡献。

3. 发展路线

发展路线见图 1-5-1。

(三) 重点任务

针对我国渔业资源增殖战略发展的思路和目标，近期的重点任务主要包括

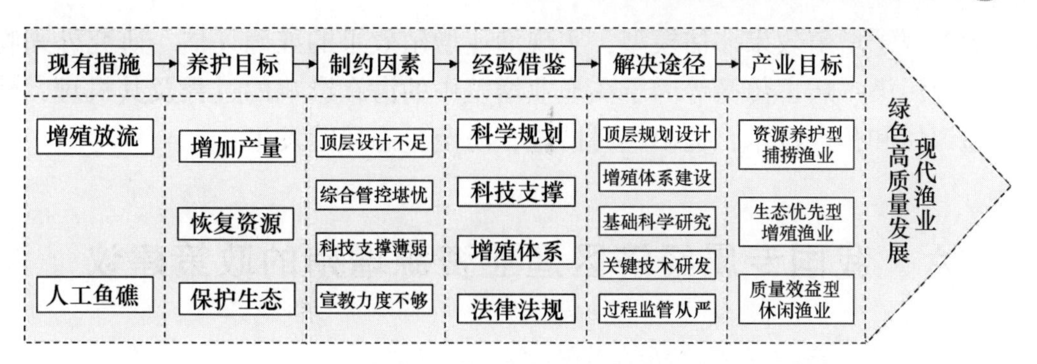

图 1-5-1　我国专属经济区渔业资源增殖发展路线

以下 4 个方面。

1. 加强我国增殖渔业的科学规划与综合管理

全面加强我国增殖渔业相关法律法规建设，规范我国近海渔业资源增殖行为；加强国家层面科学规划的制订，明确近期和中长期发展定位和经济、社会、生态等效益目标，指导渔业资源增殖事业的科学有序开展；强化增殖前、中、后各环节的综合管控制度、措施研究和制定，保障资源增殖取得实效。

2. 开展我国增殖渔业的生态学基础研究

深入开展我国近海渔业资源及其栖息生境的衰退成因与机理、适宜增殖对象生活史习性、增殖策略（时间、地点、规格和规模）等渔业资源增殖的基础理论与技术研究，提高资源增殖的科学性，为实施专属经济区渔业增殖放流和人工鱼礁建设奠定科学基础。

3. 构建我国增殖渔业容量评估体系

研究我国专属经济区生源要素、初级生产力以及生态系统食物网结构和功能的动态变化过程及其机制，以及重要渔业资源种群结构变化与驱动因素，研发建立资源增殖生态容量评估模型与技术，确定适宜的增殖资源对象及规模，解决好资源增殖与生态（资源环境）保护协同共进的矛盾，保障水域的生态系统健康与平衡。

4. 突破我国增殖渔业效果评估技术

研究我国专属经济区增殖渔业效果评估的方法和技术，建立经济、社会、生态等多因子增殖效果评估模型，实现渔业增殖效果的准确评估。研究外来物种、基因污染、病害传播等因子在渔业增殖中的潜在影响的过程及其机理，建立风险评估和预警技术，提出应对措施，防范生态风险发生。

六、我国专属经济区渔业资源增殖的政策建议

通过分析梳理我国专属经济区渔业资源增殖存在的主要问题以及国内外渔业资源增殖实践及其典型案例，结合项目研究提出的我国专属经济区渔业资源增殖的发展战略与任务，对于我国增殖渔业的发展提出以下政策建议。

（一）制定增殖渔业中长期发展规划

渔业资源增殖是一项复杂的系统工程，基于生态优先、绿色发展理念和产业发展战略需求，从国家或行业层面制定“我国增殖渔业中长期发展规划”，科学论证发展定位、总体和阶段目标、任务及具体实施步骤和方法，保障我国增殖渔业持续健康发展。

1. 规划目标要科学完整，前瞻可行

科学的顶层设计要保证规划的完整性、科学性、前瞻性和可行性。我国专属经济区的渔业资源增殖应该着眼于全国，进行全面布局和系统规划。根据不同海区水域和渔业资源分布状况以及生态系统类型和生活习性，结合当地渔业发展现状和增殖实践，组织科研院所、放流主体和监管机构共同参与，打破行政区划，建议制定“我国增殖渔业中长期发展规划”。顶层规划设计应当包含增殖放流和人工鱼礁建设总的发展定位和总要求，并明确提出阶段性指标，包括近期、中长期资源增殖的经济、社会、生态效益和资源养护成效等多方位的可量化和可考核的目标。

2. 规划原则应考虑全面，综合谋划

规划设计的过程中，起码要考虑以下“五个相结合”的原则。

（1）经济与生态相结合。渔业资源增殖不仅要考虑经济效益，不能仅算眼前账，看资源量增加多少，还要生态优先，从资源恢复、物种保护、生态平

衡的角度进行全方位多视角的综合考虑。

（2）数量与质量相结合。尽管增殖种类多少及其数量指标方便考核与监管，但是增殖苗种的质量对于资源增殖成效更为重要，制定规划过程中要关注质量考核。

（3）总体与局部相结合。规划制定要考虑整体性，从生态系统角度出发，以海区或流域为整体进行综合布局与规划设计和管理，以省、市、自治区为局部进行任务的分解与执行。

（4）长期与短期相结合。规划设计既要有长期的目标导向，还要有短期可视的效益产出，同时可以根据短期的资源养护成效对长期的目标与增殖方法进行动态调整。

（5）增殖与管理相结合。增殖放流和人工鱼礁建设是渔业资源增殖的重要手段，增殖放流或者鱼礁投放后的管护力度对资源增长和可持续利用具有重要的影响。在增殖放流或鱼礁建设的同时需要加强生物资源的管护力度，保护渔业资源增殖成果。

3. 制定过程要多方参与，科学论证

增殖渔业规划制定应当建立完善的体系和一套科学机制，营造全社会参与水生生物资源增殖与水域生态养护的氛围，促进我国渔业资源增殖与生态养护工作长效机制的建立，保证渔业资源增殖工作科学地开展，并实现最佳的社会、经济和生态效果。

（1）论证起草。规划的制定要进行科学论证，由行业主管部门主导组织，地方渔业主管部门参与，邀请海洋生态、渔业资源、水产养殖、渔业捕捞、渔业经济等方面的专家召开论证会，科学规划，统筹安排，未雨绸缪，制定出科学合理的发展规划。确保渔业资源增殖取得实效，保障原有水域生态安全以及财政资金的使用效益充分发挥，推进增殖渔业科学、规范、有序开展。

（2）协调执行。以规划为龙头，明确增殖渔业发展方向，定位资金使用重点领域，确保经济发展、生态平衡及资源恢复。具体工作中，政府起决策指导和协调管理作用，科研单位起科学指导和技术支撑作用，增殖体系具体承担实施工作，而渔民、协会或企业广泛参与是重要的社会基础。因此，建立渔业资源增殖协调执行机制，促使政府管理部门、科研单位以及企业相互协调，强化管理、研究和具体增殖操作的相互衔接，对提高增殖效果是十分必要的。

（3）修改完善。建立规划的执行反馈与调整完善机制，渔业资源增殖规划的制定具有时效性及动态性，以一定时期内的生态环境与资源养护问题提出针对性的解决方案，当现有状态改善，出现新的问题及时进行下一阶段的目标任务，并及时修改完善。

4. 规划内容要突出重点，明确进程

顶层规划设计应当包含总的发展目标和总要求。提出阶段性指标，包括近期、中长期资源增殖效益和养护成效等多方位的可量化和可考核的目标。建立规划指标体系，包括增殖物种的种类和数量目标、资源养护成效目标、鱼礁示范区（海洋牧场示范区）建设目标、生态系统恢复目标等。针对目前已经公布的相关规划，有以下几方面需要重点突出加以明确。

（1）种类选择。针对渔业资源衰退、濒危程度加剧以及水域生态荒漠化等问题，结合渔业发展现状和增殖实践，合理确定不同水域渔业资源增殖功能定位及主要适宜增殖物种，以形成区域规划布局与重点水域增殖养护功能定位相协调，适宜增殖物种与水域生态问题相一致，推动资源增殖科学、规范、有序进行，实现生态系统水平的资源增殖。无论是增殖放流还是人工鱼礁建设，都不能只考虑高经济价值的物种，要综合考虑生态价值，进行合理的定位。①定位于恢复生物种群结构：增殖物种宜选择目前资源严重衰退的重要经济物种或地方特有物种。②定位于促进渔民增收：增殖物种宜选择资源量容易恢复的重要经济物种。③定位于改善水域生态环境：增殖物种宜选择杂食性、滤食性水生生物物种。④定位于濒危物种和生物多样性保护：增殖物种则选择珍稀濒危物种和区域特有物种。

（2）容量评估。增殖放流和人工鱼礁必须考虑增殖区域的生态容量和合理放流数量，增殖前应对水域的生态系统开展调查，以摸清包括初级生产力及其动态变化、食物链与营养动力状况，从而确定增殖物种的数量、时间和地点。同时要加强增殖后的跟踪监测和效果评估，以调整增殖数量、时间和地点，保证最佳增殖资源的效果。对于岛礁性鱼类，具有领域维护的习性，需要从食物链角度来估算放流规模；埋栖贝类或定居性物种增殖须评估容量。

（3）生态安全。增殖不仅要考虑苗种培育、检验检疫、生态环境监测、标志放流及增殖效果评估等，同时还要考虑水生生物多样性的保护、种群遗传资源保护以及对生态系统结构和功能影响，特别是竞食或掠食物种的习性和食物关系。在容量评估的基础上，确定增殖的物种和数量，以保证生态系统不受破坏、减小增殖的生态风险。人工鱼礁建设要进行适宜性评价承载力评估、持续产出评价、合理的选型和布局，要考虑到人工鱼礁生态效应的充分发挥和礁区生态系统的可持续健康发展，充分利用人工鱼礁生境修复功能，开展其他渔业资源的增殖和后续利用管理。

（二）提升增殖渔业的科技支撑能力

健全、完善的科技支撑体系是增殖渔业顺利实施和取得实效的关键。针对增殖渔业涉及环节多、技术性强的特点，建议加大科研投入力度，加强专业技术队伍建设，提升条件平台和科研能力，强化增殖渔业基础性、关键性技术研发，为增殖渔业提供科技支撑保障。

1. 建设技术队伍

渔业资源增殖是一项专业性和技术性很强的工作，如果不是科学的规范增殖，不仅不能够起到正面作用，反而会对自然生态系统造成负面影响。在增殖实践工作过程中，需要培养一批具有较高专业素养的技术队伍，包括参与其中的基础科研人员、专职管理人员、企业生产人员、质量监管人员等。要培养一定数量的专业技术人员和熟练技术工人组成的技术队伍；健全生产和质量控制各项管理制度，组建完整的引种、保种、生产、用药、销售、检验检疫等专业记录人员；培训相关人员的水质和苗种质量检验检测基本能力，制订苗种生产技术操作规程。

2. 打造技术平台

针对当前渔业资源增殖发展的技术需求，进一步加强增殖放流与人工鱼礁等技术研发。借鉴美国鲑鳟鱼类孵化场以及日本人工鱼礁建设的经验与做法，通过设立渔业增殖站、增殖放流示范基地以及人工鱼礁示范区的方式，突破每个环节的核心技术，加强源头技术创新，提升增殖放流和人工鱼礁示范模式技术水平。集中优势资金和力量，以科研院所为基础，在全国高起点、高标准创建一批具有较高科研能力、放流基础扎实、人工鱼礁建设经验丰富、硬件条件好、工作积极性高、社会责任心强的技术研发平台。通过技术平台的建立，整合现有技术成果，加强协同创新，完善技术体系，带动我国资源增殖整体科研技术水平的提升。技术平台除完成政府安排的增殖放流和人工鱼礁建设任务外，同时还肩负社会放流放生苗种供应基地、水生生物资源增殖宣传教育基地、增殖放流技术孵化、人工鱼礁成果转化示范和协同创新基地等责任，示范带动全国渔业资源增殖工作。

3. 强化基础技术研发

（1）资源增殖基础研究。积极开展渔业资源本底调查，系统掌握渔业资源状况和变动趋势。加强对放流水域以及人工鱼礁区生物资源增殖技术的研究，开展生态环境适宜性、生态容量、增殖品种、结构、数量、规格以及增殖方法等方面的研究；加强放流种类对生态系统影响和适应性研究，保障放流水域生态安全。

（2）关键技术研发。强化增殖放流物种的人工繁育技术和规模化生产技术攻关，筛选新的增殖品种，丰富增殖放流种类、扩大苗种来源；加强人工鱼礁建设研究，包括人工鱼礁构筑材料和形体结构设计，人工鱼礁对渔业生态环境尤其是提供海域生产力水平的研究，鱼礁集鱼机理研究等；开展水域生态修复理论和技术研究、增殖风险评估技术研究以及水域生态系统对增殖的响应研究，不断扩大水生生物资源增殖工作内涵。

（3）应用技术研究。加强增殖物种种质鉴定和遗传多样性检测技术应用研究，为保障水域生态安全和生物多样性提供有力支撑；加强标志放流的应用研究，为开展增殖放流效果评估提供技术支撑；加强对大型化和新材料人工鱼礁的开发和创新。

4. 完善效果评价体系

资源增殖后应根据现有工作基础、技术条件和增殖品种特点等，开展相应跟踪调查，实施增殖效果评估，科学调整下一年度的增殖计划。从评价方法及评价体系两方面加强对增殖效果评估的研究。

在评价方法上，加强对标记技术的研究，并针对放流物种实际情况，选择性引进国外先进技术，为放流苗种寻找合适的标记方法。

在评价体系上，确立多元化评价指标，从经济、生态、社会效益三方面完善评价体系，对增殖效果进行综合全面的评价。效果评估应收集增殖水域渔业生产、资源、环境资料，开展水生生物生态现状调查，全面评价水生生物资源增殖综合效果，为优化增殖方案和管理措施提供依据。同时开展水生生物资源的动态监测，综合评估资源保护效果及资源变动趋势，做好增殖工作的生态风险评价。

（三）构建增殖渔业综合管理体系

综合管理是增殖渔业取得实效的重要保障，应当加强体系化建设，建立"国家渔业增殖站体系"，健全增殖放流以及人工鱼礁建设规章制度，强化增殖放流与人工鱼礁建设的监管，优化资金使用效率，形成完善的管理、研究、监测评估和具体实施的增殖渔业综合管理体系。

1. 设立国家渔业增殖站体系

从国内外渔业资源增殖实践来看，孤立地进行水生生物资源增殖放流往往成效较低，应积极提倡资源增殖体系的观念，把各种孤立的措施组合一起，将增殖放流与人工鱼礁和海藻场建设相互结合，建立完善的管理、研究、监测评估和具体实施的增殖体系，以获取渔业资源增殖最佳的、持续的效益。因此，建议建立"国家渔业增殖站体系"，统一进行资源增殖活动的管理，按照标准规范生产供应所需苗种，解决市场欠缺的技术储备研究，进行综合的监测评估，以及负责具体的增殖项目实施。设立若干个不同层级的资源增殖中心站，"国家级中心站"打破行政区划，按照大的流域和海区进行规划，解决共性的问题；"省级基层站"按照区域分片划分，解决局部的问题。

健全完善苗种供应体系，打造更加专业、安全的苗种供应队伍，为资源增殖持续发展提供坚实的保障。可以通过设立渔业增殖站、增殖放流示范基地的方式，定点供应政府放流和社会放生苗种，稳定苗种供应来源，强化苗种生产监管，提高苗种供应质量，确保放流生态安全，推动我国增殖放流向科学化、标准化、精细化、规模化、安全化水平发展。建议国家或省级安排专项资金，集中优势资金和力量，在全国创建一批国家级或省级增殖放流示范基地，加强增殖苗种繁育和野化训练设施升级改造，支持开展生态型、实验性、标志性放流，打造更加专业化的增殖放流苗种供应队伍。这些示范基地除完成政府安排的放流任务外，同时还肩负社会放流放生苗种供应基地、水生生物资源养护宣传教育基地、增殖放流技术孵化和协同创新基地等责任，示范带动全国增殖放流工作。

2. 建立健全资源增殖规章制度

科学规范的管理是增殖工作顺利实施的关键。要不断完善地方政府领导、渔业主管部门具体负责、有关部门共同参与的增殖管理体系，建立健全增殖管理机制与规章制度，提高监管能力。加快制订出台水生生物增殖放流与人工鱼礁操作技术规范、主要增殖物种技术标准和规范。对增殖放流过程的各个环节进行监督管理，重视人工鱼礁的建设、管理和利用规划，加强前期申报审批制度、生态风险评估制度，苗种检测检疫制度、水域执法监管制度，以及保护和监督管理制度、效果评价制度，为渔业资源增殖提供全方位的制度保障。

3. 制定严格有效的监管机制

水生生物增殖放流工作“三分放，七分管”。为确保放流取得实效，切实提高放流成活率，达到增殖放流的经济、社会和生态效益目标，需要强化增殖放流苗种、放流水域、放流过程以及社会放生活动的监管。

（1）放流苗种监管。各级渔业主管部门要加强增殖放流苗种的监管，严格执行《水生生物增殖放流管理规定》、财政项目管理要求以及有关技术规范和标准；切实做好增殖放流苗种检验检疫，确保苗种健康无病害、无禁用药物残留，杜绝使用外来种、杂交种、转基因种以及其他不符合生态要求的水生生物进行增殖放流。严格增殖放流供苗单位准入，建立定期定点及常态化考核机制，提高增殖放流供苗单位的整体素质，保障放流苗种质量和水域生态安全；提倡和鼓励增殖放流供苗单位自繁自育，严厉打击临时买苗放流现象，研究制定增殖放流苗种购苗中培清单，探索建立增殖放流亲体保育单位资质标准。在宁波已经试行的“苗种备案”制度效果不错，在一定程度上可以提高增殖放流资格门槛，可以发挥一定作用。

（2）放流水域的渔政执法监管。放流水域是否具备有效的保护措施是增殖放流取得实效的关键，为确保放流取得实效，切实提高放流成活率，就要强化增殖放流水域监管，通过采取划定禁渔区和禁渔期等保护措施，强化增殖前后放流区域内非法渔具清理和水上执法检查，以确保放流效果和质量。承担放流任务的渔业主管部门应根据实际情况进行不同频次的巡查和管护，严厉查处各类违法捕捞和破坏放流苗种的行为，防止“边放边捕”“上游放、下游捕”等现象。从提高增殖放流成效的角度，增殖放流实施水域宜选择具备执法监管条件或有效管理机制、违法捕捞可以得到严格控制的天然水域。开展增殖放流的同时，应加强制度建设，完善并落实监管措施，通过建立健全渔政监督和管理机构、明确规定增殖水域的保护对象及采捕标准，在配套制度及措施上为放流工作顺利开展提供保障。

(3) 社会放生活动的主动介入监管。近年来，随着人民物质文化生活水平的提高，我国以企业集团、宗教组织及其他各类民间社会团体、个人自发组织的社会放流放生活动风生水起，社会力量已成为我国增殖放流和水生生物资源养护事业的一支重要力量。但多数民众因不了解科学放生知识或固有放生理念，造成无序盲目放流放生乱象丛生，海陆种互放、南北种互放等现象屡见不鲜，存在很大生态安全隐患。此外，社会放流放生多为群众自发行为，放流放生苗种多数是从市场或小育苗场采购，基本都未进行检验检疫。社会放流放生问题关乎生态安全，应高度重视，未雨绸缪，提前介入，争取主动。因此，建议成立“水生生物增殖放生协会”，作为监管机构，规范放流放生行为，并为社会放流放生活动进行科学规范和指导，确保渔业生态安全。

通过“水生生物增殖放生协会”建立与宗教部门、社会放流组织、放生团体的沟通协调机制。争取把社会力量纳入到国家增殖放流体系中，可以开展以下工作：①宣传普及增殖放流常识，通过组织专家进行科普知识讲座，科学指导增殖放流放生行为；②组织开展社会捐助增殖放流工作，明确增殖放流主管部门（监管方）、单位或个人（捐助方）、协会或中介机构（第三方）、苗种供应单位（如增殖站、增殖示范基地等）等各方权责，创造性引导开展社会放流放生工作；③搭建社会组织放流放生平台，由增殖放流协会负责建设一批集资源养护知识普及、文化宣传、休闲旅游、放流放生等功能于一体的大型综合性放流放生平台，满足社会需求，确保放流放生生态安全。

(4) 人工鱼礁建设从选址、施工到后期维护都需要规范化的监管措施。各级海洋与渔业行政主管部门要加强组织管理和协调，海监和渔政执法队伍要强化执法管理和自身建设，严厉查出违法违规行为，确保人工鱼礁建设达到预期效果，产生明显的社会效益、生态环境效益和经济效益。①要加强执法力度，避免一些未办理审批手续的随意投石造礁，造成在礁体设计、材料、制作工艺、成礁机理、工程工艺及施工技术规范等方面缺乏科学指导，严重影响到了人工鱼礁建设的质量。②在建设过程中要确保建设规范标准化，在科学指导下完成造礁工作，并及时开展人工鱼礁建设效果评价。③在人工鱼礁建设完成后，应定期对人工鱼礁区域的生态环境和生物资源状况以及礁体本身进行监测，以确定人工鱼礁是否达到预计目的以及人工鱼礁礁体材料的耐久性和稳定性。④要严格限制捕捞方式，禁止底拖网作业，以防止破坏投放的礁体；虽然刺网对捕捞对象有一定的选择性，但是由于流动的网衣可能会缠绕到人工鱼礁礁体上，导致人工鱼礁区域的鱼类由于网衣的刺挂和缠绕而死亡，所以也应对刺网进行一定的限制；相对来说延绳钓、手钓等钓捕方式由于其机动灵活而最适合于在人工鱼礁渔场作业。⑤除了限制捕捞方式外，还可以对人工鱼礁渔场进行捕捞限额管理。另外在人工鱼礁投放后，渔业行政主管部门应同海洋行政主管部门密切合作，严格禁止在人工鱼礁区域倾倒任何废弃物。

4. 优化增殖放流资金管理

目前，中央财政资金的投入是比较稳定和持续的，但是其他资金受到各方面因素的制约，不稳定且有急剧缩减的趋势。探索建立以政府投入为主、社会投入为辅的多元化投入机制，寻求个人捐助、企业投入、国际援助等多渠道资金支持，建立健全水生生物资源有偿使用和资源生态补偿机制，形成政府引导、生态补偿、企业捐赠、个人参与的多元化投入格局。针对增殖放流可以设立“增殖放流专项基金”，通过专项基金的形式统筹中央、地方、社会等的资金，为增殖放流提供组织和资金保障。对于人工鱼礁建设，要鼓励投资主体多元化，对于非公益性的人工鱼礁建设，要按照“谁投资谁受益，谁利用谁投入”的原则，明确投资政策，并确保投资者长期利益受到法律保护。

通过设立专项基金，规范项目资金管理，逐步建立健全项目储备、专项资金管理、项目监督检查、资金绩效评价等覆盖项目资金全程监管的一系列制度体系，逐步建立起规划、项目、资金、监管有机结合的运行管理体系。针对增殖放流项目实施的特点，制定项目专项资金管理规定，使项目实施和资金管理有章可循、有据可依，切实加强增殖放流资金管理，规范资金管理使用程序，合理规避跨年度采购苗种的支付风险。同时加大民众参与和监督的力度，以确保增殖放流专项资金使用安全、取得实效。对于人工鱼礁建设，则要增加资金投入，扩大人工鱼礁投放规模。坚持以政府投资为主，企业或团体投资为辅的原则，具体为公益性人工鱼礁建设以政府建设为主体，非公益性人工鱼礁建设以企业、团体或个人为建设主体，扩大人工鱼礁的资金来源，实施利于扩大人工鱼礁建设规模的方针政策。

（四）加强增殖渔业的宣传教育

水生生物资源增殖是“功在当代、利在千秋”的社会公益事业，需要社会各界的广泛参与和共同努力。各级主管部门要通过多种多样的形式积极开展水生生物资源增殖宣传教育，增强国民的生态环境忧患意识，提高社会各界对增殖放流和人工鱼礁的认知程度和参与积极性，鼓励、引导社会各界人士广泛参与增殖活动，为水生生物资源增殖事业的可持续发展营造良好的社会氛围。对于增殖放流，要引导社会各界人士科学、规范地开展放流活动，有效预防和减少随意放流可能带来的不良生态影响，使增殖放流事业可持续发展。对于海洋牧场示范区建设，主要是通过示范区内展示功能进行相关的科普工作，提高全社会海洋生态环境保护和绿色环保意识，提高公众对海洋生态补偿的参与度。

目前，我们的社会宣传教育力度做得还不够。应当采取多方面的宣教方式，积极开展科普活动，设置增殖放流科普展板，宣传普及科学的放流放生知识。

（1）媒体广告。利用好微博、微信等新兴媒体，精心制作科学放流公益广告在央视等主流媒体集中播放，使科学放流生态安全理念深入人心。制作人工鱼礁或海洋牧场建设相关宣传片，在不同媒体进行播放。

（2）固定平台。不能运动式的宣传，要长期稳定有固定场所，如武汉的江豚教室等。美国在过鱼设施、孵化场都设置有宣传教育的场地，成为旅游观光地。在人工鱼礁或海洋牧场示范区建立长期综合平台，如山东海洋集团的“耕海 1 号”海洋牧场综合平台，就是集休闲观光、科普教育、海洋监测功能于一体的固定平台。可以向公众进行广泛的科普宣传教育。

（3）建立展览馆。可以选定几个长期的具有重要意义的放流点或者增殖养护机构以及人工鱼礁示范区，建立渔业资源增殖展览馆，来进行资源增殖的宣传工作。

（4）招募志愿者。招募培训水生生物资源增殖科普宣传志愿者，作为增殖放流讲师深入民间放生团体宣传科普，将民间放生行为转变为科学规范的水生生物增殖放流行动，推动民间乱放生问题的有效解决。

（五）扩大增殖渔业国际合作交流

扩大渔业资源增殖放流与人工鱼礁建设的国际合作，制定并实施国际交流计划，通过加强同渔业发达国家如美国、挪威、日本以及国际组织的广泛联系，选派各层次管理及科研人员出国学习、培训、参加国际会议等方式，提高我国增殖放流以及人工鱼礁建设的整体技术水平。此外，还应加强专业人才的培养，通过定期开展培训课程及专业讲座的方式，提高渔民劳动技能，多层次、全方位地强化渔业资源增殖的技术支撑体系。

七、我国专属经济区渔业资源增殖的重大项目建议

根据我国专属经济区渔业资源增殖战略及发展目标，结合当前增殖放流实践现状，项目组提出“十四五”期间的重大项目建议包括以下 3 个方面。

（一）我国专属经济区增殖渔业的生态学基础研究

1. 必要性

由于栖息地破坏、过度捕捞、水域污染、全球气候变化以及生物入侵等多重因素的影响，我国专属经济区渔业资源呈现出明显下降的趋势，危害我国的生态安全及水产品的有效供给。然而，资源衰退的基础生态学问题缺乏深入研究，以致难以制定出有效的渔业增殖措施。为了落实中央提出的生态文明建设和绿色发展国家战略，科学开展渔业增殖工作，亟待开展增殖渔业生态学基础研究。

2. 主要内容

重点开展我国专属经济区重要渔业资源衰退成因及机制，增殖水域生境质量、生源要素及其增殖容纳量评估，重要渔业资源群落结构与功能动态变化及其驱动因子，重要生物种群的生活史特性，重要渔业资源物种的增殖与补充过程及其机制，以及外来物种、基因污染、病害传播等因子的潜在生态风险及其影响机理等方面的基础性研究。

3. 预期目标

掌握专属经济区渔业资源衰退的成因及机制，确立适宜的增殖容纳量，掌握重要渔业资源种类生活史特性与群落结构及其相互关系，阐明渔业资源增殖过程及补充机制。

（二）我国专属经济区渔业资源增殖放流关键技术研究

1. 必要性

近年来，国家和各级地方政府投入了大量的财力和物力开展渔业资源增殖放流工作，取得了一定的成效。然而，在开展增殖实施的过程中还存在着关键技术缺失、盲目性大等科技支撑不足问题，以致于难以实现既定的增殖目标，亟待开展专属经济区渔业资源增殖关键技术研究。

2. 主要内容

重点开展我国专属经济区渔业资源增殖种类甄选、苗种规模化培育与质量管控，增殖放流策略、方式与实施，增殖放流容量评估模型构建，增殖社会经济效果评估，增殖生态评估与风险预警等关键技术研发。

3. 预期目标

突破我国专属经济区渔业增殖关键技术，建立增殖养护技术体系，准确评估资源增殖效果，实现增殖目标，评估潜在的生态风险，制定有效的防范措施。

（三）我国专属经济区人工鱼礁建设关键技术研究

1. 必要性

海洋荒漠化和渔业资源枯竭趋势依然在加剧，渔业资源养护和渔民增收并重的发展机制亟待完善，人工鱼礁建设及其资源增殖技术亟待重大突破，栖息地构造工程化和海洋生物增殖养护水平急需提高，休闲渔业和产业链延长发展模式缺乏创新，科技投入不足和投融资方式急待创新。

2. 主要内容

研究养护型海洋牧场示范区人工鱼礁构建、海洋生物驯化增殖与养护利用等关键技术，研发“海底—海水—生物”三位一体的现代化海洋生态系统修复与生态安全维护新模式。研究增殖型海洋牧场示范区海洋经济物种人工增殖种群和野生种群生态工程化调控、海洋动植物生态化利用等关键技术，研制渔获物精准产出装备与宏观、中观和微观三结合物联网整合系统。研究休闲型海洋牧场示范区生态平衡休闲渔业构建关键技术，研制海上管护平台与休闲渔业装备和信息化立体监控系统，开发休闲垂钓和渔业观光产业链，延长产业模式。集成现代技术体系，建立现代化养护型、增殖型和休闲型海洋牧场示范区，规模化推广应用。

3. 预期目标

通过深入研究，系统地形成养护型、增殖型和休闲型三类现代化关键技术体系，建立现代化养护型、增殖型和休闲型海洋牧场示范区，并进行规模化推广应用。

参考文献

陈海燕，林振龙，陈丕茂，等.2014.紫铜在海洋微生物作用下的电化学腐蚀行为[J].材料工程，(07)：22-27.

陈丕茂.2009.南海北部放流物种选择和主要种类最适放流数量估算[J].中国渔业经济，27(02)：39-50.

陈丕茂.2014.海洋牧场配套技术模式与示范/水域生态环境修复学术研讨会[C].上海.

陈心，冯全英，邓中日.2006.人工鱼礁建设现状及发展对策研究[J].海南大学学报(自然科学版)，24(01)：83-89.

陈勇，杨军，田涛，等.2014.獐子岛海洋牧场人工鱼礁区鱼类资源养护效果的初步研究[J].大连海洋大学学报，29(02)：183-187.

程家骅，姜亚洲.2010.海洋生物资源增殖放流回顾与展望[J].中国水产科学，17(03)：610-617.

单秀娟，窦硕增.2008.饥饿胁迫条件下黑鮸(*Miichthys miiuy*)仔鱼的生长与存活过程研究[J].海洋与湖沼，39(01)：14-23.

单秀娟，金显仕，李忠义，等.2012.渤海鱼类群落结构及其主要增殖放流鱼类的资源量变化[J].渔业科学进展，33(06)：1-9.

段丁毓，秦传新，马欢，等.2018.景观生态学视角下海洋牧场景观构成要素分析[J].海洋环境科学，37(06)：849-56.

段丁毓，秦传新，朱文涛，等.海洋牧场景观生态分类研究：以柘林湾海洋牧场为例[J/OL].2019.渔业科学进展.https://doi.org/10.19663/j.issn2095-9869.20190129001.

房元勇,唐衍力.2008.人工鱼礁增殖金乌贼资源研究进展[J].海洋科学,32(08):87-90.
付东伟,陈勇,陈衍顺,等.2014.方形人工鱼礁单体流场效应的PIV试验研究[J].大连海洋大学学报,29(01):82-85.
公丕海,李娇,关长涛,等.2014.莱州湾增殖礁附着牡蛎的固碳量试验与估算[J].应用生态学报,25(10):3032-3038.
桂建芳.2014.鱼类生物学和生物技术是水产养殖可持续发展的源泉[J].中国科学:生命科学,44(12):1195-1197.
韩光祖,刘玉琪,汤许耀.1988.增殖对虾受鱼类危害的初步研究[J].海洋湖沼通报,(02):73-81.
花俊.2015.海洋牧场水质环境监测系统的设计[D].青岛:中国海洋大学.
贾后磊,舒廷飞,温琰茂.2003.水产养殖容量的研究[J].水产科技情报,30(01):16-21.
姜亚洲,林楠,刘尊雷,等.2016.象山港黄姑鱼增殖放流效果评估及增殖群体利用方式优化[J].中国水产科学,23(03):641-647.
姜亚洲,林楠,杨林林,等.2014.渔业资源增殖放流的生态风险及其防控措施[J].中国水产科学,21(02):413-422.
李丹丹,陈丕茂,朱爱意,等.2018.密度胁迫对黑鲷运输存活率及免疫酶活性的影响[J].南方农业学报,49(07):1429-1446.
李陆嫔.2011.我国水生生物资源增殖放流的初步研究—基于效果评价体系的管理[D].上海:上海海洋大学.
梁君.2013.海洋渔业资源增殖放流效果的主要影响因素及对策研究[J].中国渔业经济,31(05):122-134.
林会洁,秦传新,黎小国,等.2018.柘林湾海洋牧场不同功能区食物网结构[J].水产学报,42(07):1026-39.
林金錶,陈涛,陈琳.1997.大亚湾多种对虾放流技术和增殖效果的研究[J].水产学报,(s1):24-30.
林军,章守宇,叶灵娜.2013.基于流场数值仿真的人工鱼礁组合优化研究[J].水产学报,37(07):1023-1031.
刘洪生,马翔,章守宇,等.2009.人工鱼礁流场效应的模型实验[J].水产学报,32(02):229-236.
刘奇.2009.褐牙鲆标志技术与增殖放流试验研究[D].青岛:中国海洋大学.
刘同渝.2003.国内外人工鱼礁建设状况[J].渔业现代化,(02):36-37.
刘同渝.2003.人工鱼礁的流态效应[J].水产科技,(06):43-44.
刘彦,赵云鹏,崔勇,等.2012.正方体人工鱼礁流场效应试验研究[J].海洋工程,30(04):103-108.
吕少梁,王学锋,李纯厚.2019.鱼类放流标志步骤的优选及其在黄鳍棘鲷中的应用[J].水产学报 DOI:1000-0615(2019)02-0001-09.
罗虹霞,陈丕茂,袁华荣,等.2015.大亚湾紫海胆(*Anthocidaris crassispina*)增殖放流苗种生长情况[J].渔业科学进展,36(08):14-21.
马欢,秦传新,陈丕茂,等.2017.南海柘林湾哈阳牧场生物碳储量研究[J].南方水产科学,13(06):56-64.
马欢,秦传新,陈丕茂,等.2019.柘林湾海洋牧场生态系统服务价值评估[J].南方水产科学,15(01):10-9.
聂永康,陈丕茂,周艳波,等.2016.南方紫海胆增殖放流对虾类和蟹类行为的影响[J].安徽农业科学,526(21):7-11.
潘绪伟,杨林林,纪炜炜,等.2010.增殖放流技术研究进展[J].江苏农业科学,(04):236-240.
秦传新,陈丕茂,徐海龙,等译.2015.人工鱼礁评估及其在自然海洋生境中的应用[M].北京:海洋出版社.
秦传新,陈丕茂,张安凯,等.2015.珠海万山海域生态系统服务价值与能值评估[J].应用生态学报,26(06):1847-1853.
石瑞花,许士国.2008.河流生物栖息地调查及评估方法[J].应用生态学报,19(09):2081-2086.
舒黎明,陈丕茂,黎小国,等.2015.柘林湾及其邻近海域大型底栖动物的种类组成和季节变化特征[J].应用海洋学报,34(01):124-132.
唐启升,邱显寅,王俊山.1994.山东近海魁蚶资源增殖的研究[J].应用生态学报,(05):396-402.
唐启升,韦晟,姜卫民.1997.渤海莱州湾渔业资源增殖的敌害生物及其对增殖种类的危害[J].应用生态学报,8(02):199-206.
唐启升.1996.关于容纳量及其研究[J].海洋水产研究,17(02):1-6.
唐卫星,陈毅峰.2012.大头鲤原种种群的遗传现状[J].动物学杂志,47(05):8-15.
唐衍力.2013.人工鱼礁水动力的实验研究与流场的数值模拟[D].青岛:中国海洋大学.
唐振朝,陈丕茂,贾晓平.2011.大亚湾不同波浪、水深与坡度条件下车叶型人工鱼礁的安全重量[J].水产学报,35(11):1650-1657.
陶峰,唐振朝,陈丕茂,等.2009.方型对角中连式礁体与方型对角板隔式礁体的稳定性[J].中国水产科学,16(05):773-780.
汪振华,章守宇,王凯,等.2010.三横山人工鱼礁区鱼类和大型无脊椎动物诱集效果初探[J].水产学报,34(05):751-759.
王宏,陈丕茂,章守宇,等.2009.人工鱼礁对渔业资源增殖的影响[J].广东农业科学,(08):18-21.
王莲莲,陈丕茂,陈勇,等.2015.贝壳礁构建和生态效应研究进展[J].大连海洋大学学报,30(04):449-454.

王伟定,俞国平,梁君.2009.东海区适宜增殖放流种类的筛选与应用[J].浙江海洋学院学报(自然科学版),28(04):379-383.

王学锋,曾嘉维,韩兆方,等.2016.湛江湾海域夏季鱼类群落的完整性评价[J].上海海洋大学学报,25(06):801-808.

吴伟,姜少杰,袁俊,等.2016.带叶轮的人工鱼礁流场效应的数值模拟研究[J].科技创新与应用,(32):16-18.

吴忠鑫,张秀梅,张磊,等.2013.基于线性食物网模型估算荣成俚岛人工鱼礁区刺参和皱纹盘鲍的生态容纳量[J].中国水产科学,20(02):327-337.

伍献文,钟麟.1964.鲩、青、鲢、鳙的人工繁殖在我国的进展和成就[J].科学通报,9(10):900-907.

徐开达,徐汉祥,王洋,等.2018.金属线码标记技术在渔业生物增殖放流中的应用[J].渔业现代化,45(01):75-80.

杨刚,张涛,庄平,等.2014.长江口棘头梅童鱼幼鱼栖息地的初步评估[J].应用生态学报,25(08):2418-2424.

杨洪生.2018.海洋牧场监测与生物承载力评估[M].北京:科学出版社.

杨君兴,潘晓赋,陈小勇.2013.中国淡水鱼类人工增殖放流现状[J].动物学研究,34(04):267-280.

杨文波,李继龙,张彬,等.2009.水生生物资源增殖的服务功能分析和品种选择[J].中国渔业经济,27(047):88-96.

于杰,陈丕茂,秦传新,等.2015.基于 Geoserver 的 WebGIS 在海洋牧场可持续管理中的应用[J].广东农业科学,(09):163-168.

余景,胡启伟,袁华荣,等.2018.基于遥感数据的大亚湾伏季休渔效果评价[J].南方水产科学,14(03):1-9.

曾旭,章守宇,汪振华,等.2016.马鞍列岛褐菖鲉 *Sebasticus marmoratus* 栖息地适宜性评价[J].生态学报,36(12):3765-3774.

张辉,姜亚洲,袁兴伟,等.2015.大黄鱼耳石锶标志技术[J].中国水产科学,22(06):1270-1277.

张俊,陈丕茂,房立晨,等.2015.南海柘林湾— 南澳岛海洋牧场渔业资源本底声学评估[J].水产学报,39(08):1187-1198.

章守宇,汪振华.2011.鱼类关键生境研究进展[J].渔业现代化,38(05):58-65.

郑元甲,洪万树,张其永.2013.中国主要海洋底层鱼类生物学研究的回顾与展望[J].水产学报,37(01):151-160.

郑元甲,李建生,张其永,等.2014.中国重要海洋中上层经济鱼类生物学研究进展[J].水产学报,38(01):149-160.

周艳波,陈丕茂,冯雪,等.2014.麻醉标志方法对 3 种鱼类增殖放流存活率的影响[J].广东农业科学,41(20):123-130.
周永东.2004.浙江沿海渔业资源放流增殖的回顾与展望[J].海洋渔业,26(02):131-139.
Benaka L.1999.Fish Habitat:Essential Fish Habitat and Rehabilitation[M].American Fisheries Society.New York,USA.
Benndorf J,Wissel B,Sell AF,et al.2000.Food web manipulation by extreme enhancement of piscivory:an invertebrate predator compensates for the effects of planktivorous fish on a plankton community[J].Limnologica,30(3):235-245.
Chen P,Qin C,Yu J,et al.2015.Evaluation of the effect of stock enhancement in the coastal waters of Guangdong,China[J].Fisheries Management and Ecology 22(2):172-180.
Christensen V,Pauly D.1992.Ecopath II-a software for blancing steady-stage ecosystem moldes and calculating network characteristics[J].Ecological Modelling,61(03-04):169-185.
Maccall AD.1990.Dynamic geography of marine fish populations[M].(Seattle,WA:University of Washinton Press).
Mace PM.2001.A new role for MSY in single-species and ecosystem approaches to fisheries stock assessment and management[J].Fish and Fisheries,2(01):2-32.
Mustafa S.2003.Stock enhancement and sea ranching:objectives and potential[J].Reviews in Fish Biology and Fisheries, 13(02),141-149.
Noble TH,Smith-Keune C,Jerry DR.2014.Genetic investigation of the large-scale escape of a tropical fish,barramundi Lates calcarifer,from a sea-cage facility in northern Australia[J].Aquaculture Environment Interactions,5(02):173-183.
Qin C,Chen P,Zhang A,et al.2018.Impacts of marine ranching construction on sediment pore water characteristic and nutrient flux across the sediment-water interface in a subtropical marine ranching (Zhelin Bay, China) [J]. Applied Ecology and Environmental Research 16(1): 163-179.
Simon KS,Townsend CR.2003.Impacts of freshwater invaders at different levels of ecological organisation,with emphasis on salmonids and ecosystem consequences[J].Frewshwater Biology, 48(06):982-994.
Wang Q,Zhuang Z,Deng J,et al.2006.Stock enhancement and translocation of the shrimp *Penaeus chinensis* in China[J].Fisheries Research,80(01):67-79.
Wang X,Wang L,Lv S,et al.2018.Stock discrimination and connectivity assessment of yellowfin seabream (*Acanthopagrus latus*) in northern South China Sea using otolith elemental fingerprints [J].Saudi Journal of Biological Sciences,25:1163-1169.

项目组主要成员

组　长　唐启升　中国水产科学研究院黄海水产研究所
副组长　庄　平　中国水产科学研究院东海水产研究所
　　　　　李纯厚　中国水产科学研究院南海水产研究所
　　　　　王　俊　中国水产科学研究院黄海水产研究所
成　员　郭　睿　农业农村部渔业渔政管理局
　　　　　赵　峰　中国水产科学研究院东海水产研究所
　　　　　牛明香　中国水产科学研究院黄海水产研究所
　　　　　秦传新　中国水产科学研究院南海水产研究所
　　　　　王思凯　中国水产科学研究院东海水产研究所
　　　　　李忠义　中国水产科学研究院黄海水产研究所
　　　　　刘　永　中国水产科学研究院南海水产研究所
　　　　　张　涛　中国水产科学研究院东海水产研究所
　　　　　李　娇　中国水产科学研究院黄海水产研究所
　　　　　王学锋　中国水产科学研究院南海水产研究所

第二部分
专题研究报告

专题Ⅰ　黄、渤海专属经济区渔业资源增殖战略研究

一、黄、渤海专属经济区渔业资源增殖战略需求

专属经济区（EEZ）是指从测算领海基线量起200海里、在领海之外并邻接领海的一个区域。黄、渤海是我国北方重要的渔业水域，属于半封闭性浅海，南部以长江口北岸与韩国济州岛南端的连线为界与东海相连，渤海是深入我国大陆的内海，为山东半岛和辽东半岛所环抱。渤海面积约7.7万km^2，平均水深18 m，最大水深78 m，由辽东湾、渤海湾、莱州湾、中央浅海盆地和渤海海峡组成；黄海位于我国大陆架上近似南北走向的浅海，海域面积约38万km^2，平均水深44 m，最大水深140 m，位于济州岛北侧。

黄、渤海具有明显的温带地理特点与环境特征，海域基础生产力高，是黄、渤海及东海主要渔业种类的产卵场和索饵场，其中渤海拥有“渔业摇篮”的美称，黄、渤海海域有著名的渤海渔场、烟威渔场、连青石渔场、吕泗渔场等以及小黄鱼渔汛、鲅鱼渔汛、太平洋鲱渔汛等著名的捕捞鱼汛，使其成为我国北方主要的渔业水域。随着社会经济的发展，黄、渤海渔业资源自20世纪80年代开始出现明显衰退，至90年代末主要经济鱼类资源严重衰退。为增加渔业资源，自80年代初开始进行渔业资源增殖活动，据统计，目前黄、渤海进行增殖放流的种类超过20种，其中主要有中国对虾、三疣梭子蟹、褐牙鲆、半滑舌鳎、海蜇等，除此之外，陆续采取了伏季休渔制度、渔船数量和功率“双控”措施、网目尺寸和渔获捕捞量“双限”举措、实施海洋捕捞“零增长”制度、设立水生生物保护区等管理措施。这些措施对减缓近海渔业资源的衰退起到了积极的作用，但仍无法在短期内改变渔业资源衰退的局面。

党的十八大从新的历史起点出发，做出“大力推进生态文明建设”的重大战略决策，将生态文明建设纳入建设中国特色社会主义“五位一体”的总体布局。党的十九大提出了“坚持陆海统筹，加快建设海洋强国”战略目标，并再次强调了“生态文明建设和绿色发展”，将建设生态文明提升为“千年大

计”。2017 年 9 月，中共中央办公厅、国务院办公厅印发了《关于创新体制机制推进农业绿色发展的意见》，将农业绿色发展摆在生态文明建设全局的突出位置，绿色发展已成为农业农村经济发展的主基调。据此，《全国渔业发展第十三个五年规划》将“转变养殖发展方式，推进生态健康养殖；优化捕捞空间布局，严格控制捕捞强度；强化资源保护和生态修复，发展增殖渔业等”列为重点任务。因此，如何做好近海渔业资源增殖和管理，实现海洋渔业可持续发展，保障我国食物安全，已成为亟待解决的问题。

(一) 保障黄、渤海渔业增殖生态安全，推动渔业绿色发展

生态安全是生态文明建设和渔业绿色发展的重要内容，也是基于生态系统水平渔业管理的主要目标，因此渔业资源增殖的生态安全受到广泛关注，其中渔业资源增殖的生态容量成为研究的重点和热点。

容纳量也称负载量、承载力，英文字用 carrying capacity。冠以“生态”二字，即“生态容纳量”，可以更清楚地表达生态学的含义，并避免与其他领域用词相混淆。这个定义表明，容纳量是指一个特定种群，在一个时期内，在特定的环境条件下，生态系统所支持的种群有限大小。生态风险在增殖渔业中包括超过生态容量带来的生态问题，也有在生态容量之内存在的生态位竞争、遗传多样性下降等风险。

事实证明，水生生物的放流并非都能取得预期的效果，甚至还对野生群体带来了许多负面效应，人工鱼礁投放不当也会带来环境改变。例如美国威廉王子湾的细鳞大麻哈鱼、挪威的鳕鱼等都没有取得预期的增殖效果；新西兰褐鳟的放流影响了河流中原有鱼类及大型无脊椎动物的分布，甚至在有的水域取代了具有相同生态位的土生南乳科鱼类。日本真鲷放流研究结果也表明当其放流量超过环境承载能力时会取代野生群体。研究表明，增殖放流会使野生群体产生遗传多样性降低、适应性降低、改变其种群结构等的遗传学影响。

黄、渤海是我国北方重要的渔业水域，属于半封闭性浅海，也是我国海洋渔业资源增殖和人工鱼礁建设的重点水域，据不完全统计黄、渤海目前每年增殖放流各类苗种近 200 亿单位、已建人工鱼礁区面积超 157 km^2，礁体投放量超过 1 890 万空方。因此，今后黄、渤海渔业资源增殖的发展，如增殖放流时放哪些物种、放哪里、放多少；人工鱼礁建设的类型、布局、规模等，必须通过认真研究，才能避免出现生态问题，保证生态系统健康和渔业持续发展。

(二) 保障渔民持续增收，推进黄、渤海渔村振兴

海洋是人类获取优质蛋白的“蓝色粮仓”。继传统捕捞业、养殖业之后，我国海洋渔业面临新一轮的产业升级，而增殖渔业则是重要发展方向之一。早在 1947 年，我国海洋生物学家朱树屏就提出了“水是鱼的牧场”的理念。20 世纪 60 年代中期，曾呈奎等学者提出了在海洋中通过人工控制种植或养殖海洋生物的理念及在海洋中建设“牧场”的概念。经过 50 多年的发展，源于这一理念的耕海牧渔日益成熟。自 2015 年以来，农业部先后分四批公布了 86 个海洋牧场示范区成为国家级海洋牧场示范区。

面对我国近海渔业资源日渐枯竭、海水养殖盲目追求高产量和管理滞后导致病害频发等问题，供给侧结构性改革要求海洋水产业向绿色低碳、安全优质的方向发展，增殖渔业的健康、持续发展则是保障渔民持续增收，推进乡村振兴的战略需求。

(三) 促进黄、渤海增殖渔业健康发展，满足人民美好生活需要

蓝色经济，狭义上也称海洋经济，包括为开发海洋资源和依赖海洋空间而进行的生产活动，以及直接或间接为开发海洋资源及空间的相关服务性产业活动，这样一些产业活动而形成的经济集合均被视为现代蓝色经济范畴。目前，海洋经济已经成为世界经济发展新的增长点。现代化高新技术在海洋开发过程中的应用，使得大范围、大规模的海洋资源开发和利用成为可能，向海洋要食品、要资源、要财富的蓝色革命已经成为一个独立的经济体系，并以明显高于传统陆地经济的比例快速增长，相当一部分国家的海洋产业成为国家支柱产业。

《全国农业现代化规划》明确提出，“十三五”期间我国渔业系统将着力推进渔业供给侧结构性改革，以五大发展理念为引领，以“健康养殖、合理捕捞、保护资源、做强产业”为方向，统筹推进水产养殖业、捕捞业、加工业、增殖业、休闲渔业五大产业协调发展和一、二、三产业相融合。渔业作为海洋可再生资源，在海洋经济中具有不可替代的作用。据统计，2015 年全社会渔业经济总产值 22 019.94 亿元，其中海洋渔业捕捞和养殖产值 4 941.17 亿元，较 2010 年分别增长 46.75% 和 44.49%。目前，增殖渔业、休闲渔业已发展成

为与捕捞业、养殖业和加工业并肩的渔业产业，因此保证增殖渔业的健康持续发展，促进渔业三产融合，是满足人民美好生活的重大需求。

(四) 确保黄、渤海增殖渔业持续发展，助力健康中国建设

随着人口的增长和生活水平的提高，人类正面临着食物不足、资源短缺和环境遭受破坏等几大难题。生命科学的进展，雄辩地证明蛋白质是动物机体主要组成物质，是人类食物营养的主要成分，是生命的基础。特别是动物性食物，对人类的发展更具有特殊意义。据营养学家分析，鱼类等水产品不仅含有丰富的蛋白质等营养成分，而且易为人体所消化吸收。

由于近海渔业资源的衰退，许多国家把视线逐渐转向海洋水产养殖和增殖，人们像向绿色植物索取食物一样，期待从蓝色的大海获得更多更优的食物——称之为“蓝色革命”，20 世纪 80 年代以来为人们所探索和应用。海洋占地球表面积约 70. 8%，广阔的海域构成一座蓝色的宝库，是人类未来最大的食物基地。有研究估计，全球的海洋每年繁殖各种生物可达 400 亿 t，而至今全世界的海洋渔获量仍不足 1 亿 t，其开发潜力还相当大。

虽然增殖渔业的发展历史仅有几十年，但发展迅速，已成为世界各国增殖和恢复衰退的渔业资源的重要手段之一。世界发达国家如日本、美国、俄罗斯、挪威等都把增殖渔业作为振兴渔业经济的重要举措。如：日本早在 20 世纪 60 年代就开展增殖渔业的研究和应用，至 90 年代初开展增殖的渔业种类已达 94 种，包括了鱼类、甲壳类、头足类、贝类等，并建立了“放流苗种数量-渔获关系”“放流苗种数量-标志回捕”的放流效果评价体系；美国和加拿大自 20 世纪 60 年代开始对太平洋鲑鱼进行增殖放流，目前每年线码标记 10 亿尾放流的大麻哈鱼，超过 80 个研究机构和 350 个孵化场参与该项工作，已成为北美太平洋大麻哈鱼渔业管理的中心任务；我国海洋生物资源增殖始于 20 世纪 80 年代初的中国对虾放流，之后真鲷、梭鱼、牙鲆、梭子蟹、魁蚶、海蜇等苗种培养和增殖技术陆续取得成功，为我国海洋生物资源增殖工作奠定了基础，到“十二五”末海洋增殖放流种类 40 余种，数量超过 250 亿单位，已成为世界增殖渔业的大国。但是，这并不代表着我国就是强国，我们仍然面临着诸如增殖种类的适宜性、增殖容量、生态风险等问题需要解决。因此，保证增殖渔业可持续发展，对保障我国食物安全具有重要意义。

二、黄、渤海专属经济区渔业资源增殖发展现状

我国早在10世纪末就有在长江捕捞青、草、鲢、鳙四大家鱼野生种苗运送放流到湖泊的文字记载，但是真正的渔业资源增殖业始于20世纪50年代，即在四大家鱼人工繁殖取得成功，为放流增殖提供大量种苗以后才逐渐发展起来的。我国海洋生物资源增殖始于20世纪80年代初渤海莱州湾中国对虾增殖放流试验的成功，及1984年山东省开展中国对虾大规模增殖放流取得成效。之后，增殖放流的种类、规模和区域都逐步得到扩大和发展，直至2005年国家加大投入力度，推动了渔业增殖放流的迅速发展，“十二五”末海洋增殖种类达40多种超过250亿单位。

海洋牧场源于19世纪中后期美国、英国等工业化国家的Marine Ranching运动。我国的海洋牧场建设起步晚，20世纪60年代提出了“海洋农牧化”的设想，90年代初建成24个试验点，至20世纪末开发规模较小、投放人工鱼礁数量较少，对渔业经济影响甚微。进入21世纪，随着我国生态环境保护意识的增强和渔业产业结构的调整，海洋牧场建设成为海洋渔业经济发展的热点，我国海洋牧场建设进入快速发展阶段。

在我国渔业资源增殖的发展过程中，黄、渤海区始终走在了前列，增殖放流物种近30种，放流规模占全国海洋放流数量近50%；目前黄、渤海已建人工鱼礁区面积超157 km^2，礁体投放量超过1 890万空方，截至2018年年底，全国共创建国家级海洋牧场示范区86个，其中黄、渤海区有33个，为我国渔业经济发展做出了重要贡献。

（一）增殖放流

1. 发展概况

黄、渤海生物资源增殖始于中国对虾增殖放流试验的成功，1981年7月中旬，中国水产科学研究院黄海水产研究所和下营增殖站首先在莱州湾潍河口进行了对虾种苗放流试验。在1984年山东省率先开展中国对虾大规模放流活动取得效果后，河北、辽宁等地也相继开始了放流，之后真鲷、梭鱼、牙鲆、梭

子蟹、魁蚶、海蜇等苗种培养和增殖技术陆续取得成功，其中中国对虾放流无疑是我国渔业资源增殖最为成功的典范。

黄、渤海区渔业资源增殖放流大体分为 3 个阶段：1984—1994 年为起步发展阶段，1995—2004 年为低速探索阶段，2005—2018 年为快速提升阶段，其中以山东省渔业资源增殖放流的发展最为典型，可以代表黄、渤海区渔业资源增殖放流的发展历程（图 2-1-2-1）。2003 年开始，山东省进行地方性放流，发现效果后，开始进行财政支持，2005 年农业部开始进行政策支持，大量放流，并进行财政扶持（图 2-1-2-2）。同时，2005 年在总结 22 年增殖放流实践经验的基础上，经山东省政府批准，山东省启动实施了以增殖放流、人工鱼礁建设等为主要内容的渔业资源修复行动计划，增殖放流步入快车道。

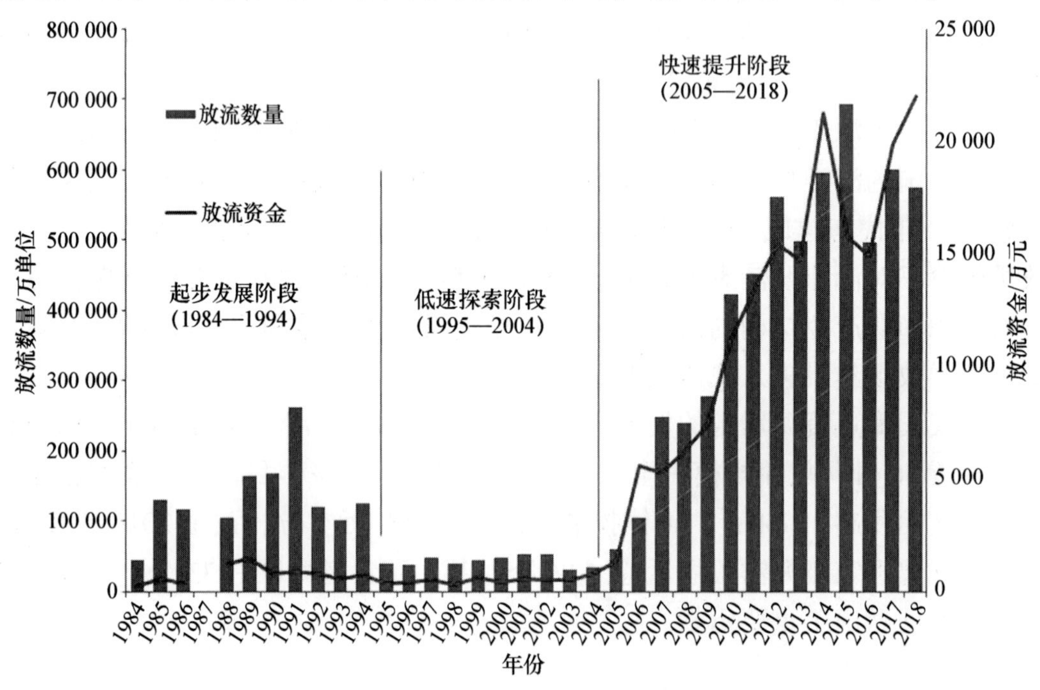

图 2-1-2-1　1984—2018 年山东省海洋增殖放流情况

2005 年以来，黄、渤海增殖放流数量和投入资金不断增长。2017 年，黄、渤海放流各类海洋水产苗种 115. 59 亿单位，投入资金 2. 67 亿元。目前，黄、渤海区放流种类共 29 种，每个地区的放流种类不同。山东省主要放流种类有 19 种，以渔民增收型为主，以生态修复型为辅。具体如下，以促进渔民增产增收为主要目的的大宗传统经济物种 7 种：中国对虾、日本对虾、海蜇、三疣梭子蟹、金乌贼、褐牙鲆和半滑舌鳎；以助力垂钓型人工鱼礁建设为主要目的

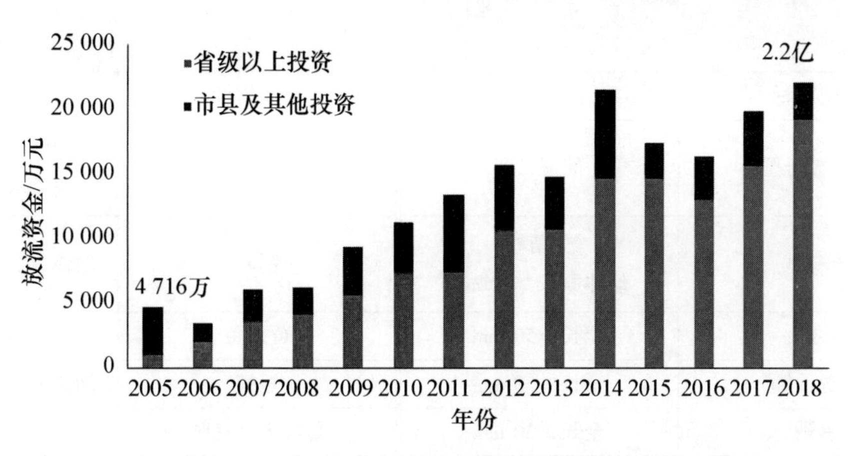

图 2-1-2-2 2005—2018 年山东省海洋增殖放流资金投入

的恋（趋）礁性物种 4 种：黑鲷、许氏平鲉、大泷六线鱼和斑石鲷；以种群修复为主要目的的种群恢复物种 2 种：钝吻黄盖鲽和圆斑星鲽；以生态修复和增殖技术储备为主要目的的试验性物种 6 种：大叶藻、铜藻、黄姑鱼、短蛸、曼氏无针乌贼和莱氏拟乌贼。河北省共放流 11 个品种，其中虾类 1 种，为中国对虾；蟹类 1 种，为三疣梭子蟹；鱼类 5 种，为半滑舌鳎、褐牙鲆、红鳍东方鲀、梭鱼和许氏平鲉；贝类 2 种，分别为毛蚶和杂色蛤；其他动物 2 种，为海蜇和刺参。辽宁省共放流 8 个品种：中国对虾、日本对虾、三疣梭子蟹、褐牙鲆、半滑舌鳎、红鳍东方鲀、毛蚶和大竹蛏。天津市共放流 17 个品种：中国对虾、三疣梭子蟹、梭鱼、半滑舌鳎、牙鲆、黑鲷、许氏平鲉、花鲈、海蜇、菲律宾蛤仔、毛蚶、青蛤、栉孔扇贝、缢蛏、海参、松江鲈和黄姑鱼。

为规范渔业资源增殖放流，农业农村部渔业渔政管理局及各省（直辖市）相继制定了中国对虾、三疣梭子蟹、褐牙鲆、许氏平鲉、乌贼和海蜇等主要增殖放流物种的技术规范，其中黄、渤海增殖放流种类及苗种规格见表 2-1-2-1。

表 2-1-2-1 2018 年黄、渤海放流物种及苗种规格

放流物种	苗种规格	放流物种	苗种规格
中国对虾	体长≥10 mm 体长≥25 mm	斑石鲷	全长≥60 mm
日本对虾	体长≥10 mm	钝吻黄盖鲽	全长≥50 mm
海蜇	伞径≥10 mm	圆斑星鲽	全长≥50 mm

续表

放流物种	苗种规格	放流物种	苗种规格
三疣梭子蟹	稚蟹二期	大叶藻	种子5期 株高≥20 cm
金乌贼	受精卵 幼体胴长≥10 mm	铜藻	幼体胴长≥10 mm
褐牙鲆	全长≥50 mm	黄姑鱼	全长≥50 mm
半滑舌鳎	全长≥50 mm	短蛸	幼体胴长≥10 mm
黑鲷	全长≥30 mm	曼氏无针乌贼	受精卵
许氏平鲉	全长≥30 mm	莱氏拟乌贼	受精卵
大泷六线鱼	全长≥50 mm		

2. 关键技术

黄、渤海作为我国海洋渔业资源增殖的主战场，在增殖放流和人工鱼礁建设的规模、技术和管理等方面都得到快速的发展，在增殖种类甄选、增殖技术研发、增殖容量评估、增殖效果评价以及生态风险预警等方面有成功的经验，也存在一些不足。

1）种类甄选

合理选择增殖放流种类是实施增殖放流的首要环节，也是确保增殖放流效果的前提条件。人们通常依据渔业生物种类经济价值的高低和人工养殖技术的成熟与否来选择资源放流的对象，不但无法确保增殖放流的效果，往往还会对放流水域的生态环境造成负面影响。各地开展增殖放流目的还是以增加产量、促进渔民增收为主，所选择物种多属于经济性物种，珍稀濒危物种以及水域生态修复作用的物种放流较少。据2015年度全国水生生物增殖放流基础数据统计，各地放流经济性物种的种数占所有放流种数的73.2%，放流数量达到放流总数量的86.5%。斑鰶、鲻、鲅等滤食性鱼类在海洋生态系统中占有比较重要的生态位，但由于其经济效益低下，人工繁育研究和实际生产少有开展，近年来基本没有进行增殖放流。偏重短期效益和直接效益，对具有长远效益或间接效益的物种支持不够，增殖放流的物种基本以繁殖技术成熟、育苗量大的物种为主，对繁育技术不成熟的物种支持力度不够。

黄、渤海区三省一市增殖放流的物种近30种，其中种类数以鱼类最多，数量上以甲壳类占绝对优势，同时也包括一些地方政府放流的贝类和藻类等。各省、市海水增殖放流的主要物种如下：辽宁省有中国对虾、日本对虾、三疣梭子蟹、褐牙鲆、黑鲪、半滑舌鳎、海蜇、大竹蛏等；河北省有中国对虾、三疣梭子蟹、半滑舌鳎、褐牙鲆、红鳍东方鲀、梭鱼、许氏平鲉、毛蚶、杂色蛤、海蜇、刺参等；天津市有中国对虾、三疣梭子蟹、半滑舌鳎、牙鲆、梭鱼、许氏平鲉、花鲈、黑鲷、海蜇、青蛤、菲律宾蛤仔、毛蚶、栉孔扇贝等；山东省有中国对虾、日本对虾、三疣梭子蟹、褐牙鲆、半滑舌鳎、黑鲷、许氏平鲉、大泷六线鱼、斑石鲷、钝吻黄盖鲽、圆斑星鲽、黄姑鱼、金乌贼、短蛸、曼氏无针乌贼、莱氏拟乌贼、海蜇、大叶藻、铜藻等。

2）放流技术

增殖技术主要包括放流地点、时间、规格中间培育（暂养）以及放流方式 4 个方面。研究表明，黄、渤海增殖种类适宜放流海域的要求为：褐牙鲆主要放流在沙底质的海域；真鲷主要放流在倾斜度小、沙底质的有海藻的海湾，水深大约在 10 m；半滑舌鳎主要放流在泥沙、泥、砂砾底质且无还原层污泥的海域，海域表层水温以 15~20℃为宜，底层水温以 8~28℃为宜，并要求放流海域的十足类、头足类、双壳类、多毛类等生物饵料丰富；鲮主要放流在远离排污口水质清澈的海域，且要求浮游植物、浮游动物和底栖生物丰富；许氏平鲉主要放流在潮流畅通、水清、流大的岛礁海域，且要求水温为 5~28℃，小型鱼类、虾类等饵料生物资源丰富；中国对虾放流海域应选在潮流畅通的内湾或岸线曲折的浅海海域，水质条件符合 GB 11607—1989《渔业水质标准》的要求，远离排污口、盐场和大型养殖场的进水口；三疣梭子蟹放流海域宜选择在生长繁殖饵料生物丰富的海域，并远离不利于生长栖息的海域，底质为泥沙或沙泥质，无还原层污泥，水质要求同中国对虾；海蜇放流要求在潮流畅通的内湾或岸线曲折的浅海海域进行，附近有淡水径流入海，盐度为 10~35，饵料生物丰富，避风浪性良好，水深在 5 m 以上，距离海岸 5 km 以上，远离排污口、盐场和大型养殖场的进水口，为非定置网作业区。

增殖种类的放流时间通常选择在其自然种群发生的时间，如中国对虾集中的放流时间为每年的 5 月下旬至 6 月；三疣梭子蟹苗种的放流时间为 4—7 月；海蜇一般在 3 月底至 5 月初；黑鲷放流时间跨度为 6 月底至 10 月中旬。实际工作中，很多增殖种类通常选择在春末夏初放流。

目前，黄、渤海增殖放流苗种规格及品质要求如下：褐牙鲆放流的小规格苗种为 5~8 cm，大规格苗种大于 10 cm；苗种质量要求外观正常，有眼侧花纹颜色清晰，无白化、黑化，无眼侧白色，无畸形、无伤病的健康苗种。真鲷小规格苗种一般为4~6 cm，平均5 cm左右，大规格苗种一般为8~10 cm，平均9 cm左右；苗种质量要求外观正常、无畸形、无伤病的健康苗种，苗种活力好，游泳姿势正常。半滑舌鳎放流小规格苗种为5~8 cm，大规格苗种大于10 cm。苗种质量要求外观正常，有眼侧颜色正常，无白化、黑化，无眼侧白色，无畸形、无伤病的健康苗种；鮻放流小规格苗种为5~8 cm，大规格苗种大于10 cm，标记放流体长在10 cm以上。苗种要求外观正常、无畸形、无伤病的健康苗种；中国对虾放流苗种规格有3类：体长≥12 mm，体长≥10 mm，体长≥8 mm。规格合格率、伤残率和死亡率、病害检测及感官要求中的任一项目未达质量要求，则判定该批苗种为不合格；三疣梭子蟹放流苗种要求规格至少达到仔蟹Ⅱ期，体重≥0.013 g、头胸甲宽≥6 mm。放流前，对苗种的可数指标、药残、感观质量、病害等进行检测；海蜇放流苗种规格要求伞径大于1.5 cm，规格整齐、体色正常、体表洁净、健壮、活力强。黄、渤海只在中国对虾在山东省部分放流大规格（2.5~3.0 mm）虾苗时，需要中间暂养培育。

渔业增殖放流方式主要有3种：一是从海面直接放流；二是通过船载放流装置进行放流；三是人工潜水放流。海面直接放流简单且成本低廉，是目前国内渔业增殖放流的主要方式，但存在不足，主要体现在3个方面：一是放流过程中水面对苗种的冲击力大，容易对苗种造成较大的物理伤害；二是苗种在下沉过程中易被其他大型鱼类吞食，死亡率高；三是苗种在水中受水流影响大，易被冲离增殖区，造成苗种流失。为减缓海面直接放流对苗种产生的冲击力，目前多采用安置放流装置于放流船上或沿岸边的方式进行放流。其优点在于，在放流过程中能够降低海面对面中的冲击，减少苗种受到的物理伤害，起到缓冲作用。但目前大部分苗种通过放流装置放流时，依旧在海面进行放流，无法避免苗种在放流过程中被水流冲散造成的苗种流失及被其他鱼类捕食的危险，且难以达到定点定位的放流效果。

黄、渤海对增殖物种的放流方式要求是：褐牙鲆的放流要求在放流海域的顺风一侧，贴近海面分散投放水中，且放流海区水温与苗种培育水温相差2℃以内；真鲷的放流，要求放流船的航速控制在每小时1海里之内，在距海面1 m内高处缓缓投放水中；半滑舌鳎的放流，要求放流船的航速也控制在每小时1海里之内，使用专用放流板，放流板要求光滑、无毛刺，前端置于船内，末端位于船外侧且距离水面约10 cm处，苗种须轻轻倒入放流板的船内一端；鮻的放流，要求放流船的航速也控制在每小时1海里之内，苗种在距海面1 m

内高处缓缓投放水中；许氏平鲉的放流，要求放流船的航速也控制在每小时1海里之内，苗种在距海面1 m内高处缓缓投放水中。中国对虾苗种放流海区的水温不低于16℃，放流海区水温与苗种培育水温相差2℃以内。要求苗种贴近海面，分散缓慢投放水中；三疣梭子蟹的放流，要求放流船的航速也控制在每小时1海里之内，或者停船放流，贴近水面缓慢放入水中；海蜇的放流，要求放流海区的水温在16℃以上，苗种贴近海面分散缓慢投放水中。调研发现，一些地区的中国对虾放流需要经过河道进入海里，有的河道离海较远，最远超过5 km，放流苗种在河道里停留的时间过长。

3）容量评估

随着增殖放流活动的大规模开展，确定增殖放流物种的最大生态容纳量成为了指导科学放流的关键因素。生态容纳量是动态的，随季节以及水生生物的生活空间与饵料生物等的变化而发生改变。尽管合理评估放流生态容纳量存在各种各样的困难，仍有学者对放流物种开展过评估，评估方法有：产量回推法，即根据某一水域物种的平均产量和死亡系数等参数推算增殖的生态容量；放流效果统计量评估法，主要通过估算体长瞬时生长速度参数及开捕时增殖群体的平均体长来估算生态容纳量；模型法，如利用Ecopath模型在研究水域生态系统结构和功能的基础上，确定单一物种的环境容纳量等。

渤海中国对虾是中国最早开展增殖放流的种类，相关的基础研究较多，其中增殖容量的评估也是其中的主要内容之一。中国对虾适宜的放流数量最初是以渤海的年最高产量和最低产量为基础，在条件较差的年份设定预期的产量，根据中国对虾的死亡系数、回捕率推算放流的数量，叶昌臣（1986）估算渤海放流体长30 mm中国对虾的数量为30亿尾。信敬福等（1999）通过计算中国对虾的体长瞬时生长速度参数和对各年的放流数量与体长瞬时生长速度参数进行回归分析，求得开捕时增殖对虾体长与放流数量的关系和开捕时资源量与放流数量的关系，依据开捕时中国对虾的体长判断和确定丁字湾适宜放流数量。随着Ecopath模型的应用，逐步发展成为渔业资源增殖容量评估的主要工具之一，在渤海、莱州湾和黄河口水域主要应用于中国对虾、三疣梭子蟹、贝类等的增殖生态容量评估（林群等，2013；张明亮等，2013；林群等，2015；2018a；2018b）。

目前，增殖放流生态容纳量的研究多集中于甲壳类及软体生物。鱼类由于生活周期较长，相关的基础研究薄弱，还不能科学评估增殖容量。同时，鱼类放流个体标记数量有限且回收困难等原因，无法对放流种类进行有效评估，也是确定增殖容量困难的原因之一。

4）效果评估

增殖放流效果评估可以避免低效及无效增殖放流现象的发生，亦能为改进增殖放流策略、实施适应性管理提供重要参考依据，是实施增殖放流不可忽略的工作内容之一。增殖效果评估包括经济、社会和生态 3 个层面的效果（效益）评估和评价，但目前主要的增殖效果评估集中于经济效果，评估方法主要是通过本底调查、跟踪调查、社会调查和标记实验进行。本底调查在放流前进行，包括增殖放流物种的生长、分布、资源量等；跟踪调查是在放流后定期进行，调查内容与本底调查相同；社会调查是通过对渔港码头、水产市场以及渔政管理部门对放流物种的产量（数量）的统计，通过分析放流物种的资源变化情况评估增殖效果。回捕率是科学评估增殖效果的重要参数，一般通过标记放流、科学调查和社会调查等方式获得，其中标记放流是目前被普遍采用计算回捕率的方法。放流物种的标记方法目前主要有实物标记、分子标记和生物体标记 3 大类，实物标记是目前应用最广的标记方法，如挂牌、注射荧光燃料等，具有操作简单、容易发现和回收、制造成本低的优点，但会对放流个体的生理和运动等产生不良影响，且不适于较小个体标记，更多应用于大规格鱼类的标记；分子标记是随着生物技术的发展，近几年发展起来的一种标记技术，在黄、渤海增殖的中国对虾、褐牙鲆和三疣梭子蟹等种类都有成功应用的报道；鱼类耳石微化学标记也是生物标记的一类，目前在海水的褐牙鲆、淡水的鲢、鳙等鱼种的标记和判别都获得成功。

黄、渤海增殖效果评估多采用本底调查、大面跟踪调查和社会调查，其中中国对虾的增殖效果评估调查也是开展最早、做的较好的种类。早期樊宁臣等（1989）通过实验确立了中国对虾幼虾挂标记牌的标记技术，通过大批量标记幼虾放流和生产性放流，获得中国对虾在黄、渤海的生态习性、分布、洄游和重捕等资料，并研究了幼虾放流时间、地点和放流幼虾规格与增殖效果的关系；刘瑞玉等（1993）以没有放流幼虾的河口区仔虾相对数量和 8 月幼虾数量比值为系数，估算胶州湾中国对虾有关年份自然补充量，将各年 8 月幼虾数量扣除自然补充量后，估算放流虾的回捕量和回捕率：1985—1986 年和 1988—1990 年回捕率分别为 16.05%、11.23%、8.49%、13.69%和 17.4%，增殖效果明显；朱金声等（1998）估算莱州湾日本对虾的回捕率为 12.5%左右；李忠义（2012）研究发现，2009 年 5 月渤海共放流中国对虾 202 641 万尾，10 月中旬捕捞中国对虾 2 337 t，总回捕率为 2.8%。黄、渤海海域开展放流效果评估的增殖种类还有青蛤、三疣梭子蟹、海蜇、日本对虾等（周军等，2006；赵炳然等，2009；梅春等，2010；谢周全等，2014；吕廷晋等，2018）。但是，鱼类增殖效果评估的研究开展较少。

5）生态风险评价

增殖放流取得显著经济效益的同时，也会给放流水域生态环境带来一定的问题，即生态风险。增殖生态风险包含遗传、生态和健康等方面，系统评价增殖放流的生态风险、实施有效的生态风险防控已成为构建负责任增殖放流模式的必然要求，应从增殖放流活动的多个技术环节入手，系统筛查并解决可能引发生态风险的相关要素与环节，降低增殖放流活动的生态隐患。①通过呼吸代谢消耗水体中氧气、产生氨、氮、磷和排泄物等影响水域水质和底质环境等。②与水域中的野生水生生物存在生态竞争，影响野生群体的规模和分布以及一些较低营养层次生物的相对丰度等，进而对增殖水域的食物网结构等因素造成一定的影响，其影响方式及程度主要与增殖水域野生水生生物密度和增殖幼苗的放流规模有关，对于外来物种的引进，其危害更是难以预料的。③导致遗传多样性下降。如人工繁育多代的水生生物，会与野生种群杂交影响其遗传多样性、生存力和繁殖率等。人工繁育放流的物种不一定全被捕捞，会部分流失并加入到自然种群（通常少于5%）。通常随着人工繁育个体世代数的增加，繁育个体的适合度水平表现为一代一代下滑的趋势，也就是说，人工繁育的世代数越多，其子代在增殖水体中的适合度就越弱。④在人工繁育和养殖条件下，受养殖密度过高和养殖水体污染等因素的影响，养殖对象的患病概率通常会显著增高，有可能会产生病害传播，外来种也可能会带来一些新的病原，从而影响野生水生生物的健康。⑤人工繁育苗种受养殖环境等影响，在增殖水体中的生存力和繁殖成功率等相对较低，其生产力也要比已适应自然环境的种群低，这些物种被放流到河流系统中会取代自然种群或者减少其资源丰度。

因增殖放流种类的遗传风险分析需长期跟踪调查与分析，所以国内相关研究和报道较少见，主要研究集中于增殖放流种类遗传结构的研究，如李朝霞等（2006）经过对中国对虾七代繁育后发现，随着人工选育世代数的增加，AFLP分析的多态位点比例结果显示亲缘相近的群体之间，遗传分化系数呈逐渐缩小之势。说明经多年选育，群体的遗传多样性逐渐降低，遗传结构趋于稳定。石拓等（2001）对中国对虾3个野生地理群体及人工累代养殖群体进行了遗传多样性研究，发现累代养殖的中国对虾群体遗传变异度最低。

（二）人工鱼礁

1. 发展概况

人工鱼礁是人为设置在水体中的工程构件，用以为水生生物提供产卵、庇护、索饵等场所，从而达到改善生态环境，为水生生物营造栖息地，提高渔业资源的数量和质量，增殖渔业资源的目的。与国际发达国家相比，我国的人工鱼礁建设起步较晚，1981—1985 年国家水产总局立项实施“人工鱼礁的研究”项目，组织开展了人工鱼礁渔场的形成机理与条件、鱼礁区流场的特征、鱼礁投放试验及试捕调查、鱼礁区生物群落、鱼礁增殖鲍鱼和海参等研究。1984 年人工鱼礁被列为国家经委开发项目，成立了以中国水产科学研究院南海水产研究所为组长单位的全国人工鱼礁技术协作组，组织开展了全国人工鱼礁试验研究。到 20 世纪末，我国的人工鱼礁开发还仅限于投放人工鱼礁，投放规模小，人工鱼礁功效甚微，此期间的人工鱼礁处于模仿国外的阶段，原创性研究未真正开展起来。在此期间，黄、渤海区的山东省、辽宁省、河北省开始人工鱼礁试验性建设，山东省在胶南灵山岛海域、胡家山海域、蓬莱刘家旺海域，荣成桑沟湾海域和长海县建设共 5 个人工鱼礁区，共投放人工鱼礁 13 851 个，达 1. 82 万空方，投石 97 500 m^3。辽宁省在金州区、东沟县、庄河县、长海县共建设 4 个人工鱼礁区，共投放人工鱼礁 5 157 个，达 1. 38 万空方。河北省在秦皇岛沿海建设人工鱼礁区 1 个，共投放人工鱼礁 587 个，1 617 空方，投石 187 m^3。1981—1987 年，黄、渤海三省一市共建立人工鱼礁区 10 个，总投礁量 13. 12 万空方。但是由于资金欠缺、技术滞后以及对海洋生态保护意识的薄弱，人工鱼礁建设陷入停滞状态。

进入新世纪，过度捕捞、水域污染造成的环境恶化、资源衰退给海洋生物资源带来巨大的压力，严重制约海洋渔业的发展，渔业面临调整产业结构、转变生产方式的迫切需求。人工鱼礁作为一种生态型渔业增养殖模式再次得到国家和各级地方政府、科研院所和高校、渔企及相关从业人员的重视。“十一五”以来，国家“863”计划、国家科技支撑计划、公益性行业（农业）科研专项、国家自然科学基金及各省、市科技计划项目等均立项开展人工鱼礁以及对人工鱼礁的相关研究，在人工鱼礁材料、结构、布局，水动力特性、生境地修复与优化、礁区生态监测与评估、配套设施研发、管理机制开发模式、生态调控技术等方面均取得了重要突破，为人工鱼礁的建设奠定了技术基础。目前黄、渤海已建人工鱼礁区面积超 157 km^2，礁体投放量超过 1 890 万空方。其中，山东省投放人工鱼礁超 1 250 万空方；辽宁省建设人工鱼礁区面积共 46.5 km^2，总投礁量超 174 万空方；天津市在大神堂牡蛎礁国家级海洋特别保护区投放各种规格的人工鱼礁 17 500 余个，总体积超过 8.67 万空方，建成礁区面积约 791.42 hm^2；河北省在秦皇岛、唐山近海累计投放花岗岩石块礁和水泥构件等人工礁体 461.47 万空方。在人工鱼礁建设的基础上已获批 46 个国家级海洋牧场示范区，其中公益性海洋牧场示范区 6 个，增殖型海洋牧场示范区 40 个。

为加强人工鱼礁建设和开发管理，保护海洋生态环境，增殖渔业资源，促进渔业经济可持续发展，根据国家及地方有关法律、法规和相关规定，山东省 2005 年成立了人工鱼礁专管机构，负责全省人工鱼礁建设规划、规章制度、技术规范的制定和组织实施，推行行业管理，先后制定并印发了关于多项渔业资源修复方面的地方性规章或规范性文件。2012 年山东省海洋与渔业厅制定颁布了《人工鱼礁建设技术规范》；2013 年印发了《山东省人工鱼礁管理办法》；2014 年出台了《山东省人工鱼礁建设规划（2014—2020 年）》（以下简称《规划》），为促进人工鱼礁建设提供了健全的制度保障。《规划》提出，到 2020 年，全省将总投入 52.77 亿元，新建人工鱼礁 2 763 万空方，规划建设九大人工鱼礁带，40 个人工鱼礁群，从而构成集生态环境修复、观光休闲海钓、经济鱼类资源回捕等于一体的人工鱼礁生态工程建设框架。山东省人工鱼礁在建设规模、科研技术、管理制度方面都走在全国前列，形成了以企业为投资主体的增殖礁和以政府为投资主体的生态礁建设模式，以及“企业投资+政府扶持+科研支撑+自主管理”和“政府投资+企业参与+科研支撑+联合管理”的管理模式。河北省水产局也制定了《河北省人工鱼礁管理办法》；辽宁省编制《辽宁省人工鱼礁建设规划（2008—2014）》《辽宁省现代海洋牧场建设规划（2011—2020）》《大连市现代海洋牧场建设总体规划（2015—2025）》，制定《辽宁省人工鱼礁建设技术指南（DB 21/T 1960—2012）》。

黄、渤海区人工鱼礁建设在生境修复与优化方面进行了大量研究，涵盖了人工鱼礁材料选择、结构设计、流场分布、水动力特性、生境修复效果与生态评价等多个专业方向。例如：开展人工鱼礁建设适宜性调查和评估，为人工鱼礁合理选址提供科学支撑；对北方海域使用的方型礁、圆管型礁、三角型礁、M 型礁、半球型礁、星型礁、大型组合式生态礁、宝塔型生态礁的水动力特性、流场分布进行研究；采用例子图像测速技术、FLUENT 计算机数值模拟技术、风洞实验等物理模型和仿真分析，研究单体鱼礁形状和尺寸对周围流体流态的影响，为鱼礁结构优化提供科学依据；分析礁体摆放方式和组合布局模式对流场分布的影响，为单位鱼礁的配置规模、布局方式和摆放设计提供合理参考。同时，为提高人工鱼礁材料的生态效应、物理强度、稳定性和耐久性，降低成本，保护环境，研究人员对混凝土、金属、木材、橡胶、粉煤灰、矿渣、工程塑料及复合型材料的物理性能、化学作用、生物附着、鱼类诱集、环境效应等进行研究；开展人工鱼礁生态系统调查，研究人工鱼礁建设对海域环境的修复和资源养护效果以及作用机理。

2. 关键技术

1）材料选择

人工鱼礁制作材料多种多样，天然材料有石块、木材、金属；废旧材料有轮胎、船只、车辆；建筑材料有混凝土、钢板、工程塑料。此外还有其他复合型材料等。黄梓荣等在河口水域进行了不同种材料礁体的生物附着效果试验，研究发现：混凝土板、铁板、木材和塑料的附着效果较好，铜板的附着效果最差；表面粗糙的混凝土板的附着度高于较光滑的混凝土板、涂染防锈漆的铁板和木板的附着效果高于没有防锈漆的同种材料，塑料板颜色中灰色的附着效果最好。李娇等（2014）在莱州湾海域对比了混凝土礁和铁钣礁的生物附着效果，铁板礁礁体表面的覆盖度较大，生物量高于混凝土礁体。倪文等（2011）以不同含量的矿渣、钢渣、脱硫石膏和水泥熟料制备的胶凝材料替代水泥，以热闷法稳定化的钢尾渣为骨料，制做出强度达到 60 MPa、61 MPa 和 65 MPa 的人工鱼礁，这种低碱度人工鱼礁混凝土与普通硅酸盐水泥混凝土相比，具有表面浸出液 pH 值低、生态相容性好、有利于渔业增殖等特点。刘秀民等（2007）利用粉煤灰和碱渣制作人工鱼礁，得到的礁体具有抗压强、无污染、造价低的优点。王洪瑞等（2006）采用袋装贝壳的方法制作成简易的增殖礁，用于为海洋微生物提供繁殖空间。黄、渤海沿海许多企业也自发利用多种废弃物如旧轮胎、废弃渔船等经过改造后建设人工鱼礁，但相关科学研究较少。

2）礁体结构

人工鱼礁投放后会对礁体周围的流体产生一定的作用，在礁体周围产生流态效应、阴影效应和饵料效应等，鱼礁产生的一系列效应和礁体自身结构密切相关，为筛选出结构合理的礁体，发挥礁体结构性能，国内外学者就水动力学和生物行为学等方面对礁体结构进行了相关研究。陈勇等（2006）研究了不同结构模型礁对许氏平鲉幼鱼、幼鲍和幼海胆的诱集效果，模型礁均表现出显著的趋集反应。张硕等（2008）研究了两种结构 PVC 材料模型礁对许氏平鲉和大泷六线鱼的诱集效果，发现两种鱼在十字型礁的出现率高于方型礁。周艳波等（2011）开展不同人工鱼礁模型对褐菖鲉诱集效果的研究，发现投礁后礁区内褐菖鲉的出现率大幅提高，而有效空间较大的礁体集鱼效果最好。吴静等（2004）对比分析了牙鲆对 6 种不同结构立方体礁的行为反应，发现礁体投放前，牙鲆无明显聚集现象，礁体投放后，牙鲆在鱼礁周围的分布率提高。何大仁等（1995）研究了 3 种口径鱼礁模型对赤点石斑鱼和黑鲷的诱集效果，发现模型礁附近的分布率出现明显增加。

在人工鱼礁水动力特性方面，国内学者也开展了一些研究，唐衍力等（2007）利用水槽实验，研究了两种方型人工鱼礁的流场阻力，得到礁型的自动模型区，并对礁体在不同迎流方式下的稳定性进行了分析。吴子岳等（2003）利用波流动力学对其设计的十字型混凝土礁体的稳定进行计算，得到礁体不发生滑移和倾覆的稳定条件。刘洪生等（2009）通过风洞实验对正方体、金字塔和三棱柱模型礁的流场效应进行研究，讨论了礁型和上升流、背涡流与流速的关系。张硕等（2008）对 6 种不同高度混凝土模型礁的上升流和背涡流特性进行了定量研究。郑延璇等（2014）利用物理模型水槽试验对三角型人工鱼礁开展结构选型，通过分析水流、波浪和底质对礁体的作用力，确定人工鱼礁不发生倾覆、移位的临界条件，并对三角型礁进行了结构改进。刘彦等（2010）对水流作用下星体型人工鱼礁的二维流场进行了 PIV 验证，结果显示：单体鱼礁所产生的上升流和背涡流的规模和强度与其摆放高度和迎流面积有关，组合鱼礁周围流场分布与鱼礁排列方式和间距有关。李娇等（2014）利用图像粒子测速技术对威海双岛湾人工鱼礁采用的镂空正方形礁的流场特性进行研究。随着计算机流体动力学（CFD）的发展，该技术先后用于分析多种不同结构人工鱼礁的流场分布，并通过与物理模型实验对比，实现礁体结构优化。

3）鱼礁布局

人工鱼礁按照功能定位分为资源保护型、资源增殖型、公益生态型和休闲垂钓型。人工鱼礁的组合布局应针对人工鱼礁的功能定位和建设海区的自然条件合理设计，根据《山东省人工鱼礁建设技术规范》规定：资源保护型人工鱼礁单位鱼礁规模宜大于 3 000 空方，休闲生态型人工鱼礁单位鱼礁规模宜大于 400 空方，资源增殖型人工鱼礁单位鱼礁规模宜大于 300 空方；增殖固着生物和附着生物为主的资源增殖型人工鱼礁，单位鱼礁的边缘间距不应超过200 m；诱集游泳类生物为主的休闲生态型人工鱼礁，可适当扩大单位鱼礁边缘间距，但最大不应超过1 000 m。张怀慧等（2001）提出构成礁区渔场的基本单元是单位鱼礁，单位鱼礁的有效包络面积为其在海底投影面积的20倍左右时效果最佳。史红卫等（2006）对规格为3 m的正方体沉箱计算，得到单位鱼礁的有效边缘200~300 m，一般选择单位鱼礁之间的距离为400~600 m。虞聪达等（2004）利用数值计算的方法研究船礁组合的流场效应。相关研究显示，人工鱼礁区定居性鱼类的种类和数量与单位鱼礁的规模呈正相关关系，但两者之间存在一个临界值，在临界值范围内，鱼礁规模越大，周围的总生物量就越高，同一物种的体型也较大，超过临界值以后，出现鱼类的生物量和密度增加缓慢甚至下降的现象；研究还发现，单位鱼礁规模对礁区内生物的群落结构和动态存在影响，相邻鱼礁群之间的间距同样会影响彼此间的生物因素分布和变化，为防止鱼类从一个鱼礁群游到另一个鱼礁群，相邻鱼礁群的距离最好超过鱼类感知鱼礁距离的2倍，因此，鱼礁的配置规模和礁体布局方式是人工鱼礁能否发挥理想效果的重要影响因素。黄雄（1989）提出人工鱼礁渔场的规模达到2 500空方，才能发挥比天然礁更好的效果，最佳规模应达到5万空方。

4）鱼礁生态效应

投放人工鱼礁的目的是为海洋生物提供庇护、索饵、繁殖、育幼等场所，其根本宗旨是改善、修复生态环境，保护、增殖渔业资源。人工鱼礁建设对海区生物及其栖息环境的影响一直是国内外学者研究的重点方向。例如：焦金菊等（2011）采用地笼网分别对西港小石岛、威海寻山、牟平养马岛和日照前三岛的人工鱼礁区与对照区进行鱼类资源调查，结果显示：鱼礁区鱼类种类是对照区的1.8倍，平均数量是对照区的3.5倍，平均重量是对照区的1.9倍，鱼礁区鱼类的物种丰富度、物种多样性、物种均匀度均高于对照区。章守宇等（2006）通过对海州湾人工鱼礁海域4个航次的调查结果，发现该海域的水质环境、沉积环境、浮游生物等在投礁前后均发生变化，鱼礁区的海水特性由氮限制转变为磷限制；鱼礁区与对照区的浮游植物组成相似度下降，生物群落结构发生了较大变化，海域生态环境得到改善。陈勇等（2014）采用手线钓和定置网法对獐子岛深水鱼礁区的鱼类资源状况进行调查，评估结果发现：鱼礁区主要经济鱼类为许氏平鲉、大泷六线鱼，2013年鱼礁区定置网捕获大泷六线鱼的尾均体重为非鱼礁区的9.36倍，体现了人工鱼礁的资源增殖作用。王伟定等（2010）对南麂列岛人工鱼礁海区的跟踪调查发现：礁体上的生物覆盖率达100%，生物量达2 842.2 g/m²，密度达3 125个/m²，底栖生物由投礁前的38种增加到86种，礁区甲壳类、鱼类、软体类、多毛类的种类显著增加。张虎等（2005）对海州湾人工鱼礁生物资源调查发现，人工鱼礁投放后生物多样性和均匀度都有所增加，鱼礁区CPUE比投礁前增加1倍作用，资源优势种也发生变化。李娇等（2013）和公丕海等（2014）分别对人工鱼礁的固碳机理进行了和莱州湾人工鱼礁附着生物的固碳量进行了分析与估算；并提出为提高人工鱼礁的碳封存能力，重点应研究礁体物理性能及其对生物附着的影响。

三、渔业资源增殖典型案例

（一）中国对虾增殖

20世纪70年代末，对虾工厂化育苗技术的日臻完善，为开展种苗放流试验奠定了基础。1981年7月中旬黄海水产研究所和下营增殖站首先在莱州湾潍河口进行了对虾种苗放流试验。1984年开始先后在黄海中北部青海渔场和海洋岛渔场以及渤海开展了对虾种苗的生产性放流，效果明显，中国对虾当年捕捞量为1 200 t，比1956—1983年65~518 t的年产量大大提高，从此开启了该海域中国对虾的增殖放流之路。此后，辽宁、河北等地也开始了中国对虾的放流，黄、渤海除1987年未放流中国对虾外，其他年份从未间断。

根据中国对虾多年的增殖放流经验及中国对虾的生长发育等生态习性，黄、渤海中国对虾放流主要技术归纳如下：①放流点要求避风良好、饵料丰富、畅通的内湾和岸线曲折的浅海海域，盐度10~35，距离岸线5 km以上，水深5 m以上，远离排污口及盐场、大型养殖场等进水口，非定置网作业区。水质条件符合GB 11607的要求。②亲体应来源于黄、渤海海域的野生群体，以个体大、体形完整、体色正常、健壮无伤、行动活泼的野生对虾为佳。③苗种放流规格是1~1.5 cm，主要分为分3类：体长≥12 mm，体长≥10 mm，体长≥8 mm，为了提高放流后的成活率。④苗种运输要求将苗种装入预先注入海水的双层尼龙袋，充氧后扎紧，装进泡沫塑料箱（纸箱），用胶带密封。

⑤苗种放流时间通常为5—6月，为延长中国对虾的生长时间，提高捕捞量，黄、渤海沿岸有的地区中国对虾的放流时间为5月中旬至5月下旬。⑥天气、海况要求在天气晴朗、海面风力小于4级，海面浪高小于0.5 m；水温不低于16℃，与苗种培育水温相差2℃以内。将苗种用船运至放流水域，然后贴近海面，分散投放水中。

中国对虾是黄、渤海主要的经济虾类，1955—2000年黄海水产研究所对黄、渤海中国对虾渔获量进行了连续调查。1956年渔获量为3.7万t；1961—1972年，黄、渤海中国对虾的渔获量是在较低水平上波动，平均年渔获量为1.35万t，其中以1965年最高，为1.70万t；1973—1990年中国对虾的渔获量在高水平上波动，平均渔获量为2.05万t，以1979年最高，为4.27万t，1982年最低，为0.7万t；1991年以后，中国对虾资源是在低水平上波动，平均渔获量为0.63万t，其中以1995年最低，仅为0.44万t。

2010—2016年山东省共放流中国对虾苗种970 082.46万尾，年平均138 583.21万尾；其中小规格苗种713 705.79万尾，年平均101 957.97万尾；大规格苗种254 143.2万尾，年平均36 306.17万尾。2016—2018年分别增殖放流中国对虾275 413.96万尾、260 873.99万尾和80 559.277 2万尾，放流规格有1 cm和3 cm两种规格；河北省2013—2017年共5年累计放流811 783.56万尾，占总放流数量的88.26%，放流规格通常为1 cm苗，其中2017年共放流中国对虾251 853.31万尾；辽宁省2017年放流中国对虾268 586.26万尾；天津市2017年放流中国对虾132 908.31万尾。

2010—2016年山东省增殖放流中国对虾回捕数量在538.2万~4 536.04万尾，年平均为2 568.23万尾。其中，2012年回捕数量最高，为4 536.04万尾，2016年最低，仅为538.2万尾。从其变化趋势来看，除个别年份外，整体呈现下降的趋势。各地市累计回捕对虾产量在195.42~2 163 t，平均产量为1 123 t。以各月份对比来看，9月产量最高，平均产量为453.42 t，占平均总产量的40.37%；其次为10月，平均产量为339.08 t，占平均总产量的30.19%；11月平均产量为201.77 t，占平均总产量的17.97%；8月产量最低，平均产量为128.73 t，占平均总产量的11.46%。山东省各地市回捕中国对虾累计产值在2 632.45万~35 194万元。威海市平均产值为8 778.21万元，占平均总产值的48.63%；青岛市平均产值为4 025.58万元，占平均总产值的22.30%；烟台的莱阳市和海阳市平均产值为1 906.05万元，占总产值的10.56%；日照市平均产值为3 341.83万元，占平均总产值的18.51%。

2009年8月和10月黄海水产研究所对渤海放流中国对虾进行了详细的资源量评估调查，依据8月中国对虾的资源密度和10月中国对虾生物学数据，评估2009年中国对虾的资源量为2 237 t，与当年渤海周边三省一市生产统计调查产量相近，约为生产产量的94.1%。10月下旬生产捕捞活动结束后中国对虾洄游出渤海之前，调查结果评估渤海中国对虾资源量仅为137 t，开捕后的捕捞强度很大，回捕率很高，加之后期不断捕捞和兼捕，放流的中国对虾来年产卵群体的补充贡献很小。

根据2010—2016年山东省中国对虾增殖放流跟踪调查结果，山东省捕捞的中国对虾主要来自于增殖放流群体，增殖放流群体的贡献率为94.85%～100%，平均达到97.43%。

黄海水产研究所采用分子生物技术手段，对中国对虾放流效果进行了研究。2012年，山东半岛胶州湾秋汛捕捞的中国对虾中放流虾所占比例为95.73%（2 507尾回捕样本中检测到2 400尾放流个体）；渤海湾（天津汉沽）放流虾所占比例为97.06%（3 232尾回捕样本中检测到3 137尾放流个体）；2015年8月，渤海捕捞的中国对虾来自天津汉沽和莱州湾增殖放流的群体所占比例从41.30%～85.71%不等，平均为53.63%。2013—2015年，采用微卫星分子标记，对比分析黄、渤海莱州湾放流中国对虾不同世代间的遗传差异、回捕率、不同放流规格的放流效果发现，中国对虾增殖放流对当年的生物量补充效果明显，对来年资源有极少量补充；中国对虾群体近交现象严重，但近交衰退的程度还无法确定，有遗传风险。除对中国对虾增殖效果研究之外，黄海水产研究所还采用Ecopath模型估算了2010年莱州湾和2015年渤海中国对虾的生态容量，对比当年增殖放流的数量，认为中国对虾在莱州湾和渤海仍有较大的增殖潜力。

总体而言，中国对虾在黄、渤海的增殖放流具有良好的经济效益和社会效益。从多年调查数据可以看出，渤海放流中国对虾成功地提高了其捕捞量，但自然种群依然很少，放流的大部分中国对虾在开捕后即被捕捞殆尽，无法对自然群体进行补充与恢复，形成不放流就没有中国对虾可捕的窘境。因此，适当减少秋汛对中国对虾增殖群体的捕捞，增加亲体补充，对于资源恢复将有重要作用。

（二）日本的增殖渔业

20世纪50年代末，日本经济进入高度增长期，填海造地、海洋污染和近海渔业资源衰退等原因引起沿海渔业劳力过剩，生产量下降，这种现象在濑户内海尤其突出。为振兴沿岸渔业，日本在1963年联合濑户内海周围12个县政府及各自民间渔业团体在西部濑户内海，组建了濑户内海栽培渔业协会，将濑户内海作为模式海域，开启了鱼、虾、蟹及贝的栽培渔业。之后，各海区也相继成立了国家级栽培渔业中心，分别对各自海域重要品种进行育苗和放流，栽培渔业规模不断扩大。在国际性200海里专属经济区体制下，基于增殖放流的研发基础，1979年将濑户内海栽培渔业协会改组为“日本栽培渔业协会”，在全国范围内进行多苗种的生产和增殖放流，初步形成栽培渔业格局。为使增殖渔业产业的布局更加合理、高效，2011年，日本水产综合研究中心将原增殖渔业中心所属的10个增殖渔业中心进行布局调整，为使增殖渔业产业的布局更加合理、高效。

1. 增殖放流

日本提出的“栽培渔业”，早期实际上就是增殖放流，主要任务是开展鱼、虾、贝和藻等苗种生产、中间培育及放流技术研发等。从种苗培育来看，日本实施增殖放流的主体以中央和地方国有增殖渔业中心为主，占总量的70%以上，地域渔业协同组合、渔业联合会和市町村以及民间企业为辅。

1）增殖种类

日本栽培渔业是对资源量下降严重的资源种类，进行人工繁殖培育，将培育种类的幼鱼放流于增殖水域，并进行适当的管理，以达到增殖种类持续捕捞的目的。因此，首选增殖放流对象为渔获量减少的种类，其次是经济价值较高的鱼种。1961—1972年期间，由大学和研究所对牙鲆、黄盖鲽、真鲷、黑鲷、红鳍东方鲀、马鲛、马面鲀、六线鱼、褐葛鲉、银鱼、紫鲕、鳗鲡、金乌贼和东方对虾等进行繁育基础研究，获得成功后交由试验场进行大量生产育苗。为提高放流苗种在自然海域的存活率，日本对放流苗种进行了中间养育。中间养育通常采用网箱或围网的方法，使苗种在正式放流前适应放流海区的自然条件，摄取接近自然海区的饵料，提高其适应性，躲避敌害生物，提高成活率。山口县大海湾建造的人工滩涂每年可中间培育日本对虾500万尾左右，将其回捕率提高了30倍左右。

近年来，日本对80多个渔业物种进行规模化苗种生产和增殖放流。其中，主要放流鱼类有20余种，如比目鱼、真鲷、牙鲆、叉牙鱼和鲱鱼等品种；甲壳类主要有10余种，如为斑节对虾、基围虾和三疣梭子蟹等品种；贝类主要有20余种，如扇贝和鲍鱼类等品种；其他水产动物近10种，如海胆等品种。日本每年增殖放流数量超过百万尾的种类约30种，不仅有固着性的岩礁性物种，也有大范围洄游性鱼类。

2）放流技术

放流技术是增殖是否取得成效的关键环节。从1979年至今，日本在各个海区设立栽培渔业中心，并在全国范围内各海域进行育苗放流技术开发，获得了不错的成果。在日本放流最多的是杂色蛤，其次是虾夷扇贝。并在鲑鱼、牙鲆和三疣梭子蟹等种类取得了较大的成功，日本每年捕捞的21万t鲑鱼几乎全部来自增殖放流；此外，以濑户内海为中心的海域多为三疣梭子蟹放流，其增殖效果也十分明显（Hamasaki & Kitada，2006）。日本同时还研究全球气候变暖、海洋流系和海冰分布等对放流大麻哈鱼生长和放流回捕率的影响（Liao et al.，2003）。

日本1963年开始在濑户内海放流日本对虾，1970年前后产量趋于稳定。试验表明，日本对虾苗种适宜放流规格在3 cm左右，1~1.5 cm的苗种容易成为其他鱼类的饵料，成活率低，3 cm的苗种已有潜沙能力，能大大减小敌害生物的捕食死亡率。经过中间养育的日本对虾仔虾，回捕率由最初的1%左右提高到25%~30%。1988—1999年持续10多年对宫古湾牙鲆增殖放流效果研究证实，牙鲆的最佳放流时间为8—9月，最佳放流体长为90 mm。日本1985年开始以濑户内海为中心进行三疣梭子蟹大规模生产与1 cm长稚蟹的放流，采用直接法和网围法放流，其中围网法能有效减少对苗种的损害。

基于增殖放流技术的研究，日本1978年开始建立各增殖放流品种生产技术体系，筛选共同的辅助技术体系，最后发展复合型资源增殖技术体系。例如：运用此技术开发了马苏大麻哈鱼稚鱼大规模培育技术、缩短其稚幼鱼在河流的生活期及建立稚幼鱼的渔场管理技术；在竹荚鱼栖息地投放人工增殖漂流藻，科学管理其卵和仔稚鱼，扩大竹荚鱼环境容纳量，最终提高其成活率；对金枪鱼等大洋洄游性鱼虾类，通过对其仔稚鱼幼体科学的管理及控制其洄游路线，提高这些大洋性洄游性鱼虾类在日本近海的洄游归率；对牙鲆和鲽等底栖性洄游鱼虾类，通过改造产卵场和索饵场环境等技术，提高稚幼鱼的成活率；日本沿海各县水产试验场通过对真鲷、牙鲆、蝶类、黑鲷和石鲷等种类放流技术的联合开发，建立了真鲷等洄游性种类的循序放流技术。对一些小众放流种类或县水产试验场难以开展的增殖放流领域，如联合集中放流、晚期放流、小型鱼放流和特殊标志放流，国家栽培渔业中心进行前期技术开发，逐步积累经验。

3）增殖效果评估

自1975年开始，日本使用放流苗种数量与渔获的关系、放流苗种数量与标志回捕数据关系为主，建立了“放流苗种数量-渔获关系”、“放流苗种数量-标志回捕”的放流效果评价体系（北田修一，1994）。1980年采用直接调查渔获量的市场调查法对鹿儿岛湾真鲷放流效果进行了评价，放流的效果得到确认，这是世界上首次对放流效果评价成功的案例（Kitada et al.，1992）。但大多数增殖放流种类的效果评估是基于标志放流：1994年日本对近大野湾11万尾体长为4~15 cm的放流牙鲆进行耳石化学标记，跟踪调查发现规格大于9 cm的个体成活率远大于小规格个体，能最后流向商业捕捞；长崎县水产试验场1995年前后先后3次用耳石荧光染色法对不同规格圆斑星鲽稚鱼苗种进行标志放流，确定其放流时间、放流规格和放流量。2001年利用线粒体DNA和微卫星技术对养殖牙鲆进行标记，成功追踪到放流牙鲆个体。

4）生态风险评价

日本研究者早就发现随着放流数量和相关物种的不断增加，增殖放流也带来了一些问题，如病原体的扩散、食物与栖息地的竞争、同类相残及给野生资源种类的遗传多样性、种群结构、增殖水域生态系统的结构与功能等带来诸多风险。日本真鲷放流研究结果表明当其放流量超过环境承载能力时会取代野生群体。2016年日本放流鲑鱼的生产量减少了42%，逐步线性回归分析表明，日本鲑鱼产量下降62%的波动因素可归结为海表面温度的波动，多年的增殖放流是否降低了鲑鱼的生态适应能力还不确定。2017年日本发现放流大麻哈鱼基因丰度低于其他地区的，放流是否影响了日本大麻哈鱼的适应性是个未知问题，但放流群体基因型流入会取代野生种群基因型，取代的速度取决于亲鱼群体量、适应性和投放时间等因素。

2. 人工鱼礁

文献报道，日本政府于1952年开始资助建造人工鱼礁。在世界200海里专属经济区制度下，基于栽培渔业的发展，日本在20世纪70年代提出“海洋牧场”计划，即在栽培渔业中引入渔场改造（如：投放人工鱼礁、恢复海藻（草）场等）和渔业资源管理（如：气幕墙、点栅栏、限额捕捞等）措施。

从1954—1975年，共投建人工鱼礁440万空方；1976—1981年的5年间设置人工鱼礁3 086余座3 255万空方。1971年海洋开发审议会提出将“海洋牧场系统”作为一个技术体系，并于1975年颁布了《沿岸渔场储备开发法》，使人工鱼礁的建设以法律的形式确定下来，保障了产业的持久发展。1976年日本执行“实施渔场整宿的长期计划”，其中人工鱼礁设置事业费合计5 402亿日元，占整个计划投资的45%之多。日本水产厅制定的1978—1987年《海洋牧场计划》，计划在日本列岛沿海兴建5 000 km的人工鱼礁带，把整个日本沿海建设成为广阔的“海洋牧场”。1980年提出“大幅度增加培育增殖的鱼、虾、贝类种类，确立包括洄游性鱼类在内的多种多样的增殖技术，将其沿岸水域以及近海水域综合地利用起来，实现人工鱼礁化”。1986年，日本渔业振兴开发协会制定并公布了“沿岸渔场整备开发事业人工鱼礁渔场建设计划指南”，在人工鱼礁建设、规划、效益评估及管理等各个方面，做了具体阐述和明确规定，成为日本人工鱼礁建设的依据和标准。1982年之后的20年里约投放人工鱼礁2 500万空方。人工鱼礁在日本已划为国家事业，向着科学化、合理化、计划化、制度化方向发展。90年代，日本人工鱼礁建设事业已划为国家事业，极大地推动了人工鱼礁建设技术的研发。2002年，日本政府通过《水产基本计划》，继续在沿岸渔业项目中设立人工鱼礁。近年来，日本的人工鱼礁向深水区拓展，在深度超过100 m的水域开展以诱集和增殖中上层鱼类、洄游性鱼类为主的30~40 m大型、70 m超大型鱼礁的研发。现已针对不同功能开发出1 000多种礁型，40多年来日本持续投放人工鱼礁群5 886座，礁体总空方量5 396万空方，人工鱼礁区面积4.67万km^2，总投资约100亿美元。

日本是世界上人工鱼礁建设规模最大和最发达的国家，在人工鱼礁的建设和研究中投入了大量资金和人员，设有专业机构和部门研究礁区鱼类行为学、人工鱼礁的机理、结构、材料和工程学原理等。

1）鱼礁材料和礁型

早在20世纪50年代，日本就已开始人工鱼礁建设，1950年投放10 000艘小型渔船建设鱼礁。2002年在《水产基本计划》立法后，人工鱼礁向类型多样化、材料综合化、结构复杂化、礁体大型化发展。通过不断地研发，近年来制作鱼礁的材料也发生了很大变化，除钢筋混凝土鱼礁外，出现了钢制鱼礁、玻璃钢鱼礁、塑料嵌板组合鱼礁等，贝壳礁目前已成为日本人工鱼礁的一个重要发展方向，有单独的贝壳礁，还有贝壳与其他材质结合或置于其他礁体内的形成混合礁。日本人工鱼礁的建设经历了普通型鱼礁、大型鱼礁和人工鱼礁渔场3个发展阶段，现已掌握在深水区投放特大型鱼礁的技术，在深度超过

100 m 的水域投放了诱集和增殖中、上层鱼类和洄游性鱼类为主的 30~40 m 大型、70 m 超大型鱼礁。现已针对不同功能开发出 1 000 多种礁型，不仅有以鱼类为对象的底鱼礁和悬浮鱼礁，还有供海藻类、鱼类、虾类、贝类繁殖的特种鱼礁，以及保护幼鱼的人工海藻礁，并且仍在不断研制新的鱼礁。

2）建设规模与效果

进入 20 世纪 90 年代，日本人工鱼礁建设事业已划为国家事业，每年出巨资用于人工鱼礁建设，并逐渐形成制度，在建礁规划、礁址选择、礁体设计、效益评估等方面更加合理完善，向着科学化、合理化、计划化、制度化方向发展。2002 年立法的《水产基本计划》，强调继续在沿海设置人工鱼礁。2005 年全日本渔场面积 1/10 以上已经设置了人工鱼礁，近 40 多年来，日本累计投入建设资金达 1.2 万亿日元，已在近海的 107 个地方建设人工鱼礁区 4.67 万 km^2，共投放人工鱼礁群 5 886 座，礁体总空方量 5 396 万空方。据比较研究，每立方米人工鱼礁每年至少可增加 2.3~5.2 kg 的渔获量，已投放人工鱼礁的渔场比未投放的渔场资源再生能力高 6~13 倍。Ungson 等（1998）总结发现，在日本虽然很多种类的鱼都投入到了海洋牧场实验中，但真正实现牧场活动商业化的只有大麻哈鱼、牙鲆和真鲷，而真鲷作为海洋牧场实验成果的典型事例，被细致地做了分析。

3）人工鱼礁建设模式

日本将鱼礁建设作为发展沿海岸渔业的重大措施，由国家、府县和渔业行业组织联合实施。其中，大型鱼礁经费由国家承担 60%、府县政府承担 40%；中小型鱼礁经费则由国家承担 50%、地方政府承担 30%、渔业行业承担 20%，人工鱼礁由县出面购买，投放渔场后当地渔业协会具有人工鱼礁使用权。日本的人工鱼礁建设与增殖放流、环境控制、苗种培育、病害防治和生产管理等技术相结合，形成资源培养型渔业。同时，日本对天然海藻场的保护和恢复也非常重视，包括政府部门、渔协和渔民都承担了相应的工作，如保护、调查、分析和恢复试验等。

3. 发展趋势

很多中外学者认为不宜放流长距离洄游的种类，因洄游分布距离长而无法管理和利用，应放流一些短距离洄游或者定居性的种类。日本作为栽培渔业发展最成熟和完善的国家，在关键生物增殖技术、牧场生态效应调查与评估、开发利用与管理模式等栽培方面做了大量系统的研究工作。日本栽培渔业在

2013年迈入第50个年头，其水产界回顾发现50年的研究与发展竟未完成当初设定的“增加与恢复渔业资源”目标，即在2011年渔业生产量恢复到1960年200万t左右的水平，但实际生产量仅在110万t左右。目前，日本已把过去“一代回收型”的栽培渔业理念改为“资源造成型”，放流苗种改为广布种，即洄游范围大、跨海域分布的苗种，以增强放流溢出效应，利用放流捕捞后存活下来的种鱼对渔业资源进行自然补充。2015年日本在第七次栽培渔业基本方针中提出，在其全国海域实行六大海区渔业栽培计划（图2-1-3-1），将人工鱼礁和增殖放流作为今后资源增殖和生态修复的发展方向。提出“当今沿岸渔业面临崩溃的危机，唯有存在丰饶的海洋，方能维持渔业的存在，而维持渔业的存在，方能确保渔村的存在。周遭环绕着丰饶的海洋，沿岸区域散落着充满活力的渔村，这才是身为海洋国日本的应有样貌。”

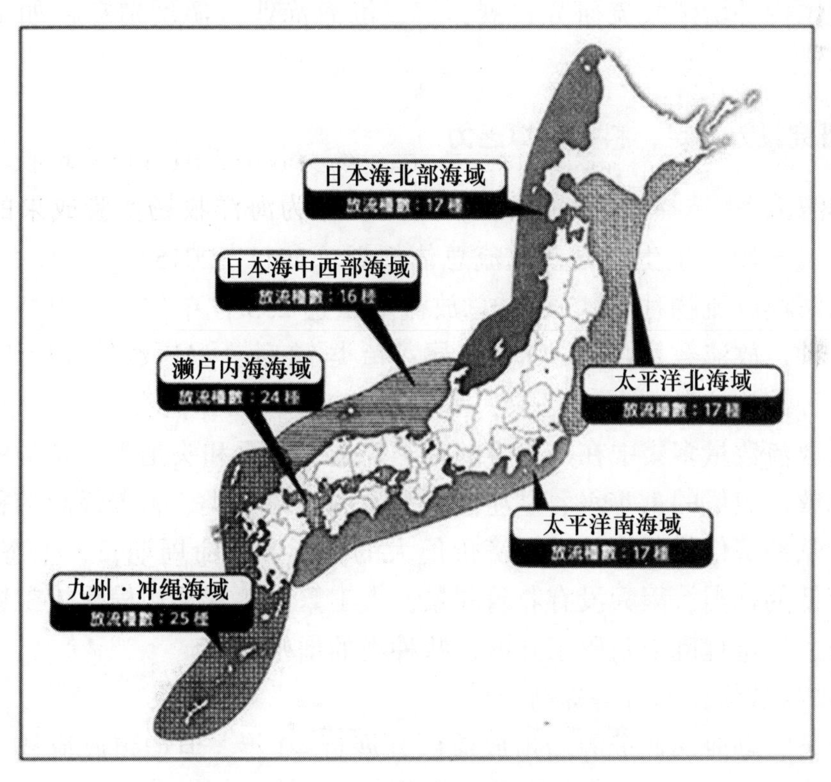

图2-1-3-1　日本栽培渔业大区域计划

四、黄、渤海专属经济区渔业资源增殖面临的主要问题

（一）增殖放流

面对近海渔业资源几近枯竭、小型化低值化现象严重和生态系统服务功能下降乃至不可持续的局面，我国颁布了《中国水生生物资源养护行动纲要》，并实施了“双控”“伏季休渔”“增殖放流”“零增长”等渔业资源增殖与管理措施，虽然取得了一定成效，但渔业资源下降的趋势并没有从根本上得到遏制。对比国内外增殖放流研究进展，黄、渤海渔业资源增殖存在如下的主要问题。

1. 基础研究投入不足，科技支撑乏力

1）增殖种类选择有失偏颇

根据《全国水生生物增殖放流总体规划（2011—2015）》，到“十二五”末，我国海洋放流物种有45种，总放流数量达253亿单位。其中虾、蟹等甲壳类有5种，放流数量合计217.5亿尾；鱼类38种，放流数量合计4.5亿尾；头足类2种，放流数量5.5亿只；海蜇放流数量30.0亿头。从生命周期看，黄、渤海放流数量多集中在一年生的种类虾类、海蜇和头足类，鱼类的放流数量仅占总放流数量的1.42%；从生态类型看，底层种类、营养级高的种类占绝对优势；从经济价值看，都是经济价值大的种类。生命周期长、生态价值高、经济价值低的种类，因为没有养殖前景，人工繁育尤其是规模化人工繁育技术没有突破，一定程度上阻碍了开展这些种类的增殖放流。

2）增殖放流技术有待提高

尽管黄、渤海渔业资源增殖放流已开展近40年，但增殖放流技术依然有待提高。①苗种生产不稳定，即使规模化人工繁育历史最长的中国对虾，也存在苗种供应不足的问题。②放流苗种规格适宜性依然难以确定，如中国对虾1 cm苗和3 cm苗的增殖效果、培育成本没有定论，鱼类放流规格有3 cm、5 cm和8 cm不等，但并不清楚哪种规格的投入产出更好。③放流苗种没有野化/适应过程（除少量中国对虾大苗），放流的突然死亡率极高。④放流地点

的选择，主要取决于放流企业的位置，并非完全根据放流种类的生态习性，因此出现了一些放流点需经过非常长的人工渠或河道才能到达海里，有的甚至超过 5 km。⑤放流方式不尽合理，放流时间多在夏季，存在包装与运输的时间太长、没有保温与防晒措施、高空抛洒，是造成突然死亡率高的主要原因之一。

3）增殖放流数量缺乏依据

中国对虾是我国海洋渔业增殖最早的种类，是黄、渤海渔业资源增殖最为成功的典范。从 1981 年在莱州湾的潍河口进行中国对虾放流试验并获得成功之后，渤海中国对虾放流回捕率、增殖效果评价、合理的放流数量等成为研究的重点，除在标记技术、追踪调查及增殖效果评价方面取得了较大进展之外，根据历史最高产量和中国对虾的死亡系数估算了渤海合理的放流数量。但是，这种方法没有考虑渤海的生态环境的变化，可能仅适于此时此地。近年来，增殖容量的评估收到了普遍关注，也有诸多此类的研究报道，其中利用 Ecopath 模型和渤海长期、系统的调查数据评估了中国对虾的增殖容量，开辟了一种基于生态系统水平的增殖容量研究新的途径，但更多的增殖种类的放流数量还是缺乏科学依据。

4）增殖效果评估没有标准

增殖放流作为渔业管理的有效措施，被世界各国所证实和采用。然而，如何评价大规模和大范围的增殖放流活动是否取得了预期的资源增殖效果，成为业界广泛关注的问题。日本是较早开展渔业资源增殖放流和效果评价的国家之一，自 1975 年开始，日本使用放流苗种数量与渔获的关系、放流苗种数量同标记回捕数据关系为主，建立放流效果评价体系；1980 年以后，采用直接调查渔获量的市场调查法对鹿儿岛湾真鲷放流效果进行了评价，放流的效果得到确认，这是世界上首次对放流效果评价成功的案例。国际上通用的评价方法为标记放流，最初起始于 19 世纪 80 年代通过给鱼作标记估算封闭水体中鱼类种群的大小和死亡率，其后，标记技术逐渐被用于研究鱼类的洄游分布、生长和种群数量变动等方面，并逐步创新和完善。标记方法有体外标记：切鳍、剪棘、颜料标记（具体有染色法、入墨法、荧光色素标记法等）、体外标（包括穿体标、箭形标和内锚标）等；体内标记法：金属线码标记（Coded wire tag，CWT）法、植入式可见橡胶标记（VIE tag）、被动整合雷达（Passive Integrated Tag，PIT）法、档案式标记法、分离式卫星标记法、生物遥测标记法等。由于标记除对鱼体产生直接伤害外，一些标记还影响鱼类的生活，并且标记鱼的识别和回收困难，因此标记技术仍然停留在研究的层面，直接导致了增殖效果的评估缺乏方法和标准。近年来，分子标记和鱼类耳石微化学标记取得了重要进展，已在黄、渤海中国对虾和牙鲆的增殖效果评估中应用。

5）生态风险防控急需建立

近年来，发达国家对渔业增殖研究不再仅仅停留在资源增殖技术上，还提出了新的课题。如：Stottrup 等（2007）提出“成功的资源增殖需要完全了解生态系统的演变，把渔业增殖放到生态意义上进行研究”。我国广大科学工作者对渔业资源增殖也有深刻的认识。李继龙等（2009）提出了我国增殖放流应“重视放流对生态的影响”“加强跟踪监测研究”等建议；程家骅等（2010）提出了要加强“增殖放流生态效果评价”的建议；黄硕琳等（2009）提出增殖基础研究是开展资源增殖的技术保障。可见，增殖放流与水域生态系统的相互作用，已被科学界普遍认可和关注。

生态风险是指生态系统及其组分所承受的风险，指在一定区域内，具有不确定性的事故或灾害对生态系统及其组分可能产生的作用，这些作用的结果可能导致生态系统结构和功能的损伤，从而危及生态系统的安全和健康。美国于20世纪70年代开始生态风险评价工作的研究，在1992年对生态风险评价作了定义，即生态风险评价是评估由于一种或多种外界因素导致可能发生或正在发生的不利生态影响的过程。生态风险评价被认为能够用来预测未来的生态不利影响或评估因过去某种因素导致生态变化的可能性。

虽然系统评价增殖放流活动的生态风险、进行有效的生态风险预警和防控已经成为增殖放流领域研究热点，但黄、渤海乃至整个中国及国外对该领域的研究实例并不多见。我国近海大规模增殖放流现已成一种国家重视、群众关注的社会事业，我国已跃居世界增殖大国，因此亟待建立渔业资源增殖的生态风险评价、预警和防控体系。

2. 渔业增殖主体庞杂，产能差异明显

1）增殖站体系缺失，企业成为增殖主体

日本近年来的渔业资源种类超过80种，放流规模达百万尾以上的种类有近30种。从种苗培育来看，其实施主体以中央和地方国有增殖渔业中心为主，占总量的70%以上，起主导作用；地域渔业协同组合、渔业联合会和市町村以及民间企业为辅，占总量的30%以下。

相比而言，我国目前增殖苗种培育、放流的主题是集体或个体企业，承担着几近全部的国家、地方放流任务。在渤海，国家设立的4个渔业资源增殖站的放流任务合计不足1 000万尾，形同虚设。

2）繁育技术参差不齐，苗种供应不稳定

根据调研结果，目前黄、渤海参入增殖放流的企业众多，一些省份多达200~300家企业，有个体企业，也有集体企业，还有上市公司。但是，这些企业的技术力量参差不齐，导致了苗种供应不稳定、买苗放流、放流数量不足等现象。

3. 管理体系不完善，增殖效果难保障

1）管理力量薄弱，增（殖）管（理）分离

面对增殖放流数量巨大、放流企业众多的现实，增殖放流主管部门的管理力量相对薄弱，存在“重放流轻管理”的现象，而且放流属于渔业部门管理，而放流之后属于渔政部门管理，出现增、管分离的问题，导致放流之后基本没有与之配套的渔业管理措施，很多放流种苗在放流后短时间内就被捕捞上来，从而无法起到增殖放流的预期效果。如：标记放流证实，黄、渤海牙鲆放流后3个月内回捕率约70%，且以放流点周边定置网具捕捞为主。

2）种质鉴定能力不足，种质难以保障

根据《水生生物增殖放流管理规定》，第九条：用于增殖放流的人工繁殖的水生生物物种，应当来自有资质的生产单位。其中，属于经济物种的，应当来自持有《水产苗种生产许可证》的苗种生产单位；属于珍稀、濒危物种的，应当来自持有《水生野生动物驯养繁殖许可证》的苗种生产单位。第十条：用于增殖放流的亲体、苗种等水生生物应当是本地种。苗种应当是本地种的原种或者子一代，确需放流其他苗种的，应当通过省级以上渔业行政主管部门组织的专家论证。禁止使用外来种、杂交种、转基因种以及其他不符合生态要求的水生生物物种进行增殖放流。第十一条：用于增殖放流的水生生物应当依法经检验检疫合格，确保健康无病害、无禁用药物残留。

目前由于黄、渤海很多基层单位种质鉴定能力不足甚至没有，放流出现选育品种、非当地种类等现象，存在一定的生态风险。

3）招投标制度不完善、影响放流管理及效果

根据《水生生物增殖放流管理规定》，第九条：渔业行政主管部门应当按照“公开、公平、公正”的原则，依法通过招标或者议标的方式采购用于放流的水生生物或者确定苗种生产单位。黄、渤海增殖放流主管部门及放流企业

普遍反映，招投标的主要弊端是：招标先于苗种生产和放流，中标企业一旦出现苗种繁育不好或亲体不足的情况，又必须完成中标合同的放流数量，导致出现买苗放流、以次充好、放流数量不足等现象，不仅造成管理困难，也影响增殖的效果。

4）增殖资源利用不合理，增殖目标难以实现

增殖渔业主要通过种苗生产、放流和资源管理来实现其目标，黄、渤海中国对虾经过几十年的增殖放流，明显增加了捕捞产量，但依然是不放流就捕不到虾的局面；长江口中华绒螯蟹增殖建立了较为完善的资源管理、利用策略，资源在较短的时间内得到有效的恢复，这两个案例充分证实增殖资源的利用策略和管理对实现渔业资源增殖目标非常重要。因此，建立黄、渤海合理的增殖资源监测、评估和利用策略，是保证黄、渤海增殖效果的必要措施。

（二）人工鱼礁

目前，黄、渤海三省一市的人工鱼礁建设总规模居全国之首，并在人工鱼礁生境营造技术方面开展了相关研究，增殖礁、藻礁、生态礁投放对资源增殖和修复起到了良好改善，但仍存在一系列问题，与国外先进国家的人工鱼礁建设和管理存在一定差距，在人工鱼礁工程建设、科学技术研究、人工渔场管理体制等方面存在一些亟须解决的关键技术与问题，主要表现在以下几个方面。

1. 人工鱼礁资源增殖缺少科学规划

黄、渤海三省一市的人工鱼礁建设主要以企业为投资主体，一些企业为了追求成本回收，盲目投放鱼礁，缺少适宜性评价、合理的选型和布局、承载力评估、持续产出评价，人工鱼礁的资源增殖作用和生态效益没有得到足够的重视和利用。礁体功能单一、礁区规模较小，增殖对象基本以高经济价值的刺参、鲍鱼等海珍品为主，不利于人工鱼礁生态效应的充分发挥和礁区生态系统的可持续健康发展，没有充分利用人工鱼礁生境修复功能开展其他渔业资源的增殖放流和后续利用管理。黄、渤海区公益性人工鱼礁建设的缺失更不利于可持续的渔业资源增殖。

2. 海藻场没有得到有效恢复

海藻场（海草床）作为近岸海域重要的生态系统，具有为海洋生物提供

栖息地、改善海域环境等重要生态作用，藻礁建设是藻场修复的基础环节之一，但目前黄、渤海的藻礁和海藻场建设仍基本处于试验阶段，尚没有形成有效的构建或修复技术，藻场建设基本采用以经济型藻类吊养增殖为主，没有形成持续的海藻场（海草床）生态系统。

3. 人工鱼礁技术科学研究基础仍然薄弱

黄、渤海在人工鱼礁工程及生态效应方面开展了相关研究，但研究广度和深度不够深入，且系统性较弱，专业研究团队和研发平台力量薄弱，相关技术、装备及配套设施的基础研究仍然不充分：一是缺少对大型化、新材料人工鱼礁的开发和创新；二是对人工鱼礁生态系统基础研究较少；三是对人工鱼礁区生物资源增殖技术的研究不足；四是在风险监测与预警技术及资源管理制度等方面的研究滞后。

4. 人工鱼礁长效管理与利用机制欠缺

科学的管理和利用体制是人工鱼礁增养殖渔业可持续发展的基础保障，目前黄、渤海人工鱼礁的管理制度和开发模式方面的发展远远落后于其建设速度。黄、渤海三省一市只有山东省发布了人工鱼礁建设标准，山东省和河北省制定了人工鱼礁管理办法，虽然各地都有制定目标物种的增殖放流技术，但没有将增殖放流与人工鱼礁、海藻场相互结合。重建设、轻管理、后续利用无规划是目前人工鱼礁资源增殖效果不能充分发挥的主要影响因素。

五、黄、渤海专属经济区渔业资源增殖发展战略及任务

党的十八大提出“大力推进生态文明建设”的重大战略决策；党的十九大提出“坚持陆海统筹，加快建设海洋强国”的战略目标，将建设生态文明提升为“千年大计”。《全国农村经济发展“十三五”规划》和《全国渔业发展第十三个五年规划》要求加大水生生物资源增殖力度，提出完善海洋渔业资源总量管理制度，严格控制近海捕捞强度；扩大水生生物资源增殖放流规模，加大伏季休渔禁渔力度，研究适当延长休渔期。在增殖渔业方面，突破近海渔业资源增殖和管理的关键技术，实现海洋渔业可持续发展，保障我国食物安全。

（一）战略定位

紧紧围绕生态文明和美丽中国建设的战略需求，立足我国专属经济区渔业可持续发展，突破黄、渤海资源增殖放流与人工鱼礁建设的核心与关键技术，推动近海渔业绿色、健康发展。

（二）战略原则

坚持生态优先，推进绿色发展，以黄、渤海渔业可持续发展为前提，增殖海洋生物资源；坚持创新驱动，实现科学发展，推动黄、渤海增殖渔业创新持续发展；坚持依法治渔，强化法治保障，为黄、渤海渔业稳定健康发展提供坚强法治保障，确保经济效益、生态效益和社会效益并举。

（三）发展思路

按照近海渔业绿色、健康发展的基本要求，针对黄、渤海资源环境约束趋紧，传统渔业水域不断减少，渔业发展空间受限；水域环境污染依然严重，过度捕捞长期存在，涉水工程建设不断增加，主要鱼类产卵场退化，渔业资源日趋衰退等问题，以生态学原理为基础，开展黄、渤海渔业增殖放流、人工鱼礁建设的基础研究和关键技术研发，构建黄、渤海增殖渔业绿色、健康发展模式，为保障黄、渤海沿海地区乃至整个中国食物安全和实施海洋强国战略做出积极贡献。

把人工鱼礁、海藻场、增殖放流有机地结合起来，科学规划、统筹发展，实现人工鱼礁资源增殖效能最大化；加强对黄、渤海海洋环境、生物资源的调查和分析，全面监控黄、渤海人工鱼礁建设情况，为建立系统、有效的渔业管理体制提供基础资料；建立完善的组织管理体系，根据黄、渤海人工鱼礁功能分类、资源增殖效果和渔业资源结构特征，制定可持续利用的海洋渔业资源管理制度。

（四）战略目标

按照党的十九大报告提出的坚持“陆海统筹，加快建设海洋强国”的战略目标，为2025年跻身创新型海洋国家前列、2035年建成社会主义现代化海洋强国作准备。针对我国渔业“十四五”及中长期的发展需求，通过对国内外渔业资源的管理现状和发展趋势的研究，解决黄、渤海增殖渔业面临的科学与技术问题，提出适应黄、渤海特点的渔业管理措施和策略，为渔业资源增殖的科学管理和持续利用提供支撑。

1. 近期目标（2025年）

到2025年，建立黄、渤海增殖渔业基础研究和技术研发平台，掌握黄、渤海适宜的增殖种类及种类搭配、适宜的增殖水域及时间、适宜的增殖放流方式与方法，建立绿色、健康的近海增殖渔业发展模式，使严重衰退渔业种群得以补充或恢复，其中科技贡献率达60%；建立黄、渤海人工鱼礁生态修复和渔场造成技术体系、完成黄、渤海人工鱼礁中期建设规划、使黄、渤海的海洋生态环境和生物资源得到有效改善，人工鱼礁覆盖率占黄、渤海全部渔场总面积的10%、人工鱼礁建设规模、综合效益和科技水平均步入世界海洋渔业国家前列，为我国跻身创新型海洋渔业国家前列做出应有的贡献。

2. 中期目标（2035年）

到2035年，实现黄、渤海增殖放流科学和有序发展，衰退渔业种群资源得到有效增加、建立黄、渤海渔业增殖资源实时监测和评估体系，实现黄、渤海合理利用增殖资源的技术创新和普及，形成黄、渤海渔业资源科学增殖和合理利用的良性循环；形成黄、渤海更加完善的人工鱼礁生态修复和渔场开发利用技术体系，使黄、渤海的生态环境和生物资源进一步得到改善，形成良性循环的渔业产出系统，人工鱼礁建设规模、综合效益和科技水平均达到世界领先水平，为建成社会主义现代化海洋渔业强国做出重要贡献。

（五）重点任务

1. 黄、渤海渔业资源增殖的生态基础及增殖适宜性评价研究

主要内容包括：黄、渤海渔业资源与环境监测及增殖适宜种类的优选、增殖容量的评估和放流技术的研发等。

2. 黄、渤海渔业资源增殖的效果评估及生态风险预警技术研发

主要内容包括：研发黄、渤海增殖群体的高效规模化标记和判别技术，建立可靠的增殖效果评估方法；筛选黄、渤海生态系统敏感生物种类和理化指标，建立黄、渤海生态风险的评估方法和确定预警阈值。

3. 黄、渤海渔业增殖资源的监测保育及有效利用策略研究

主要内容包括：黄、渤海增殖物种的资源动态监测与监管，研究效益最大化的管理策略和捕捞技术。

六、黄、渤海专属经济区渔业资源增殖的政策建议

通过对黄、渤海区渔业资源增殖的现状、存在的主要问题的梳理分析，结合国内和国外渔业资源增殖实践，提出以下政策建议。

（一）做好顶层规划

黄、渤海增殖放流是个系统工程，涉及黄、渤海放流海域的生物背景场、放流种类的甄选、亲本选择、繁殖、育苗、种苗的放流批次、种苗的疾病免疫、种苗场的环境和饲料质量、饲养方法、放流时间的选择、放流地点的选择、放流前的暂养、放流标志的选择、放流后不同发育阶段对栖息地的适应性研究、适宜的开捕时间、放流群体的摄食生态、放流群体、放流群体与野生群体的杂交及遗传多样性、生态系统的能流等问题。针对目前黄、渤海渔业资源增殖现状和存在的问题，做好顶层规划设计，确定适宜的放流地点和种类及搭配、科学的驯化等增殖技术、合理的管理制度和技术手段；提出具体的渔业资源增殖目标，建立效果评估和生态风险预测及预警技术。

（二）夯实科技支撑

强有力的科技支撑是黄、渤海渔业资源增殖工作顺利实施和取得成效的关键因素之一。目前，黄、渤海增殖渔业的科技支撑能力相对于快速发展的渔业

资源增殖的需求，显得薄弱而且滞后。针对增殖放流涉及环节多、技术性强的特点，建议加大科研投入力度，加强专业技术队伍建设，提升条件平台和科研能力，强化增殖放流的基础性、关键性技术研发，为增殖放流提供技术支撑以及科学规范指导。

（三）聚焦关键技术研发

在掌握渔业资源增殖基础和解决在哪里放和放什么的问题后，根据目前黄、渤海增殖放流的情况，增殖放流的容量、增殖种群的判别和增殖的生态风险分析及预警，已成为制约黄、渤海增殖渔业发展的关键技术问题。此外，增殖放流种类的种质资源快速鉴定技术，也是保障增殖渔业科技持续发展的关键技术，需要加快突破。

（四）建立健全管理体系

实践证实，黄、渤海渔业资源增殖工作要取得成效，重点在于管理，所谓“三分放，七分管”。为此必须从以下几个方面加强管理：①加强种质管理，苗种的质量、数量，要符合管理要求以及有关技术规范和标准，杜绝使用外来种、杂交种、转基因种。②建立放、管协同机制，强化增殖放流水域监管，划定禁渔区和禁渔期等，杜绝“边放边捕”、“上游放、下游捕”等现象。③注重增殖资源的合理利用，通过控制增殖资源的捕捞强度或限额捕捞，在提高增殖种类资源量的同时，使其繁殖亲体得到补充。

七、黄、渤海专属经济区渔业资源增殖重大项目建议

自 20 世纪 80 年代初至今，黄、渤海渔业资源增殖实践已走过近 40 年，黄、渤海专属经济区在增殖放流方面已积累大量成功与失败的经验，但仍有大量研究工作需继续开展，结合我国专属经济区渔业资源增殖总体战略及发展目标，专题提出“十四五”期间黄、渤海渔业资源增殖三大建议。

（一）黄、渤海增殖渔业生态基础研究

1. 必要性

渔业资源增殖放流是快速增加渔业种群数量最直接有效的措施，在黄、渤海针对性地开展经济种类的增殖放流，可以迅速扩大这些物种的种群数量，使其自然种群得以加快恢复，从而保证该资源种类的可持续发展。黄、渤海水域形态、地形地貌、水文环境、渔业群落组成、渔业生产对象及生产作业方式等对其增殖种类的生长、发育和繁殖都有很大的影响，因此，为促进黄、渤海增殖放流工作科学、规范、有序开展，必须对黄、渤海进行生态基础调查，根据增殖种类的生物学特性和生态习性，科学地确定放流对象的类型和数量，确保增殖放流种类能迅速适应该水域内的生态环境，加入天然种群，实现扩增种群数量的目标。

2. 重点内容

重点考虑黄、渤海生物背景场，综合考虑黄、渤海渔业资源的种类、数量、增殖放流自然种群补充能力、摄食关系、种群结构、食物链长短、食物网复杂程度、能量与物质转化循环途径、能量与物质富余与不敷环节等。黄、渤海生态系统虽然在经过多年扰动后，增殖种类的资源量不丰富，但仍有相对稳定的生态结构，放流只能针对性地对生态结构进行改造完善，如果放流品种选择不当或搭配不当，就有可能出现生物入侵或生态失衡现象，给黄、渤海土著种类的生态造成难以估量的破坏。因此，在选择黄、渤海增殖放流种类时，必须首先保证生态安全性，严格控制人工放流的种类和数量，不得超过该增殖种类的增殖容量，在扩大增殖种类数量的同时，又能够确保该种类进行自然补充和促进黄、渤海生态系统良性演替，以期获得比较理想的经济效益和生态效益。

3. 关键技术

结构与功能是海洋生态系统管理的核心，而能量传递过程又是海洋生态系统结构与功能研究的基础。只有实时掌握了黄、渤海生态系统食物网结构与能量传递，才能调整生态系统中的能量流动关系，选择合理的增殖放流种类和放

流适宜的数量，使生态系统能量持续高效地流向对人类生产最有益的营养级，并以此为基础开展规划、标准等管理工作。食物网结构与其能量传递途径是改造完善黄、渤海生态系统，提高黄、渤海生产力和进行渔业管理的基础，所以加强黄、渤海食物网结构与能量传递研究尤为迫切与重要。

4. 预期目标

种群恢复与生态系统恢复是黄、渤海增殖放流的两个目标。初期目标是利用黄、渤海天然饵料资源自然生长，达到一定的种群数量；中期目标要求增殖放流种类在黄、渤海能够生长发育达到性成熟，最终自然繁殖，形成补充群体；终极目标是恢复黄、渤海的生态系统，使其达到成熟的顶级形态。

（二）黄、渤海人工鱼礁资源增殖基础研究

1. 必要性

由于环境污染和捕捞过度等影响，世界范围内渔业资源的不足和衰退已成为全球性的严重问题。因此，如何解决好“海洋开发利用与资源环境保护”这一矛盾，并在发展渔业经济和资源环境保护之间取得平衡，是世界各国共同关注并致力解决的重要课题。《中国海洋 21 世纪议程》指出：“建设良性循环的海洋生态系统，形成科学合理的海洋开发体系，促进海洋经济持续发展”是我国海洋发展战略之总体目标。

黄、渤海渔业虽然取得了举世瞩目的成就，但由于长期的过度捕捞和沿岸环境污染等，海底平秃化、水域荒漠化现象日趋严重，鱼类繁衍生息场所和渔业生态环境不断恶化、渔业资源日趋枯竭，沿海渔民正面临无鱼可捕的尴尬局面。因此，加强黄、渤海生态环境保护，增殖海洋生物资源，走可持续发展之路成为黄、渤海渔业面临的一项重要而紧迫的任务。人工鱼礁作为修复海洋生态环境和增殖海洋渔业资源的重要措施已为世界上许多海洋渔业国家所采用。近年来，黄、渤海的人工鱼礁建设快速发展，但由于缺乏科学的指导、合理的规划和良好的运行机制，人工鱼礁建设仍带有很大的盲目性。因此，亟须重大关键技术创新和支撑引领，将先进的思想理念、开发模式和高新技术引进到人工鱼礁建设中来，形成技术含量高、产品优质、生产稳定的生态渔业系统，为黄、渤海的人工鱼礁建设提供科学的指导和技术支撑，从而使黄、渤海的人工

鱼礁建设科学、有序地发展。

2. 重点内容

拓展海域空间，开展黄、渤海深远海人工鱼礁建设，研究适应深远海的人工鱼礁工程技术，进行黄、渤海生态基础调查；在生态基础调查分析的基础上，划定黄、渤海专属经济区人工鱼礁试验海域，系统开展人工鱼礁渔业资源增殖技术研究，探索人工鱼礁建设对黄、渤海生态环境修复和生物资源增殖作用的关键过程与机理；在黄、渤海开展人工鱼礁海域环境、渔业资源长期性调查评价，全面掌握黄、渤海人工鱼礁建设生态效果和渔业资源修复现状，为人工鱼礁和渔业资源的科学利用提供技术支撑。

3. 关键技术

①黄、渤海人工鱼礁适宜评价及生态修复工程技术；②人工鱼礁建设对黄、渤海生态环境修复和生物资源增殖作用的关键过程与机理；③人工鱼礁渔场造成技术及高效开发利用模式；④人工鱼礁碳汇扩增途径。

4. 预期目标

突破黄、渤海人工鱼礁渔场造成的工程设施、资源增殖放流、渔业碳汇扩增和可持续开发利用等关键技术，明晰人工鱼礁建设对黄、渤海生态环境修复和生物资源增殖作用的关键过程与机理，摸清黄、渤海人工鱼礁建设的适宜开发模式与潜力，确定黄、渤海人工鱼礁建设的适宜规模与布局，构建支撑人工鱼礁建设与发展的技术体系和产业模式。到 2035 年，黄、渤海人工鱼礁渔场覆盖率不低于总渔场面积的 15%，人工鱼礁建设规模、综合效益和科技水平均步入世界领先行列。

（三）黄、渤海增殖渔业效果评估与生态风险防控研究

1. 必要性

随着海洋生物人工繁育技术的发展，人工育苗的种类不断增加，育苗成功率全世界大规模增殖放流活动也不断增加。初期阶段的增殖放流活动过分重视放流数量，各个沿海国家每年虽然投入大量的人力、物力以及财力，但始终无

法达到预期的效益。究其原因，还是由于当时标识技术和生态基础研究的不成熟，未形成一套从放到收的系统有效的评估手段。20 世纪 90 年代后，随着标志技术的发展，苗种（卵、仔、稚、幼体）标记技术成熟，科学家们开始评估增殖放流种类的存活率及对渔业的贡献，人们利用“标记-放流-重捕”的评价方法实现了对放流增殖效果评估和增殖放流策略的优化。

随着放流数量和相关物种的不断增加，增殖放流也带来了一些问题，例如病原体的扩散、食物与栖息地的竞争、同类相残及给野生资源种群结构、增殖海域生态系统的结构与功能等带来诸多风险。

随着科学技术的进步和研究手段的多样化，在增殖放流研究中发现当育苗场亲体数量不足时，易造成子代基因多样性退化，增大了放流苗种发生基因变异的概率，大规模放流人工孵化幼体有可能影响野生种群的遗传多样性。导致放流群体与野生群体的生殖交配而改变遗传结构；近亲繁殖苗种的健康度较低，高死亡率，生长缓慢和发育畸变。

基于这些问题的出现，在黄、渤海增殖放流时须进行效果评估与生态风险防控研究。

2. 重点内容

黄、渤海增殖放流效果评估重点在研究增殖放流种类的回捕率，生态风险防控研究集中于增殖放流种类的遗传结构多样性和其对黄、渤海生态系统结构和功能的影响。

对放流鱼类进行标记，追踪其在黄、渤海中的生长、发育、洄游及生产捕捞等情况，良好的经济效益是增殖放流最直接的反映指标；增殖种对生态系统的影响需考虑增殖放流种在黄、渤海的摄食情况、与食性相近种类的生态位竞争情况、在生态系统能量与物质传递过程中的位置与利用效率等；生态风险调控的研究是项费时费力的长期工程，目前主要在放流前进行调控，检测增殖放流种是否为黄、渤海原土著放流物种，苗种繁殖亲本是否来源于黄、渤海和繁殖亲本的数量以及放流苗种的繁殖代数等。

3. 关键技术

增殖放流效果评估的关键技术是放流标志的选用，目前增殖放流种类的标记主要有物理标记、化学标记和分子标记。物理标记相对简单，成本低，现场操作麻烦、标记苗种死亡率相对较高，适用于放流数量少且个体较大的苗种。

化学标记法与物理标记法一样，标记简单，成本低，对苗种个体大小无要求，但后期识别放流个体相对麻烦，适用于放流数量较多的苗种。分子标记法标记前期须对繁殖亲本，后期须对回收个体进行遗传学分析，时间成本和经济成本相对较高，但能对放流的遗传风险和生态风险进行分析。

生态系统结构与功能风险分析主要是对黄、渤海食物网结构的分析，可联合采用当今较为多用的稳定同位素技术和脂肪酸分析法，辅以少量样品的胃含物镜检。

4. 预期目标

目前，黄、渤海增殖放流效果评估的首要目标是区分野生个体和放流个体，估算回捕率；其次是明晰苗种亲本来源与减少亲本的育种代数，避免放流可能给黄、渤海带来的遗传风险和生态风险；最后是为增加资源量放流向生态修复放流和改变生态结构放流积累研究经验。

参考文献

陈勇，吴晓郁，邵丽萍，等.2006.模型礁对幼鲍、幼海胆行为的影响[J].大连水产学院学报，21(4)：361-365.

陈勇，杨军，田涛.2014.獐子岛海洋牧场人工鱼礁区鱼类资源养护效果的初步研究[J].大连海洋大学学报，(2)：183-187.

程家骅，姜亚洲.海洋生物资源增殖放流回顾与展望[J].中国水产科学，2010，17(3)：610-616.

樊宁臣，俞关良，戴芳钰.1989.渤海对虾放流增殖的研究[J].海洋水产研究，(10)：27-36.

公丕海，李娇，关长涛，等.2014.莱州湾增殖礁附着牡蛎的固碳量试验与估算[J].应用生态学报，25(10)：3032-3038.

何大仁，丁云.1995.鱼礁模型对赤点石斑鱼的诱集效果[J].台湾海峡，14(4)：394-398.

黄硕琳，戴小杰，陈祺.2009.上海市水域水生生物增殖放流现状和存在问题[J].中国渔业经济，27(4)：79-87.

黄雄.1980.人工鱼礁发展概况[J].海岸工程，(3)：69-74.

焦金菊，潘永玺，孙利元，等.2011.人工鱼礁区的增殖鱼类资源效果初步研究[J].水产科学，30(2)：79-82.

李朝霞，李健，王清印，等.2006.中国对虾"黄海1号"选育群体与野生群体的形态特征比较[J].中国水产科学，13(3)：384-388.

李继龙，王国伟，杨文波，等.2009.国外渔业资源增殖放流状况及其对我国的启示[J].中国渔业经济,27(3):111-123.
李娇,关长涛,公丕海,等.2013.人工鱼礁生态系统碳汇机理及潜能分析[J].渔业科学进展,34(1):65-69.
李娇,张秀梅,关长涛,等.2014.镂空方型增殖礁上升流特性的粒子图像测速试验[J].农业工程学报,(2):232-239.
李忠义,王俊,赵振良,等.2012.渤海中国对虾资源增殖调查[J].渔业科学进展,33(3):1-7.
林群,李显森,李忠义,等.2013.基于 Ecopath 模型的莱州湾中国对虾增殖生态容量[J].应用生态学报,24(4):1131-1140.
林群,王俊,李忠义,等.2015.黄河口邻近海域生态系统能量流动与三疣梭子蟹增殖容量估算[J].应用生态学报,26(11):3523-3531.
林群,单秀娟,王俊,等.2018a.渤海中国对虾生态容量变化研究[J].渔业科学进展,39(4):19-29.
林群,王俊,李忠义,等.2018a.黄河口邻近水域贝类生态容量[J].应用生态学报,29(9):3131-3138.
刘洪生,马翔,章守宇,等.2009.人工鱼礁流场效应的模型实验[J].水产学报,33(2):229-236.
刘瑞玉,崔玉珩,徐凤山.1993.胶州湾中国对虾增殖效果与回捕率的研究[J].海洋与湖沼,24(2):137-142.
刘秀民,张怀慧,罗迈威.2007.利用粉煤灰和碱渣制作人工鱼礁的研究[J].建筑材料学报,10(5):622-626.
刘彦,关长涛,赵云鹏,等.2010.水流作用下星体型人工鱼礁二维流场 PIV 试验研究[J].水动力学研究与进展,25(6):777-783.
吕廷晋,付海鹏,张玉钦,等.2018.靖海湾与五垒岛湾海蜇增殖放流效果比较与分析[J].海洋渔业,40(2):147-154.
梅春,任一平,徐宾铎,等.2010.崂山湾日本对虾增殖放流效果的初步研究[J].中国海洋大学学报,40(9):45-50.
倪文,李颖,陈德平,等.2013.冶金渣制备生态型人工鱼礁混凝土的试验研究[J].土木建筑与环境工程,35(3):145-150.
石拓,庄志猛,孔杰,等.2001.中国对虾遗传多样性的 RAPD 分析[J].自然科学进展,11(4):360-364.
史红卫.2006.正方体人工鱼礁模型试验与礁体设计[D].青岛:中国海洋大学.
唐衍力,王磊,梁振林,等.2007.方型人工鱼礁水动力性能试验研究[J].中国海洋大学学报:(自然科学版),37(5):713-716.
王洪瑞,吴明月,马克武,等.2006.扇贝壳装袋筑礁养殖刺参技术[J].齐鲁渔业,23(12):26.
吴静,张硕,孙满昌,等.2004.不同结构的人工鱼礁模型对牙鲆的诱集效果初探[J].海洋渔业,26(4):394-398.
吴子岳,孙满昌,汤威.2003.十字型人工鱼礁礁体的水动力计算[J].渔业科学进展,24(4):32-35.
谢周全,邱盛尧,侯朝伟,等.2014.山东半岛南部海域三疣梭子蟹增殖放流群体回捕率[J].中国水产科学,21(5):1000-1009.
信敬福,刘克礼,王四杰,等.1999.丁字湾增殖中国对虾适宜量的研究[J].海洋科学,6:65-67.
叶昌臣.1986.渤海对虾增殖的合理放流密度[J].水产科学,5(2):4-6.
虞聪达,俞存根,严世强.2004.人工船礁铺设模式优选方法研究[J].海洋与湖沼,35(4):299-305.
张虎.2005.海州湾人工鱼礁养护资源效果初探[J].海洋渔业,27(1):38-43.
张怀慧,孙龙.2001.利用人工鱼礁工程增殖海洋水产资源的研究[J].资源科学,23(5):6-10.
张明亮,冷悦山,吕振波,等.2013.莱州湾三疣梭子蟹生态容量估算[J].海洋渔业,35(3):303-308.
张硕,孙满昌,陈勇.2008.不同高度混凝土模型礁上升流特性的定量研究[J].大连海洋大学学报,23(5):353-358.
张硕,孙满昌,陈勇.2008.人工鱼礁模型对大泷六线鱼和许氏平鲉幼鱼个体的诱集效果[J].大连水产学院学报,23(1):13-19.
章守宇,张焕君,焦俊鹏,等.2006.海州湾人工鱼礁海域生态环境的变化[J].水产学报,30(4):475-480.
赵炳然,孙祥山,黄经献,等.2007.渤海莱州湾滩涂青蛤增殖放流调查报告[J].齐鲁渔业,(4):8-10.
郑延璇,梁振林,关长涛,等.2014.等边三角型人工鱼礁礁体结构设计及其稳定性[J].渔业科学进展,35(3):117-125.
周军,李怡群,张海鹏,等.2006.中国对虾增殖放流跟踪调查与效果评估[J].河北渔业,(7):27.
周艳波,蔡文贵,陈海刚.2011.不同人工鱼礁模型对褐菖鲉诱集效应[J].广东农业科学,(2):8-10.
朱金声,庄志猛,邓景耀,等.1998.莱州湾日本对虾放流移植的研究[J].中国水产科学,5(1):56-61.
北田修一,松宫义晴.1994.栽培渔业事例和积累的数据中相关分析的问题点[J].三重大学资源生物学部纪要,12:183-186.
岗本峰雄,黑木敏郎,村井彻.1979.人工魚礁近傍の魚群生に関する予備的研究——猿岛北方魚礁群の概要[J].日本水产学会誌,(45):709-713.
田中惯.1985.鱼礁渔场における鱼类生态に门关する研究Ⅳ,计量鱼探による鱼礁渔场附近

の广域鱼群量调查[J].水産土木,22(2):9-16.

小川良德,竹村嘉夫.1996.人工鱼礁に対する鱼群行动の试验的研究Ⅰ~Ⅵ[J].东海水研报,(45):107-161.

影山芳郎,大阪英雄,山田英已,等.1986.人工礁モデル周りの流[J].水産土木,23(2):1-8.

Aleao M,Santos M N,Vicente M,et al.2007.Biogeochemical Processes and Nutrient Cycling within an Artificial Reef of Southern Portugal Marine[J].Environmental Research,63(5):429-444.

Arve J.1960.Preliminary report on attracting fish by oyster-shell planting in Chincoteaque Bay, Maryland[J].Chesapeake Science,1(1):58-65.

Grant J,Curran K J,Guyondet T L,et al.2007.A box model of carrying capacity for suspended mussel aquaculture in Lagune de la Grande-Entrée,Iles-de-la-Madeleine,Québec[J].Ecological Modelling,200(1-2):193-206.

Hamasaki K,Kitada S.2006.A review of Kuruma Prawn *Penaeus japonicus* Stock Enhancement in Japan[J].Fisheries Research,80:80-90.

Kitada S,Taga Y,Kishino H.1992.Effectiveness of a Stock Enhancement Program Evaluated by a Two-Stage Sampling Survey of Commercial Landings[J].Canadian Journal of Fisheries and Aquatic Sciences,49(8):1573-1582.

Liao I,Su M S,Leano E M.2003.Status of research in stock enhancement and sea ranching[J].Reviews in Fish Biology and Fisheries,13(2):151-163.

Nobutake Koiwa.Footprints of cultivated fisheries for the past 50 years,toward to the abundant marine fishery[J].Fisheries economics research,2014,58(2):39-43.

Ponti M,Abbiati M,Ceccherelli V U.2002.Drilling platforms as artificial reefs:distribution of macrobenthic assemblages of the "Paguro" wreck (northern Adriatic Sea)[J].Ices Journal of Marine Science,59(31):316-323.

Seitz R D,Lipcius R N,Knick K E,et al.2008.Stock Enhancement and Carrying Capacity of Blue Crab Nursery Habitats in Chesapeake Bay[J].Reviews in Fisheries Science,16(1-3):329-337.

Simon K S,Townsend C R.2003.Impacts of freshwater invaders at different levels of ecological organisation,with emphasis on salmonids and ecosystem consequences[J].Freshwater biology,48(6): 982-994.

Stottrup J G,Sparrevohn C R.2007.Can stock enhancement enhance stocks[J].Journal of Sea Research,57:104-113.

专题组主要成员

组长 王　俊　中国水产科学研究院黄海水产研究所
成员 牛明香　中国水产科学研究院黄海水产研究所
李忠义　中国水产科学研究院黄海水产研究所
关长涛　中国水产科学研究院黄海水产研究所
李　娇　中国水产科学研究院黄海水产研究所
左　涛　中国水产科学研究院黄海水产研究所
袁　伟　中国水产科学研究院黄海水产研究所
公丕海　中国水产科学研究院黄海水产研究所

专题Ⅱ　东海专属经济区渔业资源增殖战略研究

一、东海专属经济区渔业资源增殖战略需求

（一）促进近海渔业绿色发展，应对国家发展战略和全球气候变化

面对资源约束趋紧、环境污染严重、生态系统退化的严峻形势，党的十八大从新的历史起点出发，把生态文明建设放在突出地位，做出“大力推进生态文明建设”的战略决策；同时，还明确提出了“建设海洋强国”的战略目标，将海洋战略提升为国家战略。《国务院关于促进海洋渔业持续健康发展的若干意见》《国家级海洋保护区规范化建设与管理指南》等相继制定和颁布，对各项重大渔业资源增殖制度和措施进一步提升。党的十九大做出“乡村振兴战略”的重大决策部署，对加速推进渔村美丽、渔民增收、渔业生态发展提出了更高的标准与要求。渔业是我国农业发展中的重要一环，渔业资源是我国近海生态系统中的重要组成部分。在新时期，加大近海渔业资源的增殖养护力度，保障近海渔业绿色发展，是贯彻落实和推进我国生态文明建设、海洋强国建设以及乡村振兴等国家战略的重大需求和具体行动。

渔业资源是水生生态系统中重要的组成部分，容易受到气候变化的影响，反之，渔业发展也会直接或间接地影响着全球的气候变化。长期以来，受全球气候变化的影响，渔业生态系统发生了持续变化，鱼类的生理、生物过程、栖息水域与洄游模式、海洋食物链关系以及物种组成发生改变，对海洋渔业造成难以预知的影响，全球渔业资源受到威胁（肖启华等，2016）。因此，面对当前全球气候变化，需要重新对近海渔业资源的增殖管理进行科学规划，以应对气候变化的不确定性，推动我国近海渔业的绿色发展，充分发挥渔业资源在气候变化中的调节作用，使渔业发展在气候变化中做出积极的贡献。

（二）强化现代渔业发展理念，实现新时期社会经济平衡充分发展

党的十九大指出，我国经济已由高速增长阶段转向高质量发展阶段，人民日益增长的美好生活需要和不平衡不充分的发展之间的矛盾是新时期的主要社会矛盾。这种经济发展方式与社会主要矛盾的转变在渔业领域也具有非常显著的体现。中国渔业经过改革开放以来的高速发展期，已经步入了一个持续、稳定、健康发展的阶段。渔业发展的目标也发生了根本转变，从 20 世纪 80 年代的解决“吃鱼难”问题，到后来的不仅要“吃上鱼”，还要“吃好鱼”，渔业发展实现了从量向质的转变。当前，除了基本的饮食需求之外，人们对渔业发展寄予了更高的精神文化需求，如休闲旅游、居住改善、娱乐垂钓、自然教育等，“生态优先、绿色发展”成为新时期渔业发展的目标。然而，目前我国的渔业发展还不能完全满足社会发展多样化的需求，对于渔业“以渔养水”“绿色发展”等方面的发展还不平衡、不充分，对渔业产业与资源增殖的发展与管理提出了更高的要求。

（三）优化渔业产业体系建设，保障水产品供给和渔业可持续发展

为了满足我国渔业产业的发展和生态文明建设的需求，国务院提出了坚持“生态优先、养捕结合、以养为主”的现代渔业建设方针，这是自 20 世纪 80 年代确定“以养为主、养捕加相结合”以来，中国渔业发展方针的一次重大调整，标志着渔业发展进入一个新的历史时期。对渔业资源的科学增殖是实现高效、优质、生态、健康和安全可持续发展战略目标的有效途径。

随着国家生态文明建设和现代渔业建设加快推进，社会各界资源环境保护意识逐步增强，水生生物资源增殖工作日益受到重视，财政投入力度不断加大，产生了良好的经济、社会和生态效益。渔业资源增殖工作迈出新步伐，全国水生生物保护区总面积超过 10 万 km^2，每年增殖放流的规模在不断扩大。“十二五”以来，全国已累计投入增殖放流资金近 50 亿元，放流各类苗种超过 1 600 多亿单位。2018 年计划完成增殖放流水生生物 400 亿单位。增殖放流社会影响日益加强，在许多地方已成为群众性生态文明建设活动，6 月 6 日也成为全国的“放鱼日”。2016 年国家级海洋牧场示范区已达 42 个，人工鱼礁区面积超过 1 100 km^2，投入资金达 80 亿元。《国家级海洋牧场示范区建设规划

(2017—2025)》计划到2025年在全国创建国家级海洋牧场示范区178个，累计投放人工鱼礁超过5 000万空方，海藻场、海草床面积达到330 km^2，形成近海“一带三区”（一带：沿海一带；三区：黄、渤海区，东海区，南海区）的人工鱼礁新格局。

渔业资源增殖及其科学管理是一个长期性、系统性的工程。近年来，我国渔业资源增殖工作的开展，不仅促进了渔业种群资源恢复，改善了水域生态环境，增加了渔业效益和渔民收入，同时还增强了社会各界资源环境保护意识，形成了增殖水生生物资源和保护水域生态环境的良好氛围。然而，我国水生生物资源衰退趋势尚未完全扭转，水域生态环境恶化的趋势仍没有明显得到遏制或改变，部分水域生态荒漠化问题仍然严重，濒危物种数量仍在增加，水生生物资源与生态环境保护仍然是我国生态保护中的薄弱环节，水生生物资源增殖形势依然严峻，任重而道远。因此，面对当前我国现代渔业体系建设和可持续发展的需求，需要加强全社会水生生物资源保护意识，通过渔业资源增殖和管理战略研究，提出切身可行的措施，保障我国水产品充足供给。

二、东海专属经济区渔业资源增殖发展现状

（一）渔业资源增殖概况

1. 东海区概况

东海海域面积约为77.3万km^2，其大陆架渔场面积约为52万km^2，沿海省（直辖市）涵盖江苏省、浙江省、福建省和上海市。东海海域海岸线曲折，岛屿和港湾众多，浅滩面积辽阔，且有长江、钱塘江、甬江、瓯江等多条河流注入，大量营养物质随河流流入东海，使得该海域水质肥沃，初级生产力较高，浮游植物和浮游动物的种类和数量较多，渔业资源丰富（赵淑江等，2015）。

东海区的重要经济鱼类如大黄鱼、小黄鱼、带鱼、鲳鱼、鳓鱼、乌贼和梭子蟹等，一般都以东海沿岸海域和近海为中心，南起台湾海峡，北至长江口附近，而自成一个独立洄游的群系，造就了以舟山渔场为代表的诸多渔场。

2. 东海区渔业增殖的需求

近年来，东海近海渔场已经濒临“无鱼可捕”的边缘，东海四大经济鱼类（大黄鱼、小黄鱼、带鱼、乌贼）中，野生大黄鱼早已不能成汛、濒临灭绝，乌贼一度濒临灭绝，现在有所恢复，小黄鱼还保持一定产量，种群恢复能力最强的带鱼近几年产量也呈下降趋势（凌建忠等，2006；赵淑江等，2015）。传统渔业资源遭到严重破坏，渔业资源陷入枯竭的境地，各渔场的主要捕捞对象替代频繁，年龄结构复杂、经济价值高、个体大、在生态系统中营养级层次高的类群逐渐被年龄结构简单、经济价值低、个体小和营养级层次低的类群所替代；同时，底层鱼类所占比例不断减少，中、上层鱼类及虾、蟹和水母类比例逐年增加，水生生物群落结构发生显著改变（卢继武等，1995；朱晓光等，2009）。因此，对东海区进行渔业资源增殖既有现实经济利益需求也具有长远的生态保护需求。

早在中华人民共和国成立前，东海区的资源增殖工作就得到了关注，曾成立有“国立定海试验场”，专门用于乌贼、对虾、石斑鱼、海蜇等的增殖工作。近年来，尤其是2006年《中国水生生物资源养护行动纲要》颁布以来，东海区的渔业资源增殖工作得到蓬勃发展，目前已形成放流规划、资金筹集、机构建设、监管评估等一整套的增殖放流工作体系，在增殖放流种类甄选、增殖放流技术研发、增殖放流容量评估、增殖放流效果评估和增殖放流生态风险预警等各方面均取得了显著进步和发展。东海区沿岸的江苏、上海、浙江和福建三省一市累计完成增殖放流专项资金15亿元左右，放流苗种数量约495亿单位，放流种类包括鱼、虾、蟹、乌贼、海蜇等30余种水生动物。

3. 东海区增殖放流的主要种类

“放什么”是渔业资源增殖放流中的关键环节之一。渔业资源增殖是用人工方法向天然水域中投放鱼、虾、贝、藻等水生生物幼体或成体或卵等，以增加种群数量，改善和优化水域的渔业资源群落结构，从而达到增殖渔业资源、改善水域环境、保持生态平衡的行为（叶昌臣等，1994）。广义而言，还包括改善水域的生态环境、向特定水域投放某些装置如人工鱼礁等，以及野生种群的繁殖保护等间接增加水域种群资源量的措施。增殖种类的甄选在渔业资源增殖工作中具有非常重要的作用（邓景耀等，2001）。

目前，东海区在渔业资源增殖放流种类选择上普遍遵循的原则有：①经济价值高且易于进行苗种培育和放流的地方种群；②食物链级次较低、适应性较强的种类；③生活周期短、生长快的种类；④移动范围小的底栖性种类或回归性很强的种类。此外，还充分考虑到了移入水域各生物种间的关系、原有饵料的基础以及各类饵料资源的充分利用等。从增殖放流目的来看，东海区增殖放流种类主要分为3种类型，即渔业增产渔民增收型、濒危物种保护型和生态平衡维护型。

1）渔业增产渔民增收型

以渔业增产、渔民增收为目的进行增殖放流，选择对象为突破人工繁育的重要经济种，主要有：中华绒螯蟹、中国对虾、三疣梭子蟹、大黄鱼、海蜇、曼氏无针乌贼、锯缘青蟹、竹节虾、长毛对虾、日本对虾和刀额新对虾等。

2）濒危物种保护型

以濒危物种保护为目的而开展的增殖放流，选择的种类主要有：中华鲟、淞江鲈、鳗鲡、胭脂鱼和中国鲎等。

3）生态平衡维护型

以维护生态平衡和优化种群结构为目的开展的增殖放流，物种选择上一般都是从生态系统角度出发，选取目前资源严重衰退的重要经济物种或地方特有物种，主要有：刀鲚、菊黄东方鲀、暗纹东方鲀、双斑东方鲀、石斑鱼、黄姑鱼、黑鲷、真鲷、条石鲷、鮸、鲻、长吻鮠、翘嘴鲌、褐牙鲆和中华绒螯蟹等。

例如，浙江省近5年来，按照不同的功能定位，针对渔民增收、种群修复以及生态净水等，放流了日本对虾、三疣梭子蟹、锯缘青蟹、半滑舌鳎、黄姑鱼、鮸、大黄鱼和鲮等共计36种水生生物（表2-2-2-1）。

表2-2-2-1　浙江省近海水生生物增殖放流苗种名录、规格及功能定位

放流种类		放流规格	功能定位
中文名	拉丁名		
日本对虾	*Penaeus japonicus*	体长≥1 cm	渔民增收
三疣梭子蟹	*Portunus trituberculatus*	仔蟹Ⅱ期	渔民增收、种群修复
锯缘青蟹	*Scylla serrata*	仔蟹Ⅱ期	种群修复、渔民增收
半滑舌鳎	*Cynoglossus semilaevis*	全长≥5 cm	渔民增收、种群修复
黄姑鱼	*Nibea albiflora*	全长≥5 cm	渔民增收、种群修复
日本黄姑鱼	*Nibea japonica*	体长≥5 cm	种群修复、渔民增收

续表

放流种类		放流规格	功能定位
中文名	拉丁名		
鮸	*Miichthys miiuy*	体长≥5 cm	种群修复、渔民增收
大黄鱼	*Larimichthys crocea*	体长≥5 cm	种群修复、渔民增收
鲅	*Liza haematocheila*	体长≥5 cm	生物净水、渔民增收
鲻	*Mugil cephalus*	体长≥5 cm	生物净水、渔民增收
日本鬼鲉	*Inimicus japonicus*	全长≥3 cm	渔民增收、种群修复
褐菖鲉	*Sebastiscus marmoratus*	全长≥3 cm	渔民增收、种群修复
真鲷	*Pagrosomus major*	全长≥5 cm	渔民增收、种群修复
黑鲷	*Acanthopagrus schlegelii*	全长≥5 cm	渔民增收、种群修复
黄鳍鲷	*Acanthopagrus latus*	全长≥5 cm	渔民增收、种群修复
条石鲷	*Pagrosomus major*	全长≥5 cm	渔民增收、种群修复
四指马鲅	*Eleutheronema tetradactylum*	体长≥5 cm	种群修复
银鲳	*Pampus argenteus*	体长≥5 cm	种群修复
蓝点马鲛	*Scomberomorus niphonius*	体长≥5 cm	种群修复
赤点石斑鱼	*Epinephelus akaara*	体长≥5 cm	种群修复、渔民增收
青石斑鱼	*Epinephelus awoara*	体长≥5 cm	渔民增收、种群修复
海蜇	*Rhopilema esculentnm*	伞径≥1 cm	渔民增收
曼氏无针乌贼	*Sepiella maindroni*	受精卵	种群修复、渔民增收
斑鰶	*Clupanodon punctatus*	全长≥4 cm	渔民增收、生物净水
刀额新对虾	*Metapenaeus ensis*	体长≥1 cm	渔民增收、种群修复
厚壳贻贝	*Mytilus corucus*	壳高≥3 mm	渔民增收、生态净水
泥 蚶	*Tegillarca granosa*	壳长≥3 mm	渔民增收、生态净水
毛 蚶	*Scapharca kagoshimensis*	壳长≥5 mm	渔民增收、生态净水
青 蛤	*Cyclina sinensis*	壳长≥3 mm	渔民增收、生态净水
等边浅蛤	*Gomphina aequilatera*	壳长≥3 mm	种群修复、生态净水
文蛤	*Meretrix meretrix*	壳长≥3 mm	渔民增收、生态净水
斧文蛤	*Meretrix lamarckii*	壳长≥3 mm	种群修复、生态净水
管角螺	*Hemifusus tuba*	螺高≥1 cm	种群修复、渔民增收
细角螺	*Hemifusus ternatanus*	螺高≥1 cm	种群修复、渔民增收
缢蛏	*Sinonovacula constricta*	壳长≥5 mm	种群修复、生态净水
尖刀蛏	*Cultellus scalprum*	壳长≥3 mm	种群修复、渔民增收

福建省从2014—2018年的5年，放流淡水水生生物经济物种21种、海水经济物种21种、珍贵濒危物种6种，增殖放流水生生物物种包括大黄鱼、真

鲷、黑鲷、黄鳍鲷、石斑鱼、黄姑鱼、花鲈、鲻鱼、大弹涂鱼、长毛对虾、日本对虾、西施舌、泥东风螺、双线紫蛤、菲律宾蛤仔、波纹巴菲蛤、泥蚶、缢蛏、厚壳贻贝、曼氏无针乌贼、海蜇、鲢、鳙、草鱼、鲤、鲫、黄尾密鲴、扁圆吻鲴、细鳞鲴、鲂、黑脊倒刺鲃、花鲭、香鱼、翘嘴红鲌、大刺鳅、赤眼鳟、黄颡鱼、日本鳗鲡、中华绒螯蟹、黑脊倒刺鲃、厚唇鱼、中华鳖、中华鲟、胭脂鱼、棘胸蛙、中国鲎、大鲵、文昌鱼共48种，其中扁圆吻鲴、日本鳗鲡、花鲭，西施舌、泥东风螺、双线紫蛤、菲律宾蛤仔、波纹巴菲蛤、泥蚶、缢蛏、厚壳贻贝为福建省特有重要地方特色物种（图2-2-2-1）。

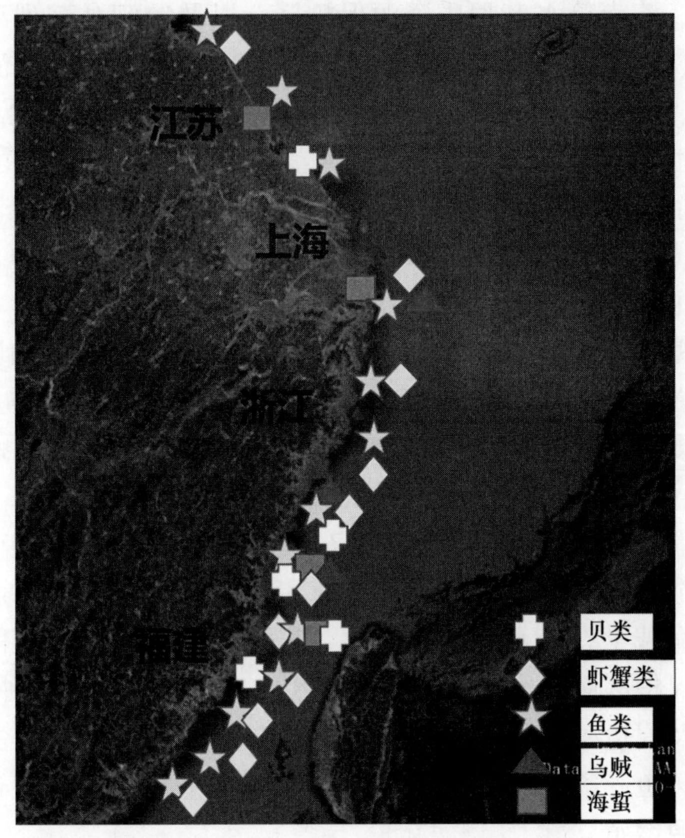

图2-2-2-1　东海区增殖放流种类分布

4. 东海区增殖放流地点

东海区江苏省的放流主要集中在如东、吕泗渔场、连云港、海州湾、盐城等地；浙江省的放流主要在舟山、宁波、台州和温州海域；福建近岸海域都有涉及，主要集中在宁德、福州、莆田、泉州、厦门和漳州近海海湾水域。

各省根据自身水生生物增殖工作发展情况，制定了不同的放流策略。例如，江苏省近5年放流的主要种类、数量、地点情况如表2-2-2-2所示，主要集中在吕泗渔场、海州湾等地。福建省放流水域覆盖沙埕港、罗源湾、三沙湾、闽江口、福清湾、海坛海峡、湄洲湾、泉州湾、深沪湾、厦门湾、旧镇湾、东山湾、诏安湾等主要海湾及闽江、九龙江、汀江水系以及相关支流、湖库，总数量超过140亿单位。

浙江省以各类保护区和传统放流重点区域为主，同时综合考虑各地水域生态环境承载力、生物群落结构和工作基础等实际，因地制宜确定以近海象山港、玉环披山、苍南等水产种质资源保护区，以及嵊泗马鞍列岛、岱山岱衢洋、普陀东极、朱家尖、白沙、桃花、象山韭山列岛、渔山列岛、台州大陈、临海东矶列岛、温岭三蒜、洞头竹峙、瑞安北麂列岛、平阳南麂列岛海域等传统水生生物增殖放流海域及人工鱼礁区为重点，开展大黄鱼、曼氏无针乌贼、日本对虾、海蜇、梭子蟹、恋礁性鱼类、贝类等各类苗种增殖放流，促进浙江渔场修复振兴。①浙江北部海域：以嵊泗马鞍列岛、岱山岱衢洋、普陀中街山列岛等海域为主，主要放流大黄鱼、鲷科鱼类、海蜇、曼氏无针乌贼、日本对虾、三疣梭子蟹、厚壳贻贝等种类，促进放流种类种群修复和渔民增收。②浙江中部海域：以韭山列岛、渔山列岛、台州大陈、临海东矶列岛、温岭三蒜等海域为主，主要放流大黄鱼、石斑鱼、曼氏无针乌贼、日本对虾、三疣梭子蟹、锯缘青蟹、毛蚶、厚壳贻贝等种类，促进放流海域生态净水、种群修复和渔民增收。③浙江南部海域：以洞头列岛、瑞安北麂列岛、平阳南麂列岛海域等为主，主要放流贝类、鲷科鱼类、三疣梭子蟹、锯缘青蟹等杂食性种类为主，促进放流海域生态净水和渔民增收。④海洋保护区和水产种质资源保护区：主要放流保护区保护种类，促进保护区内生态修复和保护种类种群恢复。⑤人工鱼礁区及周边海域：在全省已建或拟建的人工鱼礁海域，主要放流曼氏无针乌贼、石斑鱼、条石鲷、黑鲷、黄鳍鲷等恋礁性鱼类等，促进人工鱼礁区生态修复和资源增殖。

表 2-2-2-2 江苏省近年来增殖放流的主要种类、数量和地点

尾(粒)

种类	放流规格	放流海域	2014 年	2015 年	2016 年	2017 年	2018 年	合计
文蛤（稚贝）	壳长≥2 mm	蒋家沙竹根沙	7 118. 6	—	—	—	—	7 118. 6
文蛤（种贝）	壳长≥40 mm	蒋家沙竹根沙	159. 9	—	139. 9	—	124. 8	424. 6
四角蛤蜊	壳长≥10 mm	蒋家沙竹根沙	2 141. 6	—	—	—	—	2 141. 6
大竹蛏	壳长≥4 mm	蒋家沙竹根沙	8 305. 7	10 676. 3	—	—	—	18 982
中国对虾	体长≥12 mm	海州湾	18 640. 4	36 652. 3	36 451. 7	28 607. 8	30 333. 9	150 686
海蜇	伞径≥10 mm	射阳河口外	17 475. 2	20 223. 4	13 429. 1	7 736. 8	11 438	70 302. 5
黑鲷	全长≥50 mm	吕泗渔场	359. 2	340. 5	49. 1	150. 3	169. 8	1 068. 9
半滑舌鳎	全长≥80 mm	吕泗渔场	24. 83	42	48. 8	31. 5	34. 5	181. 6
三疣梭子蟹	Ⅱ期仔蟹	吕泗渔场	3 316. 5	807. 1	—	—	—	4 123. 6
大黄鱼	全长≥50 mm	吕泗渔场	415. 7	478. 4	242. 7	511	748. 6	2 396. 5
牙鲆	全长≥3 cm	吕泗渔场	—	60. 7	128. 9	36. 8	—	189. 6
曼式无针乌贼	受精卵	吕泗渔场	30. 9	72. 0	—	353	82. 7	538. 6
黄姑鱼	全长≥50 mm	吕泗渔场	—	—	—	32. 6	66. 5	32. 6
合计	—	—	57 988	69 353	50 490	37 460	42 999	258 290

（二）增殖放流规划文件

为了推进增殖放流事业科学有序地发展，国家相关机构对水生生物资源养护与增殖放流工作制定了一系列的规划和管理规定，确定了增殖放流目标任务，规划了放流的主要物种和重要水域，在各研究机构的共同努力下，增殖放流规划与管理规定逐渐完善（表 2-2-2-3）。

表 2-2-2-3　国家机构及东海区沿海三省发布的增殖放流相关规划及指导文件

发文机构	年份	名称
国务院	2006	《中国水生生物资源养护行动纲要》国发〔2006〕9 号
农业农村部	2009	《水生生物增殖放流管理规定》农业部令 2009 年第 20 号
	2014	《全国水生生物增殖放流总体规划（2011—2015 年）》农渔发〔2014〕44 号
	2016	《农业部关于做好“十三五”水生生物增殖放流工作的指导意见》农渔发〔2016〕11 号
	2016	《全国渔业发展第十三个五年规划》
	2017	《农业部办公厅关于进一步规范水生生物增殖放流活动工作的通知》农办渔〔2017〕49 号
江苏省	2017	《江苏省水生生物增殖放流工作规范》
	2017	《江苏省水生生物增殖放流苗种采购实施细则》
浙江省	2017	《浙江省水生生物增殖放流工作规程》
	2017	《浙江省水生生物增殖放流实施方案（2018—2020 年）》
	2010	《浙江省渔业资源增殖放流项目与资金管理办法》
福建省	2011	《福建省水生生物增殖放流工作规范》

总体上来说，《全国水生生物增殖放流总体规划》对各地增殖放流工作进行了统一规划和科学指导，为全国增殖放流工作的快速发展奠定了基础。各地根据自身海区的特点进行了放流规划与区域布局。目前看由财政资金拨付执行以及由科研院所执行的放流活动具有较高的严谨性和科学性，是根据放流物种的生物学特性和其自然分布区域进行。而对于一些民间放流以及一些县市的企业生态补偿放流由于监管的缺失，会有一些随意放流的现象发生。

江苏、浙江和福建都根据自身特点对水生生物的增殖放流进行规范管理，明确了在水生生物增殖放流中各项操作规程和责任主体，明确适用范围、工作主体、职责分工，同时细化了放流苗种管理与验收投放、水域管护和效果评估，制定了主要任务和工作计划，明确了放流物种种类、数量以及相应的放流地点，强化过程监督与效果评价。江苏省海洋渔业局于2016年印发了《关于做好“十三五”全省水生生物增殖放流工作的指导意见》，明确海洋性适宜放流物种14种，布局近岸海域重要适宜放流水域4片。从2016年至今海洋增殖放流选择的种类、地点均在此范围内，符合规划要求。浙江省于2017年发布了《浙江省水生生物增殖放流工作规程》《浙江省财政资金增殖放流项目供苗单位基本要求》《浙江省水生生物增殖放流实施方案（2018—2020年）》，明确了适用范围、工作主体和职责分工，确定了放流任务与苗种管理措施等。

浙江省明确指出省级渔业主管部门主管全省水生生物增殖放流工作。负责编制全省水生生物增殖放流规划方案，建立健全相关技术规范；建设完善浙江省渔业资源信息化管理平台；组织开展海洋及内陆主要流域水生生物增殖放流效果评估。各市、县渔业主管部门负责本辖区水生生物增殖放流工作。负责编制本级水生生物增殖放流规划，落实上级部门下达的水生生物增殖放流工作任务，组织实施水生生物增殖放流具体项目；加强对辖区内水生生物增殖放流苗种生产单位的监管；通过管理平台及时报送水生生物增殖放流相关信息和电子档案。同时，设区、市渔业主管部门负责组织开展本辖区内陆水域水生生物增殖放流效果评估，县级渔业主管部门做好配合工作。市、县渔业主管部门可根据当地实际，组织开展个别跨所管辖水域重点增殖放流品种的跟踪调查与增殖放流效果评估工作。

（三）主管机构与实施主体

省级渔业主管部门主管全省水生生物增殖放流工作。负责编制全省水生生物增殖放流规划方案，建立健全相关技术规范；组织开展海洋及内陆主要流域水生生物增殖放流效果评估。各级渔业主管部门组织其所属的渔政、执法、技术推广、科研院所及其他相关单位或部门承担水生生物增殖放流及效果评价等各项具体工作。

总体上来说，渔业资源增殖工作主要由各省海洋渔业局负责，有专门的分管机构，联合各设区市海洋渔业行政主管部门进行统一规划。财政资金管理完善，主要由各级渔业主管部门组织开展，有专门的工作规程。而其他放流资金尤其是企业的生态补偿款以及下放到市县的资金，由多个机构承担实施，各级渔业主管部门负责监督指导。参与增殖放流的机构较多，对放流苗种的审核把关不严，放流数据难以进行便捷有效地统计和汇总。

江苏省海洋渔业指挥部是一个比较好的模式，其主要负责财政拨款经费的增殖放流计划。农业部每年针对海洋的增殖放流拨款以及江苏省的放流经费，统一由渔业指挥部调度，组织实施全省近海渔业资源增殖放流。由于渔业指挥部是海洋与渔业局的直属单位，其职能不仅有增殖放流，还具有渔政管理和海监执法的功能。海洋增殖放流苗种投放全部在海洋伏季休渔期内进行，苗种投放入海后，组织渔政执法船舶在放流海域实施常态化巡航，打击违规捕捞行为，保障增殖放流成效。能够保证在放流之后一段期限内的有效监管。

浙江省主要由海洋与渔业局负责，并规定工作主体为各级渔业主管部门，按照“统一规划、分级负责、属地为主”的原则，建立健全工作制度，做好本辖区内水生生物增殖放流各项工作。各级渔业主管部门应组织其所属的渔政、执法、技术推广、科研院所及其他相关单位或部门承担水生生物增殖放流各项具体工作。省级渔业主管部门每年年初根据相关规划、计划与工作要求，组织制订各设区市、县（市、区）年度增殖放流工作任务并下达到各地。各设区市、县（市、区）渔业主管部门根据下达的任务科学制定实施方案，确定具体放流品种、放流数量、放流规格、放流时间和放流地点等内容，经科学论证后报省级渔业主管部门备案。东海区沿海省（直辖市）增殖放流主管机构见表 2-2-2-4。

表 2-2-2-4　东海区沿海省（直辖市）增殖放流主管机构及负责科室

省（直辖市）	主管机构	负责部门
浙江省	浙江省海洋与渔业局	生态环境处
福建省	福建省海洋与渔业厅	资源环境保护处
江苏省	江苏省海洋与渔业局	江苏省海洋渔业指挥部资环处
上海市	上海市水产办公室	上海市渔政监督管理处资源环保科

(四) 资金来源与放流规模

最近几年，国内放流资金主要来源由 3 部分构成，分别是中央财政资金、地方政府资金以及第三方涉水工程企业的环评和生态补偿资金。资金比例目前大约是 1∶2∶3。以浙江为例，2017 年的放流资金投入共计约 1.1 亿元，海区 6 000万元，淡水 5 000 万元。海区的 6 000 万元增殖放流资金中，中央财政拨付 1 000 万元，浙江省配套拨付 2 000 万元，企业生态补偿资金投入约 3 000 万元。然而，从 2018 年开始，很多涉水工程停工，直接导致占比最多的第三方企业的生态补偿资金急剧下降，这可能会造成一些放流工作的暂停，从生态的持续性来说会有一些负面影响。

东海区不同省（直辖市）2018 年的放流数量计划约为 51 亿单位，其中福建省利用各类资金计划完成 37 亿单位，浙江省计划完成 10 亿单位以上，江苏省计划完成 4.08 亿单位。福建省形成政府引导、生态补偿、企业捐赠、个人参与的多元化投入格局，2014 年以来，筹措各类增殖放流资金超过 1.1 亿元，放流总数超过 140 亿单位。江苏省海洋与渔业局自 2005 年开始，组织实施全省海洋渔业资源增殖放流，累计放流数量已将近 60 亿单位。浙江省“十二五”期间共投入增殖放流资金 3.65 亿元，放流各类水产苗种 103 亿单位（图 2-2-2-2 和图 2-2-2-3）。

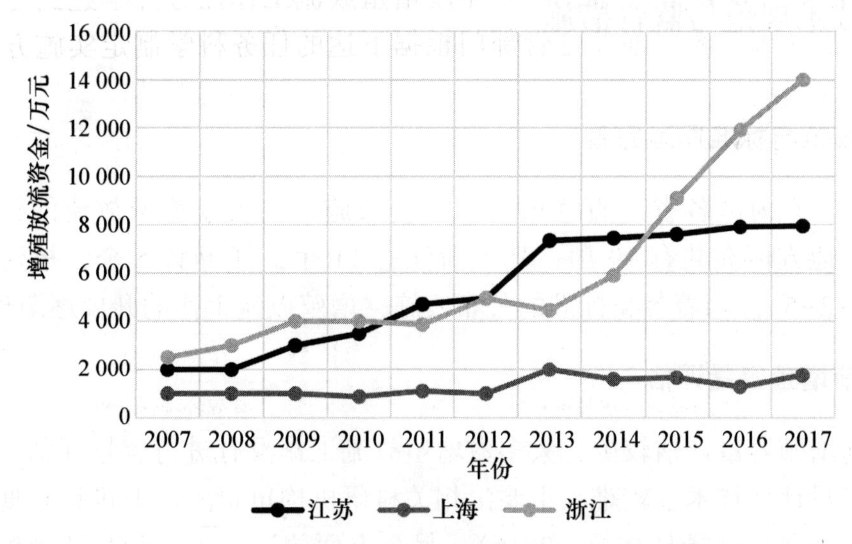

图 2-2-2-2　东海区江苏、上海、浙江 2007—2017 年增殖放流资金变化情况

资料来源：中国渔业年鉴

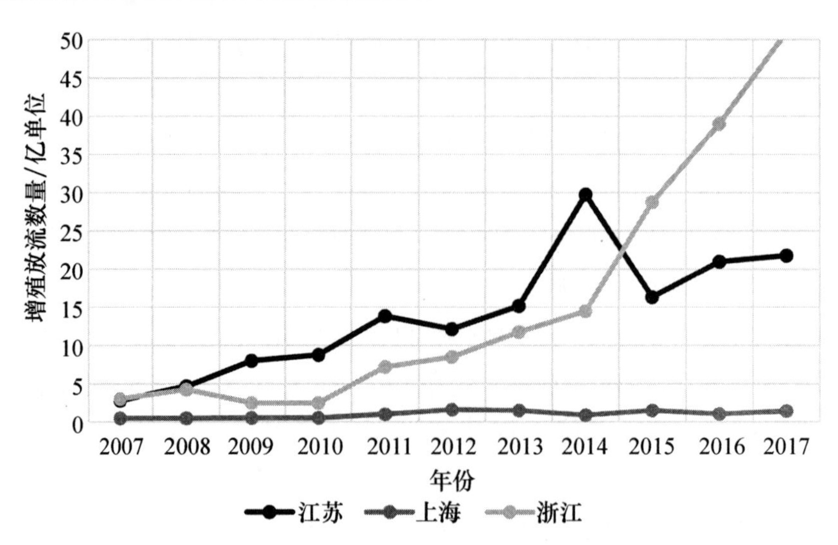

图 2-2-2-3　东海区江苏、上海、浙江 2007—2017 年增殖放流数量变化情况

资料来源：中国渔业年鉴

(五) 技术规范与监管措施

1. 技术规范与标准逐渐完善

目前，东海区各省（直辖市）已经公布施行的关于增殖放流的行业标准有 8 项，地方标准共有 19 项，其中浙江省 11 个，江苏省 5 个，福建省 3 个（表 2-2-2-5）。随着各类标准的公布实施，增殖放流工作的开展逐渐规范。

2. 放流前增殖容量评估

目前增殖容量评估较少，大多数增殖放流工作没有进行容量评估，一方面是因为容量评估技术上较难，主要由相关科研机构负责，需要进行长期和持续的基础调查研究（杨林林等，2016）；另一方面放流还未达到足够规模，对于历史产量较高的或是长距离洄游的种类，与历史产量峰值还有较大差距，放流数量远达不到历史产量峰值。

表 2-2-2-5 东海区已公布的增殖放流相关地方标准

省份	标准名称	标准号
浙江省	《海洋生物增殖放流技术规范 海蜇》	DB 33/T 2108-2018
	《海洋生物增殖放流技术规范 岩礁性鱼类》	DB 33/T 2102-2018
	《海洋生物增殖放流技术规范 日本囊对虾》	DB 33/T 2101-2018
	《海洋生物增殖放流技术规范 曼氏无针乌贼》	DB33/T 2107-2018
	《淡水生物增殖放流技术规范 中华鳖》	DB 33/T 2092-2018
	《日本黄姑鱼增殖放流技术规范》	DB 33/T 971-2015
	《中华绒螯蟹增殖放流技术规范》	DB 33/T 909-2013
	《鲢鳙鱼增殖放流技术规范》	DB 33/T 875-2012
	《海洋底栖贝类增殖放流技术规范》	DB 33/T 846-2011
	《三疣梭子蟹增殖放流技术规范》	DB 33/T 795-2010
	《大黄鱼增殖放流技术规范》	DB 33/T 754-2009
江苏省	《鲢增殖放流技术规范》	DB 32/T 1729-2011
	《青蛤放流增殖技术规范》	DB 32/T 2046-2012
	《河蚬放流增殖技术规范》	DB 32/T 2460-2013
	《内陆水域银鱼增殖放流技术规范》	DB 32/T 2781-2015
	《大竹蛏增殖放流技术规范》	DB 32/T 3296-2017
福建省	《大黄鱼增殖放流技术规范》	DB 35/T 1094-2011
	《福建水生生物增殖放流技术规范》	DB 35/T 1661-2017
	《缢蛏增殖放流技术规范》	DB 35/T 1772-2018
行业标准	《水生生物增殖放流技术规程》	SC/T 9401-2010
	《水生生物增殖放流技术规范 大黄鱼》	SC/T 9413-2014
	《水生生物增殖放流技术规范 大鲵》	SC/T 9414-2014
	《水生生物增殖放流技术规范 三疣梭子蟹》	SC/T 9415-2014
	《水生生物增殖放流技术规范 鲷科鱼类》	SC/T 9418-2015
	《水生生物增殖放流技术规范 中国对虾》	SC/T 9419-2015
	《水生生物增殖放流技术规范 日本对虾》	SC/T 9421-2015
	《水生生物增殖放流技术规范 鲆鲽类》	SC/T 9422-2015

3. 放流时苗种疾病检测

苗种放流前必须要对鱼体进行检验，一方面可以提高鱼类放流后的成活率；另一方面，更重要的是防止疾病的传播。有些苗种在培育过程中得病后，虽然用药后苗种生长正常，但仍需仔细进行检验。若将带病菌的苗种放入水域，随着苗种的到处游动，还可能将疾病带给其他的鱼类种群，导致水域中鱼类的“灭顶之灾”。不同种群的鱼类存在着不同的疾病，野生种群对本水域中的某些病原体往往有一定的适应性。对本水域危害不大的病原生物，当外来的苗种放入后，就有可能暴发为严重的疾病，造成鱼类的大量死亡。这是因为在新环境下，病原体及其宿主还没产生相应的适应性。另外，从养殖环境放入野外水域中，苗种也较易得病。因此在放流前要对放流水域的鱼类病原体作系统的调查，并评估这些病原体对放流苗种的危害，以便提高苗种放流后的成活率。

针对不同的放流物种，各地制定了相关的地方标准。同时还有一些增殖放流实施方案与工作规范。目前的检测规定是，用于增殖放流的水产苗种生长到适合规格后，供苗单位所在地的渔业主管部门监督指导供苗单位向有资质的机构（单位）申请苗种药残检验，并向当地水产技术推广机构（或委托有能力的科研机构）申请疫病检测。增殖放流苗种药残检验按《农业部办公厅关于开展增殖放流经济水产苗种质量安全检验的通知》（农办渔〔2009〕52号）执行；苗种疫病检测参照《农业部关于印发〈鱼类产地检疫规程（试行）〉等3个规程的通知》（农渔发〔2011〕6号）执行，经检验含有药残或不符合疫病检测合格标准的水产苗种，不得用于增殖放流。

苗种规格：一般都是按照增殖放流工作规范确定的规格进行采购招标，放流现场进行检验，主要包括体长、体重等。东海海区增殖放流的鱼类苗种规格一般都是超过50 mm，乌贼大于8 mm，虾类大于10 mm，贝类5 mm左右。福建对放流苗种成活率的预估表明，鱼类物种放流规格大，环境适应、捕食和规避敌害能力强，淡水鱼类苗种成活率可达到90%以上。海水鱼类成活率可达到80%以上；海水底播贝类受环境影响大，成活率偏低，预计能达到50%；对虾类放流个体小，从人工育苗场到天然水域环境反差大，生物敌害多，捕食能力弱，预计成活率仅能达到5%左右。

药残检验：主要包括涵盖孔雀石绿、呋喃西林、呋喃唑酮以及氯霉素4项指标，检测方法为酶联快速检测技术。疫病检验：按照相关规定执行，目前需要检测疫病的品种及其对应疫病如表2-2-2-6所示。

表2-2-2-6 增殖种类及其疫病检疫

品种	需要检测疫病
鲤、锦鲤、金鱼等鲤科鱼类	鲤春病毒血症、小瓜虫病、锦鲤疱疹病毒病
草鱼、青鱼	草鱼出血病、小瓜虫病
斑点叉尾鮰	斑点叉尾鮰病毒病、小瓜虫病
虹鳟等冷水性鲑科鱼类	传染性造血器官坏死病、小瓜虫病
其他淡水鱼类	小瓜虫病
海水鱼类	刺激隐核虫病
对虾	白斑综合征、桃拉综合征、传染性肌肉坏死病
罗氏沼虾	罗氏沼虾白尾病
河蟹	河蟹抖抖病
鲍	鲍脓疱病、鲍立克次体病、鲍病毒性死亡病
牡蛎	包纳米虫病、折光马尔太虫病

注：除此之外的其他品种和其他疫病，暂时不检测。

4. 放流对象种质检测

放流的目的之一就是为了对渔业种质资源的保护，因此，在放流前应首先加强种质资源的检测工作，放流品种原则上要以本地原种和其子一代（用野生亲本繁殖的第一代后代）苗种为主，不向天然水域中投放杂交种、转基因种及种质不纯等不符合生态安全要求的物种（罗刚，2015）。然而，在实际操作过程中，对种质检验主要为形态上鉴定是否为目的种，从分子上进行种群和遗传分析较少。因为在技术层面上无法实现鱼类原种或原种子一代的检验，无法鉴定出哪些属于原种或子一代，不同种群之间差异鉴定也比较困难。这直接导致放流物种必须是原种或子一代的要求无法通过技术指标进行鉴别。

（六）放流效益与效果评估

效果评估的方法主要是通过本底调查、海上跟踪、社会调查和标记实验进行。本底调查主要是放流前的大面调查，包括增殖放流品种的生物学习性、时空分布特征以及自然资源量和捕捞量等。海上跟踪是在放流后通过海上多个站位的重点调查与跟踪，分析放流物种的资源变化情况。社会调查包括渔港码头、水产市场以及渔政管理部门对增殖放流效果的调查访问。

效益分析包括经济效益、生态效益和社会效益。通常的天然水域人工放流，以增加产量和经济效益为主要目标，而长江口渔业资源增殖放流是以改善和提高鱼类资源为主要目的，是为了鱼类资源的持续利用和发展，这是一个长远的目标，具有巨大的生态效益和社会效益。

目前，东海区的增殖放流效果评估都是由省海洋渔业局从增殖放流经费中拿出一部分资金委托各省的研究所进行。例如，2014 年浙江省发放增殖放流补助资金 3 060 万元，其中省级研究所共获得 1 360 万元（省淡水水产研究所 300 万元，省海洋水产研究所 760 万元，省海洋水产养殖研究所 300 万元）的专项资金进行渔业资源本底调查和放流效果评价及探索性放流工作，而其余拨付到市县的放流资金只负责完成放流数量，不涉及效果评估。

总体来讲，短生命周期的、定居性或活动范围小的种类，其增殖放流效果好；反之，生命周期长、活动范围大的种类增殖效果不明显。

（1）经济效益：大黄鱼、曼氏无针乌贼、日本对虾、条石鲷等放流种类的投入产出比为 1∶1.4~1∶10。增殖放流使放流种类的产量增加，从而增加了渔民收入。福建省对放流效果的分析表明，目前在东山湾、诏安湾发现大黄鱼种群，三沙湾内大黄鱼资源量在夏、秋两季尤其丰富；有效促进渔民增收，在东山湾开展的鲷科鱼类增殖放流评估结果显示，鲷科鱼类的投入产出比可达到 1∶2.5，海洋对虾捕捞产量由 2010 年的 1.8 万 t 余增加至 2016 年的近 3 万 t，经济效益十分明显。

（2）生态效益：①增殖放流使海域中渔业资源补充量有明显的增加作用。②增殖放流形成了局部区域性渔场，使作业范围扩大。在舟山南部近海和中街山海域形成曼氏无针乌贼密集群体，标志放流显示在中街山海域附近形成黑鲷群体，在舟山渔场北部海域形成大黄鱼群体（沈新强等，2007）。在闽江、九龙江干支流流域、内陆湖库等处开展的鲢、鳙鱼增殖放流，有效消减氮、磷，改善生态环境，抑制水华发生，对内陆水域有明显的生态效益；促进大宗物种资源（如大黄鱼、对虾、鲷科鱼类、海蜇）和珍贵濒危物种（中华鲟、胭脂鱼、花鳗鲡、大鲵、中国鲎）种群数量的恢复。

（3）社会效益：增殖放流增强了当地自觉保护资源和环境的意识；增殖放流带动了休闲渔业（游钓业）的发展，也使部分渔民得到了实惠，从问卷调查结果分析，渔民普遍拥护增殖放流工作，增殖放流的社会认识度越来越高，有利于今后放流工作的开展和资源保护管理政策的制定和执行。

（七）人工鱼礁建设发展现状

人工鱼礁是指通过在水域中设置构造物，以改善水生生态环境，为海洋生物提供索饵、繁殖、生长发育场所，达到保护、增殖资源和提高渔获质量的目的。人工鱼礁建设，是水生生物资源增殖养护、生态环境修复的重要手段，礁区底栖生物和浮游生物的增加为鱼、虾、蟹等经济海洋生物提供丰富的饵料，礁区生物资源量逐步提升（尹增强等，2009）。东海区形成了以功能型人工鱼礁、海藻床（海藻（草）场）以及近岸岛礁鱼类、甲壳类和休闲渔业为一体的立体复合型增殖开发模式，主要属于养护型和休闲型海洋牧场示范区。

1. 人工鱼礁建设概况

近年来，农业农村部持续在我国沿海实施了旨在推动建设人工鱼礁、养护渔业资源及修复海洋环境的“渔民转产转业和渔业资源保护”等一系列项目，掀起了我国大规模建设人工鱼礁的热潮。东海区人工鱼礁建设主要集中在江苏、浙江和福建海域。截至 2016 年，东海区投入人工鱼礁建设资金 3.83 亿元，建设人工鱼礁区域 23 个、涉及海域面积 235.7 km^2，投放人工鱼礁 70 万空方，建成人工鱼礁区面积 206.2 km^2，形成了以功能型人工鱼礁、海藻床（海藻（草）场）以及近岸岛礁鱼类、甲壳类和休闲渔业为一体的立体复合型增殖开发的人工鱼礁模式，主要属于养护型和休闲型人工鱼礁。

江苏省现有海州湾海域、南黄海海域两个国家级海洋牧场示范区。分别是农业部 2015 年公布的第一批国家级海洋牧场示范区和 2017 年公布的第三批国家级海洋牧场示范区。自 2002 年起利用渔民转产转业及渔业资源保护专项资金，开始在连云港市赣榆区东南海域实施人工鱼礁建设工程。2002—2017 年，累计在海州湾海洋牧场示范区投入中央财政 10 248 万元，投放混凝土鱼礁 25 206个、改造后的旧船礁 190 条、浮鱼礁 25 个、石头礁 45 830 个，总投放规模为 291 161 空方，已形成人工鱼礁投放区面积 178 km^2，为海洋生物建设了良好的产卵场和栖息地。同时，与人工鱼礁投放相结合，不断壮大海藻场建设规模，在海洋牧场示范区内试验吊养海带、紫菜、江蓠等藻类 79 hm^2，带动整个海州湾贝、藻混养、紫菜养殖规模突破 40 万亩。另外，江苏省南黄海海域人工鱼礁于 2016 年启动试验性人工鱼礁建设，2017 年正式启动实施中央油补资金国家级海洋牧场示范区创建项目，投入资金 2 000 万元，同时积极组织示范区创建工作，入选农业部第三批国家级海洋牧场示范区；2018 年组织实施中央油补资金示范区建设项目，投入资金 500 万元。至 2018 年年底，南黄海海域人工鱼礁累计投入项目资金 2 800 万元，将建成人工鱼礁 10 万空方，组织放流大黄鱼、半滑舌鳎、曼氏无针乌贼、牡蛎等品种约 2 000 万数量单位，形成人工鱼礁区面积 10 km^2。除了把中央财政专项资金用于人工鱼礁建设外，江苏渔业主管部门还积极筹措地方配套资金，用于人工鱼礁建设和增殖放流工作。截至 2018 年，已累计投入各类人工鱼礁建设资金 1.32 亿元，投放人工鱼礁规模 39.8 万空方，建成人工鱼礁总面积 178 km^2，同步开展增殖放流 24.6 亿单位，取得了良好的经济、社会和生态效益。

浙江省从 2001 年开始进行大规模的人工鱼礁建设，并成立了省人工鱼礁建设领导小组，在 2002 年的《浙江海洋生态环境保护与建设规划》、2003 年的《浙江生态省建设规划纲要》及 2004 年的《浙江省海洋环境保护条例》等多个文件中，将人工鱼礁建设列入重点建设和保护的内容。主要在普陀中街山列岛海洋牧场、嵊泗马鞍列岛海洋牧场、象山渔山列岛海洋牧场、平阳南麂列岛海洋牧场、椒江大陈海洋牧场和洞头 6 个海洋牧场开展人工鱼礁建设。对全省人工鱼礁建设布局进行了规划，制定了浙江省人工鱼礁建设操作技术规程，2015 年发布实施了“浙江沿岸人工鱼礁建设布局规划”，计划通过 5 年的努力，在浙江沿海 6 个已建和拟建的国家级海洋牧场示范区开展人工鱼礁建设，累计投放人工鱼礁 100 万空方，放流恋礁性鱼类苗种 11 150 万单位。自 2003 年以来，舟山市共投入资金 1.25 亿元，先后在中街山列岛和马鞍列岛等海域投放各类人工鱼礁 47.5 万空方。

福建省早在 1985 年就在沿海地区投放了第一批人工鱼礁。随着人们保护资源环境意识的提高，人工鱼礁的试验研究和示范建设逐步推广。从 2007 年开始，福建省在农业农村部“海洋牧场示范建设项目”专项资金的支持下，在霞浦县、蕉城区、诏安县、秀屿区等地扩大投礁规模。共获得国家海洋牧场示范区项目专项支持资金共 8 000 万元，已建造和投放钢筋混凝土人工鱼礁 9 638 个，共 81 690 空方，建设海洋牧场总面积 87 万 m^2。目前在建和已建的 6 处海洋牧场示范区（人工鱼礁工程）均为公益型人工鱼礁工程。建造礁体大部分为钢筋混凝土礁体，其中霞浦示范区还部分采用废旧渔船进行除污处理后作为礁体投放。起初，人工鱼礁是用废旧水泥船、废旧轮胎和废旧空心水泥板组合成鱼礁投放的，投资金额和礁区规模较小，工程建设相对比较简单。如今，人工鱼礁逐渐规范，都是用钢筋混凝土制成。在这些人工鱼礁的表面，设计了方形、圆形、三角形的孔洞，方便鱼类和贝类生存、游动、附着。为了加强海洋牧场示范区的技术支持，在人工鱼礁建设过程中，要求建设单位与有关科研、设计单位签订技术合同，由省水产研究所作为技术支撑单位，负责资源监测和效果评估、海域使用论证和环评等工作，由省水产设计院负责礁区工程地质勘查和设计，科学开展地质勘查、礁区环境与资源调查、设计和效果评估等工作，工程设计方案还要通过专家评审后实施，从而提高了建设人工鱼礁工程的科学性和合理性。自 2012 年开始，利用中央资金在莆田市秀屿区南日岛海域开始海洋牧场示范区创建建设，南日岛小麦屿周边海域作为第一片区，建设 1~4 期的人工鱼礁工程，总投资 1 700 万元，投放礁体 28 474 空方，鱼礁区面积 2 km^2。2017 年，南日岛横沙屿周边约 5 km^2海域作为第二片区，开始建设 5~7 期的人工鱼礁工程。7 期工程建设完成后，南日岛人工鱼礁礁区面积将达 7 km^2，投放钢筋混凝土鱼礁累计达 44 000 空方，人工鱼礁类型为资源生态保护型。

2. 主要人工鱼礁类型

人工鱼礁投放种类与数量都比较多，主要目的聚焦于：①休闲生态型人工鱼礁，发展休闲渔业，通常设置在 10~40 m 水深带，以自然增殖和人工放流增殖适宜的恋礁性鱼类相结合，以游钓为特色的人工鱼礁；②资源增殖型人工鱼礁，通常设置在 20~50 m 水深带，以自然增殖为主，适当放流增殖一些经济鱼、虾、蟹类及软体动物，以保护和改善产卵场生态环境为主要目的，并可进行采捕利用的人工鱼礁；③资源保护性人工鱼礁，通常设置在 30~60 m 水深带，可构成违规拖网等作业障碍，控制渔业资源开发利用的人工鱼礁。总体来说这些不同目的的人工鱼礁类型，主要包括木质船礁、钢制船礁、水泥船礁、混凝土礁、鲍礁、轮胎礁、贝壳礁和钢质礁等种类。

上海长江口在中华鲟保护区建设了以生态修复为目的的人工鱼礁设施。主要是通过钢筋混凝土与竹桩相结合的方式进行。两个四孔式圆台型滩涂组合构建礁群和竹阵鱼礁群相互结合，根据长江口滩涂特性和水流特性以及牧场资源环境现状，通过以四孔式圆台型滩涂组合构建礁为核心，竹阵鱼礁予以包围的形式，最大化保障生物栖息效率和维护整体礁区的稳定性，从而起到资源养护和环境修复的作用。福建省人工鱼礁工程建造和投放的礁体大部分是钢筋混凝土礁体，部分工程采用废旧渔船改造后作为礁体投放，由于建设的均为公益型人工鱼礁工程，项目承担单位均为当地海洋与渔业行政主管部门。在海洋牧场示范区建设和管理上，福建省曾委托福建省水产研究所编制过《福建省人工鱼礁建设规划》，但未正式印发实施，在涉及人工鱼礁工程技术标准和规范上，福建省尚未专门制订规范和标准或其他管理办法，主要参考广东省建设人工鱼礁工程的规范标准和做法。目前，福建省人工鱼礁建设和管理上主要由当地渔业行政主管部门负责，在礁区实施人工增殖放流，并由当地海监和渔政执法单位实施礁区执法巡航，禁止礁区范围内非法捕捞等活动。

3. 渔业资源增殖效果

人工鱼礁对建设海域生态环境有所改善，营养盐结构更趋合理，生物多样性指数增高，集鱼效果明显。例如，江苏省在 2015 年对海州湾人工鱼礁的效果评价中，发现人工鱼礁的集鱼和增殖效果凸显，恋礁性鱼类定居人工鱼礁区。相比对照区而言，2008 年以来在礁区调查发现较多的种类主要有褐鲳鲉、单指虎鲉、鮟鱇、长蛸、条斑舌鳎等恋礁性鱼类。而褐鲳鲉等恋礁性鱼类，已经连续多年在礁区调查中发现，但对照区在调查中却鲜有发现。此外，在礁区的调查中还发现了多年未见的中国对虾以及以前仅在前三岛海域才出现的刺参。特别是 2009 年和 2014 年的潜水摄像调查发现，人工鱼礁区内聚集着成群个体较大的许氏平鲉。可见礁区已经形成一定的生态效应，吸引了大量的恋礁性鱼类到此产卵，索饵。这也说明，作为人工鱼礁重要组成部分的鱼礁区，渐渐形成了一个新的生态环境，形成了适宜鱼类、软体类产卵、索饵的渔场。可见，几年来人工鱼礁的建设对于海州湾渔场修复和渔业资源增殖效果较为明显。社会效益显著，经济效益提高。人工鱼礁投放后，海州湾鱼礁区渔业资源增殖效果明显，渔场得到较好恢复，渔业生产效益提高显著。通过向渔民及家属发放问卷以及实地走访渔业生产单位和渔民，对鱼礁投放后的经济效益和社会效益进行了调查，结果表明，鱼礁投放后对于鱼礁海域的渔业生产带来了较高的收益。

福建省通过在无居民海岛邻近海域开展以人工鱼礁工程、投放鱼、贝、藻以及封岛栽培为主要内容的海洋牧场建设，初步达到了为海洋经济渔类、贝类、藻类等营造良好的繁殖、生长、栖息环境，达到渔业资源的保护和增殖，提高了福建海域的水生生物多样性，对提高渔民收入发挥了重要作用。根据福建省水产研究所对诏安湾城洲岛人工鱼礁建设效果调查与评价结果表明：①该人工鱼礁礁区生物量有较大幅度的上升；②礁区生物密度明显增大；③礁区资源种类结构明显优化。综合评价为城洲岛礁区建成后，礁区已呈现出游泳生物资源聚集量有较大幅度的上升、生物密度显著增大、趋礁性优质经济鱼类和重要的经济蟹种比重明显提高、种类多样性水平亦有所提高的良好态势，礁区已成为当地群众季节性休闲和生产性垂钓的重要场所，经济效益和生态效益初步显现。对莆田南日岛一期、二期人工鱼礁建设效果调查与评价结果也有类似的评价结论。

三、东海专属经济区渔业资源增殖存在的主要问题

随着增殖放流规模的扩大和社会参与程度的提高，一些地区存在增殖布局不合理、放流物种针对性不强、生态效益不突出、整体效果不明显等问题，甚至可能产生潜在的生物多样性和水域生态安全问题。通过走访调查、查找资料，我国东海专属经济区渔业增殖放流主要存在以下比较突出的问题。

（一）缺少科学的规划设计与管理措施

1. 规划设计不科学

增殖放流是一项复杂的系统工程，科学规划是增殖放流事业持续发展的前提和保障（罗刚等，2016）。目前的增殖放流工作主要是按照2006年国务院发布的《中国水生生物资源养护行动纲要》的要求进行布局，其中关于增殖放流的中期目标为“到2020年，每年增殖重要渔业资源品种的苗种数量达到400亿尾（粒）以上”。对增殖放流数量上的明确要求导致很多放流工作是为了完成数字指标，放流一些小规格的物种和低质量的物种。

在各省、市制定的放流规划中，明确的适合放流物种数目较多，几乎把当地水域的物种全部罗列，没有根据放流对象的生物学特点和放流水域的特征进行匹配。面面俱到的后果就是不能够突出重点，造成财政资金增殖放流效果不好的现象。在省、市的地方规划中对增殖放流的功能目的界限不明，资源增殖、物种保护、生态平衡，对应的放流物种论证不充分，未根据功能定位来选择物种，过多的注重渔业增殖，而缺少生态平衡。

2. 管理规定有缺失

最近几年，沿海各省、市根据自身海区特点制定了增殖放流工作规范，详细规定了增殖放流的实施流程和技术要求，然而对于每一项要求的责任主体以及如何执行缺少具体的实施细则。《水生生物增殖放流管理规定》明确规定："苗种等水生生物应当是本地种。用于增殖放流的亲体、苗种应当是本地种的原种或者其子一代"，但缺乏相应的执行标准和检测技术；《中华人民共和国渔业法》缺乏明确的保障增殖放流生态安全的相关条款。

目前的增殖放流工作存在"重数量、轻来源、轻安全"的普遍现象（卢晓等，2018）。项目考核也只是看放流了多少数量，缺少综合考核机制，放流苗种来源以及是否安全缺少评价，放流效果评价不在考核范围内。

3. 招投标制度存弊端

水生生物增殖放流苗种供应实行公开招标制度，较好解决放流苗种来源和公正性问题。通过公开招标，程序公平公正，充分引入竞争，减少了潜在的廉政风险和矛盾纠纷。但现行最低价招标模式也存在不少弊端。

（1）不利于保障苗种质量：政府采购 87 号令中明确货物和服务内项目的招标中，商务标只能采取低价高分的评分规则。因此，企业只能通过尽量压减价格以实现中标。追求经济效益最大化的企业，必然采取一切可能手段，以保障有限的利润空间。苗种质量无法保证，为降低育苗生产成本，苗种生产不规范，放流苗种偏瘦、体质弱、个体差异大。国家级、省级水产原良种场、驯养繁殖基地以及农业部公告的珍稀濒危水生动物增殖放流苗种供应单位因生产成本高失去竞争优势，难以中标。

（2）不利于引导企业高质量生产：单纯依靠政府增殖放流来维持经营利润，对于育苗企业来说是困难的。公开招标机制的存在，更使得企业并不能保证持续获得供苗资格。参与投标单位生产计划性差。先中标，后生产，亲本储备不足，育苗设施条件、技术能力达不到要求，出现从异地调"二手苗"现象。很多情况下，育苗企业即使具有某一品种的育苗能力，也缺乏投入资金和技术的驱动力，不利于鼓励发展龙头育苗单位，也不利于增殖放流的长远发展。

（3）具有资质的投标企业数量有限：对于海洋增殖放流苗种培育来说，个别小品种、特色品种育苗单位少，部分品种实际具有育苗能力的可能只有

1~2 家，难以达到招标家数规范要求，实际上并不能保证竞争的充分性，也造成了投标企业一致行动的可能，或者出现流标现象而错过放流季节。

4. 资金拨付与使用不灵活

在渔业资源增殖养护的相关规划与实施方案中，很少涉及项目资金的执行与管理。现实的情况是对资金拨付与使用缺少灵活规划，只考虑资金的使用进度，没有考虑到实际操作过程中的生物学特性，实际使用执行中存在较多困难。

（1）财政资金要求是当年用完，不允许跨年结转使用，导致供苗单位跨年度供货，加大了资金使用的风险。如果苗种厂家提前备货，生物的生长存活需要资金，成本增加，影响收益；不备货就可能会影响到放流时机。

（2）放流专项资金下拨的时间较晚，每年都要到 10 月前后才拨付到位，已经错失了苗种采购的最佳时期，导致放流资金的到位时间与不同生物种类的放流季节要求不适应。

（3）财政资金分配层次较多，从中央到省到主管局，再到最终的项目单位，要经过 3 道环节，层层转拨的过程时滞较长，难以起到及时有效的作用。

（二）基础研究不能满足增殖放流的需求

1. 基础科学研究空白较多

水生生物增殖放流工作需要充分的基础研究作为支撑，确定放流种类、数量、规格，为放流的各种准备提供技术指导，根据放流对象的生物学基础特性确定放流的时间、区域和放流方法等。然而目前的基础科学研究做得还远远不够，现有的成果还满足不了渔业增殖的需求。有些在海洋生态系统中占有重要生态位、具有重要生态价值的物种由于人工繁育技术不成熟的限制不能开展规模放流；增殖容量评估应用不足，方法需要进一步完善；不同规格苗种的成活率具有较大差异，如何在成本和效率之间进行平衡等都需要进一步加强基础的研究。另外，现阶段，种质鉴定标准不能满足放流种质检测的需要，已有种质标准只能检验是否是目的物种，对是否是原种或其子一代则无法鉴别，导致部分种类非原生种，有经人工选育的新品种、杂交种或者引进种，某些种类无法保证放流原种或其子一代，部分种类存在跨水系放流的情况。

2. 苗种生产检测技术落后

苗种质量检测主要是对药残和疫病的检验，而对于种质来源、遗传结构等并没有进行区分，这一方面是受到技术的限制、成本的制约；另一方面也是由于部分放流单位专业知识不足，如针对单次繁殖的虾、蟹类，应尽量保证放流苗种为子一代；而多次繁殖的物种，应有针对性地进行实验，确定放流苗种的最佳代数。

3. 放流方式缺少科学指导

目前，增殖放流财政资金一般由各级渔业行政主管部门按照行政区划逐级分配，为了均衡各方的利益，很容易形成平均分配的现象，导致增殖放流项目资金分散且不固定，不能充分考虑各地适宜水域和水生生物资源状况以及渔业发展现状等因素，进而造成增殖放流水域分散且变动性强，难以形成规模效应和累积效应，也造成后期监管和效果监测评估困难。例如，浙江省 2017 年部分海蜇苗种放流来自涉海工程生态补偿项目，该部分由涉海单位自主实施。部分涉海单位选择在 6 月中下旬实施了海蜇苗种放流，此时气温和水温均已显著上升。这时放流苗种，会显著降低其成活率，且生长周期太短，在海蜇开捕时，尚未达到商品规格，这也是导致当年海蜇减产的原因之一。

4. 后期效果评估研究不足

效果反馈与评价是放流工作极为重要的一环，全面、科学地分析是保证放流工作有效开展的基础，同时效果评估又是指导后续放流规划的重要参考（尤锋等，2017）。通过放流成本与收益分析综合客观地评价当前放流成效，对攻克放流技术难关，改善后期放流策略，开展更具适应性的管理工作有重要意义。然而目前的增殖放流工作仅对部分容易进行标记的物种进行效果评价，如大黄鱼、对虾等，而对于一些标记困难的物种还缺少评价数据与结果，如文蛤、大竹蛏、乌贼等。效果评价的不完善主要受到资金和技术两方面的制约。虽然每年有较多的增殖放流工作，但是委托科研机构进行效果评价的比例较少；技术上对增殖群体的判别比较困难，一些放流个体虽然进行了标记，但是没有获得回捕个体的数据，如牙鲆、半滑舌鳎、黑鲷等。

5. 放流技术标准体系缺乏

虽然东海区江苏、浙江与福建省都建立了水生生物的增殖放流工作规范，明确了在水生生物增殖放流中各项操作规程和责任主体，细化了放流苗种管理与验收投放、水域管护和效果评估。然而对于水生生物增殖放流技术标准还十分欠缺。需要加强科研投入与基础调查，着力解决“六个放”问题，即放什么物种，放多大规格，放多少数量，在哪放，何时放，怎么放，保证放流效益的最大化。另外，放流后的效果评估还缺少体系化的建设，各级水产研究所的科研力量还没有跟上形势的需求，对评估体系建设与评估标准的制定缓慢。

（三）缺乏区域性综合管理机构和机制

1. 区域性管理机构缺失

目前增殖放流主管机构由各省级渔业局负责，不同省级间缺少良好的协同机制，只是按照本地的情况制定放流规划、执行放流任务。没有一个区域性的统一管理机构，无法从东海整个海区的高度进行增殖放流的系统规划与评价。对于高度洄游种类的资源增殖工作需要有全局性的视角，管理难度较大，原来海区局实施的区域性统一管理形式比目前单个省（直辖市）的管理效果要好，随着海区局的撤销这种管理模式也消失了。

2. 苗种供应体系不完善

供苗企业资质认定缺失：苗种生产许可证基本由县级相关部门颁发，生产资格的界限不清晰，没有统一的标准与部门来进行放流苗种企业资质的认定与监管。如有些证书只标定是鱼类、虾蟹类等的苗种生产，无法判断是否具有特定放流物种的生产资质。增殖放流工作主要是通过政府采购程序采购放流苗种，供苗单位不固定且条件参差不齐，部分供苗单位基础条件较差，有些放流苗种是养殖剩下的劣质苗种，甚至极少数中标单位从资质较差单位（周边小育苗场或个体户）低价采购苗种，苗种质量根本无法得到保障。

苗种培育企业数量较少：水生生物育苗需要具有较高科研实力与技术要求。个别小品种、特色品种育苗单位少，部分品种实际具有育苗能力的可能只有 1~2 家。甚至有些具有较高生态价值而经济价值低的物种找不到育苗企业，造成无法开展这些物种的放流工作。

技术标准种质要求较高：各种技术规程及标准中都要求放流苗种为原种或者子一代，在实际操作中不具备可行性，一个大家都不能执行的规定就是空话。原种或者子一代的要求在一些虾蟹类中也许可行，在鱼类的实际放流过程中几乎无法做到。

3. 放流过程监管不充分

虽然《水生生物增殖放流管理规定》中对放流过程中苗种的检测检验有严格规定 但是在实际放流过程中，常常发生监管不充分的情况。对于一些经济鱼类苗种，放流的个体很多是养殖户买剩下的劣质苗种，规格大小不一，品质无法保证，有时也会发生数量不足的现象。另外，苗种的装运也缺少监管措施，在装车、运输、卸车过程中野蛮操作，遍体鳞伤。对放流苗种的审核把关不严，严重影响到增殖放流的效果。

4. 放流后养护管理缺失

增殖放流工作“三分放、七分管”，然而现在的考核机制只看放了多少数量，苗种放下去就算工作完成了，存在“重放流轻管理”的现象。放流后的监管几乎空白，放流之后基本没有与之配套的渔业管理措施，很多放流种苗在放流后短时间内就被捕捞上来，从而无法起到增殖放流的预期效果。故仅凭少数种类的单一增殖放流行为很难达到近海渔业资源及生态环境修复的效果（尤锋等，2017）。增殖放流活动如果缺乏制度性保障，无法形成有效的养护管理机制，偶尔的增殖放流行为无法对恢复渔业资源起到实质性的作用。现在的禁渔工作虽然效果很好，然而一旦开捕，各种非法禁用捕捞网具就出现在水面，但是现有的执法管理力量薄弱，即便有渔民举报也没有精力去管理，成了监管空白。增殖放流的效果被非法捕捞消耗掉，造成管理成本大于放流效果的现象。以浙江省大黄鱼放流为例，放下去的苗种很快就被提前捕捞，导致大量放流不久的低龄鱼被捕，市场上拿大黄鱼小个体当做小黄鱼来卖，0.5 kg 重的野生大黄鱼成为稀缺个体，导致大黄鱼的资源增殖效果不佳。因此，控制好捕捞力量，让一些放流个体能够继续在野外水体中存活长大是监管的关键。

(四) 社会资金以及公众参与缺乏管理

1. 社会放流管理不到位

目前东海区的放流主要由各省级渔业行政主管部门负责监管，但是具体执行的放流主体单位较多，对大规模财政项目的放流能够执行监管，而对于一些如企业、个人、宗教活动、民间团体等组织的放流活动由于规模较小或者没有备案等原因而发生监管缺失。近年来，社会力量已成为我国增殖放流和水生生物资源养护事业的一支重要力量，但是普通民众因对科学放生知识不了解，加上主管部门对其监管不到位，造成放流无序，乱象丛生。群众自发的社会放流放生行为，一般不会去进行备案申请，缺少科学指导，放生苗种主要从市场或小育苗场采购，基本都未进行检验检疫，常常发生海陆种互放、南北种互放、外来种、杂交种等随意放生的现象，存在很大的生态安全隐患（卢晓等，2018）。

2. 社会放流资金不稳定

渔业增殖放流资金主要是中央财政拨款、地方财政配套和社会资金，最近几年社会工程项目的生态补偿资金最多。然而，从 2018 年开始，很多涉海涉水工程停工，江苏、浙江等地的用海工程基本已经完成，以后很可能没有大型工程，直接导致占比最多的第三方企业的生态补偿资金急剧下降。例如，浙江省海洋水产研究所自 2013 年以来从中海油、LNG 公司及衢山港公司的工程相关的生态修复项目中，获得资金约 3 000 万元，实施大黄鱼、曼氏无针乌贼、海蜇、黑鲷等 16 亿尾苗种的增殖放流工作。随着项目的完工，生态补偿金的缩减，相关的放流工作也将暂停。近年上海南汇东滩的生态修复资金分年度实施投入 1 亿元左右，其中大部分用于增殖放流活动。由于缺少稳定持续性的放流长期规划，社会资金为了完成任务导致集中放流，对生物资源的恢复不仅没有帮助，甚至可能会产生负面效应。

（五）人工鱼礁建设与管理存在的问题

1. 顶层设计和基层探索结合不够

人工鱼礁建设之于海洋生态修复的积极意义毋庸置疑，但国家层面的顶层设计与总体规划仍显缺乏。目前的人工鱼礁建设主要依靠基层的探索实践，各级政府都可以自由发展人工鱼礁，但是各地人工鱼礁的建设初衷和利益考量、建设模式与管理规范、技术支撑能力水平、跟踪评估力度与评价办法等方面都存在很大差异，对人工鱼礁建设的总体与长远规划缺乏全局视野，不利于人工鱼礁的整体有序的科学发展。尤其是在技术攻关、总体规划、监督评价、法制建设等方面，应当要在国家层面进行统筹谋划。

2. 相关的技术基础研究薄弱

技术基础研究薄弱主要表现为技术能力与发展需求之间的矛盾。人工鱼礁建设是一个系统工程，涉及物理、地质、生物、信息、建筑等多个学科，但从事人工鱼礁研究的机构和人才非常缺乏，环境优化、生境营造、鱼类行为等各方面的基础研究亟待加强。这不仅仅是人工鱼礁建设中面临的问题，也是在海洋生态环境修复与保护工作中普遍面临的问题。国家日益重视环境保护工作，各级政府在生态修复与环境保护工作中都投入了大量的资金，具有非常迫切的现实需求，但是当前的基础研究和技术能力水平难以进行有效的支撑。不同地区海域的底质情况到底如何，哪些区域适合建设人工鱼礁，什么样的礁体选型适合这片海域环境，什么样的礁体布局能够营造最合适的流场环境，历史研究的资料非常少。由于水深、流速、能见度等问题，受限于技术能力水平，水下摄像工作进展也极其缓慢，工作成果非常有限，难以进行准确、有针对性的及时优化。

3. 生态与经济效益缺乏有机平衡

人工鱼礁归根到底是一种渔业模式，经济效益是其追求的重要目标之一。近岸很多人工鱼礁的迅速发展，也正得益其与休闲渔业、养殖渔业的有机结合。人工鱼礁建设先期投入巨大，仅仅依靠政府资金支持，在后期运营管护以及产业化方面都面临很多问题。因此，吸引社会资金进入，实行企业化运作，成为很多沿海地方推进人工鱼礁建设的重要举措。然而，企业对经济效益的片面追求，可能背离政府之于生态效益发展人工鱼礁的初衷。大量的贝藻类以及恋礁型鱼类的增养殖，可能改变海域的原生环境，难以实现对海域生态系统功能的保护与恢复。如何平衡人工鱼礁建设的生态效益和经济效益，是人工鱼礁未来发展面临的重要问题。江苏南黄海人工鱼礁也面临这样的问题，作为一个远离近岸、纯粹追求生态效益的工程，目前只能依靠政府资金的投入，而整体的建设规模和长期的远景规划都受到很大的限制。

4. 人工鱼礁材料的比较研究尚不足

虽然已经进行了初步的研究，但是相关工作还远远不够。前期我国为了调整渔业作业结构，主要采取以淘汰旧渔船作为发展人工鱼礁材料的方法，但在不同海域的具体海况条件下未能开展充足有效的试验研究。现在越来越多的混凝土鱼礁、钢制鱼礁、玻璃钢鱼礁、竹制鱼礁、木制鱼礁和废弃物鱼礁等类型的礁体材料的使用，更加需要进行相关研究对比，选择更具经济有效的材料（林连钱，2007）。对于不同材料堆积而成的人工鱼礁的诱集效果、经济指标等需要进行一些比较试验。目前可以推进一些新材料的研发力度，结合海洋物理、海洋化学、海洋生物等方面的知识，提高人工鱼礁对海洋生物的增殖效果，促进其生态效益、经济效益和社会效益的提高。

5. 鱼礁投放后缺乏持续管护

鱼礁投放后的管理是一项极其重要的工作，往往决定了人工鱼礁效果的成败。目前普遍是投礁时积极性很高，而投礁后没有进行跟踪监测和调查研究，人工鱼礁区的管理工作没有跟上。由于缺少人工鱼礁管理专业人员，不少前期投放的礁体遭受到各种破坏。而且人工鱼礁投放后缺乏长期有效地跟踪调查，因此无法掌握鱼礁投放后海域的海洋生态和渔业资源情况。

四、美国鲑鳟鱼类增殖案例分析

美国在水生生物资源增殖，尤其是鲑鳟鱼类、美洲西鲱等增殖放流方面具有 100 多年的研究历史和实践经验，在资源增殖规划设计、放流与效果评估、标志研发与应用、资源增殖监管等方面积累了丰富的经验教训，处于国际领先水平。目前，我国渔业增殖放流存在的问题和乱象突出，各类涉水工程建设越来越多。如何在兴建涉水工程保证社会经济发展的同时，及时对受损水域进行生态修复，保证渔业资源的可持续开发利用，是当前亟待解决的重要科学和现实问题。

按照中国工程院咨询研究项目课题“东海专属经济区渔业资源养护战略研究”的计划任务及其进度安排，中国水产科学研究院东海水产研究所庄平、赵峰、张涛、王思凯等一行 4 人于 6 月 3—16 日，赴美国与华盛顿州鱼与野生动物管理局、缅因大学等开展了渔业资源增殖技术交流，并进行了野外现场调研，旨在了解、学习和掌握美国在鱼类资源增殖与科学管理方面的成功做法与经验教训，以推动项目的顺利实施，本次交流对于提高我国渔业资源增殖技术及其科学管理水平，以及推动国际间交流合作起到了积极的促进作用。

执行内容主要包括两大方面：一是技术交流，主要与官方机构、大学科研院所、民间组织及标志生产企业等开展渔业资源增殖放流等资源增殖技术及管理方面的交流探讨；二是现场调研，主要是对增殖苗种孵化培育企业、过鱼设施以及生态修复现场等进行调研学习。以期了解美国鱼类增殖技术和管理方面的作法，在水域生态修复方面的成功经验及教训，为项目的顺利实施，提升我国渔业资源可持续发展的管理水平提供基础数据，为我国渔业资源增殖的战略制定和政策建议提供参考依据。

（一）调研工作开展情况

1. 技术交流

主要与官方机构（华盛顿州鱼与野生动物保护管理局和美国地质勘探局）、大学科研院所（华盛顿大学和缅因大学）、民间组织（印第安部落保护区）及标志生产企业（美国 NMT 公司和 Wildlife Computers）等开展渔业资源增殖放流等资源增殖技术及管理方面的交流探讨（图 2-2-4-1 至图 2-2-4-4）。

图 2-2-4-1　与美国地质勘探局 Joseph Zydlewski 以及缅因大学 Chen Yong 教授学术交流

2. 现场调研

主要是对增殖苗种孵化培育以及标志跟踪企业、过鱼设施以及生态修复现场等进行调研学习，考察现场设施、学习鱼类标志方法和经验，为以后我们的实际应用做技术储备。

图 2-2-4-2　与印第安部落保护区等民间组织交流

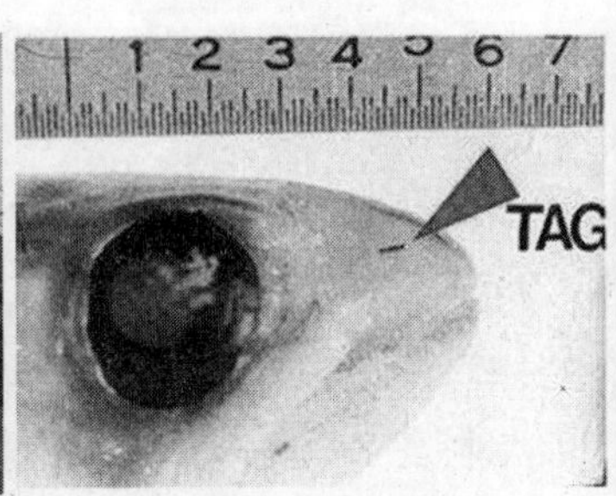

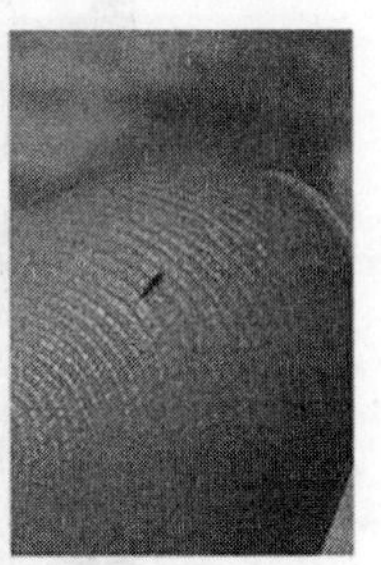

图 2-2-4-3　与 NMT 企业技术负责人讨论鱼类标记线的使用（左）以及 CWT 产品（右）

图 2-2-4-4　与 Wildlife 企业技术负责人讨论鱼类 PAT 的使用技术

1）放流苗种孵化培育场调研

主要是调研美国增殖放流苗种培育基地以及自动标志仪器现场应用操作学习。放流苗种孵化场的工作不仅仅是目标物种的孵化培育，还包括对将要放流物种进行标记。标记回捕放流鱼苗是评估增殖放流效果的通用方法，成功标记放流的关键在于标记技术的选择。目前，美国已经开发出了一套针对放流鱼类进行自动标记的设备车间，可以快速地把标记线圈打入鱼的体内。因为小规模标记放流时，重点关注标记死亡率、标志保留时间等；而在大规模标记时，则在此基础上需考虑标记的劳动强度、成本等因素，自动标志仪就是专门为大规模标记而设计的最新产品（图 2-2-4-5 和图 2-2-4-6）。

图 2-2-4-5　鱼类标志操作

（图为考察人员在现场向美国地质勘探局（USGS）的工作人员学习鱼类口内标志操作流程）

图 2-2-4-6　雷达追踪标记鱼类信号

2）洄游通道生态修复

主要是缅因州 Penobscot 流域鱼类关键栖息地的生态恢复工程。

缅因州的佩诺布斯科特河（Penobscot River）在两个多世纪以来建设了数量众多的水坝，由信托公司、个人以及政府部门共同推动进行生态恢复工程的建设。最近几年已经拆除该河最下游两座大坝（Great Works 大坝在 2012 年拆除完成，Veasie 大坝在 2013 年拆除完成），另外还于 2015 年在 Howland 大坝增建了鱼道，极大地改善了近 2 000 英里的各种洄游性鱼类栖息地环境，包括濒危的大西洋鲑鱼和匙吻鲟、美洲西鲱等 7 种洄游性鱼类。在另外 4 个剩余堤坝上建设鱼道的同时，也在其余 6 个堤坝上增加了发电机组的容量建设，希望以此达到在保证生态效益的同时也能够增加发电量满足经济的发展。Penobscot 的工程项目方承诺以此为参考在新英格兰第二大流域范围内实现更大规模的生态、文化、娱乐和经济效益（图 2-2-4-7）。

图 2-2-4-7 原 Veasie 堤坝位置拆除后的河流及生态恢复工程介绍

3）过鱼设施参观考察

主要包括阶梯型鱼道（fish ladder）、鱼梯（fish elevator）的实地调研，鱼道设计思路与技术应用（图 2-2-4-8 至图 2-2-4-10）。美国康涅狄格河（Connecticut River）流域 Turners Falls 鱼道建设实地参观学习，并与现场工作人员交流鱼道建设过程、日常维护与公众科普教育经验。美国佩诺布斯科特河（Penobscot River）流域 Howland 鱼梯现场考察，并与工作人员深入交流，了解美国鱼梯的日常运转情况、人员配制、操作方法以及经费来源等问题。

图 2-2-4-8　阶梯型鱼道（The Turners Falls Fishway）

图 2-2-4-9　鱼梯（Penobscot River Fish Elevator）

图 2-2-4-10　考察组成员与美方人员在鱼梯前合影

(二) 历史回顾与总体评价

1. 鲑鳟鱼类增殖概况

美国向自然水体放流的物种达 20 余种，该国鲑鱼产量居世界之首，向海洋放流已有 100 多年历史，发展迅速，技术先进。由于年复一年地向海洋大量放流幼鲑，资源量得到大幅度增长。据美国阿拉斯加州鲑鱼增殖项目 2005 年度报告，2005 年阿拉斯加的育苗场搜集了 17 亿鲑鱼卵，放流了 14 余亿尾鱼，约 0.8 亿尾鲑鱼回归。在商业捕捞的 2 亿尾的鲑鱼中，27%来自于该鲑鱼增殖项目。美国对增殖放流的支持也是显而易见的，数据表明，1992 年美国海洋渔业服务局的人工放流育苗费达到了 1 300 余万美元，而该国联邦政府当年的资源管理、栖息地修复和物种保护费用才 180 万美元（White Alaska salmon enhancement program annual report，2006；李继龙等，2009）。除此之外，美国其他各州也都有相关的政策来支持增殖放流。同时，还有各类的渔业协会等开展自助的放流，如北大西洋印第安渔业协会，该会每年召开会议，研究大麻哈鱼及鲑鱼的放流计划，筹集资金并开展放流工作（图 2-2-4-11）。

鲑鳟鱼类对于美国具有特殊意义。从经济的角度来讲，鲑鳟鱼产业对太平洋西岸美国西北部的经济发展起到了巨大的支撑作用。1996 年，仅华盛顿州的鲑鳟鱼捕捞产值就达 1.48 亿美元。另外，休闲游钓业花费了约 7 亿美元带

图 2-2-4-11 美国印第安部落在鲑鱼开捕前的宗教仪式

动了 13 亿美元的产业发展，并提供了约 1.5 万个工作岗位。从生态的角度来讲，鲑鱼是保障美国水生生态系统平衡的重要组成部分。鲑鱼在陆地和水生（海水和淡水）生态系统中都扮演着重要的角色，是物质和能量循环的重要载体，当鲑鱼洄游到其出生地产卵然后死亡，它们能够从海洋环境带来大量的营养物质到河流之中，从而为这里的动植物提供营养。从文化的角度来讲，鲑鱼具有美国土著人的精神和文化象征意义。对于印第安人来说，鲑鱼的洄游既有生命的现实意义又有神圣的宗教意义。但是，随着美国工业化进程的发展，对鲑鳟鱼类的栖息环境造成了极大的破坏，同时，由于过度无序的捕捞导致鲑鳟鱼类野生资源急剧下降，有些水域甚至出现野生种群灭绝的现象。直到 1870 年，美国鲑鳟鱼类资源急剧衰减的现状引起了普遍关注，鲑鳟鱼类的增殖工作逐步得到开展。

历经 148 年，随着认知水平和科学技术的不断发展，美国鲑鳟鱼类的增殖工作也得到了不断的完善和发展。在增殖理念、规划设计、监管机构组成以及具体操作技术和基础研究等方面都积累了丰富的经验，取得了显著的成效。以美国西海岸为例，增殖放流使鲑鱼种群数量得到显著恢复和提升，一方面避免了特定水域鲑鱼野生种群的枯竭甚至灭绝，发挥了极其重要的生态效益；另一方面增加了鲑鱼的产出，目前商业捕捞的鲑鳟鱼类中 80%以上来自于增殖放流，发挥了重要的经济效益。然而，美国鲑鳟鱼类资源增殖在某些方面也存在着一些经验教训。例如，在对增殖放流鲑鳟鱼类的种质鉴定和基因监测与控制方面，以往存在着混乱无序、缺乏监管的状态，直到最近 30 年来才开始逐步规范。从 1982 年起，对每条河流都建立了专门的增殖放流鱼类的基因库，以避免增殖放流可能导致的基因污染。总知，无论是美国鲑鳟鱼类增殖的成功经验，还是失败教训都值得我们借鉴，以使得我国的增殖放流工作更加科学合理，取得实效。

2. 渔业资源增殖历史

1）起源阶段（1865—1900）：孵化场的建立

美国内战结束以后，政府很快就开始支持孵化计划。1865 年，新罕布什尔州建造了第一个国营孵化场，加利福尼亚州、康涅狄格州、缅因州、新泽西州、纽约州、宾夕法尼亚州和罗德岛随后于 1870 年建成。这些行动主要致力于休闲游钓渔业。然而，在接下来的 10 年里，鱼类养殖业的大规模扩张更多地与商业利益联系在一起。1867 年，应新英格兰几个鱼类委员会的要求，一位名叫赛斯·格林的营利性鱼类养殖家在康涅狄格河上培育了鲱鱼卵；第二年，他将这项工作扩展到哈德孙河、波托马克河和苏斯克汉纳河（The History of Salmon，2012）。1871 年，查尔斯·阿特金斯和利文斯顿·斯通说服缅因州在巴克体育大学建了一个专门孵化大西洋鲑的孵化场，弗兰克·克拉克于 1872 年在大湖区孵化了白鲑（Naish et al.，2007）。

1871 年成立了美国鱼类委员会（USFC），次年，第一任委员斯宾塞·富勒顿·贝尔德（Spencer Fullerton Baird）指派利文斯顿斯通公司（Livingston Stone）将鲑鱼卵从萨克拉门托河（Sacramento.）迁移到东部河流。1873 年，贝尔德雇佣赛斯·格林在中西部的溪流和萨克拉门托河中培育鲱鱼。还有一些美国的鱼类学家改进了受精和孵化鱼卵的方法，贝尔德把 USFC 员工变成了一支研究队伍，调查栖息地和物种丰度，调查鱼卵的发育，并用鱼饲料进行实验。到了 19 世纪 80 年代，国会资助了从芬迪湾到旧金山湾、从哥伦比亚河到萨凡纳河、从墨西哥湾到五大湖的孵化场。到 19 世纪末，在鲑鱼数量减少 30 年之后，渔业科学家和公众普遍认为从孵化场补充个体数量是解决鲑鱼数量减少的办法。到了 1900 年，从孵化场放流大部分胜过保护或恢复自然栖息地作为首选的恢复策略。从此，美国建立了广泛的孵化厂计划，几乎每一条主要渔业溪流都受到至少一个联邦、州或私人孵化场的影响，渔业孵化增殖已成为北美洲管理游钓和商业捕捞的一个重要工具。

2）发展阶段（1900—2000）：单物种数量的增加为基础

在 1905—1960 年期间，美国开垦了大量的土地，灌溉农业所需要的水坝和运河系统破坏了鲑鱼的栖息地；尽管人们已经认识到对野生鲑鱼的预期和毁灭性影响，但还是建造了大量的公共工程项目，如哥伦比亚盆地和其他地方的高坝建设，完全并永久地阻挡了哥伦比亚盆地 1/4 的鲑鱼迁徙，1 000 英里的河流在一次建堤坝行动中就使得鲑鱼丧失。“二战”期间，由于兵工厂的需要，发电量大大增加，以满足铝冶炼厂的巨大需求，大量的水力发电站持续的建设，以毁灭性的速度破坏鲑鱼的洄游通道。在 1948 年发生的大洪水使得社会集体要求保护人的生命和财产免受洪水影响，于是在华盛顿、俄勒冈、爱达荷和加拿大不列颠哥伦比亚省修建了许多防洪大坝。这些防洪堤坝又一次破坏了鲑鱼的栖息地环境。“二战”后，廉价的空调技术迅速发展。到 1960 年，空调的广泛应用对电力的需求进一步增加，需要更多的发电能力和输电线路，于是新的水电站又建设在河流中，对鲑鱼的洄游造成直接阻断影响。

美国的鲑鱼孵化场在鲑鱼管理中发挥着日益突出的作用。大多数公共孵化场最初是为了重建枯竭的种群和减轻自然产卵栖息地的损失而建造的，其目标只是为了在商业渔业中提高捕获量。整个 20 世纪上半叶，孵化场的数量逐渐增加；从 1900—1950 年，建造速度每年约为 1.5 个。然而，从 1951—2000 年，建设速度迅速加快，每年以接近 6 个的速度增长（图 2-2-4-12）。

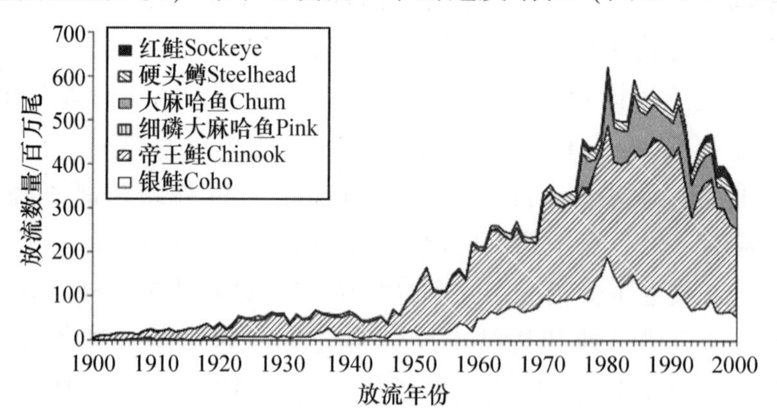

图 2-2-4-12　美国孵化场放流的鲑鱼不同种类的数量变化

资料来源：the North Pacific Anadromous Fish Commission（http：//www. npafc. org/）. Included are sockeye（*O. nerka*），chum（*O. keta*），pink（*O. gorbuscha*），Chinook（*O. tshawytscha*）and coho（*O. kisutch*）salmon

孵化场生产总量在 20 世纪 80 年代初达到顶峰，近 6 亿尾鲑鱼被放流到自然水体中。每年孵化场的平均放流量约为 4 亿尾。帝王鲑（Chinook）在太平洋西北部海域的放流占主导地位，1990—2000 年（图 2-2-4-12），平均每年释放 2.56 亿尾。帝王鲑的繁育中心是哥伦比亚河流域，它约占世界帝王鲑总放流量的 27%（Mahnken et al.，1998）。银鲑（Coho salmom）和大麻哈鱼（Chum salmom）也大量繁育孵化，1990—2000 年的年平均放流分别为 7 700 万尾和 6 600 万尾。此外，该地区的孵化场每年释放硬头鳟（Steelhead salmom）2 800 万尾、红鲑（Sockeye salmom）1 160 万尾和细鳞大麻哈鱼（Pink salmom）180 万尾（Naish et al.，2007）。有趣的是，孵化放流数量并不直接与建造的孵化场的数量相对应。例如，对于帝王鲑，似乎存在一个阶梯函数，在 20 世纪 50 年代，年平均产量急剧增加，随后围绕一个比前几年更大的平均值变化（图 2-2-4-13）。在 20 世纪大部分时间里，渔业资源增殖可以描述为增加产量阶段，在这个时期，所有资源量增加计划都集中在孵化量和放流数量上。长期对产量增加的过度重视，导致了对人工繁育对市场鱼类来源和鱼类野生种群的影响等野外保护关键问题的忽视。

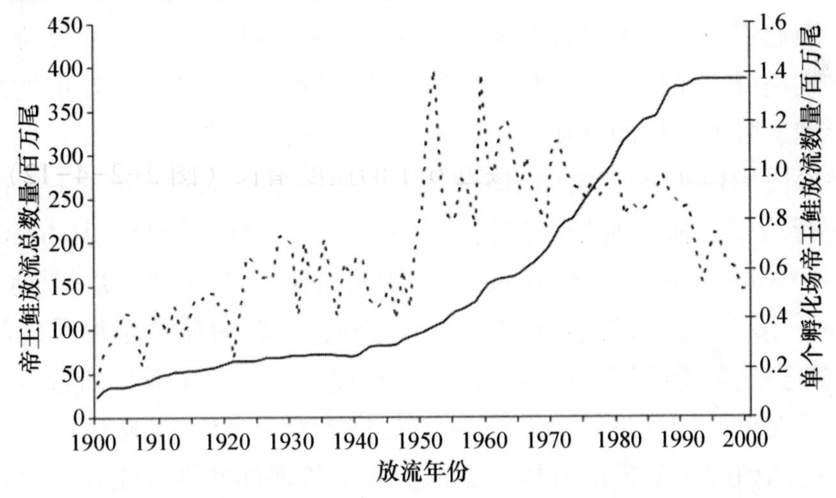

图 2-2-4-13 从 1900—2000 年，从孵化场放流到自然水域的帝王鲑（实线）的累积数量和平均孵化场（虚线）数量

资料来源：the North Pacific Anadromous Fish Commission（http：//www. npafc. org/）

到 20 世纪 90 年代，随着用于标记鱼卵、幼虫和鱼苗的技术成熟，使得能够评估放流到自然水域中的人工孵化个体的存活率和受影响程度。成熟的现代化标志技术已经使标志—放流—再捕获实验成为可能，这些实验可以用来开发最优的资源增殖策略并严格评估关于渔业资源增殖的假设。现代化的标志放流技术也加速了有关资源增殖有效性的科学发现。通过将野外试验与数学模型和经济模型相耦合，更加高效的渔业资源增殖技术的开发在 21 世纪开始加速。

3）规范化阶段（2000 年至今）：生态系统的管理及种质保护

关于渔业增殖放流的作用、放流个体对野生种群的影响以及增殖放流对于满足社会需求的相关性上近年来出现争议。渔业资源增殖放流作为一种管理技术，已经不再受到人们的一致青睐。许多人指出孵化场未能阻止鲑鱼数量的下降，在某些情况下，甚至可能加剧了这种下降。在孵化放流之后可能出现的生物学问题包括野生种群的遗传多样性的变化、疾病病原体向野生种群传播的风险、超过溪流和海洋的承载力以及由于混合捕捞而导致野生种群的过度捕捞等。关于孵化计划的争论在 90 年代中期达到高峰，问题的关键是缺乏这些问题的证据或没有科学严谨的证明。

近年来随着育种、孵化、养殖、疾病控制、标记以及遗传和生态管理方法的改进已经激发了该领域的新的研究。这些技术改进符合一种不断变化的理念，即，渔业资源增殖不仅仅是通过增加大量的可捕捞数量，或放流一些濒危物种的方式进行，而应该是以科学基础和可持续的方式进行，要更加注重生态系统的管理、野外种群的种质保护以及遗传多样性的维持。

这一阶段 4Hs+P 综合增殖措施对鲑鳟鱼类的生态修复成为主要措施，不仅仅是进行增殖放流，而是从捕捞（Harvest）、栖息地恢复（Habitat）、水电站拆除（Hydropower）、增殖放流（Hatchery）以及减少被捕食风险（Predation）多方面进行综合增殖养护。另外，比较明显的是种质的问题已经成为放流与野生争论的核心内容。许多孵化放流工程以比较少的数量作为行动目标，缺乏对放流物种遗传效应的影响程度和重要性的以及补救行动中的作用。近来的增殖改革举措给种质资源保护和遗传多样性维持注入了活力。

（三）管理机构与增殖体系

美国鱼类增殖工作的管理与协调机构主要包括官方机构、民间组织以及跨国家的国际性区域性组织 3 种类型。

1. 官方机构

在联邦政府和州政府都分别设有鱼与野生动物管理局或管理处，专门负责鱼类增殖的决策管理与协调。

鱼与野生动物管理局（U. S. Fish and Wildlife Service，FWS），隶属于内政部。成立于 1871 年，成立之初称之为渔业委员会（Fishery Commission），第一

届主任为贝尔德（Spencer Fullerton Baird；1823—1887）。

鱼与野生动物管理处（Department of Fish and Wildlife，DFW），是联邦下辖的各州政府中负责鱼类资源增殖工作的部门，如华盛顿州鱼与野生动物保护管理处（Washington Department of Fish and Wildlife Service，WDFWS）。

国家鱼类增殖体系（National Fish Hatchery System，NFHS），是 FWS 中鱼类增殖放流的具体执行部门，也是增殖放流取得显著成效的保障机构。140 多年来，NFHS 与美国土著部落、联邦机构、州政府、土地所有者以及其他得益相关者等开展了广泛合作，不仅在鱼类及其栖息地保护方面发挥了无与伦比的重要作用，而且促进了休闲渔业（游钓）及其相关产业的发展。

（1）历史沿革。早期的移民到达美国西部时，由于过度捕捞和对鱼类栖息地的破坏，导致鱼类资源锐减。

1870 年，鱼类资源急剧衰减的现状引起了普遍关注，鱼类繁育站（Hatchery Station）开始建立，主要用来收集和孵化鱼卵，待仔鱼孵出后再投放到自然水体中用于增加野生种群的数量。许多早期的繁育站成为后来的增殖孵化场，这就是美国 NFHS 的开端。

1871 年，美国总统格兰特（Ulysses S. Grant）批准成立美国渔业委员会，这就是美国鱼与野生动物管理局（FWS）的前身，贝尔德出任第一任主任。

1872 年，第一个联邦鱼类繁育场，即贝尔德繁育场（Baird Hatchery）在加利福尼亚的 McCloud River 建立。自此以后，美国 NFHS 不断发展壮大，成为美国鱼类资源增殖保护的重要保障体系。NFHS 的主要功能是致力于解决①美国渔业资源衰退问题；②国家渔业资源的信息缺乏问题；③界定和保护美国的捕鱼权，从而保障鱼类或其他水生物野生种群的健康和可持续发展。

（2）职责或任务。NFHS 成立之初，最主要的职责是通过开展鱼类繁育和增殖，以补充沿海或内陆水域急剧衰减的土著鱼类种群，商业目的或经济效益是其增殖的主要目标。最近 30 余年来，NFHS 的职责或目标发生了改变，从以往的通过繁育增殖经济鱼类种群获得商业或经济效益以外，恢复《濒危物种法》目录中的濒危鱼类、恢复本地土著水生生物种群、减轻由于联邦水利工程项目而导致的渔业损失以及增殖鱼类使印第安部落和国家野生动物保护区受益等也成为 NFHS 开展鱼类增殖的目标。

（3）组成和分布。目前，NFHS 包含 70 个国家鱼类繁育场、1 个国家鱼类繁育场历史博物馆、9 个鱼类健康中心、7 个鱼类研发技术中心和 1 个水生动物药物批准（审批）合作项目部，这些机构遍布美国35个州（图2-2-4-14）。

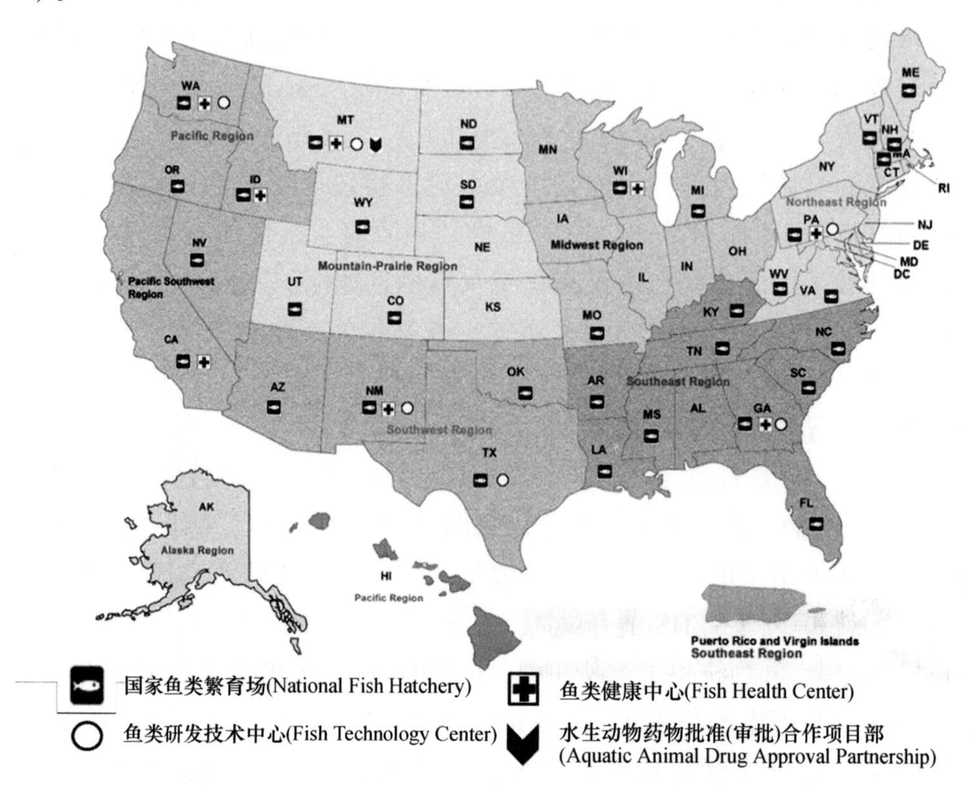

图2-2-4-14　美国国家鱼类增殖体系的组成与分布

资料来源：https：//www. fws. gov

（4）增殖途径。主要途径包括：①保存野生和人工繁育鱼类种群的基因资源；②增殖资源严重衰退的鱼类种群；③保护濒危鱼类、恢复野生种群；④提供鱼类健康（检疫）服务；⑤为美国土著部落提供商业或休闲渔业（如游钓等）；⑥弥补因联邦水利工程（运河、大坝等）造成的鱼类损失；⑦作为宣教、科研和科普基地。

（5）取得的成效。NFHS可以开展100余种不同水生动物养殖和繁育，主要种类包括鲑鳟、鲟鱼、淡水贻贝和两栖动物等。在2018财年，NFHS的70个繁育场以及1个鱼类和野生动物保护办公室，共计向46个州放流约2.3亿单位（230 583 112尾、粒），包含了6个大类94种，涉及鱼类的幼体、成体和卵等不同生活史阶段。

案例：华盛顿州鱼与野生动物保护管理处（WDFWS）

主要职责：致力于该州鱼类和野生动物资源的保存、保护和永续发展。该部门在华盛顿州议会的授权，以及鱼与野生动物管理委员会（第1届成立于1890年）指导下开展以下工作：①保护和增殖鱼类与野生动物资源及其栖息地；②为休闲渔业/动物业创造和提供机会。

机构设置：WDFW总部设在奥林匹亚，在全州设有6个区域办事处，包括北普吉湾、中北部、东部、中南部、西南部以及海岸区域（图2-2-4-15左）。WDFW拥有83个孵化繁育场（或孵化车间；图2-2-4-15右），其中75%~80%用来生产鲑鱼（salmon）和硬头鳟（steelhead），另外的20%~25%用来生产鳟（trout）和观赏鱼类（Game fish）。该州51个部落孵化繁育场（其中，45个属于西北印第安渔业委员会WDFW，3个属于Colville Confederated tribes，3个属于Yakama Nation）和12个联邦繁育场通过增殖放流对华盛顿州产生10亿美元的渔业收入。

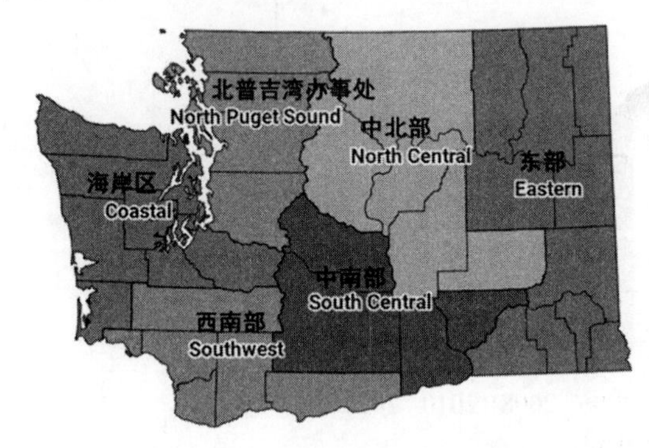

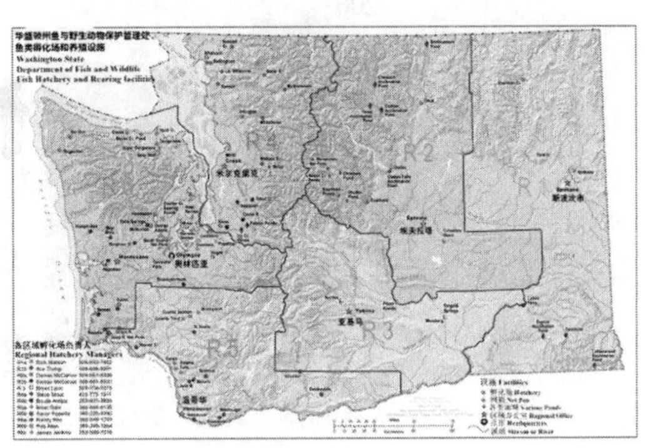

图2-2-4-15　华盛顿州鱼与野生动物管理处（左）和繁育场（右）的组成与分布

图片修改自WDFW，https：//wdfw. wa. gov

苗种生产与增殖放流：过去10余年来，华盛顿州鲑鳟鱼的孵化生产均在1.5亿尾左右（图2-2-4-16）。近年来，增殖放流的幼鲑数量有下降趋势，但是放流总重量未发生变化，主要是因为增加了放流的规格，以保证放流成活率。

为了保护野生种群和便于渔民区分野生与放流个体，自1996年和1998年开始进行大规模的标志放流，主要方式是CWT标志和剪鳍标记（图2-2-4-17）。2003—2013年标志放流鲑鳟鱼年均在5 000万~7 500万尾，2007年以后稳定在7 500万尾左右（图2-2-4-18）。

任何增殖放流和捕捞不能违反《濒危动物保护法》（Endangered Species

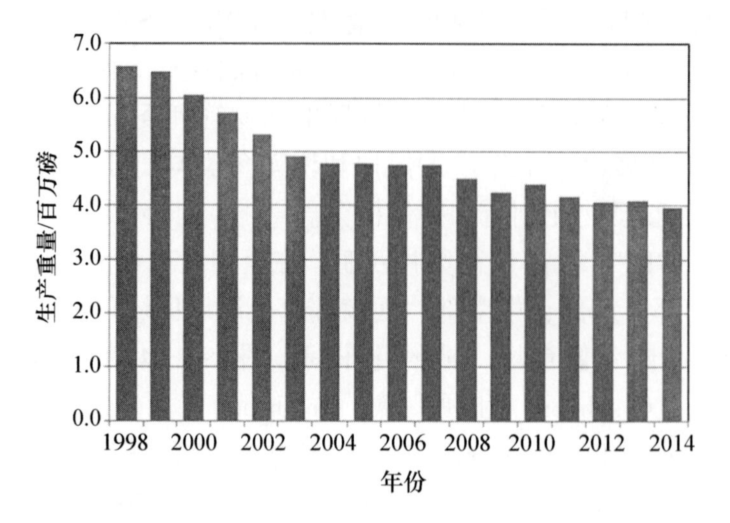

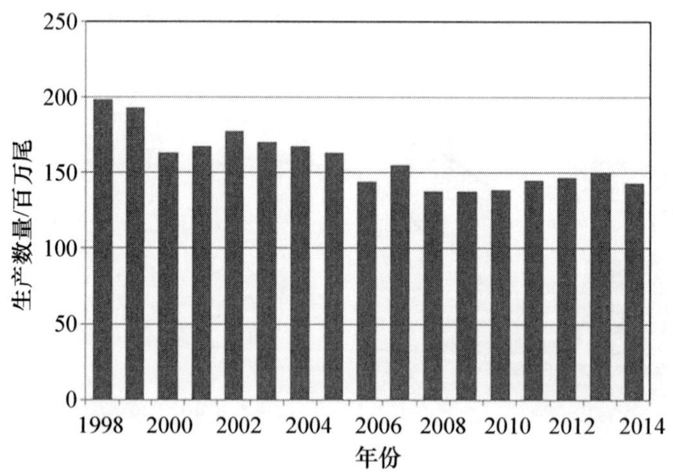

图 2-2-4-16 华盛顿州孵化场鲑鳟鱼类生产情况统计

资料来源：https：//www.fws.gov

Act)。部落的增殖一般请专家做技术指导，另外放流前须经联邦和州政府相关机构评估，以不能影响濒危鱼类生存为前提。濒危种类的增殖数量不能超过现存野生群体的2%，主要是基于栖息地容纳量来确定的。华盛顿州增殖放流的种类共有 11 种，其中包括鲑鱼 5 种，洄游的鳟类 2 种以及 4 种不洄游的淡水鳟。

野生种群恢复案例：孵化繁育场在野生鲑鱼种群恢复方面发挥着重要作用，不可或缺。目前，华盛顿州大约有 20 多个繁育场参与了 20 余种濒危鱼类野生种群的恢复工作，这些物种都是《濒危物种保护法案》目录中列出的重

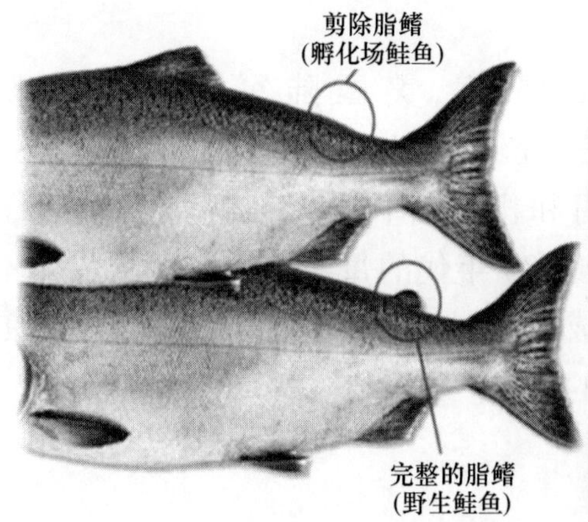

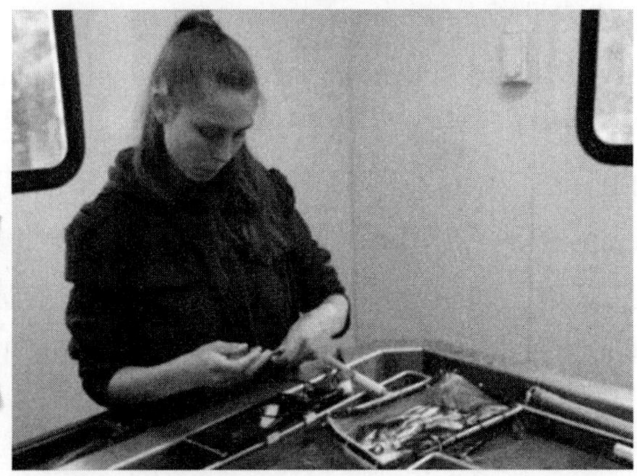

图 2-2-4-17　剪鳍标记

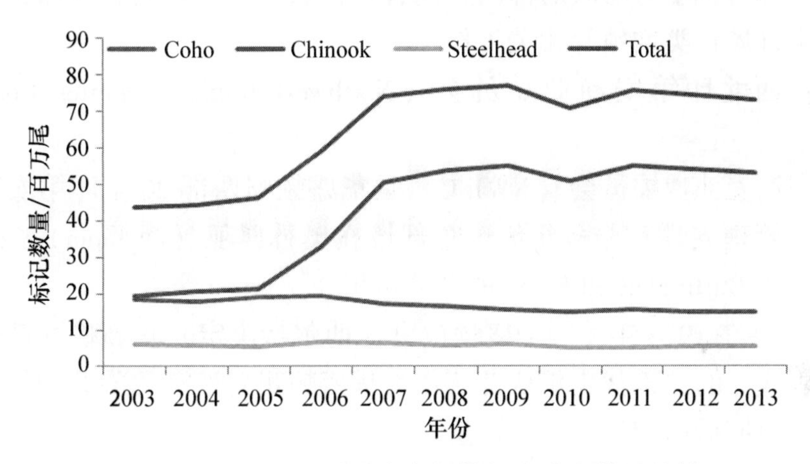

图 2-2-4-18　不同种类大规模标志放流数量趋势

资料来源：https：//www. fws. gov

点保护物种。

孵化场开展野生鲑鱼种群保护和恢复工作主要有两种方式：①对于自然水域中尚存有一定数量的野生鲑鱼种群，一般采取每年采捕成体进行繁殖、人工培育仔稚鱼后增殖放流的方式进行，目的是最大限度地提高受精率、幼体成活率，从而增加参与入海洄游的变态期幼鱼数量，典型例子是 Puyallup River 春季帝王鲑（Spring Chinook）的增殖；②对于自然水域中野生种群数量极低、濒危灭绝的情况下，一般是将捕获幼鱼在孵化场进行养殖，然后利用“养殖群体”繁育并将后代增殖放流，典型例子是 Nooksack River 和 White River（Wenatchee）春季帝王鲑的增殖。第一种方式见效较快，而第二种方式需要数年才能见效。

通过与 Puyallup 部落、Muchleshoot 部落、美国陆军工程兵部队（USACE）、美国森林管理局（USFS）、美国鱼与野生动物管理局（USFWS）和国家海洋渔业管理局（NMFS）等部门和机构合作，WDFW 成功恢复了 White River 帝王鲑的野生种群数量，20 世纪 80 年代的每年洄游产卵的成体不足 20 尾，而最近 10 余年每年洄游产卵的成体超过 2 000 尾。White River 帝王鲑野生种群的恢复成为鱼类种群成功恢复的范例。

2. 民间组织

部落渔业委员会（Tribe Fisheries Commission）：由于历史原因，美国的一些土著群居部落也享有与政府部门共同管理自然资源的权利，从而也成立了渔业委员会来开展鱼类增殖等相关工作。

案例：西北印第安渔业委员会（Northwest Indian Fisheries Commission，NWIFC）

西北印第安渔业委员会（NWIFC）是华盛顿州西部 20 个印第安部落组成的自然资源管理支撑和服务组织，总部设在奥林匹亚（Olympia），雇员有 65 人分别在位于 Burlington 和 Forks 的办公室里。

NWIFC 是在 1974 年美国华盛顿裁决（博尔特决定）重新确立部落拥有捕鱼权条约后成立的，该裁决承认部落作为华盛顿州自然资源的共同管理者，每年可收获与政府捕捞相等的鲑鱼数量。

NWIFC 承担着协助成员部落作为自然资源共同管理者的角色。该委员会向部落提供生物特征识别、鱼类健康和鲑鱼管理等领域的直接服务，以实现规模经济，从而更有效地利用有限的联邦资金。NWIFC 还为部落提供了一个平台，以解决共有的自然资源管理问题，并使部落能够与华盛顿特区就相关问题进行统一交涉。

具体来讲，NWIFC 负责为成员部落开展鲑鱼增殖及其栖息地恢复工作提供信息与规划设计，每个部落对于增殖放流均有一定的自主权。据统计，每年部落增殖放流鲑鱼苗约 4 000 万尾，回捕率约 1%。

3. 区域性组织

区域性组织是打破行政区划界线，基于生态系统水平或鱼类全生活史周期的基础上成立的，目标是通过跨区域联合决策和行动，切实增殖鱼类资源。

太平洋鲑鱼委员会（The Pacific Salmon Commission，PSC）：鲑鱼具有洄游习性，在太平洋西海岸均有分布，涉及美国 5 个州和加拿大 1 个省。为了加强管理、保障鲑鱼的持续产出和利用，美国与加拿大经过多次磋商建立了 PSC 这一国际间的决策组织。

尽管美国西海岸鲑鳟鱼类增殖管理机构较多，既有联邦政府，也有州政府，同时也有渔业协会和区域性组织等，但主要还是由鱼与野生动物管理局进行管理和协调。

太平洋地区鱼和水生保护协作网（Fish and Aquatic Conservation：Pacific Region）：是由 26 个办事处和国家鱼类繁育场组成的协作网络，在爱达荷州、俄勒冈州、华盛顿州和夏威夷有超过 250 名工作人员。协作网主要致力于保护水生栖息生境健康，增殖鱼类和其他水生资源。

太平洋七鳃鳗保护联盟（Pacific Lamprey Conservation Initiative）：是一个涉及七鳃鳗主要分布区（阿拉斯加州，加利福尼亚州，爱达荷州，俄勒冈州，华盛顿州）而成立的一个在 USFWS 组织协调下的保护联盟，功能是监测物种现状、制定保护策略和统一开展保护行动。

（四）增殖资金来源与支出

美国鲑鳟鱼的放流苗种都是由分布在各州的孵化厂完成生产。鱼类苗种孵化厂多数是由州政府设立运行，也有部分是部落和非盈利组织设立，但都受到联邦或州政府的管控，运行经费主要是政府、企业和游钓收费等 3 种来源。

1. 政府机构拨款

主要是政府机构，如美国国家海洋渔业局（NMFS）、美国海洋与大气管理局（NOAA）和美国鱼与野生动物管理局（USFWS）等的拨款或运行费用。

2. 游钓收费

主要是各种钓鱼许可证征收费用，例如：俄勒冈州鱼与野生动物保护管理局每年通过征收游钓许可证费用，有 200 万~300 万美元用于州内的增殖放流。据统计，自 1989 年该制度建立以来，游钓许可证收费已累计投入 5 000 万美元用于增殖放流。

3. 企业赞助或生态补偿

公司企业如波恩维尔电力管理局（Bonneville Power Administration，BPA）等赞助以及美国波音公司的生态补偿款。

案例：华盛顿州鱼与野生动物保护管理处（WDFWS）资金来源与支出

部门运行总预算：2017—2019 年，WDFW 运行费预算为 4.37 亿美元，平均约 2.2 亿美元/a。运行费用中州政府一般基金和野生动物账户资金占到了全部运行费用的 48%，分别为 0.93 亿美元和 1.18 亿美元（图 2-2-4-19）。

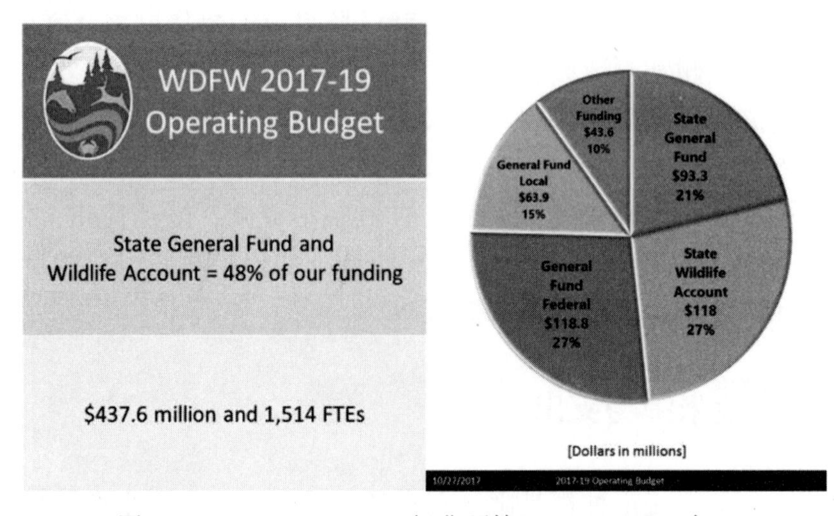

图 2-2-4-19　WDFW 运行费预算（2017—2019 年）

资料来源：Washington department of Fish and wildlife 2017—19 operating budget request；https：//wdfw. wa. gov

一般基金支出：2017—2019 年，州政府一般基金用于鱼类及其栖息地相关工作的预算为 0.61 亿美元，主要用于鲑鳟鱼恢复和 19 个鲑鱼孵化场的运行、海洋鱼类和贝类资源管理、商业捕捞管理，以及栖息地保护与技术支撑和水生栖息地保护行动等方面（图 2-2-4-20）。

野生动物管理资金支出：2017—2019 年，野生动物管理资金中用于鱼类及其栖息保护的费用在 0.25 亿美元以下，其中维持 24 个孵化场运行、湖泊和溪流修复、观赏鱼管理和硬头鳟资源管理与种群监测等投入约 0.23 亿美元，而水生生境保护行动投入不足 280 万美元（图 2-2-4-21）。综合来看，2017—2019 年 WDFW 用于鱼类增殖及其栖息地生态修复的投入约为 8 000 万美元，平均每年约 4 000 万元美元。

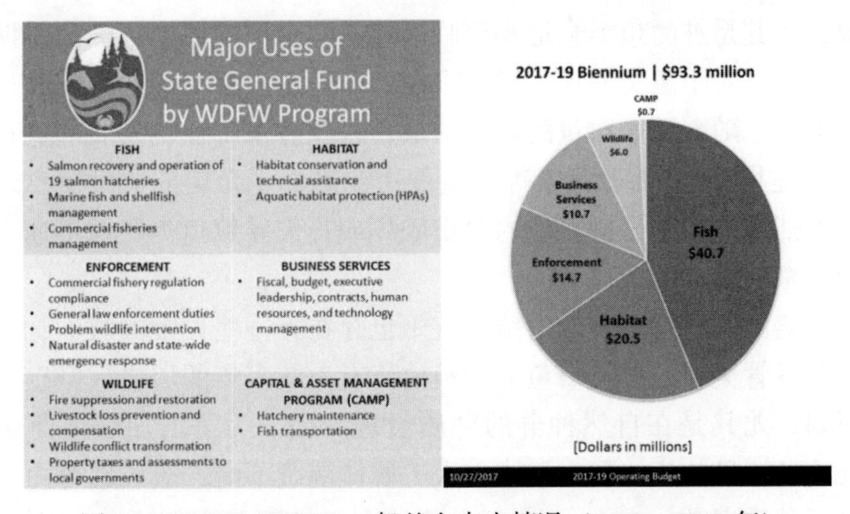

图 2-2-4-20　WDFW 一般基金支出情况（2017—2019 年）

资料来源：Washington department of Fish and wildlife 2017—19 operating budget request；https：//wdfw. wa. gov

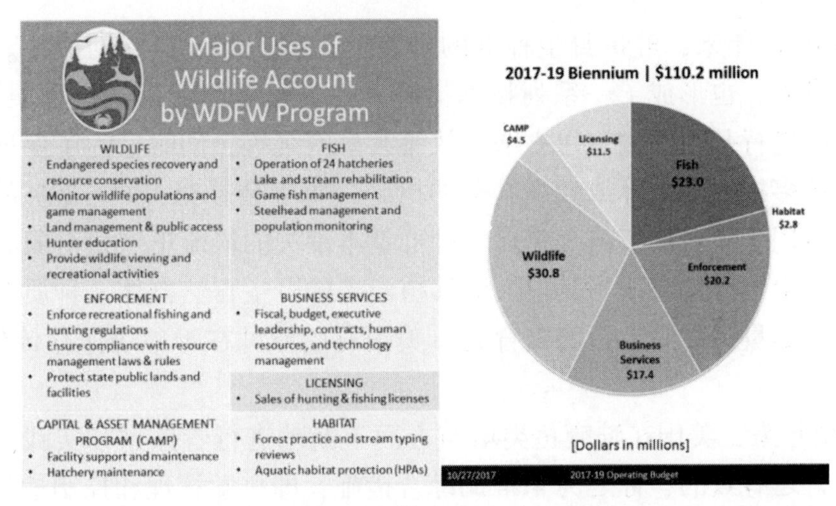

图 2-2-4-21　WDFW 野生动物管理资金支出情况（2017—2019 年）

资料来源：Washington department of Fish and wildlife 2017—19 operating budget request；https：//wdfw. wa. gov

（五）增殖放流主要经验措施

对野生鱼类资源的过度无序捕捞，以及鱼类栖息生境的破坏或丧失是美国渔业资源，尤其是鲑鳟鱼类衰退和濒临灭绝的两个根本原因。美国早期移民到达西部地区时，对于鱼类捕捞并没有限制，而且也没有相关法律或法规约束对栖息地的破坏。随着移民数量的不断增加，以及后来工业化发展的进程，水电工程开发（建坝等）、环境污染等严重侵占和破坏了鱼类的关键栖息地。这种无序地过度捕捞，尤其是栖息地的严重破坏或丧失导致鱼类资源迅速下降，甚至于达到了濒临枯竭的境况。

当然，美国在鲑鳟鱼类的增殖放流中也存在着一些失败的教训，值得我们引以为戒。尽管美国开展鲑鳟鱼类增殖放流有100多年的历史，但以前并没有科学的规划，尤其是在自然种群的种质管理方面。为了增加鲑鱼商业捕捞数量，到处放鱼，且放流的野生群体与人工群体混杂不清，造成繁育力与遗传多样性下降，种质退化（20%～50%）。遗传多样性下降表现在：①原来在春季和秋季各有一次繁殖的，目前仅在秋季繁殖，春季已无繁殖（原因是栖息地丧失）；②卵径明显变小、繁殖力下降；③在淡水中的时间变化，生活史策略和习性发生改变。

直到近30年来，鲑鱼野生种群的种质退化才引起了广泛的关注。随着科学技术的发展，也形成了一系列技术措施，如为每条河流都建立种质资源库、增殖放流前进行基因检测、建立增殖放流共享网络等，同时，为了保证增殖放流苗种遗传多样性不下降或较高水平的措施，每年会补充10%～20%的野生个体作为亲本用于繁育场育苗。在自然种群基本消失的河流里增殖对象必须是原来保留的少量个体繁育或是其他河流移植而来的野生自然群体。种质资源的保护很重要，尽量提高野生鱼的繁育力，美国有些原种在养殖场保存传代了100多年。

140余年来，美国在鲑鳟鱼类增殖方面不断地进行着探索和实践，总结形成了一套行之有效的、称之为4Hs的综合措施，即科学管理和控制捕捞（Harvest）、保护和恢复栖息地（Habitat）、大坝拆除与过鱼设施优化（Hydropower）、人工繁育和增殖放流（Hatchery）。随着增殖实践的不断深入，研究发现增殖放流鱼类投放到自然水域中被捕食的几率十分高，减少被捕食风险（Predation）也就成为综合措施中的重要一条。因此，综合措施也就拓展为4Hs+P，具体措施和典型案例分述如下。

1. 科学控制捕捞

（1）捕捞配额（TAC）制度：分为几个层次，一是通过国际的区域性组织，如太平洋渔业管理委员会、太平洋鲑鱼委员会等确定国家间的捕捞配额；二是通过国内的区域性组织，确定各州间的捕捞配额；三是通过条约签署明确政府与部落间的捕捞配额，例如大西雅图地区有 23 个部落具有政府认可的捕鱼权，1974 年开始联邦政府对部落的捕鱼行为进行管控，部落捕捞数量控制在 50%以内。

（2）禁渔区禁渔期制度：在不同水域，根据不同种类的生活习性及其时空分布特征专门针对性地设置了禁渔区和禁渔期。这些规定均是由各州鱼与野生动物管理处负责制定发布和监管。

（3）渔具渔法管控：对于不同种类、不同时间所采取的渔具和渔法都进行了限制，以保证增殖放流鱼类的补充群体数量。

管理制度科学动态的制定和严格执行落实是科学管控捕捞的保障。美国所采取的对捕捞的管理制度都是目前国际通用的管理措施，但在科学性、动态性和严格执行方面具有优势。例如，俄勒冈州鱼与野生动物管理处 2018 年 7 月 31 日发布了秋季鲑鱼开捕的相关规定，根据监测的实际情况在捕捞数量、规格和渔具渔法的科学动态调整。美国对生物资源的保护具有严格的监管和惩罚措施，如通过国会或州立法，规定剪鳍鱼或有标识鱼不准捕捞，鱼警巡查发现违法行为会进行惩罚，严重的进监狱。

2. 栖息地的修复与保护

美国相关机构和学者都认为栖息地丧失是渔业资源衰退的最主要原因，进而导致增殖放流效果不佳。在美国的渔业资源增殖工作中，栖息地的修复具有非常重要的地位，尤其是在重要经济物种鲑鳟鱼的洄游过程中，洄游通道的连通性是栖息地修复的关键（图 2-2-4-22）。

图 2-2-4-22　底质与岸线（圆木；the Entiat River）修复

2001 年，由游钓和划船运动协会（the Sport Fishing and Boating Partnership

Council）发起成立了“国家鱼类栖息地伙伴关系组织（the National Fish Habitat Partnership；网址 www. fishhabitat. org）”，由 20 个伙伴成员组成。主要目标有 4 个：①保护和保持水生生态系统的完整和健康；②防止鱼类栖息地进一步退化；③逆转水生动物栖息生境质量和数量下降的趋势；④提高鱼类栖息地的质量和数量，维持鱼类多样性。2006 年制定了“国家鱼类栖息地保护运行计划”。

3. 过鱼设施

美国对鲑鳟鱼的增殖放流工作持续百年。百年前就认识到鲑鱼洄游通道在资源增殖中的重要性，这其中最为著名的就是 1917 年在华盛顿运河（Washington Canal）百乐德水闸（Ballard Locks or Hiram M. Chittenden Locks）修建的鱼道（图 2-2-4-23）。至今还在使用，大闸在华盛顿运河与普吉特海湾（Puget Sound）之间，修一水坝和大小两个船闸。为了鲑鱼的洄游产卵，在南侧修建了阶梯水道（图2-2-4-23 中），一段水道的侧面是透明玻璃（图2-2-4-23 右），游人可以观看鲑鱼跃上阶梯游入运河的场面，每天有游人和旅游团来观看船只通过船闸的过程和鲑鱼洄游的景观。

图 2-2-4-23　百乐德水闸与鱼梯

拆除堤坝、增建鱼道、恢复流域的洄游通道：缅因州佩诺布斯科特河（Penobscot River）流域历史上有 11 种本地海洋洄游鱼类，如灰西鲱、蓝背鲱、大西洋鲑、大西洋鲟等，自 19 世纪以来，大坝建设和过度捕捞使得洄游鱼类数量急剧下降。2004 年，在当地印第安人、联邦政府、NGO 和大型电力公司等利益相关方的推动下，佩诺布斯科特河修复信托基金委员会成立，着手应对数十年来水电建设对当地鱼类与野生动物的影响。经过数据分析和利益相关方讨论，确定了拆除距离河口最近的 Great Works 水坝（2012 年拆除）和 Veasie 水坝（2013 年拆除），并于 2014 年和 2016 年分别在上游米尔福德（Milford）水坝和豪兰（Howland）水坝进行鱼类通道建设以恢复干流连通性，共为洄游鱼类恢复连通近 1 000 英里的栖息地。同时，通过在支流的 6 座大坝上增加发电机组的容量提升发电能力，流域内的发电量与水坝移除前持平甚至更多，在保证生态效益的同时也能够增加发电量，满足经济的发展（图 2-2-4-24 和图 2-2-4-25）。

图 2-2-4-24　米尔福德（Millford）水闸与鱼梯

图 2-2-4-25　佩诺布斯科特河大坝拆除前后景象

资料来源：Monty Rand/Gyro Geo

4. 人工繁育和增殖放流

联邦政府、州政府及部落均有不同层级、不同规模的孵化场（Hatchery）用于鲑鳟鱼类的繁育和增殖。孵化场增殖鲑鳟鱼主要有两种途径：一种是每年捕捞成熟亲体进行繁育，然后将繁育的后代投放到自然水体中；另一种是收集濒危种幼体保种，突破全人工繁育技术，将培育的苗种待时机成熟再放归自然水域。每个孵化场均具有现代化的养殖和繁育设施（图 2-2-4-26 和图 2-2-4-27）。

图 2-2-4-26　孵化场设施

图 2-2-4-27　受精孵化与苗种培育设施

对放流个体进行标记是必不可少的一环。孵化场每年对近 10 亿尾鲑鱼进行 CWT 标记，每年回捕到上万个标记个体，回捕率在 2%～4%。对于以增加商业捕捞为目的的增殖，均采用“CWT+剪鳍”双标法标记，这样可以从渔获物中快速识别标记鱼类。目前，美国有超过 80 个研究机构及 350 个孵化场参与 CWT 标记和回收。标记放流和回收是北太平洋鲑渔业管理的中心工作，此外还分析从各个孵化场回收的线码可以评价选择性育种、饲养及放流技术，这样可以大大提高孵化场鱼类的回归率。

案例：NWIFC 对鲑鱼的增殖

设施：西北印第安渔业委员会 20 个部落成员中有 18 部落开展了鲑鱼孵化增殖项目，鲑鱼孵化增殖设施包括 24 个孵化场、15 个养殖池塘、1 个淡水网箱养殖基地、4 个海水网箱养殖基地和 3 个孵化车间。

增殖孵化种类与增殖规格和数量：增殖种类主要是5种鲑鱼和1种淡水的硬头鳟，每年预期增殖数量为4 000万尾，各种类增殖数量与规格见图2-2-4-28。

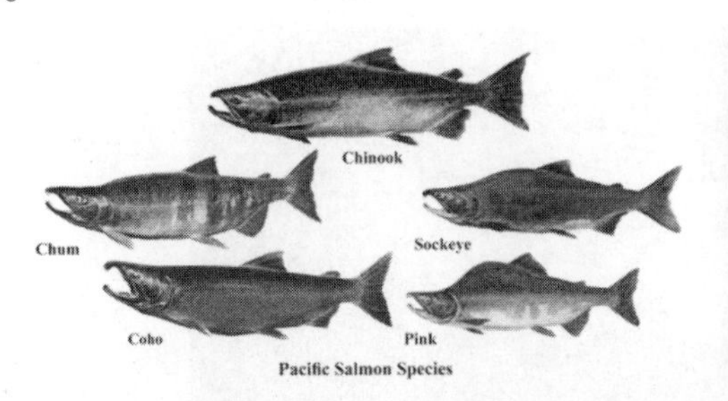

Annual release goal of 40 million

Species	Release #	Release stage
Chinook	14,000,000	Sub yearling and Yearling
Coho	8,000,000	Yearling
Chum	16,000,000	Fry
Pink	200,000	Fry
Sockeye	1,000,000	Fry and sub yearling
Steelhead	1,000,000	Yearling

图2-2-4-28　NWIFC鲑鱼增殖的种类（左）及其数量和规格

标记技术：NWIFS对两种鲑（Coho和Chinook）开展了标志放流，主要的标志方法有剪鳍、线码、耳石和分子标记等4种方式（图2-2-4-29和图2-2-4-30）。

图2-2-4-29　4种标记方式

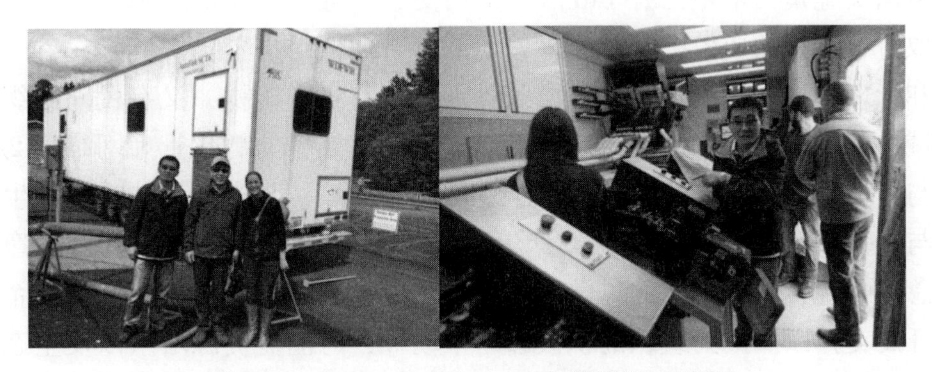

图2-2-4-30　自动化CWT和剪鳍标记设备

5. 减少被捕食风险

增殖放流实践发现，放流鲑鱼在自然水域中常常被其他凶猛鱼类或江豚

（图 2-2-4-31）等捕食，影响到增殖放流效果。究其原因可能与放流鲑鱼和规格及其放流时间和地点有一定的关系，通过提高放流规格、优化放流水域和时间等措施减少被捕食风险已得到了普遍的认可和实施。

图 2-2-4-31 Ballard Locks 下等待进食的海豹

（六）对我国渔业增殖的启示

美国实施鱼类增殖已有 140 多年的历史，在鲑鳟鱼类增殖和野生种群恢复方面取得了显著的成效，归纳起来以下两大方面值得借鉴：①科学完善的孵化体系和管理机构。美国鲑鳟鱼类增殖管理中既有官方机构，又有民间组织，还有区域性组织，纵向和横向相结合，形成了科学完善的孵化管理网络；②综合增殖与管控措施。既有严格的法律法规制度作保障，又有涵盖鲑鳟鱼全生活史阶段与关键栖息生境的增殖技术手段，做到了基于生态系统水平的增殖管理。

总体来说，政府机构的科学规划，科研院所的基础调查研究，社会企业的技术开发支撑以及民间组织的积极参与推动等，对渔业资源增殖以及生态环境的恢复都起到了积极的作用。

美国的增殖放流管理既有联邦政府，也有州政府，同时也有渔业协会，比如北大西洋印第安部族渔业协会和区域增殖放流管理中心等。任何形式的增殖放流都需要有一个科学的规划，要充分考虑到其带来的生态风险，主要包括原土著物种放流和外来物种引进对生态系统的破坏。人工繁育的种群比自然种群的繁殖力要低，其生产力也要比已适应自然环境的种群低，这些物种被放流到河流系统中会取代自然种群或者减少其资源丰度。对于外来物种的引进，其危害更是难以预料的，美国有些学者和专家曾经指出，政府管理部门应制定整体性的人工繁育及放流管理政策。

近年来，我国各地开展了各种形式的增殖放流工作，在全国逐渐成为转变渔业发展方式、提高渔民收入、维护渔区社会稳定的重要手段。增殖放流不仅关系到水生生物资源的可持续利用，而且关系到水域生态平衡，我们通过美国东海岸和西海岸相关的增殖放流工作调研研究，可以得出以下启示和工作建议。

1. 增殖放流要有科学规划

不同的部门明确分工各司其职，政府部门管理决策，科研单位科学指导，而渔民既是受益者也可能是放流具体承担者。因此，建立增殖放流完善的运行机制，促使政府部门、科研单位以及企业协会和渔民之间的管理、研究和具体放流操作的相互衔接。

2. 增殖放流要以生态安全为前提

除了苗种培育、检验检疫、生态环境监测、标志放流及增殖效果评估等措施，还要加强考虑水生生物多样性的保护、种群遗传资源保护以及对生态系统结构和功能影响。在对具体的物种放流前，应对放流水域的生态系统开展调查，以了解放流水域的生态结构、食物链构成，特别是竞食或捕食物种的习性，以确定放流的物种和规格，保证生态系统不受破坏、减小放流的生态风险。

3. 对放流水域和生态容量要有基础调研

放流区域的生态容量和合理放流数量在放流之前需要进行科学的计算。掌握放流水域的初级生产力及其动态变化、食物链与营养动力状况，从而确定放流物种的数量、时间和地点。

4. 要加强放流后的跟踪监测和效果评估

根据放流效果评估结果，动态调整放流数量、时间和地点，保证最佳放流增殖资源的效果。

5. 加强多部门综合联动建设

从美国资源增殖实践来看，孤立地进行水生生物资源增殖放流是不科学的，应建立完善的管理、研究、监测评估和具体实施的增殖放流体系，把增殖放流与河道疏通、鱼道建设等各种措施综合进行，才能更加有效地起到渔业资源恢复的效果。

五、东海专属经济区渔业资源增殖发展战略及任务

（一）战略定位

围绕生态文明建设、海洋强国和乡村振兴计划等国家战略需求，促进专属经济区渔业绿色发展，保障水产品有效供给和国家生态安全。

（二）战略原则

生态优先、绿色发展原则；现代渔业、保障供给原则；多重目标、均衡发展原则。

（三）发展思路

掌握渔业资源衰退和栖息地破坏的原因及机理，分析我国渔业资源增殖和栖息地修复工作中存在的问题，总结国内外的发展经验，根据国家发展战略需求，提出渔业资源增殖和生态修复的措施，制定切实可行的行动计划。

（四）战略目标

1. 近期目标

到 2025 年，跻身创新型海洋渔业国家前列。建立增殖渔业基础研究和技

术研发平台，解决“放什么物种，放多大规格，放多少数量，在哪放，何时放，怎么放”的问题。推动我国渔业资源增殖向科学化、规模化、集约化、标准化、精细化、安全化水平发展。集中优势资金和力量，在全国创建一批国家级或省级渔业资源增殖示范基地，加强增殖苗种繁育和野化训练设施升级改造，开展生态型、实验性、标志性增殖放流与人工鱼礁建设。

2. 中期目标

到 2035 年建成社会主义现代化海洋渔业强国。建立完善的管理、研究、监测评估和具体实施的增殖放流体系，实现现代渔业，生态优先，绿色发展。

(五) 重点任务

1. 东海专属经济区增殖渔业的生态基础及增殖适宜性研究

研究东海专属经济区渔业资源衰退、栖息地破坏等成因及机理，开展渔业增殖放流的基础理论与技术研究，为实施东海专属经济区渔业增殖放流和栖息地修复奠定理论基础。

研究东海专属经济区增殖放流的适宜对象、数量、时间、地点、规格等，提高增殖放流的科学性。

2. 东海专属经济区增殖渔业的效果评估及风险预警技术研发

研究东海专属经济区增殖渔业效果评估的方法和技术，建立经济、社会、生态等多因子增殖效果评估模型，实现渔业增殖效果的准确评估。

研究外来物种、基因污染、病害传播等因子在渔业增殖放流中的潜在影响的过程及其机理，建立风险评估及预警技术，提出应对措施，防范风险发生。

3. 东海专属经济区增殖渔业水域生态容量评估技术

研究东海专属经济区初级生产力以及生态系统食物网结构的动态变化，建立生态容量评估技术，确定适宜的放流对象及放流规模，保障水域的生态平衡。

六、东海专属经济区渔业资源增殖放流与人工鱼礁建设保障措施及政策建议

（一）制定渔业资源增殖放流与人工鱼礁建设科学规划

1. 规划目标

渔业资源增殖包括增殖放流与人工鱼礁建设，是一项复杂的系统工程，科学规划是渔业资源增殖事业持续发展的前提和保障（尹增强等，2009；罗刚等，2016）。科学的顶层设计要保证规划的完整性、科学性、前瞻性和可行性。东海区渔业资源增殖应该着眼于东海整个海区的高度进行增殖放流与人工鱼礁建设的系统规划。根据东海区水域和水生生物资源分布状况以及生态系统类型和生物习性，结合当地渔业发展现状、增殖放流和人工鱼礁建设实践，组织科研院所、放流与建设主体和监管机构共同参与，打破行政区划，建议起草制定“东海专属经济区渔业资源增殖战略规划”。顶层规划设计应当包含总的发展目标和总要求。提出阶段性指标，包括近期、中期、远期的增殖放流、人工鱼礁、资源增殖成效等多方位的可量化和可考核的目标。

2. 规划原则

规划设计需要注重以下几方面的原则。

（1）生态与经济相结合：渔业资源增殖不仅要考虑经济效益，更要生态优先，从资源恢复、物种保护、渔民增收、生态平衡的角度进行全方位多视角的综合规划。

（2）数量与质量相协调：放流种类多少及其数量指标虽然方便考核与监管，但是也不能忽略苗种质量的保障，对于资源增殖的目的与成效评价更为重要。人工鱼礁的建设既要考虑到投放礁体的数量与体积，同时还要评价礁体投放后的具体效果如何，真正做到数量与质量的相互协调。

（3）总体与局部相统一：规划制定要考虑整体性，从生态系统角度出发，以海区或流域为整体进行综合布局与管理，以省（直辖市）为局部进行任务

的分解与执行。

(4) 长期与短期相统一：规划设计既要有长期的目标导向，还要有短期可视的效益产出，同时可以根据短期的资源增殖成效对长期的目标与增殖方法进行动态调整。

(5) 增殖放流和人工鱼礁建设均需要与资源管理相结合：增殖放流和人工鱼礁建设都是渔业资源增殖的一部分，放流后的资源管护力度对资源的稳定增长和可持续利用具有重要的影响。在增殖放流的同时需要加强生物资源的管护力度，保护渔业资源增殖放流的成果。

3. 制定过程

增殖放流规划制定应当建立完善的体系和一套科学机制，营造全社会参与水生生物资源增殖的氛围，促进我国渔业资源增殖工作长效机制的建立，保证增殖放流与人工鱼礁建设工作科学地开展，并实现最佳的社会、经济和生态效果。

(1) 论证起草：放流规划的制定要进行科学论证，由行业主管部门主导组织，地方渔业主管部门参与，邀请生态保护、渔业资源、水产养殖、海洋捕捞、渔业经济等方面的专家召开论证会，科学规划，统筹安排，未雨绸缪，尽量制定出科学合理的增殖放流与人工鱼礁建设长期规划。确保渔业资源增殖工作取得实效，保障原有水域生态安全以及财政资金的使用效益充分发挥，推进增殖放流和人工鱼礁工作科学、规范、有序开展。

(2) 协调执行：以规划为龙头，明确渔业资源发展方向，定位资金使用重点领域，确保生态平衡、资源恢复、经济发展。增殖放流工作中，政府起决策管理作用，科研单位起科学指导作用，而渔民、协会或企业既是受益者也可能是放流具体承担者。因此，建立增殖放流协调执行机制，促使政府管理部门、科研单位以及企业相互协调，强化管理、研究和具体放流操作的相互衔接，对提高增殖放流的效果是十分必要的。

(3) 修改完善：放流规划的制定应当具有时效性及动态性，以一定时期内的生态环境与资源增殖问题提出针对性的解决方案，当现有状态改善出现新的问题及时进行下一阶段的目标任务，及时修改完善。

4. 突出重点

顶层规划设计应当包含总的发展目标和总要求。提出阶段性指标，包括近期、中期、远期的增殖成效等多方位的可量化和可考核的目标。建立规划指标体系，包括增殖物种的种类和数量目标、资源增殖成效目标、生态系统恢复目标等。针对目前已经公布的相关规划，有以下几方面需要重点突出加以明确。

（1）种类选择。针对东海水域存在的渔业资源衰退、濒危程度加剧以及水域生态荒漠化等问题，结合渔业发展现状和增殖实践，合理确定不同水域人工鱼礁建设和增殖放流功能定位及主要增殖的目标物种，以形成区域规划布局与重点水域增殖养护功能定位相协调，适宜增殖物种与水域生态问题相一致，推动增殖放流和人工鱼礁建设科学、规范、有序进行，实现生态系统水平的资源增殖。无论是增殖放流还是人工鱼礁建设，都不能只考虑高经济价值的物种，要综合考虑生态价值，进行合理的定位。①定位于恢复生物种群结构：增殖物种宜选择目前资源严重衰退的重要经济物种或地方特有物种。②定位于促进渔民增收：增殖物种宜选择资源量容易恢复的重要经济物种。③定位于改善水域生态环境：增殖物种宜选择杂食性、滤食性水生生物物种。④定位于濒危物种和生物多样性保护：增殖物种则选择珍稀濒危物种和区域特有物种。

（2）容量评估。当野生种群资源密度较高或接近增殖水域对该种类的最大容纳量时，大规模的增殖放流会使野生种群显现负密度依赖效应，即随着种群密度的增加，个体生长开始受到可获得性资源比率的限制，种内竞争逐渐激烈，进而影响其存活、生长和繁殖投入（Rose et al.，2001；Kaeriyama et al.，2004，2011）。因此，增殖放流与人工鱼礁建设必须考虑目标水域的生态容量和合理增殖数量。增殖放流和人工鱼礁建设前应对水域的生态系统开展调查，以摸清包括初级生产力及其动态变化、食物链与营养动力状况，从而确定放流物种的数量、时间和地点，以及鱼礁投放的水、类型和数量（虞聪达，2004）。人工鱼礁的投放对生态容纳量会产生一定扩大作用，也能够反映人工鱼礁对渔业资源的养护效果。要加强放流后以及鱼礁投放后的跟踪监测和效果评估，以调整放流生物或投放礁体的数量、时间和地点，保证最佳增殖资源的效果（刘璐等，2014）。通常来讲，食物链短或营养级低的物种不必考虑容纳量，而营养级较高的捕食性物种则需要进行生态容量评估。对于岛礁性鱼类，具有领域维护的习性，需要从食物链角度来估算放流规模；埋栖贝类或定居性物种增殖须评估容量。

（3）生态安全。增殖放流和人工鱼礁建设不仅要考虑苗种培育、检验检疫、生态环境监测、标志放流及增殖效果评估等。同时还要考虑水生生物多样性的保护、种群遗传资源保护以及对生态系统结构和功能影响，增殖放流以及鱼礁投放前应对放流水域的生态系统开展调查，以了解水域的生态结构、食物链构成，特别是竞食或掠食物种的习性，以确定增殖物种的数量和规格，保证生态系统不受破坏、减小放流的生态风险。人工鱼礁建设要进行适宜性评价、承载力评估、持续产出评价、合理的选型和布局，要考虑到人工鱼礁生态效应的充分发挥和礁区生态系统的可持续健康发展，充分利用人工鱼礁生境修复功能，开展其他渔业资源的增殖和后续利用管理。

（二）提升渔业资源增殖放流与人工鱼礁科技支撑能力

健全完善的科技支撑是增殖放流和人工鱼礁建设工作顺利实施和取得实效的关键，也是推进增殖放流和人工鱼礁建设事业可持续发展的重要保障。目前增殖放流与人工鱼礁建设的科技支撑服务还比较薄弱，基础性研究工作还相对滞后，这与增殖放流和人工鱼礁建设事业快速发展的形势不相适应。针对增殖放流和人工鱼礁建设涉及环节多、技术性强的特点，建议加大科研投入力度，加强专业技术队伍建设，提升条件平台和科研能力，强化增殖放流和鱼礁建设相关的基础性、关键性技术研发，为增殖放流和鱼礁投放提供技术支撑以及科学规范指导。

1. 加强技术队伍建设

增殖放流和鱼礁投放是一项专业性和技术性很强的工作，如果不是科学的规范放流和鱼礁建设，不仅不能够起到正面作用，反而会对自然生态系统造成负面影响。在增殖放流和人工鱼礁建设实践工作过程中，需要培养一批具有较高专业素养的技术队伍，包括参与其中的基础科研人员、专职管理人员、企业生产人员、质量监管人员等。要培养一定数量的专业技术人员和熟练技术工人组成的技术队伍；健全生产和质量控制各项管理制度，组建完整的引种、保种、生产、用药、销售、检验检疫等专业记录人员；培训相关人员的水质和苗种质量检验检测基本能力，制订苗种生产技术操作规程；成立专门的鱼礁设计、建造、投放与管护的专业队伍。

2. 打造技术平台

针对当前渔业资源增殖发展的技术需求，进一步加强增殖放流与人工鱼礁等技术研发。借鉴美国鲑鳟鱼类孵化场以及日本人工鱼礁建设的经验与做法，通过设立渔业增殖站、增殖放流示范基地、人工鱼礁示范区的方式，突破各个环节的核心技术，加强源头技术创新，提升增殖放流和人工鱼礁示范模式技术水平。集中优势资金和力量，以科研院所为基础，在全国高起点、高标准创建一批具有较高科研能力、基础扎实、硬件条件好、工作积极性高、社会责任心强的增殖放流与人工鱼礁建设技术研发平台。这些增殖站或平台，除完成政府安排的放流任务外，同时还肩负社会放流放生苗种供应基地、水生生物资源增殖宣传教育基地、增殖放流技术孵化、人工鱼礁成果转化示范和协同创新基地等责任，示范带动全国增殖放流工作。

3. 强化基础技术研发

（1）增殖放流与人工鱼礁基础研究：积极开展渔业资源本底调查，系统掌握渔业资源状况和变动趋势。加强对放流和鱼礁投放水域生态环境的适宜性、生态容量、放流品种、鱼礁类型、结构、数量、规格以及放流方法等方面的研究，提高放流苗种的存活率，增加鱼礁的稳定性；加强放流种类和鱼礁投放对生态系统影响和适应性研究，保障放流水域的生态安全（罗刚等，2015）。

（2）关键技术研发：强化增殖放流物种的人工繁育技术和规模化生产技术攻关，筛选新的增殖品种，丰富增殖放流种类、扩大苗种来源；加强人工鱼礁建设研究，包括人工鱼礁构筑材料和形体结构设计，人工鱼礁对渔业生态环境尤其是提供海域生产力水平的研究，鱼礁集鱼机理研究等；开展水域生态修复理论和技术研究、增殖风险评估技术研究以及水域生态系统对增殖的响应研究，不断扩大水生生物资源增殖工作内涵。

（3）应用技术研究：加强增殖物种种质鉴定和遗传多样性检测技术应用研究，为保障水域生态安全和生物多样性提供有力支撑（罗刚等，2015）；加强标志放流的应用研究，为开展增殖放流效果评估提供技术支撑；加强对大型化、新材料人工鱼礁的开发和创新。

4. 完善效果评价体系

增殖放流与人工鱼礁建设后应根据现有工作基础、技术条件和增殖品种特点等，开展相应的跟踪调查，实施增殖放流和鱼礁建设效果的评估，科学调整下一年度的放流计划。从评价方法及评价体系两方面加强对增殖放流效果的评估。

在评价方法上，加强对标记技术的研究，并针对放流物种的实际情况，选择性引进国外先进技术，为放流苗种寻找合适的标记方法；在评价体系上，确立多元化评价指标，从经济、生态、社会效益3方面完善评价体系，对放流效果进行综合全面的评价（韩立民等，2015）。效果评估应收集放流水域渔业生产、资源、环境资料，开展水生生物生态现状调查，全面评价水生生物资源增殖放流综合效果，为优化放流方案和管理措施提供依据。同时开展水生生物资源的动态监测，综合评估资源保护效果及资源变动趋势，做好放流工作的生态风险评价。

全面评价比较鱼礁的生态效果，进而指导后续鱼礁建设的作用较小。根据东海区资源保护型鱼礁的调研资料，选取鱼礁生态效果评价指标，确定指标评价标准，初步建立鱼礁生态效果评价体系，并对东海资源保护型鱼礁的生态效果进行初步评价，希望能推进我国鱼礁效果评价工作的进一步发展，为有效养护和管理海洋生物资源提供参考依据。

（三）构建渔业资源增殖放流与人工鱼礁综合管理体系

1. 建立渔业资源增殖综合体系

水生生物资源增殖是一项系统工程，应当加强体系化建设，需要社会各界的广泛参与和共同努力。从国内外渔业资源增殖实践来看，孤立地进行水生生物资源增殖放流往往成效较低，应积极提倡资源增殖体系的观念，把各种孤立的措施组合在一起，建立完善的管理、研究、监测评估和具体实施的增殖放流体系，以获取渔业资源增殖最佳的、持续的效益。因此，建议建立“国家水生生物增殖站体系”，统一进行增殖放流活动与人工鱼礁建设的综合管理，按照标准规范生产供应所需放流苗种，解决市场欠缺的技术储备研究，进行综合的监测评估，以及负责具体的增殖放流项目实施；综合规划人工鱼礁建设的区域和规模。设立若干个不同层级的增殖中心站，“国家级中心站”打破行政区划，按照大的流域和海区进行规划，解决共性的问题；“省级基层站”按照区域分片划分，解决局部的问题。

增殖放流与人工鱼礁建设要相互结合，统筹兼顾，坚持与渔业产业结构的重大调整相结合，带动相关产业的发展，与修复改善海洋生态环境相结合，与拯救珍稀濒危物种和保护生物多样性相结合，与海洋综合管理相结合。健全完善增殖苗种供应体系，打造更加专业、安全的苗种供应队伍，为资源增殖持续发展提供坚实保障。可以通过设立渔业增殖站或增殖放流与人工鱼礁示范基地的方式定点供应政府放流和社会放生苗种，稳定苗种供应来源，强化苗种生产监管，提高苗种供应质量，确保渔业资源生态安全，推动我国渔业资源增殖向科学化、规模化、集约化、标准化、精细化、安全化水平发展。建议国家或省级安排专项资金，集中优势资金和力量，在全国创建一批国家级或省级增殖放流与人工鱼礁示范基地，打造更加专业化的增殖苗种与人工鱼礁建设供应队伍。这些示范基地除完成政府安排的放流任务外，同时还肩负社会放流放生苗种供应基地、水生生物资源增殖宣传教育基地、增殖放流技术孵化和协同创新基地等责任，示范带动全国增殖放流与人工鱼礁建设工作。

2. 健全渔业资源增殖规章制度

科学规范的管理是增殖放流与人工鱼礁建设工作顺利实施的关键。为了推动我国人工鱼礁建设和增殖放流健康发展，要不断完善地方政府领导、渔业主管部门具体负责、有关部门共同参与的增殖放流和人工鱼礁建设管理体系，建立健全渔业资源增殖管理机制与规章制度，提高监管能力。例如，江苏省已经形成一套质量管控措施。在每年年底，组织全年海洋增殖放流工作总结会，会上组织代表及相关专家，对第二年的放流种类、放流区域、放流时间等情况进行方案审查，作为来年增殖放流工作的依据。若出现种类增加、规格变更等情形时，均专门组织专家评审会进行评审。

加快制订出台水生生物增殖放流操作技术规范、主要放流物种技术标准和规范。对增殖放流过程的各个环节进行监督管理，加强增殖放流前期申报审批制度、生态风险评估制度，放流中的苗种检测检疫制度、水域执法监管制度，放流后的保护和监督管理制度、效果评价制度，为增殖放流提供全方位的制度保障。制定一个适合我国实际情况又比较详细的人工鱼礁建设技术规范，包括对人工鱼礁的礁址和礁体的设计、制造、运输、布置、投放等都应该做出明确、具体的规定，以便更好地发挥人工鱼礁的最大效能，避免由于盲目发展而对海洋生态环境以及渔业资源造成不必要的破坏（林连钱，2007）。

3. 制定严格有效的监管机制

无论是增殖放流还是人工鱼礁建设，都是“三分放，七分管”。为确保渔业资源增殖取得实效，切实提高放流的成活率、鱼礁的增产量，达到渔业资源增殖的经济和生态效益目标，需要强化增殖放流以及人工鱼礁建设水域选址、放流和投放过程以及社会参与活动的监管。

（1）增殖苗种监管：各级渔业主管部门要加强增殖苗种监管，严格执行《水生生物增殖放流管理规定》、财政项目管理要求以及有关技术规范和标准；切实做好增殖放流苗种检验检疫，确保苗种健康无病害、无禁用药物残留，杜绝使用外来种、杂交种、转基因种以及其他不符合生态要求的水生生物进行增殖放流。供苗企业育苗期间，不定期组织专家对企业育苗情况进行督查，重点检查企业育苗进度、苗种种质等相关情况，确保增殖放流任务如期顺利推进。苗种达到投放规格后，要求企业委托资质单位进行苗种检测，药残检测执行农办渔［2009］52号文，疫病检测执行农渔发［2011］6号文。检测合格后，企业凭检测报告提出投放申请，组织工作人员进行预验收，初步确认苗种规格、数量等情况达到投放要求。

江苏实行苗种验收投放五方参与机制，由项目实施单位组织专家对供苗企业增殖放流苗种进行验收，由纪检部门现场监督，由公证机构现场公证。实行验收表格规范化、格式化，实施单位、供苗企业、纪检、公证、专家五方共同签字确认后，作为苗种投放的凭证。

浙江省规定用于增殖放流的亲体、苗种等水生生物必须是本地种，严禁使用外来种、杂交种、转基因种以及其他不符合生态要求的水生物种进行增殖放流。在放流苗种培育阶段，承担放流任务的渔业主管部门应组织具有资质的水产科研或水产技术推广单位，在放流苗种亲体选择、种质鉴定等方面严格把关，加强对供苗单位亲本种质的检查。对种类特征明显异常且无符合规定的亲本来源证明的，未经种质鉴定不得放流。

福建省根据渔业环境和资源的特点，制定各年度“百姓富 生态美”增殖放流实施方案、《福建省水生生物增殖放流工作规范》、福建省地方标准《水生生物增殖放流技术规范》DB/T 1661—2017等，保证放流苗种的规格和质量。同时，要求各级海洋与渔业行政主管部门按照“公开、公平、公正”原则，根据新修订的招标法，不以价格为单一评判标准，依法依规进行公开招投标确定供苗单位。生产供应种苗的单位应具有水产种苗生产许可证或驯养繁殖许可证。在同等的条件下优先选择国家级、省级水产原良种场、驯养繁殖基地以及农业部公告的珍稀濒危水生动物增殖放流苗种供应单位作为放流苗种供应单位；要求专家技术组对中标单位的亲本选择、苗种培育进行监督和种质鉴定，确保放流苗种质量；严禁采购杂交种、转基因种及外来种，确保水域生态安全。

（2）严格供苗单位准入：建立定期定点及常态化考核机制，提高增殖供苗单位的整体素质，保障苗种质量和水域生态安全；提倡和鼓励供苗单位自繁自育，严厉打击临时买苗放流现象，研究制定增殖放流苗种购苗中培清单，探索建立增殖放流亲体保育单位资质标准（高峰，2016；罗刚，2016）。在宁波已经试行的“苗种备案”制度效果不错，在一定程度上可以提高增殖放流资格门槛，可以发挥一定的作用。

（3）放流水域的渔政执法监管：放流水域是否具备有效的保护措施是增殖放流取得实效的关键，为确保放流取得实效，切实提高放流成活率，就要强化增殖放流水域监管，通过采取划定禁渔区和禁渔期等保护措施，强化增殖前后放流区域内非法渔具清理和水上执法检查，以确保放流效果和质量。承担放流任务的渔业主管部门应根据实际情况进行不同频次的巡查和管护，严厉查处各类违法捕捞和破坏放流苗种的行为，防止“边放边捕”“上游放、下游捕”等现象。从提高增殖放流成效的角度，增殖放流实施水域宜选择具备执法监管条件或有效管理机制，违法捕捞可以得到严格控制的天然水域。开展增殖放流的同时，应加强制度建设，完善并落实监管措施，通过建立健全渔政监督和管理机构、明确规定增殖水域的保护对象及采捕标准，在配套制度及措施上为放流工作顺利开展提供保障。

（4）社会放生活动的主动介入监管：近年来，随着人民物质文化生活水平的提高，我国以企业集团、宗教组织及其他各类民间社会团体、个人自发组织的社会放流放生活动风生水起，社会力量已成为我国增殖放流和水生生物资源增殖事业的一支重要力量。但多数民众因不了解科学放生知识或固有放生理念，造成无序盲目放流放生乱象丛生，海陆种互放、南北种互放等现象屡见不鲜，存在很大的生态安全隐患。此外，社会放流放生多为群众自发行为，放流放生苗种多数是从市场或小育苗场采购，基本都未进行检验检疫。社会放流放生问题关乎生态安全，应高度重视，未雨绸缪，提前介入，争取主动。因此，建议成立“水生生物增殖放流协会”，作为监管机构，规范放流放生行为，并为社会放流放生活动进行科学规范和指导，确保渔业生态安全。

通过“水生生物增殖放流协会”建立与宗教部门、社会放流组织、放生团体的沟通协调机制。争取把社会力量纳入到国家增殖放流体系中，可以开展以下工作：①宣传普及增殖放流常识。通过组织专家进行科普知识讲座，科学指导增殖放流放生行为。②组织开展社会捐助增殖放流工作。明确增殖放流主管部门（监管方）、单位或个人（捐助方）、协会或中介机构（第三方）、苗种供应单位（如增殖站、增殖示范基地等）等各方权责，创造性引导开展社会放流放生工作。③搭建社会组织放流放生平台。由增殖放流协会负责建设一批集资源增殖知识普及、文化宣传、休闲旅游、放流放生等功能于一体的大型综合性放流放生平台，满足社会需求，确保放流放生生态安全。

人工鱼礁建设从选址、施工到后期维护都需要规范化的监管措施（曾旭等，2018）。各级海洋与渔业行政主管部门要加强组织管理和协调，海监和渔政执法队伍要强化执法管理和自身建设，严厉查出违法违规行为，确保人工鱼礁建设达到预期效果，产生明显的社会效益、生态环境效益和经济效益。需要制定规章制度加强管理，在人工鱼礁区域限制捕捞量和捕捞工具；尤其严惩电、炸、毒鱼行为。防止毁灭性掠捕的竭泽而渔事件的发生，使人工鱼礁区的海洋生物得以生息、繁殖和生长；同时要在礁区周围设立昼夜可视的浮标标志物，以防止无意进入人工鱼礁区捕鱼和发生交通事故（林连钱，2007；刘敏，2017）。

4. 统筹使用资源增殖专项资金

对于增殖放流，中央财政资金的投入是比较稳定和持续的，其他资金受到各方面因素的制约，不稳定且有急剧缩减的趋势。建议设立“增殖放流专项基金”“人工鱼礁建设基金”，探索建立政府投入为主、社会投入为辅的多元化投入机制，寻求个人捐助、企业投入、国际援助等多渠道资金支持，建立健全水生生物资源有偿使用和资源生态补偿机制，形成政府引导、生态补偿、企业捐赠、个人参与的多元化投入格局。通过专项基金的形式统筹中央、地方、社会等的资金，为增殖放流提供组织和资金保障。

通过设立专项基金，规范项目资金管理，逐步建立健全项目储备、专项资金管理、项目监督检查、资金绩效评价等覆盖项目资金全程监管的一系列制度体系，逐步建立起规划、项目、资金、监管有机结合的运行管理体系（韩立民等，2015；刘敏等，2017）。针对增殖放流项目实施的特点，制定项目专项资金管理规定，使项目实施和资金管理有章可循、有据可依，切实加强增殖放流资金管理，规范资金管理使用程序，合理规避跨年度采购苗种的支付风险。同时加大民众参与和监督的力度，以确保增殖放流专项资金使用安全、取得实效。

对于人工鱼礁建设要根据鱼礁不同类型、不同目标设定不同的资金来源。对于生态公益性的人工鱼礁主要还是有国家政府部门投资设立，进行相关的管理，保护人工鱼礁区的生态环境，逐步增减自然资源量。对于渔业开发型的人工鱼礁建设，除了国家政府投资之外还应该加上渔业主管部门收取的各类生态补偿款或者增殖保护费中调拨经费，最终目的还是为了增加渔业资源，实现渔业增产、渔民增收。另外，还有休闲渔业型的人工鱼礁假设，主要由社会企业或个人进行投资管理，采取谁投资谁受益的原则进行相关管理。

（四）加强渔业资源增殖放流与人工鱼礁建设宣传教育

水生生物增殖与人工鱼礁建设是“功在当代、利在千秋”的社会公益事业，需要社会各界的广泛参与和共同努力。各级主管部门要通过多种多样的形式积极开展水生生物资源增殖宣传教育，一方面增强国民的生态环境忧患意识，提高社会各界对渔业资源增殖的认知程度和参与积极性，鼓励、引导社会各界人士广泛参与增殖放流活动与人工鱼礁建设与保护，为渔业资源增殖事业的可持续发展营造良好的社会氛围。对于增殖放流活动要引导社会各界人士科学、规范地开展放流活动，有效预防和减少随意放流可能带来的不良生态影响，使增殖放流事业可持续发展。对于人工鱼礁建设，要同海上交通、航道、环保、海事及军事等有关部门，进行广泛的人工鱼礁建设宣传教育活动，相互配合，通力合作，共同维护和管理好人工鱼礁，尤其是投放后的关键区域要禁止捕鱼，需要广泛的宣传让渔民远离这一区域。

目前，我们的社会宣传教育力度做得还不够。除了电视、报纸、网络等新闻媒体对每年 6 月 6 日“放流日”的集中报道。还应当采取多方面的宣教方式，积极开展科普活动，设置增殖放流科普展板，宣传普及科学的放流放生知识。

（1）媒体广告：利用好微博、微信等新兴媒体，精心制作科学放鱼公益广告在央视等主流媒体集中播放，使科学放鱼生态安全理念深入人心。

（2）固定平台：不能运动式的宣传，要长期稳定有固定场所，如武汉的江豚教室等；美国在过鱼设施、孵化场都设置有宣传教育的场地，成为了旅游观光地。

（3）建立展览馆：可以选定几个长期的具有重要意义的放流点或者增殖机构，建立渔业增殖放流展览馆，来进行增殖放流的宣传工作。

（4）招募志愿者：招募培训水生生物增殖放流科普宣传志愿者，作为增殖放流讲师深入民间放生团体宣传科普，将民间放生行为转变为科学规范的水生生物增殖放流行动，推动民间乱放生问题的有效解决。人工鱼礁的管理与当地渔民的关系极大，对渔民进行宣传教育招募为志愿者。根据国家的渔业法，制定切实可行的鱼礁管理制度，建立渔民自律管理机制。通过当地渔业管理部门，发动当地渔民，一起来管理好人工鱼礁区（林连钱，2007）。

（五）扩大渔业增殖放流与人工鱼礁建设国际合作交流

扩大渔业资源增殖与人工鱼礁建设的国际合作，制定并实施国际交流计划，通过加强同渔业发达国家如美国、挪威、日本以及国际组织的广泛联系，选派各层次管理及科研人员出国学习、培训等方式，提高我国增殖放流及人工鱼礁建设的整体技术水平。此外，还应加强专业人才的培养，通过定期开展培训课程及专业讲座的方式，提高渔民劳动技能，多层次、全方位地强化增殖放流的技术支撑体系。

七、东海专属经济区渔业资源增殖重大项目建议

（一）东海专属经济区增殖渔业生态学基础研究

1. 必要性

由于栖息地破坏、过度捕捞、水域污染、全球气候变化以及生物入侵等多重因素的影响，东海专属经济区渔业资源呈现出显著下降的趋势，危害我国的生态安全及水产品的有效供给。然而，资源衰退的基础生态学问题缺乏深入研究，以致难以制定出有效的渔业增殖措施，实现渔业的可持续发展。为了落实中央提出的生态文明建设和绿色发展国家战略，科学地开展渔业增殖工作，亟待开展增殖渔业生态学基础研究。

2. 重点内容

（1）东海专属经济区渔业资源衰退成因及机制。

（2）东海专属经济区渔业资源增殖放流和人工鱼礁容纳量。

（3）东海专属经济区渔业资源增殖过程和补充机制。

3. 关键技术

（1）重要渔业物种跟踪监测及资源评估技术。

（2）增殖放流和人工鱼礁容纳量模型的建立。

（3）人工鱼礁材料、结构、选址等基础性研究。

4. 预期目标

掌握东海专属经济区渔业资源衰退的成因及机制，确立适宜的增殖放流和人工鱼礁容纳量，探讨东海区合适的人工鱼礁类型和投放区域，阐明渔业资源增殖过程和补充机制。

（二）东海专属经济区增殖渔业效果评估与生态风险防控研究

1. 必要性

近年来，国家和各级地方政府投入了大量的财力和物力开展渔业资源增殖工作，然而，在开展增殖放流和人工鱼礁建设的过程中存在着科技支撑不足，盲目性大，技术体系不健全，生态风险防控意识薄弱等问题，以致难以准确地评估增殖效果和防范潜在的生态风险。亟待开展东海专属经济区增殖渔业效果评估与生态风险防控研究。

2. 重点内容

（1）东海专属经济区渔业资源增殖效果评估方法和技术。

（2）东海专属经济区外来物种、基因污染、病害传播等因子的潜在风险及其影响机理。

（3）东海专属经济区渔业资源增殖放流和人工鱼礁建设生态风险防控措施。

3. 关键技术

（1）建立经济、社会、生态等多因子增殖效果评估模型。

（2）建立风险评估及预警技术。

4. 预期目标

建立东海专属经济区渔业增殖效果评估技术及方法，准确地评估增殖放流与人工鱼礁建设引起的潜在生态风险，制定有效的防范措施。

参考文献

邓景耀,叶昌臣,等.2001.渔业资源学[M].重庆:重庆出版社,284-361.

高峰.2016.浅析设置放流苗种定点供应基地的必要性[J].河北渔业,(11):37-38.

韩立民,都基隆.2015.发展中国家海洋渔业资源增殖放流现状考察与建议[J].中国渔业经济,(1):16-22.

李继龙,王国伟,杨文波,等.2009.国外渔业资源增殖放流状况及其对我国的启示[J].中国渔业经济,27(3):111-123.

林连钱.2007.人工鱼礁建设及管理中存在问题的初步研究[D].上海:上海水产大学.

凌建忠,李圣法,严利平.2006.东海区主要渔业资源利用状况的分析[J].海洋渔业,28(2):111-116.

刘璐,林琳,李纯厚,等.2014.海洋渔业生物增殖放流效果评估研究进展[J].广东农业科学,41(2):133-137.

刘敏,董鹏,刘汉超.2017.美国德克萨斯州人工鱼礁建设及对我国的启示[J].海洋开发与管理,(04):23-27.

卢继武,罗秉征,兰永伦,等.1995.中国近海渔业资源结构特点及演替的研究[J].海洋科学集刊,36:195-211.

卢晓,董天威,吴红伟,等.2018.关于我国水生生物增殖放流生态安全的思考[J].中国水产,(1):52-54.

罗刚,张振东.2015.我国水生生物增殖放流存在的问题及对策建议[J].中国水产,(3):32-34.

罗刚,郑怀东,刘学光,等.2016.增殖放流区域布局发展现状存在问题及对策分析[J].农业与技术,36(15):1-4.

罗刚.2015.不宜增殖放流的水生生物物种情况分析[J].中国水产,(11):32-35.

沈新强,周永东.2007.长江口、杭州湾海域渔业资源增殖放流与效果评估[J].渔业现代化,34(4):54-57.

肖启华,黄硕琳.2016.气候变化对海洋渔业资源的影响[J].水产学报,40(7):1089-1098.

杨林林,姜亚洲,袁兴伟,等.2016.象山港典型增殖种类的生态容量评估[J].海洋渔业,38(3):273-282.

叶昌臣,李玉文,韩茂仁,等.1994.黄海北部中国对虾合理放流数量的讨论[J].渔业科学进展,(15):9-18.
尹增强,章守宇.2009.东海区资源保护型人工鱼礁经济效果评价[J].资源科学,31(12):2183-2191.
尤锋,王丽娟,刘梦侠.2017.中国海洋生物增殖放流现状与建议[J].中国海洋经济,(1):141-156.
虞聪达.2004.舟山渔场人工鱼礁投放海域生态环境前期评估[J].水产学报,28(3):316-322.
曾旭,章守宇,林军,等.2018.岛礁海域保护型人工鱼礁选址适宜性评价[J].水产学报,42(05):52-62.
赵淑江,吕宝强,李汝伟,等.2015.物种灭绝背景下东海渔业资源衰退原因分析[J].中国科学:地球科学,45(11):1628-1640.
朱晓光,房元勇,严力蛟,等.2009.高捕捞强度环境下的海洋鱼类生态对策的演变[J].科技通报,(25):51-55
Kaeriyama M,Seo H,Kudo H.2011.Trends in Run Size and Carrying Capacity of Pacific Salmon in the North Pacific Ocean[J].NPAFC Bulletin,(5):293-302.
Kaeriyama M.2004.Evaluation of Carrying Capacity of Pacific Salmon in the North Pacific Ocean for Ecosystem-Based Sustainable Conservation Management. NPAFC Technical Report,(5):1-4.
Mahnkenl C, Ruggerone G, Waknitzl W, et al. 1998. A Historical Perspective on Salmonid Production from Pacific Rim Hatcheries[J].North Pac Anadr Fish Comm Bull,(1):38-53.
Naish K A,Rd T J,Levin P S,et al.2007.An evaluation of the effects of conservation and fishery enhancement hatcheries on wild populations of salmon.[J].Advances in Marine Biology,53(8):61-194.
Rose K A,Jr J H C,Winemiller K O,et al.2001.Compensatory density dependence in fish population:importance,controversy,understanding and prognosis[J].Fish,2(4):293-327.
The History of Salmon[R].Final CCC Coho Salmon ESU Recovery Plan (Volume I of III).2012.
White Alaska salmon enhancement program 2005 annual report[R].Fishery management report,NO.06-19,Alaska department of fish and game.2006,3.

专题组主要成员

组　长 庄　平　中国水产科学研究院东海水产研究所

成　员 赵　峰　中国水产科学研究院东海水产研究所

王思凯　中国水产科学研究院东海水产研究所

张　涛　中国水产科学研究院东海水产研究所

刘鉴毅　中国水产科学研究院东海水产研究所

冯广朋　中国水产科学研究院东海水产研究所

王　妤　中国水产科学研究院东海水产研究所

耿　智　中国水产科学研究院东海水产研究所

专题Ⅲ 南海专属经济区渔业资源增殖战略研究

一、南海专属经济区渔业资源增殖战略需求

（一）推进渔业转方式调结构的重要举措

中国渔业的发展为解决吃鱼难、增加渔民收入、提高农产品竞争力、优化国民膳食结构等方面做出了重大贡献，为全球水产品总产品的持续增长提供了重要保障，也为促进渔业生产方式和结构的改变发挥了关键性作用。

2017 年 5 月，农业部发布“农业绿色发展五大行动”，在加强海洋渔业资源管理与保护上，明确提出要“积极推进人工鱼礁建设，增殖养护渔业资源”，并要求力争到 2020 年，实现海洋捕捞总产量与渔业资源总承载能力相协调。

因此，开展我国专属经济区渔业资源增殖，倡导生态优先原则持续发展，将有助于加快我国渔业增长方式的转变，有助于渔业从资源掠夺性、产量规模型向资源养护型、质量效益型转变，有助于发展资源养护型捕捞业、生态优先型增殖业和质量效益型休闲渔业，促进近海捕捞业、增殖业及休闲渔业在渔业供给侧结构性改革中发挥重要作用，实现新时代渔业提质增效目标。

（二）确保粮食安全有效供给的战略支点

中国海洋疆域辽阔，覆盖温带、亚热带和热带三大气候带，跨越 37. 5 个纬度。岸线总长度 3. 2 万 km（大陆岸线总长约 1. 8 万 km），岛屿 6 900 余个，大陆架宽广，管辖海域面积 300 万 km^2。沿岸入海河流众多，有长江、黄河、珠江等入海河流 1 500 余条，年平均入海径流量约为 18 152. 44 亿 km^3。另外，黑潮等大洋性环流对近海水文特征产生重要影响，两者共同为我国近海海洋输

送了丰富的营养物质。优越的自然环境为海洋生物提供了极为有利的生存、繁衍和生长的条件，形成了众多海洋渔业生物的产卵场、索饵场、越冬场以及优良的渔场。中国海洋渔业生物种类繁多，具有捕捞和养护价值的鱼类有 2 500 余种、蟹类 685 种、对虾类 90 种、头足类 84 种。底层和近底层鱼类、虾类、蟹类多为浅海性种类，主要栖息在 150 m 等深线以内海域。我国海洋生物资源的开发利用历史悠久，渔业发达，是世界海洋渔业大国。据 FAO 统计，2014 年全球捕捞渔业总产量为 9 340 万 t，其中 8 150 万 t 来自海洋水域，中国仍然保持海洋渔业产量大国的地位，随后是印度尼西亚、美国和俄罗斯。

其次，水产品消费量的大幅增长为全世界人民提供了更加多样化、营养更丰富的食物，从而提高了人民的膳食质量。据 FAO 统计，2013 年，水产品在全球人口动物蛋白摄入量中占比约 17%，在所有蛋白质总摄入量中占比 6.7%。此外，对 31 亿多人口而言，水产品在其日均动物蛋白摄入量中占比接近 20%。水产品除了能提供包含所有必需氨基酸的易消化、高质量的蛋白质外，还含有必需脂肪、各类维生素以及矿物质，即便是食用少量的水产品，也能显著加强主要以植物为主的膳食结构的营养效果。正因为具备宝贵的营养价值，水产品在改善不均衡膳食方面发挥了重要作用。因此，加强专属经济区渔业资源增殖，对于科学利用近海生产力，确保我国超过 13 亿人口的大国粮食安全有效供给具有战略性意义。

(三) 满足国民日益增长的对美好生活需求的重要组成

党的十九大指出，我国经济已由高速增长阶段转向高质量发展阶段，中国特色社会主义进入新时代，我国社会主要矛盾已经转化为人民日益增长的美好生活需要和不平衡不充分发展之间的矛盾。中国渔业是最先走向市场化的产业之一，经过 40 年的发展，渔业已经实现高速发展，渔业产量、渔业规模已经达到高度发达水平，因此，当前渔业发展面临着转型升级，从数量规模型向质量生态型转变。新时代我国渔业发展的战略目标，是满足人民日益增长的对优质安全水产品的需求，解决渔业区域和一、二、三产业间发展不平衡不充分的突出矛盾，解决确保优质、安全、生态、文化渔业产品供给的问题。我国专属经济区渔业资源增殖可为优质水产品供给、休闲渔业旅游、海洋渔业文化科普等提供重要的资源基础。

(四) 实施乡村振兴战略的重要内容

实施乡村振兴战略，是党的十九大做出的重大决策部署，是决胜全面建成小康社会、全面建设社会主义现代化国家的重大历史任务，是新时代“三农”工作的总抓手。为了指导乡村振兴战略全面实施，2018 年 1 月 2 日，中共中央、国务院颁布了关于实施乡村振兴战略的意见，《中共中央国务院关于实施乡村振兴战略的意见》是实施乡村振兴战略的法规性文件，2018 年 9 月 26 日，中共中央、国务院印发了《乡村振兴战略规划（2018—2022 年）》，规划明确提出要“强化渔业资源管控与养护，实施海洋渔业资源总量管理、海洋渔船“双控”和休禁渔制度，科学划定江河湖海限捕、禁捕区域，建设水生生物保护区、海洋牧场”。因此，渔业资源增殖是落实乡村振兴战略的重要内容。

二、南海专属经济区渔业资源增殖状况

(一) 增殖放流

1. 发展概况

1）南海区增殖放流发展历程

根据南海海域增殖放流的历史和现状，通过具体分析将南海增殖放流工作划分为 3 个阶段。

第一阶段：初试阶段（1985—1999 年）

南海海洋渔业资源增殖放流工作始于 1985 年，首先在珠江口和湛江广州湾开展了中国对虾、长毛对虾和墨吉对虾放流试验，1986—1988 年将试验范围扩大到惠州、珠海、汕尾等市，1989 年在广东省沿海地区全面推广，放流的主要品种有中国对虾、长毛对虾、墨吉对虾、鲍鱼、西施舌、波纹巴非蛤、紫海胆、石斑鱼、真鲷、黑鲷和红笛鲷等。截至 1987 年共放流对虾苗 1.646 亿尾、鱼苗 60 万尾。

第二阶段：增殖放流研究与技术发展阶段（2000—2010 年）

自 2000 年 6 月开始，广东省每年投入渔业资源增殖放流资金 1 000 余万

元，结合大规模的人工鱼礁建设，利用休渔期间实行全省统一时间集中放流，避免捕捞活动影响放流苗种的成活率，使增殖的幼苗有一个充分生长的时期，提高增殖效果，放流增殖的主要品种包括中国对虾、长毛对虾、墨吉对虾、斑节对虾、日本对虾、鲍鱼、西施舌、文蛤、波纹巴非蛤、华贵栉孔扇贝、紫海胆、紫红笛鲷、红笛鲷、青石斑鱼、斜带石斑鱼、真鲷、平鲷、黑鲷、黄鳍鲷、花尾胡椒鲷、星斑裸颊鲷、卵形鲳鲹、军曹鱼、花鲈和大黄鱼等，此外，还放流珍稀保护动物绿海龟、中国鲎等。近几年来，南海区各省、自治区又加大了对国家重点保护动物的投放，如海龟、中国鲎等的放流。2008—2010 年，南海区放流资金和放流数量呈直线上升趋势（图 2-3-2-1），放流数量从 2008 年的 6 300 万尾，上升至 2010 年的 8.6 亿尾。

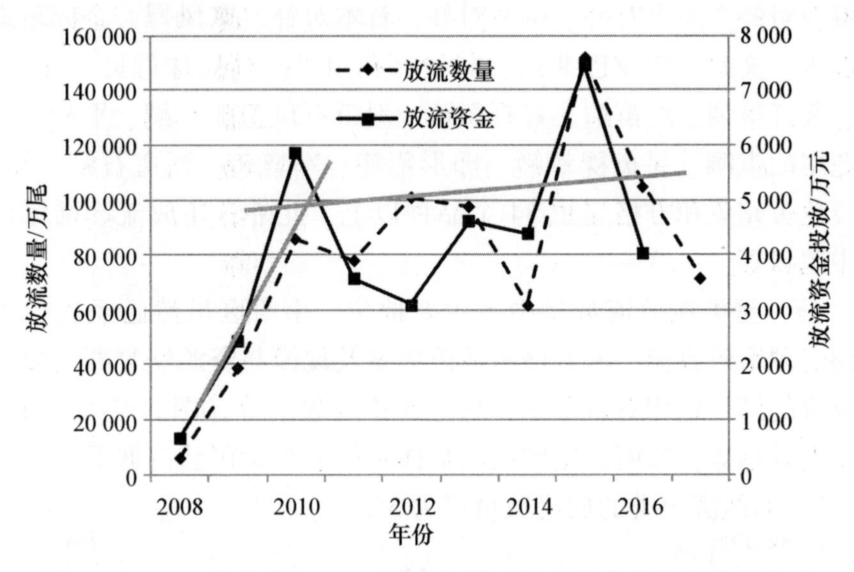

图 2-3-2-1　广东省 2008—2017 年增殖放流资金和放流数量变动

第二个阶段有以下几个突出特征：①初步开展增殖放流关键技术研究；②突破多种苗种繁育技术；③增殖放流管理制度逐步完善。

在此阶段制定了《广东省渔业资源增殖放流工作规范》，并根据已发布的《水生生物增殖放流管理规定》（2009 年农业部令第 20 号）、《广东省野生动物保护管理条例》（2001 年省九届人大第二十六次会议（第 110 号））、《广东省重要水生动物苗种亲体管理规定》（粤府办〔1998〕35 号）等，规范地进行广东省的水生生物资源增殖放流工作。

第三阶段：大规模增殖放流和适应性管理阶段（2011 年至今）

以我国建立了完善的《全国水生生物增殖放流总体规划（2011—2015 年）》为分界点，不断出台了《农业部关于做好“十三五”水生生物增殖放流工作的指导意见》（农渔发〔2016〕11 号）等相关政策，推动了我国增殖放流工作的不断完善。

2）近 5 年南海区增殖放流情况分析

（1）放流种类日趋丰富。2013 年以来，南海区每年投入渔业资源增殖放流资金 6 000 余万元，结合大规模的人工鱼礁建设，利用休渔期间实行集中放流，避免捕捞活动影响放流苗种的成活率，使增殖的幼苗有一个充分的生长时期，提高增殖效果，放流增殖的主要品种包括琼脂麒麟菜、中国对虾、长毛对虾、刀额新对虾、墨吉对虾、斑节对虾、日本对虾、东风螺、企鹅珍珠贝、鲍鱼、西施舌、文蛤、波纹巴非蛤、华贵栉孔扇贝、马氏珠母贝、黄斑篮子鱼、紫海胆、紫红笛鲷、红笛鲷、青石斑鱼、斜带石斑鱼、真鲷、平鲷、黑鲷、黄鳍鲷、花尾胡椒鲷、星斑裸颊鲷、卵形鲳鲹、军曹鱼、断斑石鲈、锯缘青蟹、花鲈、浅色黄姑鱼和方格星虫 34 个品种以上，此外，还放流珍稀保护动物绿海龟、中国鲎等。

（2）虾、蟹类在放流数量中占主要地位。南海区虽然已经进行了长期的水生生物资源增殖放流，但其增殖放流数量及规模与资源恢复的需要还有很大差距，放流的结构也相对较单一，从近 5 年的数据看（图 2-3-2-2），增殖放流数量呈上升趋势，然而，增殖放流群体中虾、蟹类仍然占据了放流主体（图 2-3-2-3），而经济鱼类的放流数量仅为 3%。

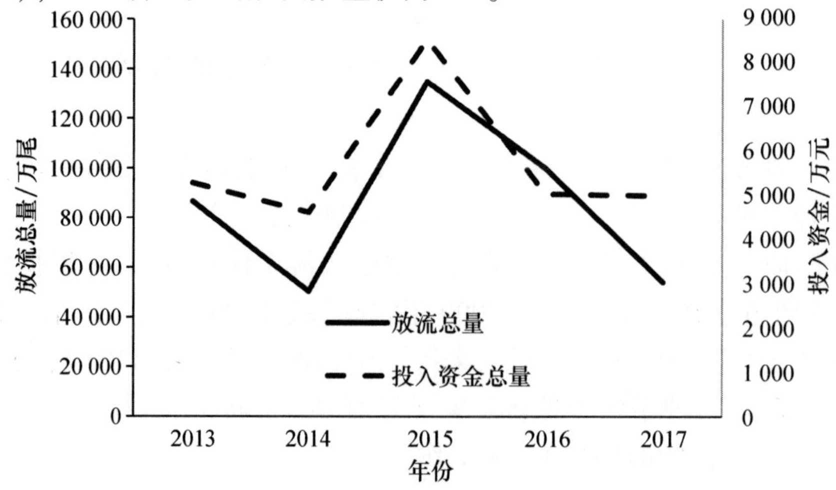

图 2-3-2-2　南海区中央资金投入总量和放流数量变化

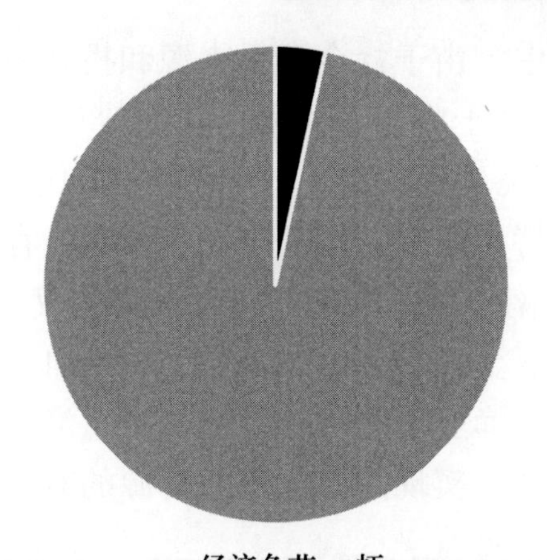

图 2-3-2-3 广东近 5 年累计增殖放流鱼虾比例

3）放流资金来源结构日趋复杂，经费支持力度低

南海区各地增殖放流经费主要来源为中央财政、省级财政、市县财政和社会资金，增殖放流年际资金变化较大（图 2-3-2-4）。从图 2-3-2-4 中可以

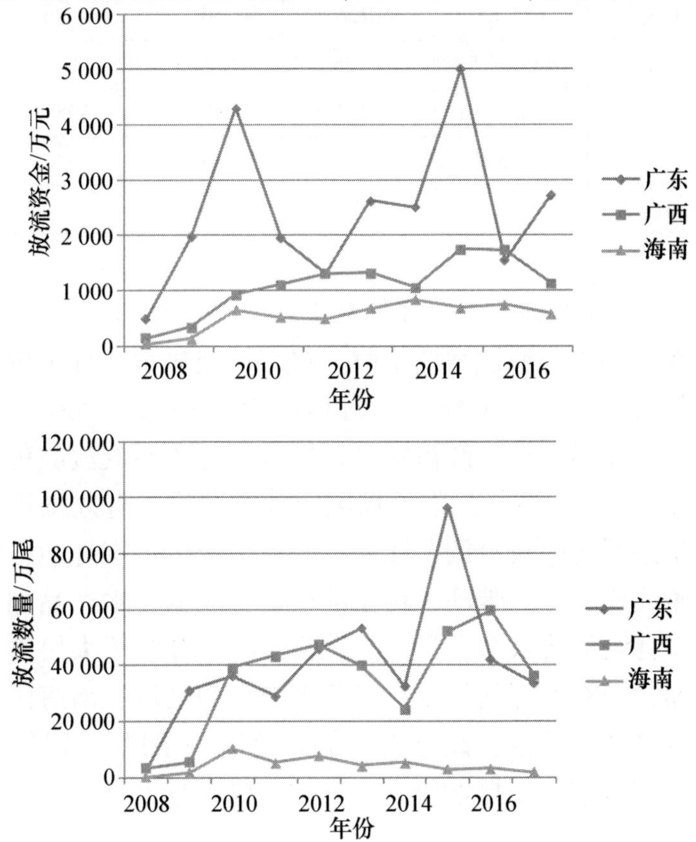

图 2-3-2-4 南海区三省（自治区）增殖放流数量和资金情况

看到，在所有资金来源中，由于社会资金来源和投入不稳定，社会资金的变动较大（表 2-3-2-1），对于整个资金投入规模产生较大影响。以 2015 年和 2016 年资金结构为例（表 2-3-2-1），与山东省相比南海区中央财政和省级财政对增殖放流的资金支持力度处于较低水平，同时，存在将放流经费统筹为扶贫经费等问题，2015 年南海区的增殖放流投入资金仅有山东省的 1/3，而 2016 年南海区增殖放流投入资金还不到山东省投入的 1/4。然而，南海作为我国最大的海域，海岸线绵长，渔业资源种类多样性高，渔业资源同样面临着衰退的现状，亟需加大支持力度，实现南海区渔业资源的有效增殖。

表 2-3-2-1　南海区三省（自治区）和山东省资金投入结构　万元

年份	省（自治区）	总投入	中央财政	省级财政	市县财政	社会资金
2015	山东	19 540.097	6 212.195	10 732.512	2 331.59	263.8
	广东	5 017.565	3 069.435	26.4	323.33	1 598.4
	广西	1 755.1	1 389.99	0	108.61	256.5
	海南	681.63	661.63	0	20	0
2016	山东	16 687.5	2 155	12 035	1 463	1 034.5
	广东	1 552.19	517.72	227.6	725.19	81.68
	广西	1 738.2	487	0	57.7	1 193.5
	海南	743	743			

4）科技支撑力度不够，效果评估缺乏

增殖放流有效促进了渔民增产增收。跟踪调查显示，种苗放流后，各种作业类型的渔民年人均纯增产 5.68 kg、纯增收 588.79 元，根据北海市水产技术推广站调查结果，卵形鲳鲹、红笛鲷、锯缘青蟹等主要放流品种的投入产出比达 1∶4.42。同时，放流种苗改善了水域的种群结构，有效维护了生物的多样性，增强水域生态系统的自身调节能力，改良了水生生态环境，创造了巨大的生态效益。增殖放流工作，带动了种苗的生产、运输、水产品加工等关联产业的发展，提高了社会经济效益，扩大了社会影响，提高了人民群众的资源环境保护意识。然而，现有的评估仅仅针对几个典型的区域，南海区尚未形成有效的跟踪监测和效果评价体系，缺乏有效的跟踪监测手段，效果评估的科学性、真实性和代表性有待进一步探索研究，科技支撑力量不足。

2. 关键技术

增殖放流是在对野生经济渔业资源（鱼、虾、蟹、贝、藻）等进行人工繁育、养殖或捕捞天然苗种后，投放到渔业资源业已衰退且仍具有增殖潜力的天然海域中，促进自然种群的恢复与补充，再进行合理捕捞的渔业模式。资源增殖放流是修复养护近海渔业资源、改善渔业水域生态环境、保护生物多样性的重要途径，是人工鱼礁建设的有机组成部分。野外渔业资源生态学研究、人工养殖育苗技术的迅速发展，以及政府与渔业主管、科研部门的重视促进三方优势力量的汇聚，使得渔业资源增殖放流在水产品提供、生态修复与社会宣传三方面的功能表现突出。

当前，中国渔业资源增殖放流工作仍以政府为主导，以恢复重要渔业水域的经济种类资源量为首要任务兼顾濒危与珍稀物种。需要指出的是，增殖放流是一整套系统工程，涉及渔业水域的资源生态调查与适宜性评价、放流物种的生物学特征、苗种质量、生态容纳量、放流策略及放流后期渔业管理、跟踪监测与效果评估、生态风险评价等一系列关键环节，绝不仅仅是简单地将经济种类的幼体投放到天然海域（刘奇，2009；杨文波等，2009）。增殖放流中诸多关键技术环节亟待深入、系统地研究，从粗放式简单的苗种投放、仅关注放流规模、渔民增收（杨君兴等，2013），转向基于生态系统结构与功能、苗种质量、管理策略与效果评价等基础与应用基础研究，为渔业资源增殖放流的效果提供技术支撑体系，以不断完善、规范增殖放流。

基于此，本节从增殖放流的增殖水域区划与适宜性评价、种类甄选、生态容量评估、增殖放流技术优化、增殖效果评估、生态风险评价 6 个方面简要回顾目前中国增殖放流，以期为南海增殖放流的海域选择、种类、数量、放流方式、增殖效果及风险识别等关键技术进步提供参考依据。

1）增殖水域区划与适宜性评价

渔业资源与生态环境本底调查是了解水域生态系统结构与功能、开展增殖品种的栖息地适宜性、确定增殖水域区划的基础。增殖水域的适宜性评价可开展生物资源与环境专项调查监测，或结合该水域的常规监测任务进行。主要研究内容包括渔业资源与生境调查、重要经济种类基础生物学研究和栖息地适宜性评价三方面。

（1）渔业资源与生境调查研究。采用合理方法调查和评估拟增殖放流海域的渔业资源状况是掌握资源增殖本底状况、量化增殖养护效果的基础。光学法（水下摄像和记录）和直接捕捞法（渔具作业）是资源调查的常用方法（汪振华等，2010；陈勇等，2014；张俊等，2015）。光在水中的传播距离短，渔具捕捞采样面积小，增殖海域底质类型复杂等限制了渔具作业调查；渔业资源声学评估方法能沿调查航线对表层盲区和底层死区外的全水层鱼类分布及其资源量进行三维定量研究，能反映鱼类的时空分布及变动，是增殖水域渔业资源评估中的有效方法，若能与传统的资源调查方法相结合，将充分发挥各方法在渔业资源调查的优势（张俊等，2015）。

拟增殖水域的渔业资源种类组成、群落结构变动评估是群落稳定性、生态系统结构与功能研究的基础，为分析渔业资源增殖种的生态容量、敌害鱼类竞争、对群落结构产生的潜在影响等提供基础数据。运用多样性指数分析、资源量变化时间序列分析是目前较为常用的方法。渔业资源与生态环境本底调查中，以渔业环境卫星遥感和拖网调查相结合的方法，综合生物量谱中回归系数的变化，对大亚湾休渔前后环境与渔业生物学对比分析研究大亚湾休渔效果（余景等）。以为增殖放流海域的本底情况调查提供了新思路和分析方法。

（2）重要种类的生物学研究。增殖水域重要种类（生态或经济上具有重要价值）的识别及其功能特征、基础水生生物学（繁殖、生长、洄游、分布）的研究，能够为增殖放流种类的区域分布、种类筛选、生态风险分析方面提供基础数据。

天然海域自然种群的渔业生物学与资源评估为海洋渔业的发展与管理提供了科技支撑。从20世纪50年代以来，中国对南海和北部湾渔场进行了多次渔业资源调查研究，采用科研调查船和机动渔船实施大面积定点调查或进行重点渔场、主要渔业对象的专项调查，测定海洋环境因素，开展了渔业资源生物学、鱼类地理种群等生态学、资源量评估和渔业管理等项目研究，基本上查明了主要经济鱼类的种群及其大致渔场位置和范围（郑元甲等，2013，2014）。

生物技术的进步，促进重要养殖品种的基础生物学研究发展，为渔业资源增殖提供了广阔前景。研究鱼类发生、发育、生长、繁殖及其生活习性的规律和机制并由此开发可用于遗传育种和病害防控生物技术，为渔业增养殖产业的形成和快速发展提供了系列的知识和技术源泉（伍献文和钟麟，1964；桂建芳，2014）。

（3）渔业生物的环境适应性研究。渔业生物的环境适应性研究能够为增殖种类及其所处生态系统中的种间关系、分布范围及生态位利用、生态系统能量流动等研究，为鱼类的栖息地修复和渔业资源的增殖提供理论依据。

生物与栖息地间的关系一直是生态学研究的重点，也是资源管理上的重要决策依据（石瑞花等，2008）。栖息地是生物赖以生存、繁衍的空间和环境，关系着生物的食物链和能量流（Benaka，1999）。在各种水域环境中，对鱼类的生存和繁衍起着关键作用的那些生境成为水域生态学和渔业管理的关注焦点（章守宇等，2011）。栖息地的质量可以直接从鱼类对其利用的强度上反映出来，质量越高的栖息地，其支撑的鱼类密度也往往越高（Maccall，1990；章守宇等，2011）。鱼类栖息地适宜性评估反映鱼类对栖息地的偏好程度，由生物的资源量、密度结合其所处的非生物因子、生物因子和人类活动的影响等分析关键因子的适合度曲线（杨刚等，2014；王学锋等，2016；曾旭等，2016）。

除经济水生生物与生态环境的相互作用研究以外，还开展了渔业资源增殖目标物种对其他生物的影响研究，这些都有助于人们进一步了解生态系统关键生物功能组的能量流动与物质循环特征。舒黎明等（2015）研究了柘林湾及其邻近海域底栖生物的种类组成与季节变化，认为养殖业对该海域大型底栖动物优势种的影响较大。

（4）生态系统服务功能评价与技术集成应用平台研发。开展拟增殖放流海域的生态系统服务价值与能值评估，是了解海洋生态系统服务结构、优化海洋生物资源利用模式的基础，为资源增殖放流本底调查提供深入了解，有助于总体上量化分析增殖放流的生态效益与经济效益。珠江口万山海域生态系统服务价值与能值的评估（秦传新等，2015），将能量与货币价值相结合，为生态经济学的研究提供了新思路，该海域生态系统服务价值从2007年的77亿元上升为2012年的115亿元，尽管海洋捕捞和养殖总产量下降，但水产品价格上涨和文化服务收入（旅游）的显著增长对生态系统服务的贡献日益突出。

此外，资源与环境的本底调查有助于资源增殖放流中生态风险的识别、应急措施的制定等。基于Geoserver的WebGIS在人工鱼礁可持续管理（于杰等，2015），为资源增殖放流的立体式、可视化评估提供了技术集成平台，为资源增殖放流的本底调查、数据分析、适宜性评价及效果评估功能提供了新技术，为增殖放流的生态服务价值评估及建设前后的资源生态成本效益对比分析、数据共享管理与学科交叉应用方面优势突出。

2）增殖种类甄选

选择适宜的放流种类是渔业资源增殖放流的首要任务。应以增殖放流的目的和放流投入、管理等为限制条件，从生物的基本生物学特征、生态容量、环境适应性等多视角下完成增殖种类的遴选。

生物技术与水产养殖技术迅速发展，中国近岸海域多种经济种类已开展了大规模增殖放流，虽然取得了一些效果（周永东，2004），但就如何明确选择放流种类，缺乏深入研究（王伟定等，2009）。围绕选种的“技术可行”“生物安全”“生物多样性”“兼顾效益”4个筛选原则，结合东海区各海域生物资源的特点，初步定性筛选出大黄鱼、海蜇、日本对虾、曼氏无针乌贼、三疣梭子蟹、黑鲷等多个品种为理想品种。技术可行，即放流种类在人工繁殖、中间管理（暂养）、增殖放流技术上可靠；放流地环境适合。生物安全，即放流种类必须是在本海域自然生长的土著种，不会对其他种类带来伤害；放流幼体必须是野生亲体繁殖的子一代或子二代苗种，确保遗传多样性的稳定，防止放流种群对自然种群的遗传污染。生物多样性，即保护放流水域的生境与生物多样性，应首先考虑资源衰退较严重或濒危物种。对于虽有较大经济价值，但自然种群密度较高的物种不应作为首选对象。兼顾效益，即放流种类本身要有较高的经济价值，实施增殖放流后能产生较好的生态、经济和社会效益。王学锋等运用主成分分析法从育苗技术成熟度、放流实践情况、可放流海域（中国四大海区近岸海域）、种群恢复力、优势体长、最大体长、栖息水层，营养级、恋礁性、生态重要性、成鱼价格对中国近海具有增养殖潜力的54种鱼类（陈丕茂，2009；单秀娟等，2012）提出了增殖适宜性评价的工作思路，部分鱼类生物学特征数据来自Fishbase，采用百分赋值法量化各鱼种的指标得分。从各指标的重要性来看（图2-3-2-5），具有增殖潜力的种类，其生态作用、成鱼价格是最重要的影响因子。各鱼种属性的聚类分析见图2-3-2-6和表2-3-2-2，可以看出，第Ⅰ类为增殖放流不适宜品种（包括前鳞骨鲻，鲻，龟鲮，油魣，刺鲳、篮子鱼、鳓、花鲦、斑鲦），主要是趋礁性差，或育苗技术不成熟，无增殖放流实践或生态价值低等原因。第Ⅱ类为中等适宜种类，部分鱼类如军曹鱼、尖吻鲈为放流种，但这些鱼类生态营养级较高，在放流海域的能量利用较低，故不宜大规模开展；康氏马鲛、海鳗属高度洄游种类。第Ⅲ类种适宜增殖放流的种类数最多，如钝吻黄盖鲽、圆斑星鲽，褐牙鲆、紫红笛鲷、黑鲷、真鲷、大泷六线鱼、许氏平鲉、大黄鱼等；这些种类的共性是育苗技术成熟，趋礁性较好，主要栖息于近岸水域，成鱼价格较高等，第Ⅲ类中亦有部分目前暂不具备增殖放流的种类，如二长棘鲷、乌鲳和棘头梅童鱼育苗技术不成熟。本方法通过主要增殖鱼类的生物学特征量化，为鱼类的增殖放流品种筛选建立量化指标体系提供一种新思路。

各指标根据生物属性（Fishbase和相关专业文献）和增殖放流的实践情况

（是否开展、适宜海区、政府网站报道）进行赋值。11 个指标对 54 种鱼类的增殖适宜性筛选结果（图 2-3-2-5 的主成分单位圆表示法），第一、二主成分共解释了鱼类 51.4%的增殖放流属性差异；其中生态作用、成鱼价格是最重要的影响因子（与第一主坐标的夹角较小，且对应的向量长度较长）。

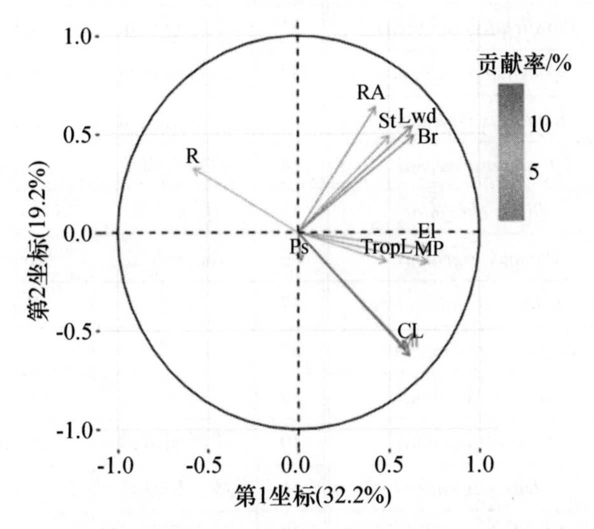

图 2-3-2-5　鱼类生物学特征在中国近海增殖放流鱼类适宜性筛选中的贡献率

注：Ps：potential stocking areas，可放流海域（中国四大海区近岸海域）；R：Resilience，种群恢复力；CL：common length，优势体长；ML：Maximum length，最大体长；Lwd：level of water depth 栖息水层，TropL：Trophic level 营养级、RA：Reef associated 恋礁性；EI：Ecological importance，生态重要性；MP：Market Price，成鱼价格

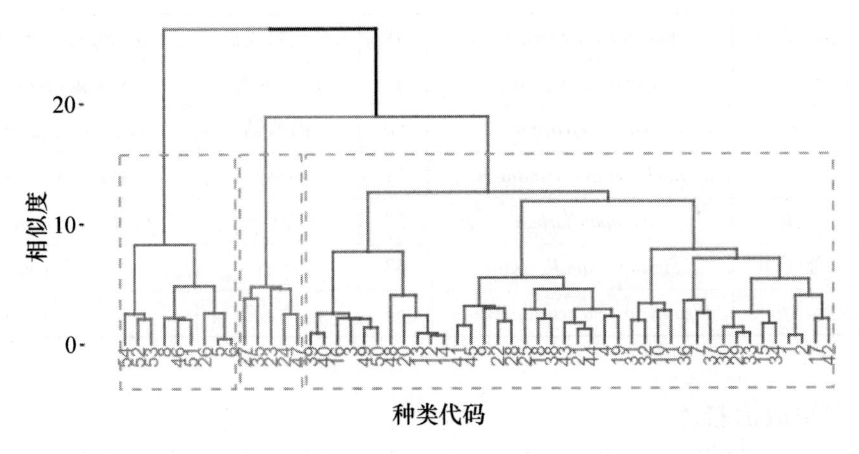

图 2-3-2-6　中国近海 54 种潜在增殖鱼类的特征的群聚分析

表 2-3-2-2　鱼名对照

序号	中文名	学名	序号	中文名	学名
1	钝吻黄盖鲽	*Pseudopleuronectes yokohamae*	28	六指马鲅	*Polydactylus sextarius*
2	圆斑星鲽	*Verasper variegatus*	29	青石斑鱼	*Epinephelus awoara*
3	半滑舌鳎	*Cynoglossus semilaevis*	30	橙点石斑鱼	*Epinephelus bleekeri*
4	褐牙鲆	*Paralichthys olivaceus*	31	点带石斑鱼	*Epinephelus coioides*
5	花鰶	*Clupanodon thrissa*	32	斜带石斑鱼	*Epinephelus daemelii*
6	斑鰶	*Konosirus punctatus*	33	云纹石斑鱼	*Epinephelus radiatus*
7	鲥	*Tenualosa reevesii*	34	六带石斑鱼	*Epinephelus sexfasciatus*
8	鳓	*Ilisha elongata*	35	康氏马鲛	*Scomberomorus commerson*
9	银鲳	*Pampus argenteus*	36	斑点马鲛	*Scomberomorus guttatus*
10	紫红笛鲷	*Lutjanus argentimaculatus*	37	乌鲳	*Parastromateus niger*
11	红鳍笛鲷	*Lutjanus erythropterus*	38	卵形鲳鲹	*Trachinotus ovatus*
12	正笛鲷	*Lutjanus lutjanus*	39	斑石鲷	*Oplegnathus punctatus*
13	勒氏笛鲷	*Lutjanus russellii*	40	花尾胡椒鲷	*Plectorhinchus cinctus*
14	纵带笛鲷	*Lutjanus vitta*	41	棘头梅童鱼	*Collichthys lucidus*
15	黄鳍棘鲷	*Acanthopagrus latus*	42	大黄鱼	*Larimichthys crocea*
16	黑棘鲷	*Acanthopagrus schlegelii*	43	鮸	*Miichthys miiuy*
17	真赤鲷	*Pagrus major*	44	黄姑鱼	*Nibea albiflora*
18	二长棘鲷	*Parargyrops edita*	45	浅色黄姑鱼	*Nibea coibor*
19	平鲷	*Rhabdosargus sarba*	46	刺鲳	*Psenopsis anomala*
20	斜纹胡椒鲷	*Plectorhinchus lineatus*	47	海鳗	*Muraenesox cinereus*
21	银石鲈	*Pomadasys argenteus*	48	大泷六线鱼	*Hexagrammos otakii*
22	花鲈	*Lateolabrax japonicus*	49	许氏平鲉	*Sebastes schlegelii*
23	尖吻鲈	*Lates calcarifer*	50	褐菖鲉	*Sebastiscus marmoratus*
24	军曹鱼	*Rachycentron canadum*	51	油魣	*Sphyraena pinguis*
25	细鳞蝲	*Terapon jarbua*	52	龟鲮	*Chelon haematocheilus*
26	黄斑篮子鱼	*Siganus canaliculatus*	53	鲻	*Mugil cephalus*
27	四指马鲅	*Eleutheronema tetradactylum*	54	前鳞龟鲮	*Planiliza affinis*

3）增殖放流技术

标志放流是评价渔业资源增殖放流效果，掌握放流种类的生长、死亡及其移动分布规律的主要途径（梁君，2013）。影响标志放流效果的因素众多，而量化这些影响因素，是推动标志放流技术进步和规范化的必要步骤（徐开达等，2018；吕少梁等，2019）。增殖放流技术涉及放流苗种质量管控、关键标志放流环节优化和放流策略评估等方面。

（1）苗种质量管控。苗种质量是渔业资源增殖放流中最关键的环节，关乎增殖放流的生态风险与增殖效果。水产养殖与生物技术的发展为放流的苗种遴选及规模化提供了更广阔的空间，而育苗期间环境条件、营养状况和亲本的体质直接关系到苗种质量，并会影响到放流群体的死亡率、回捕率。当前苗种质量的监管主要体现在增殖放流招标的资质要求中，要求苗种生产企业（投标单位）具有省级或国家级良种场或苗种繁育、采集的相应资质；苗种生产过程中须接受委托单位的监督和抽检。放流前15日内由专业的动物检验检疫机构进行苗种质量检测，质量检验（药检、病检）合格的才可放流。放流现场抽检、统计苗种死亡率、畸形率以及苗种数量，并由公证人员现场公证。

（2）标志放流关键环节优化。标志放流是研究鱼类生活史（洄游、生长、死亡、补充）及其资源时空分布格局、增殖养护效果的有效手段。标志放流的关键环节优化目的是通过放流技术细节的优化、以最大限度地降低人为因素对增殖放流实施效果评价的影响，即将适宜的放流苗种采用优化的标志-回捕技术放流于其适宜的生境。标志放流关键环节主要包括苗种的运输、标志材料、标记材料及标记生物种的规格、标记部位、标记角度的优化、放流鱼的苗种驯化。

在苗种运输环节方面，研究了密度胁迫对放流鱼苗运输存活率的影响，筛选出黑鲷塑料袋充气密封适宜的运输密度和运输时间（李丹丹等，2018）。从放流规格与密度对放流苗种存活率的影响，给出了紫海胆的最佳增殖密度（罗虹霞等，2015）。鱼体麻醉及标记方法的比选，为卵形鲳鲹、紫红笛鲷和黑鲷、黄鳍鲷的苗种的标志优化、规范化操作提供了建议（周艳波等，2014；吕少梁等，2019）。

由于增殖放流中科研投入占比过小，因此，大部分的放流鱼种没有后期的监测，放流后的种群监测研究普遍较少，进行的研究也主要是局限于研究机构小规模的研究。

（3）放流策略。合适的放流策略是提高放流苗种存活几率的技术保障。放流地点、时间、规格、中间培育（暂养）和放流方式、放流后的管理均属于放流策略的范畴。

加强增殖海区敌害鱼类分布（唐启升等，1997）及摄食规律的研究，对提高增殖效果具有重要意义（Mustafa，2003；单秀娟等，2008），因为捕食者的种群大小影响增殖效果，捕食率的数据对评估放流种的损失及相应调整放流规格具有参考意义（韩光祖等，1988；唐启升等，1994）。如在增殖放流区可采取对适宜生物回避的对策，即在敌害生物较密集的区域或重叠区不进行增殖放流或减少增殖放流。放流时间的优化在莱州湾中国对虾放流中发现 7 月底放流最佳。放流规格的优化则是在低放流成本与高存活率之间权衡确定的最优值，放流对象的规格直接影响其在天然海域的适应能力。如体长超过 110 mm 以上的对虾幼体具有较强的活动能力，尚未发现被鲈鱼幼鱼、黄姑鱼捕食（唐启升等，1997；林金錶等，1997）。研究发现 1992 年经中间培育的对虾回捕率为 7.9%，而 1994 年多数放流未经中间培育的虾苗，其回捕率仅为 3.0%。放流策略亦需考虑放流种类对环境条件的要求，如大麻哈鱼在特定的生活史阶段对外界环境要求苛刻（梁君，2013）。

放流方式并非机械地将苗种放流入海，它包括苗种放流前的条件、放流时间和放流过程。对于具体的放流规模或固定的资金投入，结合放流苗种的渔业生物学特性（生长率、死亡率、捕捞死亡率、野生种群的现状），开展增殖放流策略的模拟评估是科学增殖放流的重要体现，如关于放流地点和放流次数以及放流规模的优化工作。

增殖放流后，配套的渔业监督管理十分重要，是增殖放流管理策略和效果评估中的保障环节，以避免出现上游放，下游捕，海洋放流中，甚至出现专门捕捞放流苗种的非法捕捞。在我国增殖放流实践中，与增殖放流配套的渔业管理措施严重缺失，许多放流海域放流苗种过早被渔业捕捞，使得增殖放流效果大打折扣；另一方面，增殖放流活动缺乏长效机制，偶然性的增殖放流对渔业资源的恢复和经济种类资源量的补充作用甚微，需制定与增殖放流配套的管理措施，仅凭单一的增殖放流过程无法完成资源养护与修复的重任（程家骅等，2010）。

4）增殖容量评估

资源增殖的首要目标是在不损害野生资源的前提下增加整个种群的规模大小和提高种群的生长率（梁君，2013）。在许多情况下，并不一定要直接测定生态容纳量的绝对值（也难以测定）（唐启升，1996），可以用一些指标观察容纳量的相对变化（杨洪生，2018）。容纳量是一个涉及多方面的综合概念，涉及自然因素（地理位置、环境、生物和非生物资源）、社会经济因素（渔业管理法规、产业结构）、人为因素（人口数量及素质、人类活动的影响）以及主观因素（评价方法、评价指标、操作手段等），容纳量的评估具有较大的主观性。在容纳量的研究方面，目前没有成熟的、实用的定量化方法，而海洋方面的容纳量较之陆域方面的研究，更是存在诸多明显不足（杨洪生，2018）。

增殖放流中，拟放流海域的生态容纳量及放流数量是影响增殖放流成效的重要因素（Mustafa，2003；李继龙等，2009）。生态容纳量本身是一个动态变化的过程，种群的时空变化和沿岸生态环境变化是生态容纳量的重要调控因子，当前的生态容纳量计算多从静态的模型或现场实测出发。增殖放流前有必要对海洋海域栖息地的生态容纳量进行研究，并在进行任何规模的放流前对目标种群的生态位进行考察（梁君，2013）。

近海增殖容量方面的研究目前仍较少，主要受限于环境、生物及生态系统的复杂性。增殖放流种类在海区的容纳量可参考养殖方面的研究。在浅海关于养殖容量的研究方法主要包括以下几方面。

（1）经验研究法。结合养殖实验多年的养殖面积、产量、密度及环境因子的历史数据和信息确定适宜的养殖容量，该经验值受限于养殖技术和种类，存在一定的偏差。

（2）生理生态模型。在测定单个生物体生长过程中所需平均能量的基础上，通过估算养殖实验区的初级生产力或供饵力所能提供的总能量，建立养殖生物的养殖容量模型。用于增殖放流种类的容量计算时，由于放流海域的生物种类太多，且食物关系错综复杂，需要做适当简化，只能以放流目标种和放流海域群落优势种为研究对象，综合运用统计模型和现场实测、实验等技术手段进行估算。

基于经济水生生物食性和资源量评估的结果，结合饵料生物的资源量等结果，可以估算当前鱼类、虾类的饵料生物利用状况以及拟放流鱼类的饵料可利用状况。

（3）生态动力学模型。基于生态通道（Ecopath II）的模型的改进（Christensen and Pauly，1992），生态动力学模型从物质平衡的角度对不同营养层次的生物量进行估算，这对估算某海区的增殖品种及其生态容纳量更具可行性（贾后磊等，2003）。吴忠鑫（2013）等基于线性食物网模型估算荣成俚岛人工鱼礁区刺参和皱纹盘鲍的生态容纳量（吴忠鑫等，2013），研究当前礁区刺参和皱纹盘鲍的生物量分别占估算生态容纳量的31.72%和26.15%，仍具一定的增殖空间。Ecopath 模型模拟的结果容纳量强调的是理论最大限制值，但广泛采用的最大持续产量（Maximum sustainable yield，MSY）理论，当 MSY 等于生态容纳量一半时，增殖生物生长率较高（Mace，2001）。

海州湾经济鱼类生态容量的评估研究中，基于拖网、游钓和立体摄像调查3种方法对人工鱼礁区的资源监测与评价，运用 Ecopath 模型按照功能组的划分进行测定（杨洪生，2018），确定了海州湾许氏平鲉、大泷六线鱼的生态容量分别为0.168 4 t/km^2，0.094 8 t/km^2。

（4）现场实验通过现场测定养殖生物的生理生态因子及环境参数，计算养殖生物瞬时生长率为零时的最大现存量，即生态容纳量。此方法数据来自现场实验，适用于小面积海域的生态容纳量计算。

5）增殖效果评估

增殖放流效果是当前渔业资源增殖的首要任务。增殖效果的评估是增殖放流工作中的重要一环，而放流后期对放流种类的跟踪监测是放流效果科学评估的基础，亦能为今后改进增殖放流策略、实施适应性管理提供重要的参考依据（Chen et al.，2016）。

增殖放流后的效果评价包括放流海域生境质量评价，放流种群与野外种群的遗传关系、生态关系，以及放流个体的扩散与存活情况等；而放流个体的扩散与存活情况依赖于鱼类标志与群体判别技术（李陆嫔，2011）。

科学区分放流群体和自然群体是准确评估增殖放流效果的基础，也是困扰增殖放流效果评估的主要难题。目前国内外采用的标志方法主要以挂牌标志法，体外标志法、体内标志法和生物遥测法几种，这些方法大多只适合于规格较大的鱼类个体。而鱼类耳石标记则为鱼类的批量化标记提供了新方法（张辉等，2015），但后期的规模化取样、样品前处理及分析测试成本高昂。鱼类耳石核心区的微量元素的差异为判断其空间关联、栖息地来源及生活史过程比较分析，提供有价值的线索（Wang et al.，2018）。以回捕量和对繁殖群体的补充能力为评价指标，借助标志放流——回捕实验，利用模型分析法定量评估浙江象山港黄姑鱼的增殖放流效果（姜亚洲等，2016）。基于分子标记的标志物种在规模放流中见诸报道，要求在育苗阶段对亲本及子代进行分子标记，投入时间长，且放流个体与野生群体无明确区分标记，后期回捕个体需进行大批量测试，成本较高。因此增殖效果评估方面基础研究亟待加强。

6）增殖放流生态风险预警

水生生物增殖放流生态风险评价是指对水生生物增殖放流引发的正在发生或可能发生的不利生态过程的评估，主要包括风险识别、评估预测风险及其负面效果出现的概率，并利用外界生态影响因素和生态后果之间的关系提出缓解、防控措施，制定生态对策（聂永康等，2016）。如何提高水生生物增殖放流效果、降低增殖放流生态风险，是增殖放流工作的重要任务之一（姜亚洲等，2014）。

20世纪50年代末，我国开始启动水生资源的增殖放流工作。截至目前，放流水域已覆盖境内全部重要渔业水域。多年的实践表明，渔业资源增殖放流是恢复水生生物资源的重要和有效手段。然而，在当前中国的增殖放流工作中，生态风险识别、预警方面的研究与放流的大规模开展不相匹配，水生生物增殖放流对放流水域生态环境、环境生物、遗传多样性及病害传播等方面的风险不甚明了。近岸海洋水域由于与外海水相通，渔业资源种类组成、群落结构受野生种群的补充影响较大，尚未见详细报道。在淡水中已有因不合理增殖放流使土著种大头鲤（*Cyprinus pellegrini*）受到威胁的报道，在2000年大头鲤野生种群与20世纪60年代末大量引进的外来种鲤（*C. carpio*），在星云湖已经大量发生渐渗杂交（唐卫星等，2012）。

增殖放流对增殖种类野生种群的胁迫（姜亚洲等，2014）方式可大致分为以下3种类型：一是增殖群体通过与野生种群间的生态竞争，影响野生种群的种群规模；二是通过与野生种群杂交影响其遗传多样性和生态适合度；三是通过疫病传播影响野生种群的健康状况。

增殖放流对增殖水域生物群落的影响表现在生态位（食物，栖息地）的竞争方面，在竞争过程中，同生态位的野生资源种类通常面临资源密度降低、空间分布格局改变甚至区域性灭绝的风险（Simon and Townsend，2003），高营养层次增殖种类可通过下行控制效应对低营养层次生物产生影响，影响方式同增殖种类与特定生物类群的营养级差密切相关（Benndorf et al.，2000）。

此外，增殖放流可通过改变增殖水域生物群落中不同功能群的配比组成，调整原有食物网结构，进而对增殖水域生态系统结构和功能产生影响。目前，鉴于用以表征生态系统物质循环、能量流动和信息传递的生态系统参数相对较少，关于增殖放流对增殖水域生态系统结构和功能的影响的研究仍不甚完善，现有研究主要围绕于增殖放流对生态系统的能流效率、生物地球化学循环过程以及生态系统耐受性的影响方式等相关内容展开（杨洪生，2018）。

放流种群的遗传管理是渔业资源增殖的重要环节。水生生物增殖放流的每一个步骤都有可能出现遗传危害，如种群灭绝或因选育造成的种群内和种群间遗传多样性丧失等。因此，在增殖放流的种群遗传管理中需注意亲鱼的收集方式、人工繁育设计模式、苗种的饲养方法和放流模式等关键问题。遗传多样性调查是遗传管理的基础，在渔业水域资源的调查中，应尽可能开展遗传多样性背景调查。通过应用染色体多态性检测、同工酶检测和DNA多态性分析等各种技术手段获得形态水平、蛋白质水平和DNA水平等不同层次的数据，从而建立物种的“遗传背景档案”，并确定动物保护单元，即进化显著单元（ESU，evolutionarily significant unit）。在增殖放流实践中，需尽可能多地收集不同地区的种群，分别饲养，科学管理，适时进行或避免种群间杂交，防止种群种质退化。若对于野外引种困难的种类，开展增殖放流时，应选择与放流区域属同一进化显著单元，且亲缘关系最近的种群作为该放流区域的备选繁殖亲鱼（杨君兴等，2013）。

除了遗传因素外，育苗期间苗种的疾病控制也非常关键。对放流苗种实施病害防控不但提高苗种的成活率，而且有利于放流群体野生群体及与之关系密切种类的生存与发展（梁君，2013）。生物环境的突然变化会导致疾病的产生，增加苗种的死亡率，如白斑综合征病毒的暴发使1993年海洋岛渔场的中国对虾大幅减产（Wang et al.，2006）。调查发现养殖的幼体和用于增殖放流的个体均来自于同一育苗场，感染病毒的对虾经放流后会将病毒扩散到野生种群且病毒携带者于第2年成群地被捕获作为亲本，病毒可能会遗传给子代，形成恶性循环。

（二）人工鱼礁

1. 发展概况

据不完全统计，国家和地方政府已在南海区先后建设人工鱼礁74个，其中广东70个（广东省人大议案项目资金建设50个，中央财政资金支持建设中央海洋牧场示范区20个）、广西2个、海南2个。投入人工鱼礁建设资金7.45亿元，涉及海域面积270.2 km^2，投放人工鱼礁4 219.1万空方，建成人工鱼礁区面积256.6 km^2，形成了以生态型人工鱼礁、海藻场和经济贝类、热带亚热带优质鱼类以及休闲旅游为一体的海洋生态改良和增殖开发的人工鱼礁模式，截至2017年年底，南海区共获得农业部批准建设9个国家级海洋牧场示范区。

南海区最早的人工鱼礁建设始于1979年广西北部湾开展的人工鱼礁试验，之后南海三省（自治区）陆续开展了一系列的人工鱼礁研究。2000年以后，以广东省为代表，南海区已逐步形成依托河口、海湾、近岸和海岛建设的以人工鱼礁建设、海藻场修复和南海定居性经济鱼、虾类增殖放流为主的养护型人工鱼礁建设模式。调查表明，养护型人工鱼礁渔业资源密度比投礁前平均提高8.7倍、最高提高26.6倍。人工鱼礁的建设，促进了南海区海域的资源增殖、生态修复、渔民的增产和渔业转型，生态、经济、社会效益逐步显现。此外，南海区部分有较好旅游基础的沿海市县从养护型人工鱼礁中衍生了以发展休闲渔业为重点而形成的休闲型人工鱼礁。

总体上看，南海区人工鱼礁建设迄今的发展历程可分为3个阶段：初试阶段（1979—2000年）、起步阶段（2001—2005年）、发展阶段（2006年至今）。

1）初试阶段（1979—2000年）

南海区人工鱼礁试验研究始于1979年广西北部湾，研究设计了26座小型单体式人工鱼礁，这部分礁体被投放于防城县珍珠港外的白苏岩附近海域，在此基础上，于1980年8月在北海、合浦等地的海域投放了石块、废旧船体鱼礁、钢筋混凝土鱼礁，并取得了一定的效果。1981—1987年，广东省在惠阳、南澳、深圳、电白、湛江、三亚等市县开展了人工鱼礁建设试点工作，并且设计了包括船型在内的10多种鱼礁，共投礁4 654个、18 227空方，投放鱼礁总体面积为73.7万 km^2。2000年，配合广东省沿海人工鱼礁建设规划工作，广东省在阳江市双山海域、珠海市东澳海域，采用废旧船体、钢筋混凝土作为礁体，开展了人工鱼礁投放的人工鱼礁建设试验，在沿海各地提前迈出了重启人工鱼礁建设的第一步。

2）起步阶段（2001—2005年）

2001年，广东省第九届人民代表大会常务委员会第二十九次会议通过《广东省人大常委会关于建设人工鱼礁保护海洋资源环境的决议》，将人工鱼礁上升为省发展战略。决定自2002—2011年，用10年时间，省财政投入5亿元，市、县（县、区）财政投入3亿元，计划在广东省沿岸海域建设50座生态和准生态型人工鱼礁。

2002—2003年，海南省投资45万元，在三亚双扉石附近海域投放20个2 m×2 m×2 m人工鱼礁，25个1.5 m×1.5 m×1.5 m人工鱼礁，材质均为钢筋混凝土结构，所占海域面积15亩。

3）发展阶段（2006年至今）

在发展阶段，从中央到地方均加大了对南海区人工鱼礁建设的支持力度。2007—2015年，中央财政下达给广东省海洋牧场示范区项目经费共6 975万元，目前共完成20个中央海洋牧场示范区的人工鱼礁建造8.136 6万空方，藻类种植0.96 km^{2}以及鱼苗、虾苗增殖13 681万尾（粒）、贝苗底播70 t等人工鱼礁相关建设，其中，2007—2015年的藻类种植以及鱼苗、虾苗、贝苗增殖任务和2009—2013年的人工鱼礁礁体建造投放全部完成。

截至2015年年底，《广东省人大常委会关于建设人工鱼礁保护海洋资源环境的决议》议案项目在省级资金和沿海各有关市、县（县、区）自筹资金的支持下，共建成了生态公益型人工鱼礁区50个，投放报废渔船88艘、混凝土预制件礁体沉箱80 530个，礁区空方量达4 205万空方，礁区核心区面积248.97 km^2。

在《广东省人大常委会关于建设人工鱼礁保护海洋资源环境的决议》议案项目通过广东省人大审议后，2015年广东省又启动了广东大型人工鱼礁示范区的建设项目，由省财政投入，确定了惠州东山海、珠海庙湾和茂名电白放鸡岛作为广东首批大型人工鱼礁示范区的建设海域。2017年，广东省继续加大人工鱼礁建设季度，由财政投入300万元开展广东省人工鱼礁建设可行性研究及规划工作，计划在调查和分析广东省海洋渔业资源和生态环境现状、社会经济现状、人工鱼礁建设现状及渔业资源增殖需求的基础上，开展全省沿海人工鱼礁区选划工作，编制广东省沿海人工鱼礁建设可行性研究报告和建设规划，为未来10年全省沿海人工鱼礁建设工作提供科学指导。

根据调研，广西已建海洋牧场示范区2个，在建海洋牧场示范区3个，规划建设海洋牧场示范区3个，其中国家级海洋牧场示范区2个，分别为防城港白龙珍珠国家级海洋牧场示范区和钦州三娘湾国家级海洋牧场示范区。广西壮族自治区海洋牧场示范区均属养护型人工鱼礁，截至目前，共投入资金8 892万元，建设总面积8.06 km^2，已建人工鱼礁礁体23.05万空方，在建礁体5.96万空方。其中，广西海洋牧场示范区（北海）已建礁区面积1.06 km^2，人工鱼礁礁体1 276座，7.56万空方；防城港白龙珍珠湾海域国家级海洋牧场示范区建设总面积7.0 km^2，已建礁体2 192座，12.38万空方，在建礁体3.1万空方；钦州三娘湾海洋牧场示范区在建礁体2.86万空方。

海南目前已建成4个人工鱼礁项目，总投资4 700万元，包括中央投资900万元，省级投资300万元，市县投资1 600万元，企业投资1 900万元，建成面积为2.0 km^2。其中三亚蜈支洲岛海洋牧场由三亚蜈支洲岛旅游区承建，已完成投资3 800余万元，其中省财政投资300万元，三亚市财政投资1 600万元，建成面积0.67 km^2；西沙永乐群岛羚羊礁和文昌冯家湾等2个人工鱼礁项目均为政府主导的公益性项目，全部由中央投资，各 300 万元，建成面积共 1.33 km^2，已建成的人工鱼礁对环境起到了较好的修复作用。此外，在建、待建人工鱼礁项目计划总投资 1.38 亿元。其中中央投资的 4 个，每个中央投资 2 000万元，均为政府主导建设，分别为：海口东海岸人工鱼礁，2017 年批复，面积 1.0 km^2，无配套资金，已完成礁体设计，正在开展人工鱼礁建设招标相关准备工作；文昌冯家湾人工鱼礁，2017 年批复，面积 1.5 km^2，无配套资金，已完成海域论证和环评，以及人工鱼礁招标前期的准备工作，将马上开展招标；儋州市峨蔓人工鱼礁，2018 年拨付资金，面积 1.6 km^2，配套资金 580 万元；临高头洋湾人工鱼礁示范区建设项目，建设面积 0.73 km^2，中央投资 2 000万元，配套资金 200 万元，正在开展前期工作。另外，三亚崖州湾热带海洋学院人工鱼礁教学科研示范基地项目，建设单位为海南热带海洋学院，2018 年批复，建设面积 0.33 km^2，省级投资 2 000 万元，配套资金 3 000 万元，建设期限 3 年，当前正在开展用海申请等前期工作。另外，海南省海洋与渔业厅根据海南岛周边的海域情况，初步策划了 11 个具有可行性的人工鱼礁项目。

迄今为止，南海区共获农业部批准建设广东省万山海域、广东省龟龄岛东海域、广东省汕头南澳岛海域、示范区广东省汕尾遮浪角西海域、广东省茂名大放鸡岛海域、广东省阳江山外东海域、广东省湛江遂溪江洪海域、广东省陆丰金厢南海域和广西壮族自治区防城港市白龙珍珠湾海域共 9 个国家级海洋牧场示范区。通过多年的努力，南海区人工鱼礁建设也取得了以下显著成效。

（1）海洋渔业资源得到了一定程度的养护，通过以人工鱼礁、增殖放流为主的人工鱼礁建设，对增殖资源、增加产量和保护生态起到了关键作用。惠州大辣甲南、深圳杨梅坑、珠海东澳等牧场区人工鱼礁礁体上附着各种的海洋生物，其覆盖率超过了 95%，这些生物是优质鱼类幼鱼的主要觅食对象，有了这些生物的存在，处于食物链上层的经济鱼类会被吸引进入人工鱼礁区觅食，礁区周围发现了细鳞鯻、斑鳍天竺鲷、九棘鲈等海洋经济鱼类 23 种，还发现了以三线矶鲈和黄斑蓝子鱼为主的鱼群在礁体四周活动；在廉江龙头沙人工鱼礁区，发现了以金钱鱼（金鼓）和四线天竺鲷为主的鱼群，这些鱼类在人工鱼礁投放前开展的本底调查中并没有发现；根据渔民捕捞、观察表明，礁区鱼类的种类和数量均呈递增趋势，一些濒临绝迹或已为“稀有”物种纷纷在礁区聚集，原已不复存在的鱼汛也在慢慢恢复，优质经济鱼类和岩礁性鱼类鲷科鱼、蓝子鱼、梭子蟹、小公鱼等品种，2013 年春汛同比增长 25%以上。调查表明，广东人工鱼礁区渔业资源密度比投礁前平均提高 8.7 倍，最高提高

26.6 倍。

（2）海洋生态环境得到修复，濒危物种得到保护，湛江海洋牧场示范区通过栽培马尾藻等大型海藻后，水体中氮、磷营养盐负荷明显降低，水质环境明显改善，栽培收获每吨马尾藻可从海水中去除氮和磷分别为 2.01 kg 和 0.11 kg。

（3）渔业生产结构得到调整，渔民收入有所增长，经过多年的人工鱼礁、增殖放流等人工鱼礁建设，有效地促进了沿岸经济鱼类、虾类、蟹类资源的增殖，渔业生产效益得以提升，渔业产量得以增多，使渔民收入得以增加。自 2011 年以来，广西防城港市沿海捕捞虾类、红鳍笛鲷、真鲷、卵形鲳鲹、华贵栉孔扇贝等优质海产品产量都有一定的增加，虾类产量年均增加约 0.6%、青蟹产量增加约 0.8%、经济鱼类产量增加约 0.3%，受益的渔民约 8 200 人，新增产值约 1 100 万元；惠州市大亚湾区澳头街道办事处东升渔村，建设人工鱼礁前渔民年平均收入不到 5 000 元，投礁后渔民通过搞“渔家乐”等海上休闲活动，年收入平均达 6 500 元；目前，近海渔民在天气适宜捕捞的情况下，每天都有 30~40 艘船只于惠州大星山人工鱼礁区附近进行垂钓作业，捕捞人数 100 多人，每天每艘渔船渔获高达 50 kg，且为优质品种居多。根据广东人工鱼礁建设效果调查资料，采用资源增殖评估方法和人工鱼礁生态服务功能评估模型进行计算，已建成的人工鱼礁区，每年直接经济效益达 7 093 元/亩（包括捕捞收入、养殖收入、旅游收入等），每年生态效益达 3 740 元/亩（包括水质净化调节、生物调节与控制、气候调节、空气质量调节等。

2. 关键技术

1）人工鱼礁工程设计与结构优化技术

（1）抗滑移抗倾覆技术。南海区根据深圳杨梅坑人工鱼礁区海域的波流、水深等状况，对方型角板中连式礁体和方型对角板隔式礁体进行了不同海流速度下的受力、抗翻滚系数和抗滑移系数的对比研究（陶峰，2009）。在鱼礁定位投放的研究上面，南海区基于小振幅波和力学理论，以车叶型鱼礁为研究对象，分析了车叶型鱼礁在不同波浪、不同水深、不同海床坡度及附着生物等多种条件下的安全性，确定了车叶型鱼礁的安全重量和适宜投放的水深范围（唐振朝，2011）。

（2）物理环境功能造成技术。在鱼礁和礁区天然物理环境的相互作用下，鱼礁投放后的新环境深刻影响鱼礁功能。人工鱼礁投放到海域后，产生局部上升流，上升流能把底层的沉积物和营养盐向上层水体输送，加快营养物质循环速度，提高海域的基础饵料水平，使礁区成为鱼类的聚集地（林军，2006）。研究确定浅海贝壳礁以具有不规则表面形态的贝壳制作，能有效增加礁体的生物附着量，改良海区海洋生态环境，增加水域生产力，提高海洋生态系统服务价值（王莲莲，2015）。

（3）礁体（群）配置组合技术。鱼礁设计和建造中需要根据投放目的以及投放区域的生物资源状况确定人工鱼礁礁体的结构和配置方式，包括礁体的开口、表面积、形状、高度、朝向、投放密度、渔获方式等，这些因素决定了人工鱼礁增殖和诱集鱼类的效果。潜水观测表明，大多数鱼种在礁体配置越密集的区域资源量越大（林军，2006）。针对方型礁、圆管型礁、三角型礁、M型礁、半球型礁、星型礁、大型组合式生态礁、宝塔型生态礁，采用例子图像测速技术（付东伟，2014；刘彦，2012）、FLUENT计算机数值模拟技术（吴伟，2016；林军，2013）、风洞实验（刘洪生，2009）等物理模型和仿真分析，研究了单体鱼礁形状、尺寸对周围流体流态的影响，为鱼礁结构优化提供科学依据；分析礁体摆放方式和组合布局模式对流场分布的影响，为单位鱼礁的配置规模、布局方式和摆放设计提供合理参考。

2）人工鱼礁生物附着技术

人工鱼礁的材料不同，其生态效果也不同。采用开路电位、电化学极化曲线、电化学阻抗谱（EIS）研究了紫铜在海水盐度和微生物影响下的腐蚀行为，查明了在海洋微生物作用下紫铜的加速腐蚀进程（陈海燕，2014）。研究确定浅海贝壳礁以具有不规则表面形态的贝壳制作，能有效增加礁体的生物附着量，改良海区海洋生态环境，增加水域生产力，提高海洋生态系统服务价值（王莲莲，2015）。

南海区20世纪70年代开始了较全面的珊瑚礁生态修复和人工繁育试验。建立了典型热带亚热带珊瑚存活适宜参数筛选技术、典型热带亚热带珊瑚增殖修复技术、珊瑚移植固定技术、珊瑚与其他生物亲和效应技术、珊瑚分子系统发育技术、人工繁育技术等。研究了珊瑚礁岩的弹性波性质，并根据DPL测试结果，将礁坪砂砾土分为4种类型。摸清了造礁石珊瑚有性繁殖和幼体发育过程，为将来利用有性繁殖技术恢复珊瑚礁生态系统提供了发育生物学上的理论和技术基础。在海底珊瑚苗床上对粗野鹿角珊瑚、霜鹿角珊瑚和松枝鹿角珊瑚进行人工增殖，结果表明，这3种珊瑚可以在海底珊瑚苗床上常年生长。对大亚湾造礁石珊瑚增殖修复海域的选择及增殖存活率进行的监测表明，在具有硬底质、良好的水质环境、适宜的水深、充足的珊瑚生长空间、无珊瑚病敌害生物及少有人为干扰与风浪破坏的适宜增殖修复海域，珊瑚移植 1 年后的存活率为 95.2%。在实验室条件下筛选出热带亚热带珊瑚存活的适宜参数、珊瑚移植固定技术，在广东大亚湾中央列岛的圆洲岛和小辣甲岛周边海域、大鹏半岛海域，选择石头、水泥板、红砖、塑料板、尼龙网、塑料框、钢筋框等附着基质材料，以水泥固着和树脂胶着（石头、水泥板、红砖、塑料板）、板材固着铁钉铜线捆绑和尼龙绳捆绑（尼龙网）、塑料孔固卡（塑料框）、尼龙绳吊挂（钢筋框）等固着方法，开展枝状珊瑚和块状珊瑚等石珊瑚的增殖修复试验，通过定期观测不同附着基质、不同固着方法珊瑚的固着率、存活率、生长率以及环境因子指标，比选确定珊瑚增殖修复适宜的附着基和固着方法，建立珊瑚增殖修复海域技术。

3）人工鱼礁生态诱集技术

具有一定结构设计和配置的人工鱼礁投放后，礁区流场的改变提高了营养盐和初级生产力水平，并具有一定的生态诱集效应。人工鱼礁的生态效应主要体现在对渔业资源的诱集和增殖效果上（林会洁等，2018；林军，2006）。通过在风洞中对人工鱼礁模型进行了流态的模拟试验，观测到在鱼礁的前部能形成上升流，在鱼礁的两侧形成绕流，在鱼礁的后部形成涡流，其强弱则按流速快慢而定，在各种流态中最主要的是鱼礁后部的涡流，这股流影响的范围大，而且其作用是多方面的，由于流水在鱼礁的背面会产生负压区，在那里海流带来的泥沙和大量的漂浮物如海藻浮游生物等都会在此滞留沉淀，因此，此处积聚了较多的营养物，同时泥沙的沉积会改变底质（唐衍力，2013）。在水槽和烟风洞实验室对 4 种鱼礁模型如梯形、半球形、三角锥体、堆叠式鱼礁做了观察，研究表明，4 种礁体形成的流态不同，但均有上升流和涡流的出现（刘同渝，2003）。研究揭示了人工鱼礁生态诱集的机理，主要是人工鱼礁区产生的上升流与人工鱼礁的阴影效益，上升流加快了海底营养盐的释放（Qin et al.，2018），促进了食物链低端的浮游生物生长，阴影效应向鱼类提供了理想的避敌、栖息和产卵的场所。

4）人工鱼礁资源增殖与效果评估技术

（1）人工鱼礁资源增殖技术。人工鱼礁增殖放流是改善渔业水域生态环境、恢复渔业资源、保护生物多样性和促进渔业可持续发展的重要途径。

南海区针对人工鱼礁牧化品种增殖放流技术研发了适宜性品种筛选技术、最适放流规格和数量技术、鱼虾苗种中间培育技术、运输技术和增殖技术、标志放流技术、南海大宗经济贝类最佳增殖技术和效果评估技术，建立了增殖新模式，形成增殖放流技术标准3项（陈丕茂，2014）。经过近30年的发展与实践，南海区已具备全人工培育的优质海水种类有48种鱼类、16种贝类、23种虾蟹类以及多种其他生物种类，并取得了不同程度的成功，大部分已应用于大规模生产上。南海区增殖放流工作始于1985年，首先在珠江口和湛江广州湾开展了中国对虾、长毛对虾和墨吉对虾放流试验，1986—1988年将试验范围扩大到惠州珠海、汕尾等市，1989年在沿海地区全面推广，放流的主要品种有中国对虾、长毛对虾、墨吉对虾、鲍鱼、西施舌、波纹巴非蛤、紫海胆、石斑鱼、真鲷、黑鲷、红笛鲷等。1992—1994年广东大亚湾对虾放流试验表明，1992年全部放流经中间培育的虾苗，回捕率为7.9%，1994年多数放流未经中间培育的虾苗，回捕率仅为3.0%（潘绪伟，2010）。根据南海北部未过度捕捞渔业资源结构及南海近海渔业资源现状，研究了南海北部近海渔业种类的资源变动，提出了南海北部可供选择的增殖放流种类，估算了广东海域主要种类最适放流数量。依据渔业资源评估原理，结合渔业资源增殖放流的特点，提出一套计算群体生物统计量进而评估渔业资源增殖放流效果的方法（陈丕茂，2009）。使用增殖放流中常用的挂牌标志法、荧光标志法、剪鳍标志法对卵形鲳鲹、紫红笛鲷和黑鲷3种鱼，在不同浓度的麻醉剂丁香酚溶液下分别进行标记，得出麻醉剂对增殖放流鱼类的致死浓度及适宜浓度，并指出挂牌标记会增加鱼苗的代谢负担（周艳波，2014）。近年来，基于DNA序列分析的分子标记技术开始出现，并且应用日渐广泛。

（2）人工鱼礁效果评估技术。在南海区，针对人工鱼礁环境监控需求，开发了人工鱼礁环境水质、海流实时在线监测技术及装置，实现了实时在线远程监测人工鱼礁海域水质、海流等状况，开发本底与跟踪对比模式、增殖效果评估模型、生态系统社会服务功能及价值模型等综合评价方法（马欢等，2019），研发人工鱼礁可持续利用地理信息管理决策系统，建立人工鱼礁生态系统水平管理的指标体系和管理规定、建设规划、技术标准，实现了为人工鱼礁选址、效果评估和可持续发展服务的目的。建立了渔业资源网具调查评估监测技术、人工鱼礁增殖效果统计量评估监测技术、渔业声学评估监测技术、人工鱼礁卫星遥感评估监测技术（陈丕茂，2014）。

三、渔业资源增殖典型案例分析

（一）挪威渔业资源增殖养护案例

1. 挪威渔业基本概况

挪威海岸线总长度为 21 000 km，如果将所有岛屿岸线包括在内，为 57 000 km。领海基线和海岸线（海岸带）之间的面积为 9 万 km^2，等于挪威陆地面积的 1/3。海岸带传统上主要是用于交通、捕捞和休闲。渔业主要是基于诸如春季产卵的大西洋鲱（*Clupea harengus*）以及东北的北极鳕（*Gadus morhua*）、北极黑线鳕（*Melanogrammus aeglefinus*）、毛鳞鱼（*Mallotus villosus*）等。典型的沿岸渔业资源产量也很高，如沿岸鳕、青鳕（*Pollachius virens*）、鳗鱼（*Anguilla anguilla*）、黄道蟹（*Cancer pagurus*）、帝王蟹（*Paralithodes camtschatica*）、龙虾（*Homarus vulgaris*）等（图 2-3-3-1），2016 年捕捞总产量为 220 万 t。

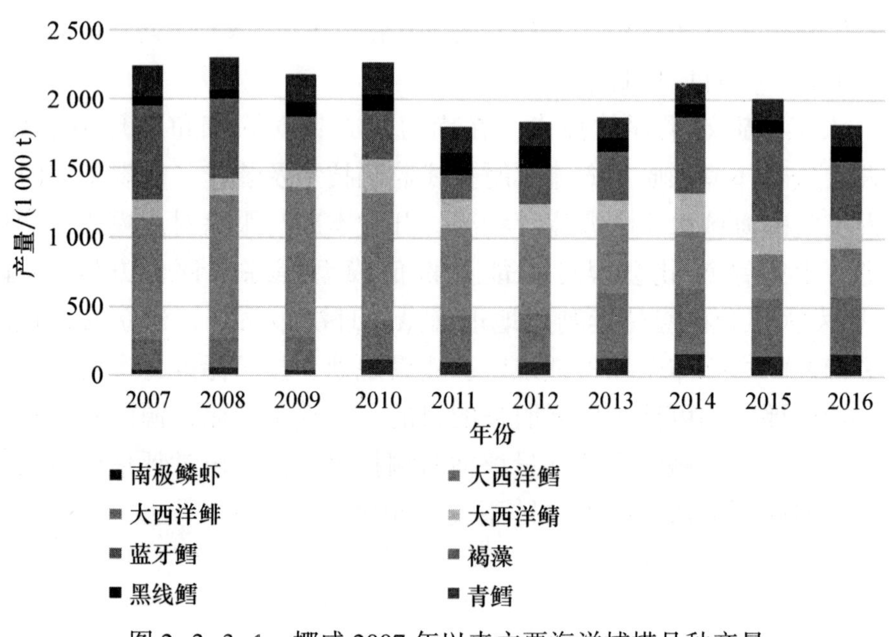

图 2-3-3-1　挪威 2007 年以来主要海洋捕捞品种产量

2016 年挪威水产养殖总产量为 132.62 万 t，雇员为 7 825 人，其中海水养殖大西洋鲑和虹鳟养殖产量占总产量的 99.63%，其他海水养殖品种主要有蓝贻贝、大西洋比目鱼、大西洋鳕、红点鲑、有鳍鱼类等，而淡水主要养殖海鳟，产量仅为 77.4 t（FAO，2018）。在过去的 40 年里，沿海地区大西洋鲑和虹鳟网箱养殖呈指数增长，2000 年达到 47.4 万 t（图 2-3-3-2）。2017 年挪威鲑鳟鱼成鱼和幼鱼养殖许可证分别有 1 162 个和 220 个，共有 986 个海水养殖位点，幼鱼培育和成鱼养殖公司分别为 125 个和 175 个，分别拥有 194 个和 1 129 个许可证。

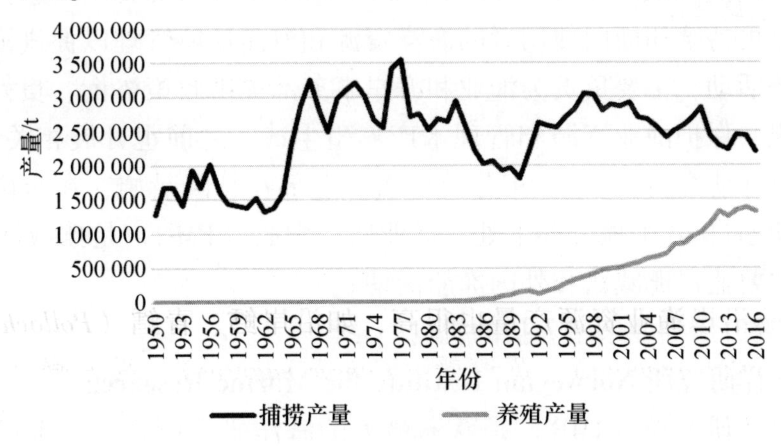

图 2-3-3-2 挪威 1950—2016 年捕捞和养殖产量变化

资料来源：FAO，2018

2017 年挪威大西洋鲑和虹鳟受精卵和幼苗的生产能力分别达到 4.37 亿个、3.40 亿尾和 3 000 万个、1 350 万尾。挪威鲑鳟鱼养殖业已经形成了苗种繁育、成鱼养殖、饲料生产、网箱设计与制造、病害防控、加工与贸易等为一体且公司化运营的完整产业链。同时，挪威大西洋鲑养殖在 20 世纪 80 年代开始盛行，但是在后期，养殖甚至野生的大西洋鲑受到了从苏格兰引入的疖疮病感染的威胁，但是没有有效的疫苗来应对，只能采用饲料中混合抗生素治疗，抗生素过量使用导致药物残留给大西洋鲑养殖业出口带来了巨大挑战。随后，在政府、研究机构、养殖企业、行业和协会的共同努力下，挪威兽医研究所等机构积极开展疫苗的研发。自 1994 年开始，养殖企业在淡水阶段规模化使用疫苗替代使用对人体有潜在危害的抗生素，来应对疖疮病等细菌性疾病，同时引入额外的卫生防疫措施，如每一代养殖大西洋鲑都应在同一个地点，如果做不到这一点，养殖户要定期清空养殖区，继而消毒并空置几个月，以预防新老一代养殖大西洋鲑间的交叉感染。挪威自 2015 年以来使用抗生素的量非常低，占全国使用抗生素总量的不到 1%。

2. 挪威渔业管理和主要的渔业增殖养护机构

1）渔业管理机构

挪威贸易、工业和渔业部（Ministry of Trade，Industry and Fisheries，原挪威渔业和海岸事务部）是挪威渔业、水产养殖、港口、海洋运输基础设施的管理部门。下属的挪威渔业署（Norwegian Directorate of Fisheries）建立于 1900 年目标为通过可持续和面向使用者的海洋资源和海洋环境管理以促进渔业为有利可图的经济活动，主要负责为渔业和海岸事务部提供政策咨询、贯彻实施海洋及渔业法规、保护渔业资源和管理水产养殖生产。之前也开展相关研究工作，但是挪威海洋研究所在 1989 年分离出去。总部在特隆赫姆，在全国有 7 个区域办公室和超过 20 个地方办事处。渔业监控中心（FMC）是挪威渔业署 24/7 办公室，主要监控挪威籍和外国渔船活动。

2）主要开展渔业增殖养护的机构

挪威海洋研究所 Norwegian Institute for Marine Research

挪威海洋研究所（IMR）是欧洲最大的海洋研究所之一，隶属于挪威贸易、工业和渔业部（Ministry of Trade，Industry and Fisheries），总部设在卑尔根（Bergen），拥有 1 000 名员工。该研究所在特罗姆索（Tromsø）设有一个办公室，在马特（Matre）、奥斯蒂沃尔（Austevoll）和弗劳德维根（Flødevigen）设有研究试验站，此外，还有调查船部门专门管理所拥有的 7 艘调查船，用于收集有关海洋的各项数据。该研究所大约一半的项目资金来源于贸易、工业和渔业部，其余资金来自外部研究资助。2018 年 1 月，IMR 与国家营养和海洋食品研究所（NIFES）合并。这个新的研究所将成为有关海洋生态系统中可持续资源管理以及从海洋到餐桌的整个食物链的知识的主要提供者。该研究所主要开展科学研究、政策咨询和渔业监控等工作，通过其研究和建议，为政府提供政策决策咨询，帮助社会继续可持续地开发海洋中的宝贵资产。

挪威自然研究所 Norwegian Institute for Nature Research

挪威自然研究所（NINA）是挪威主要的应用生态研究机构，总部设在特隆赫姆，有北极生态研究室（特罗姆索 Tromsø）、陆地生态研究室（特隆赫姆 Trondheim）、水生生态研究室（Trondheim）、人文研究室（利勒哈默 Lillehammer）和景观生态研究室（奥斯陆 Oslo），在 Ims 和 Talvik 设有试验站。该研究所在陆地、淡水和沿海海洋环境的遗传、种群、物种、生态系统和景观水平上具有广泛的专门知识。核心活动包括战略生态研究与长期监测相结合，以及各种环境评估和方法研究，旨在提高对生物多样性、生态过程及其主要驱动因素的理解，以促进更好地管理生态系统服务和资源。同时，还长期开展捕猎大型有蹄类动物和淡水渔业研究，确保以可持续方式开发这些自然资源，研究重点在于生态学和资源监测，以及捕猎者/渔民的行为、动机和社会背景。

3. 挪威渔业资源增殖情况

1）总体情况

在挪威通过资源增殖增加渔业产量具有悠久的历史，在 1864 年挪威著名的科学家 G. O. Sars 提出了通过放流人工孵化的鳕鱼来增加大西洋鳕的产量的问题和建议，该建议被 G. M. Dannevig 所采纳，于 1882 年建设了 Flødevigen 孵化场，并于 1884 年实现生产，与此同时美国也开始了鳕鱼的增殖放流，这项工作持续了近 1 个世纪，在美国和挪威放流了近 10 亿尾鳕鱼的卵黄囊仔鱼，但是并没有证据证明是有益的，原因在于没有评估放流效果的有效工具和很难区分放流效果与每年放流所产生的随机变量。

1990 年，挪威政府资助了 1.78 亿克朗、为期 7 年的国家海洋牧场项目（Norwegian Sea Ranching Program，即 Program for Utvikling og Stimulering av Havbeite，简称 PUSH）（1990—1997 年），挪威海洋研究所（IMR）等机构参与实施，集中在大西洋鲑（*Salmo salar*）、北极红点鲑（*Salvinus alpinus*）、鳕（*Gadus morhua*）、欧洲龙虾（*Homarus gammarus*）4 个品种，标记放流数量分别为 120 万尾（2 龄鲑鱼苗）、12.3 万尾（野生和集约化生产）、72 万尾（生产数量为 120 万尾，粗放和集约化生产）幼鱼近 12.8 万尾（生产数量为 17 万尾，5~20 月龄，3.5~7 cm）幼体，主要目的是评估开展人工鱼礁的生物学和经济分析基础，相继开展了苗种生产、病害、孵化和天然群体、捕食者等之间的相互关系等系列研究以及标记、放流和回捕研究等系列工作。其中，对于北极红点鲑来说，最大的“瓶颈”就是放流后的高死亡率，体长小于 20 cm 的幼鱼在海洋中的死亡率达 90%，研究显示开展北极红点鲑牧场项目在经济上是不可行的。

2）案例一：鳕鱼增殖放流项目

在挪威，放流鳕鱼仔鱼始于 1882 年，并持续到 1967 年，目的是从沿海鳕鱼渔业中每年获得稳定的产量，尽管幼鱼的数量在某些水域表面上有所增加，但是因很难评估卵黄囊仔鱼的增殖放流增产效果，1971 年终止了放流项目。在随后开展遗传标记的卵黄囊阶段幼鱼的放流试验，但是结果显示效果甚微。20 世纪 70 年代末，在挪威海洋研究所 Flødevigen 海洋研究试验站开始了人工生产鳕鱼苗试验。1976 年，基于在一个围隔生态系统中生产出了大量的鳕鱼幼苗，改用了增加放流规格的放流策略，一些鱼苗被标记并放流到海洋中。20 世纪 80 年代早期，在同样属于挪威海洋研究所的 Austevoll 水产养殖研究试验站实现了海水池塘鳕鱼苗的突破（7.5 万鳕鱼苗）。1885 年，挪威渔业研究委员会发起了大西洋鳕鱼增殖项目，主要在挪威西部 Skagerrak 海岸的 Fjords 和北部的特罗姆索（Tromsø）开展试验研究。在 19 世纪 80 年代该阶段集中在选择生产大规格、更具活力的幼鳕鱼，采用标记放流技术开展放流及生物学、行为学、生态学和遗传学分析研究。1977—1996 年超过 100 万尾鳕鱼幼苗标记放流到挪威沿岸，放流机构包括挪威海洋研究所（约 80 万尾）、特伦德拉格（Trøndelag）区域渔业局（与挪威海洋研究所合作 7.65 万尾）、Lofilab A/S（2.7 万尾）和特罗姆索大学渔业科学学院（1.46 万尾），主要的标记技术为浮动锚标签、T 型标签、土霉素（OTC）和茜素络合剂（AC）等化学标记以及遗传标记（如 GPI1（30））等。尽管由于挪威沿岸的环境条件、鳕鱼产量和捕鱼死亡率变化较大，但结果表明，在 20 世纪 80 年代和 90 年代的放流实践，放流的幼鱼并没有显著增加鳕鱼产量和捕捞量，如 Tilseth（1994）研究显示在 1988—1990 年间，在 Masfjorden 区域放流了 17.5 万鳕鱼幼苗，但是鳕鱼的捕获量并没有增加；Kristiansen（1999）评估了在 Nord-Trøndelag 外海岸开展鳕鱼增殖的生态潜能，放流后的观察显示在夏季放流的 20~23 cm 大规格组比在冬季放流的 19~20 cm 小规格组存活率要高，但因较高的自然死亡率、高捕食和低回捕率，增殖并无效益。

在 1990—1997 年 PUSH 鳕鱼牧场项目中，主要目的是开发大规模鳕鱼苗生产技术以用于规模放流标记以及设计和开展大规模放流试验以明确开展鳕鱼牧场建设的盈利性，开展了孵化培育、放流与标记技术、迁移性、环境适应性、存活率、承载力、放流效果评估、经济效益分析等大量工作，研究结果显示，最适放流规格为 20~30 cm，基于放流区域、时间和规格等因素，回捕率在 0~30%，放流的大部分鳕鱼仍停留在放流区域，且与野生群体的生长率相似，存活率取决于放流前的环境条件，尽管如此，对于增加放流区域鳕鱼产量的效果不明显。Moksness 和 Stõle（1997）以及 Moksness 等（1998）研究指出，只有当鳕鱼幼鱼生产成本和放流后死亡率均显著降低时，开展海洋牧场项目才能获取经济效益（图 2-3-3-3）。

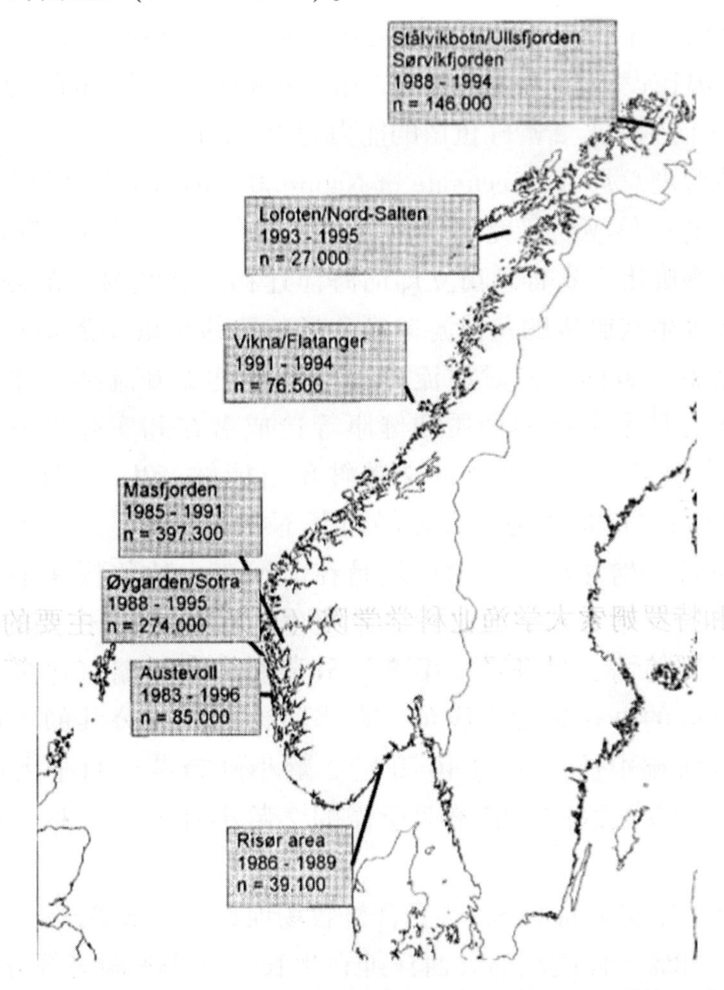

图 2-3-3-3　1977—1996 年挪威放流孵化培育的鳕鱼苗数量分布

资料来源：Terje Svåsand，1998

3）案例二：大西洋鲑增殖放流项目

挪威第一个大西洋鲑孵化场建于 1885 年，随后很快盛行将小鲑鱼苗（alevin and fry）放流到河流和湖泊中，大约在 19 世纪 90 年代，随着人工饲料的开发，可以生产 2 龄鲑鱼苗（smolts）。直到 20 世纪 50 年代，挪威开始第一次系统性地放流 2 龄鲑鱼苗，主要是为了补偿因生产水电而造成破坏的产卵和培育场导致的洄游产卵群体的损失并增加河流渔业产量。1974 年，挪威政府为了开展相关研究获取更多的关于鲑鱼牧场的知识和技术，在位于西南部 Imsa

河流筹建了试验站，隶属于挪威自然研究所（NINR），因为此处有良好的气候、水质、水源等条件和永久性的可捕获降溯河鱼类，自1976年开始该试验站就开展了大西洋鲑生活史、牧场建设和鲑鱼渔业的试验与研究，包括孵化、培育、养殖、温控设施和可研究河流，第一批孵化的小鲑鱼苗放流是在1981年，在1990年前后生产2龄鲑鱼苗的能力为10万尾。

挪威自然管理总局（Directorate of Nature Management）在1986年启动了第一个全国性的鲑鱼牧场研究项目。研究发现在Ims河流放流孵化培育的2龄鲑鱼苗应选在晚上，这样鱼苗立即向海洋迁移，养殖的鱼苗会比野生的游动速度快，且养殖与野生的鱼苗游向摄食场的路线一致，但是不同放流地点的迁移速率是不一致的，同时放流染病鱼苗和直接放流到海洋中是不建议的，因为存在对野生种群的种质和健康等造成潜在和实际影响。Hansen等（1988）研究发现尽管放养孵化的2龄鲑鱼苗能够产生一定的产量（200~250 kg/1 000尾），但是作为私人牧场还是不会有利润。要在大西洋鲑牧场建设中经济可行，增加利润的途径就是在大河流中放牧快速增长且较晚成熟的鲑鱼种群，在培育和放流过程中重视生物和环境因子来改善存活率和回捕率，制定完善的2龄鲑鱼苗生产、放流和捕捞策略，通过休闲垂钓和商业捕捞相结合的方式来收获成鱼。在当时，有一些公共的大西洋鲑孵化场也在不同的河流中放流了约40万尾2龄小鲑鱼苗。由于大西洋鲑孵化场无法满足日益发展的网箱养殖业所需的2龄小鲑鱼苗，私人放流基本不可能发生。

1991—1997年实施的PUSH大西洋鲑牧场项目研究结果显示，大西洋鲑的回捕率在1%~10%，且放流的大西洋鲑在生长、存活和病害等方面似乎并没有对野生群体造成威胁。

4）案例三：欧洲龙虾增殖放流项目

欧洲龙虾（*Homarus gammarus*）是挪威传统捕捞业的重要捕捞对象和高值品种，捕捞业始于1700年，支撑着近海渔业发展长达几个世纪。挪威每年欧洲龙虾的捕捞产量在300~600 t之间起伏，在19世纪20年代末产量开始增加，1932年达到1 300 t，1945—1960年间每年捕捞量在600 t以上。但是在1960年后的20多年里产量急剧下降，在1994年仅为30 t，2016年也仅为54 t。在1885—1992年间，在美国、加拿大和包括挪威在内的22个龙虾孵化场，用以生产和放流孵化培育的仔虾（即后期幼体），尽管的确存在1龄幼虾能够存活且对当地种群有补充，但是很难评估对自然种群和渔业捕获物的贡献，也没有回捕情况报告。1979 年开始放流小数量的龙虾，1983 年和 1987 年共在 4 个地点放流了超过 20 万尾 1 龄的幼虾，但是由于没有标记仅从形态差异区分，大部分放流的龙虾并未迁移很远的距离，对捕捞贡献量因放流地点而有所差异。1978 年 SINTEF（挪威科技大学科技与产业研究基金会）与烟草公司 Tiedemanns 开展了一个合作项目，该项目不同于先前做法，而是将龙虾在陆地上适宜的水温条件下养殖到 1 龄，然后再放流到设有人工或自然屏障的特定的海域，并在 1988—1989 年放流了 10 万尾龙虾幼体。1985—1986 年 Tiedemanns 还曾在 Kvitsøy 岛水域放流了 31 000 尾龙虾幼体进行增殖（图 2-3-3-4）。

图 2-3-3-4　挪威养殖的不同形态的欧洲龙虾品种和西南部的成虾

资料来源：E. Farestveit

1990 年，挪威开展了放流通过人工选育野生种群培育生产的欧洲龙虾以增殖种群数量项目，主要是在挪威西南部 Kvitsøy 群岛水域进行放流试验，因为该水域是历史上龙虾捕捞量最大且被深海沟槽与周边区域隔离开不利于龙虾迁移到其他区域，放流规格为背甲长（CL）12~21 mm，目的是评估长期内衰退的种群是否可以重新恢复，这也被认为是为评估开展商业性龙虾牧场建设的潜力提供必要基础信息。在随后 5 年内放流了 127 945 尾孵化生产的龙虾幼体，使用编码线标记技术（CWT）对渔业进行了长达 12 年的监测和定量评估，通过在每年的 10 月至翌年 5 月的捕捞季（12 月至翌年 3 月基于较低水温导致龙虾活动力低、无捕捞活动）采样，共采集到 7 950 尾标记的龙虾，总的回捕率为 6.2%（标记丢失率未考虑），每年从 3.6%~9.1%不等，且自 1993 年开始养殖来源的怀卵虾捕获量稳步增加。经过对项目的长期监测、生物与生态学、同工酶与微卫星等分子技术测定的工作，发现在该放流项目中养殖来源的龙虾表现出良好的环境适应性，并未取代野生群体，反而有效补充了野生群体，且养殖来源雌虾能够成功繁殖，养殖与野生群体在生长、繁殖期与雌体运动等均无明显差异；Agnalt（2007，2008）研究发现，养殖的雌虾在特定规格的怀卵量、卵的总量和大小以及胚胎发育与野生雌虾的表现相似。但是通过 Moksness 等（1998）做成本-效益分析发现，当每尾幼体生产成本达 1 美元且放流的龙虾回捕率达到 15%时，开展龙虾的人工鱼礁项目才能够开始盈利；Borthen 等（1999）研究发现，当回捕率达到 23%时才能使私人人工鱼礁项目获利，如果使用第一代子代放流，回捕率需要达到 14%。

基于 PUSH 项目的研究成果，挪威议会于 2001 年通过了一项新的关于资源增殖的法律《海洋牧场法案》（Sea Ranching Act），该法案原则上指出谁投入资源谁就有权利捕获，完全打破了挪威每个人都可以从海洋中收获的旧传统，强调放流和回捕甲壳动物、软体动物和棘皮动物措施，开放了在沿岸带开展龙虾和扇贝养殖，即谁获得养殖龙虾或者扇贝的许可，可以在特定水域放流选定的幼鱼或幼贝并收获成体销售，但对于其他拥有捕捞许可证的渔船只能在该特定区域捕获鱼类和其他品种，但是龙虾和扇贝是受保护的，都以在均衡和可持续发展框架下促进海岸产业经济发展为目标。

1997 年 PUSH 项目结束之后，关于资源增殖的研究很少，因为沿岸带生物资源的评估历来是一项非常困难的工作，相应的生物资源管理工作也很困难。Hallenstvedt 和 Wulff（2001）报道游客垂钓（非本地居民）经历了年均 35%的增长，在 2000—2001 年间，大约 25 万人垂钓了大约 15 000 t 鱼，其中 60%为鳕鱼。在休闲渔业（本地居民）中鳕鱼等鱼类的捕获规格是没有限制的，只是在渔具许可的数量有要求，即最大 210 m 的渔网、300 个鱼钩和 20 个诱捕笼。Svasand 等（2000）指出，挪威渔业资源增殖应主要集中在游客垂钓对象鳕鱼、虹鳟鱼、扇贝等底栖水生动物及通过放流大西洋狼鱼（*Anarhichas lupus*）摄食海胆来修复海带栖息地等工作。还建议对于游客和休闲垂钓，通过收取垂钓费来人工生产用于放流的鳕鱼幼鱼，对于低于 2 kg 的鳕鱼应放回海里。基于前期研究成果，挪威近年开展了扇贝、龙虾、蓝贻贝等品种人工鱼礁建设，2004 年颁发了首批位于默勒-鲁姆斯达尔郡（Møre og Romsdal）和松恩-菲尤拉讷（Sogn og Fjordane）的 3 个海洋牧场许可证，截至 2017 年共颁发了 193 个海洋牧场许可证，其中扇贝、龙虾和蓝贻贝分别为 124 个、64 个和 5 个（图 2-3-3-5）。

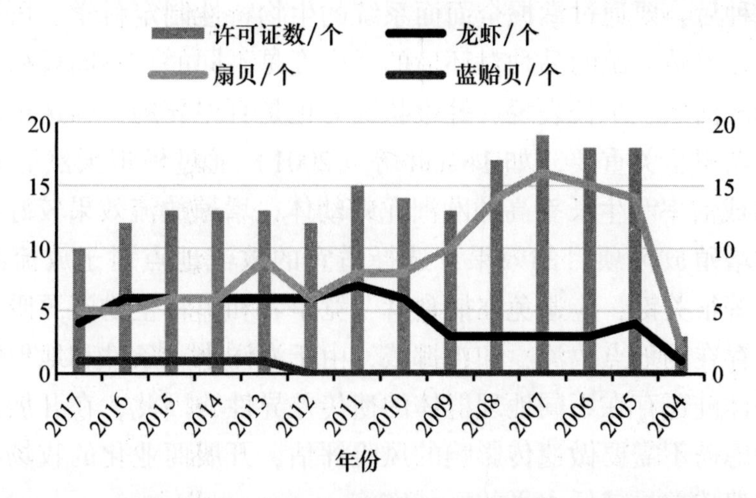

图 2-3-3-5　挪威 2004—2017 年颁发的人工鱼礁许可证和放牧品种情况

注：因同一个许可证可能涉及多个品种，导致在统计时可能会重复统计，所以实际发放的许可证数量应低于统计数

资料来源：挪威渔业署

4. 对我国渔业资源增殖放流的启示

1）依据科学资源评估状况开展针对性的增殖放流

从挪威 PUSH 项目启动、实施到海洋牧场法案的实施整个发展历程和经验看，开展资源增殖放流和海洋牧场示范区建设是可持续利用海洋生物资源和保护海洋生态系统的重要手段之一，经济效应、生态效应和社会效应是该项实践的检验标准。渔业资源的衰退除了气候变化因素外，很大程度上是由于过度捕捞、环境污染、油气田开发、水电工程等人为因素引起的。开展资源增殖放流与海洋牧场示范区建设应避免盲目性、随意性和“遍地开花”，应先通过科学的资源调查和科学评估海洋资源状况，有针对性地选择目标物种，进而开展一系列的科学研究获取该物种的生物学、生态学、行为学等信息，最后通过试验研究、科学评估和推广实践，才能最终达到增殖资源、增加产量、保护生态的最终目的。同时，挪威的做法和实践给予启示，从经济效益考虑，只有确保放流种群的回捕率达到特定值或者市场价格达到一定标准时，才能够确保私人海洋牧场项目真正获益。

2）根据生物特性筛选适宜的放流规格和放流地点

从挪威开展鳕鱼、大西洋鲑和欧洲龙虾增殖放流与牧场建设的历程来看，选定目标物种后，要通过掌握全面而系统的生物特性制定科学、可行的增殖放流策略。孵化养殖来源的品种对环境的适应度是不同的，不同规格的苗种在自然环境中的成活率、生长表现、健康状况等也是有差异的，筛选出适宜的放流规格对于成功率至关重要，如 Jørstad 等（2001）通过模拟天然底质（庇护场所）培育出成活率和生长率高的欧洲龙虾幼体，增殖放流效果较好；同时，为了有效评估增殖放流项目的效果，选择适宜的放流地点对于放流品种的成活率、回捕率等很关键，应避免在捕食者、竞争者和饵料生物资源匮乏以及遗传影响风险等存在的地点放流，如在挪威，由于海洋水文条件和地形等因素欧洲龙虾、大西洋鲑还存在不同地理群体的遗传差异性，因此，在开展资源增殖放流时应该考虑需不需要做遗传影响的风险评估，开展商业化的牧场项目包括选育等应该在遗传差异较低水平的区域实施。

3）放流生物亲本来源于当地物种，严禁跨区域性引种

Knut E. Jørstad 和 Eva Farestveit（1999）研究发现，来自挪威沿岸的 22 个龙虾群体存在着遗传差异；Knut E. Jørstad 等（2004）研究显示，来自 Tysfjord 和 Nordfolda 的两个群体（相距仅 142 km）存在虾体规格等生物学性状和遗传差异。挪威有 400 多个河道分布着大西洋鲑（图 2-3-3-6），有的还属于地理隔离种群。在挪威开展增殖的品种亲本都是从本区域海域捕捞的亲本进行人工繁殖生产苗种的，也是禁止从其他国家或地区引进放流品种进行增殖放流，目的是为了避免对野生群体的遗传多样性影响和遗传渗入。在我国同样存在不同地理种群的空间异质性，增殖放流的生物亲本应来源于当地野生群体或原种场，要避免选择人工选育品种的子代和跨区域引种放流。同时也需要预防养殖群体在野生群体中传播病害（如挪威绿色气球菌引起的龙虾败血症案例）。

4）严格渔业资源管理，促进渔业资源恢复

采取严格、细致的措施确保野生资源的遗传多样性。对网箱养殖大西洋鲑逃逸问题，采取有效措施避免可能引起的遗传渗入等的威胁，自 1993 年以来，挪威报道每年逃逸的养殖大西洋鲑的数量在 3.9 万~92 万尾的范围，平均大约每年为 38 万尾；自 2014 年开始由挪威环境署引入了所有使用的亲本必须要进行遗传检测的措施，来限制通过资源增殖传播养殖大西洋鲑基因型的可能性，在 2014 年秋季和 2015 年，由于遗传原因，14%和 18%的潜在亲本被遗弃。

应用基于生态系统的渔业管理（EAFM）工具。2008 年 6 月批准、2009 年实施的《海洋资源法案》（No. 37），主要目的是确保对野生海洋生物资源和从中获得的遗传物质进行可持续和经济有利可图的管理，并促进沿海社区的就业

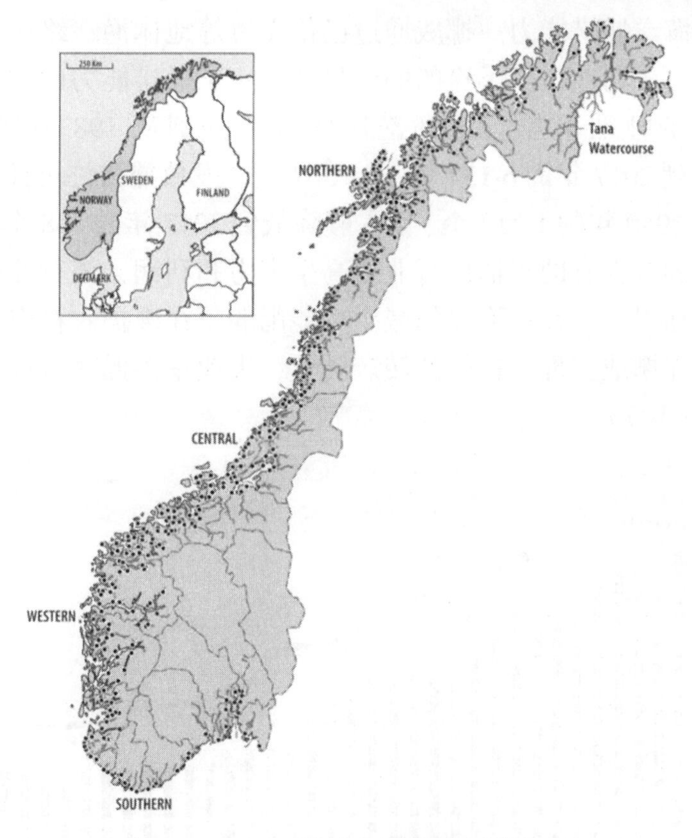

图 2-3-3-6　挪威大西洋鲑河道分布

资料来源：Torbjørn Forseth，Bjørn T. Barlaup，Bengt Finstad，et al.，2017

和定居，其中更加强调基于生态系统的渔业管理（EAFM），对渔业资源给予分类并进行不同目标的管理（表 2-3-3-1）。

表 2-3-3-1　挪威不同类型的海洋种群的管理目标

分类	种群类型	管理目标
1	经济上最重要的海洋鱼类种群	长期可持续产量下的经济价值最优化
2	具有一定的经济重要性但信息稀缺种群	尽可能保证高的经济收益和长期可持续产量
3	经济重要性低的品种和非商业品种	确保生物多样性和生态系统功能
4	外来物种	降低种群
0		未定的

资料来源：Peter Gullestada，Anne Marie Abotnesa，Gunnstein Bakkea，et al.，2017.

稳步降低海洋捕捞能力。挪威通过巴伦支海等地休渔、终止补贴和引入普适结构措施，已成功地减少了渔船的数量和停止了捕捞能力的增长。据挪威渔业署统计，挪威注册渔船总量和渔民的数量分别从 1983 年的 25 948 艘、28 304 人降低到 2017 年的 6 134 艘、11 307 人。发放捕捞许可证数量和相应渔船数量分别从 1980 年的 1 315 个、996 艘降低到 2017 年的 558 个和 350 艘。渔民和渔船数量的减少有助于捕捞行业提高生产力和利润，该行业的经济可持续性得到了显著加强。人数和渔船的减少可能削弱了在维护农村定居和增加就业的作用，但是在挪威实现了良好的转产转业，失业率很低并且都能找到很好的工作（图 2-3-3-7）。

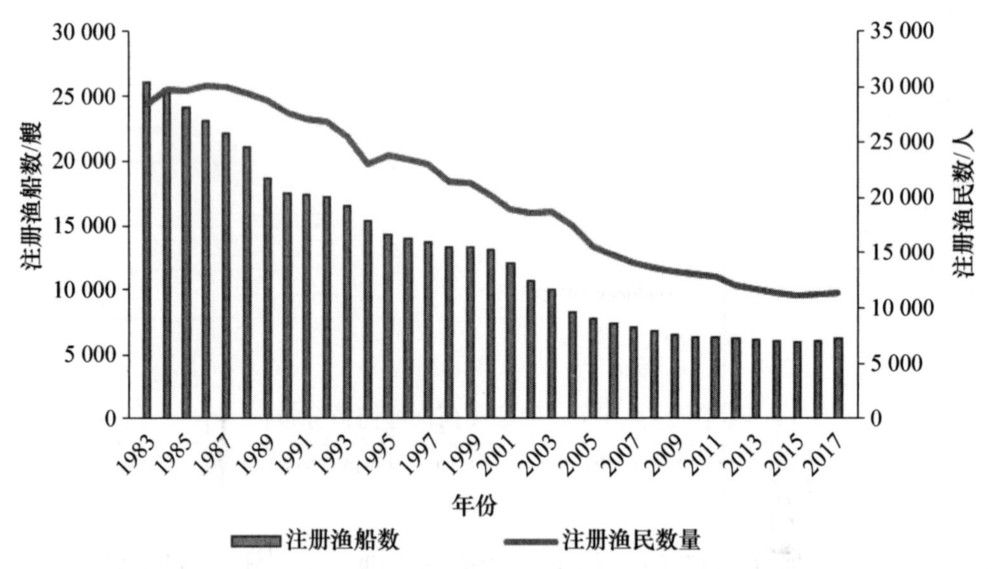

图 2-3-3-7　挪威 1983—2017 年注册渔船和渔民数量变化

资料来源：挪威渔业署

与此同时，严控休闲和游客垂钓业减少对沿海鱼类资源的压力。在挪威对游客海钓（tourist fishing）专门有一系列针对外国游客的规定，以减轻沿海鱼类种群的压力和确保后代能够享受捕鱼娱乐，外国人在挪威海域可以免费捕鱼，只要遵循一套简单的规则：只用手钓渔具、不得垂钓保护的品种、遵守最小捕鱼规格、销售鱼是违法的、距离养殖渔场至少保持 100 m、离开挪威可带 10 kg 或 20 kg（如在注册垂钓渔场）的鱼或渔产品（有效期为 7 d）、必须穿戴海上救生衣等。其中，如果垂钓到最小规格以下的必须放流回海洋，保证能够生存并成熟繁殖，除非死亡的可以留着食用（表 2-3-3-2）。

表 2-3-3-2 注册渔场需要向渔业官方报告捕获海洋生物目录（包括上岸和放流）

插图	品种名	最小规格（62°N 以北）	最小规格（62°N 以南）
	Cod 鳕	44 cm	40 cm
	Halibut 比目鱼	80 cm	80 cm
	Redfish 红鱼	32 cm	32 cm
	Wolffish 大西洋狼鱼	无	无
	Saithe 青鳕	无	无
其他	Haddock 黑线鳕	40 cm	40 cm
	Whiting 牙鳕	32 cm	32 cm
	Hake 狗鳕	30 cm	30 cm
	great scallop 大扇贝	10 cm	10 cm
	Mackerel 鲭鱼	无	无

如此种种，挪威在严格渔业资源管理方面起到了很好的示范，因此要有效恢复天然海洋生物资源，在开展资源增殖和人工鱼礁建设等工作的同时，还需要根据我国的实际情况，在保护野生渔业资源遗传多样性和生物多样性、有效的渔业资源管理方法、减船减产与转产转业、捕获物控制、休闲垂钓等全方位、系统性的管控和立规立法，最终实现天然渔业资源的恢复和可持续利用海洋渔业资源。

（二）中山市渔业资源增殖管理案例

1. 发展历程

历经改革开放 30 多年的发展，渔业在拉动农村经济、调整产业结构、增加就业和渔民收入、改善食品结构、提高中山市人民生活水平等方面发挥了重大作用。但是，伴随人口急剧增长和经济高速发展，中山市重要水域渔业资源的水生生物多样性受到严重威胁，过度捕捞造成渔业资源严重衰退，水域污染导致水域生态环境不断恶化，围海造地等人类活动的增多，使水生生物栖息地遭到严重破坏。导致了渔业生物危机（渔业资源枯竭）—生态危机（水域生态失衡）—经济危机（捕捞成本增加，收益减少）—社会危机（渔民生活质量和水准下降）的恶性循环，渔业资源与环境的可持续发展面临严峻挑战。因此，为了保护和增殖中山市水生生物资源，截至 2017 年，中山市进行了 36 年的水生生物资源增殖放流，已取得了明显的资源增殖和渔民增产增收的效果。

2. 主要做法

中山市自 1981 年以来，每年均开展增殖放流活动，增殖放流为当地渔业的可持续发展做出了巨大贡献，为了保障增殖放流的有效性和可持续性，中山市海洋与渔业局一直以来坚持对增殖放流整个流程的管控力度，并自 2012 年以来委托科研院所对中山市增殖放流项目进行现场验收，具体做法如下。

1）根据苗种特性，结合地方水域特色，制定详细放流方案

中山市水域河网密布，河流面积占全境的 8%；所辖海域属珠江河口浅海区半咸淡水域，大陆海岸线长 57.0 km；由于受珠江径流、海洋潮流、地形及外海水的影响，中山水域水质肥沃、生物栖息环境多样、渔业资源种类繁多。针对中山市水域咸淡水交汇，海水盐度较低的特性，中山市海洋与渔业局筛选多个品种，在不同水域进行放流，每次增殖放流前均根据放流地点、时间、内容，制定详细的放流方案，保障了放流工作的顺利、安全进行。

2）严格落实苗种来源招投标制度

采取公开招标的方式选择增殖放流苗种生产场家，苗种生产供应单位应具有水产苗种生产许可证、信誉良好、技术水平较高、苗种质量保证和具有相应生产能力的苗种生产单位，并由增殖放流验收技术单位对投标的苗种场的苗种进行审查，为放流活动的实施提供苗种保障。

3）委托具有增殖放流经验的水产科研机构，实施放流流程管理制度

2012 年以来，中山市委托具有长期开展增殖放流经验的水产科研机构对增殖放流过程开展全称监督和验收，要求验收单位，严格根据国家和省市关于增殖放流的相关规定，从苗种场资质、苗种亲本来源、苗种质量、放流苗种规格与数量、放流过程、放流效果评估等方面，开展全方位验收，为保质、保量

完成增殖放流活动提供依据。

3. 主要成效

为了保证增殖放流质量，中国水产科学研究院南海水产研究所自 2015 年开始对中山市海洋与渔业局组织的增殖放流活动及其效果开展跟踪评价，现结合历史调查数据对中山市近 3 年的增殖放流成效进行评价。

1）2015—2017 年中山市水生生物增殖概况

2015—2017 年中山市海洋与渔业局累计组织放流花鲈、黄鳍鲷、黑鲷、鲫鱼、草鱼、鳙、广东鲂、鲻、中华鳖、鳊、翘嘴红鲌、鲮、斑节对虾、刀额新对虾等 13 852 万尾（表 2-3-3-3），其中黄鳍鲷、黑鲷、鲫、草鱼、鳙、刀额新对虾等种类这 3 年每年均有放流，放流种类中虾类所占比例较大（图 2-3-3-8），中山市 2015—2017 年增殖放流具体安排见图 2-3-3-9 至图 2-3-3-11。

表 2-3-3-3　中山市 2015—2017 年增殖放流情况统计　　万尾

放流品种	2015 年	2016 年	2017 年
花鲈		12.84	21.58
黄鳍鲷	27.91	9.33	26.32
黑鲷	26.24	19.18	54.17
鲫鱼	55.03	300.76	152.09
草鱼	51.12	115.36	100.99
鳙	52.48	91.00	76.87
广东鲂		51.77	54.91
鲻鱼			38.29
中华鳖	1.02		
鳊	10.18		
翘嘴红鲌	6.22		
鲮	115.26		
斑节对虾	3 369.38		
刀额新对虾	2 361.78	3 300.00	3 350.00
合计	6 076.61	3 900.24	3 875.22

2）跟踪调查情况

根据中山市增殖放流安排，中国水产科学研究院南海水产研究所自 2016 年开始对中山市增殖放流情况开展效果跟踪调查，分别完成了 2016 年 9 月和

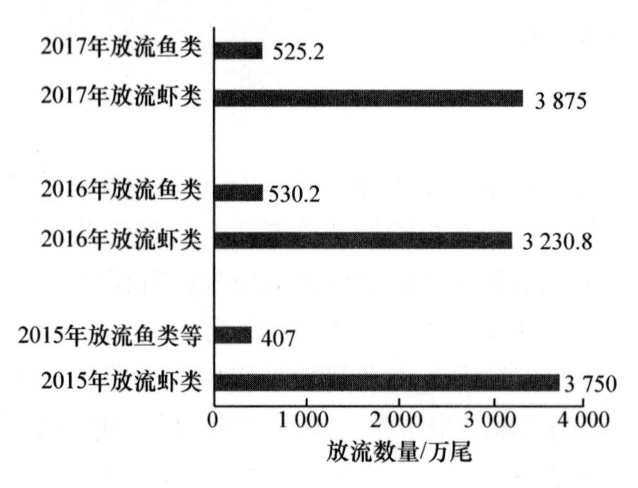

图 2-3-3-8　2015—2017 年中山市增殖放流数量统计

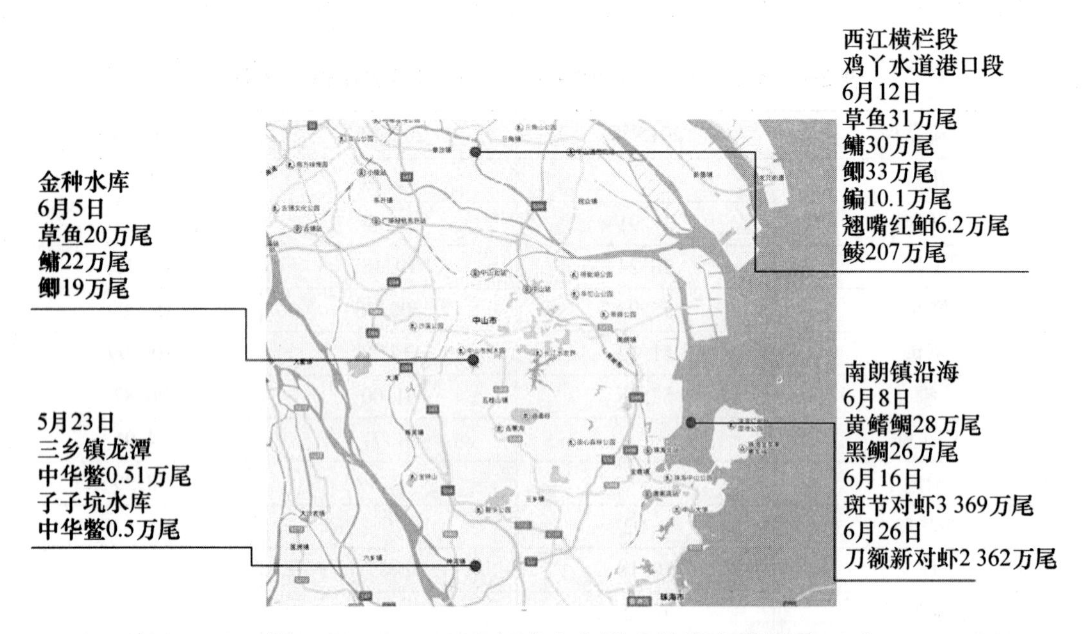

图 2-3-3-9　2015 年中山市增殖放流安排情况

2017 年 10 月两次效果跟踪调查，调查内容包括海洋游泳生物，鱼类、虾类等种类组成、生物量组成、数量分布、重要种类的分布及生物学特性，并进行渔业资源评估和结合历史数据开展增殖放流效果评估等。

3）近 3 年增殖放流效果分析

2015—2017 年，中山市累计在南朗附近海域新增殖刀额新对虾 9 011. 78 万尾、黄鳍鲷 63. 56 万尾、花鲈 34. 42 万尾、黑鲷 99. 59 万尾，以刀额新对虾

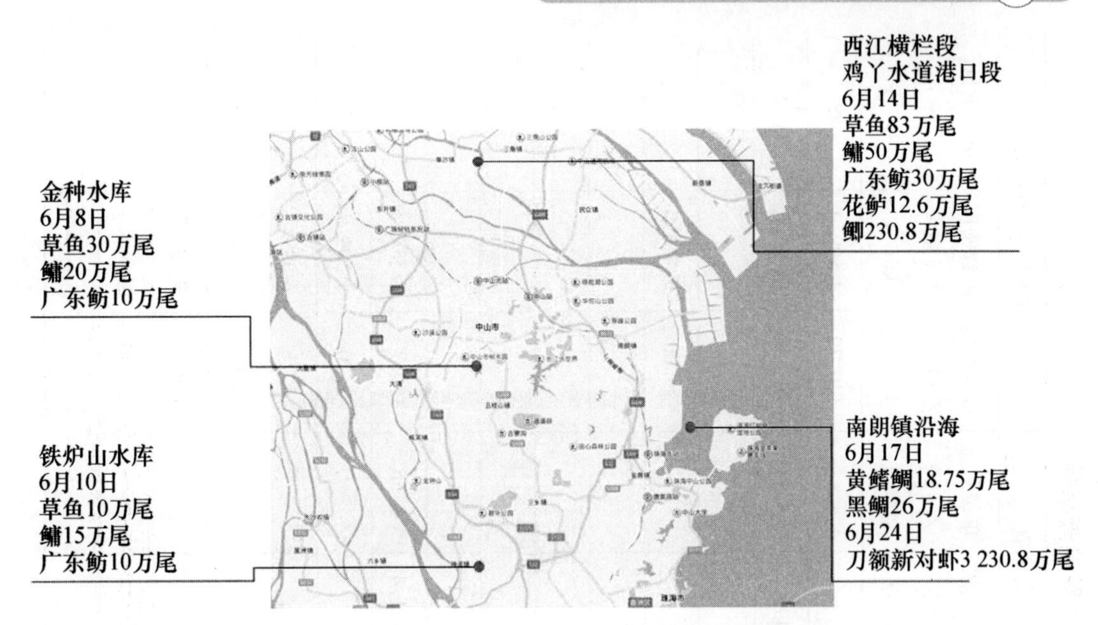

图 2-3-3-10　2016 年中山市增殖放流安排情况

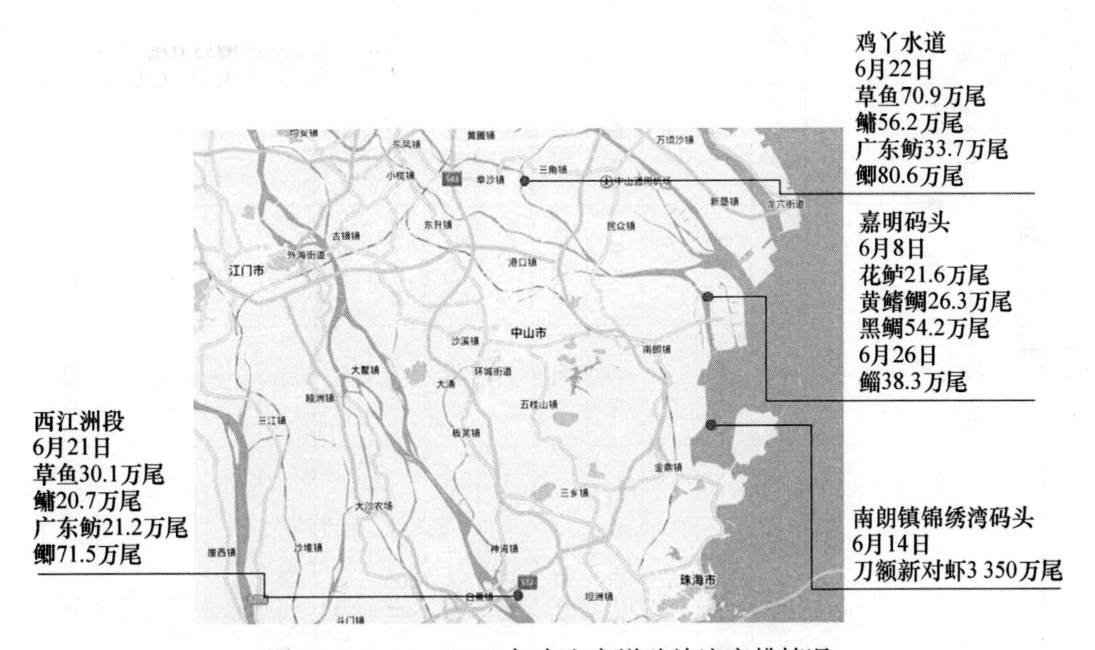

图 2-3-3-11　2017 年中山市增殖放流安排情况

为例，2005 年南朗海域刀额新对虾重量密度为 41. 6 kg/km^2，经连续增殖放流后 2017 年刀额新对虾重量密度达到 43. 95 kg/km^2，相比 2005 年资源密度略有上升(表2-3-3-4和图2-3-3-12)，这说明刀额新对虾的增殖放流活动对于

表 2-3-3-4　中山市南朗海域增殖放流效果跟踪调查结果

序号	种名	2017 年 10 月调查			2016 年 9 月调查			2005 年 11 月调查		
		重量密度/（kg·km^{-2}）	尾数密度/（尾·km^{-2}）	单位重量/（g·尾$^{-1}$）	重量密度/（kg·km^{-2}）	尾数密度/（尾·km^{-2}）	单位重量/（g·尾$^{-1}$）	重量密度/（kg·km^{-2}）	尾数密度/（尾·km^{-2}）	单位重量/（g·尾$^{-1}$）
1	闪蚬							140.79	1 599.9	88
2	刀额新对虾	43.95	18 073.6	2.56	24.5	4 492.6	5.44	41.60	22 398.2	1.9
3	近缘新对虾	1.31	150.0	8.75						
4	周氏新对虾	2.06	450.0	4.58				25.60	36 797.1	0.7
5	哈氏仿对虾	0.25	75.0	3.30						
6	亨氏仿对虾	2.20	1 424.9	2.37						
7	细巧仿对虾	1.27	1 649.9	0.79						
8	长毛对虾	1.65	75.0	22.00						
9	脊尾白虾	27.96	14 473.8	2.15	29.29	4 471.4	6.56	150.39	79 993.6	1.9
10	日本沼虾	2.72	1 049.9	2.20				3.20	1 599.9	2
11	颗粒关公蟹							5.76	6 399.5	0.9
12	橄榄拳蟹							5.60	3 199.7	1.8
13	锯缘青蟹	13.87	674.9	19.29				479.96	9 599.2	50
14	宇纹弓蟹	3.57	1 199.9	2.97				64.00	23 998.1	2.7
15	口虾蛄	0.82	75.0	11.00						

续表

序号	种名	2017年10月调查			2016年9月调查			2005年11月调查		
		重量密度/（kg·km^{-2}）	尾数密度/（尾·km^{-2}）	单位重量/（g·$尾^{-1}$）	重量密度/（kg·km^{-2}）	尾数密度/（尾·km^{-2}）	单位重量/（g·$尾^{-1}$）	重量密度/（kg·km^{-2}）	尾数密度/（尾·km^{-2}）	单位重量/（g·$尾^{-1}$）
16	斑鰶	90.98	12 899.0	6.52						
17	花鰶				136.47	3 560.2	38.33	5 279.58	415 966.7	12.7
18	鳓	8.25	974.9	8.46	91.8	5 043.6	17.94			
19	印度鳓	5.40	300.0	18.00						
20	尖吻小公鱼	1.35	225.0	6.00						
21	印度小公鱼	11.10	2 699.8	4.11						
22	赤鼻棱鳀	0.55	75.0	7.30	16.61	1 186.7	14			
23	黄吻棱鳀	1.80	225.0	8.00						
24	七丝鲚	256.48	32 997.4	8.43	108.08	19 686.8	5.49	415.97	166 386.7	2.5
25	广东鲂	224.61	749.9	299.50						
26	中华海鲇	18.15	899.9	18.20						
27	鲻	385.54	1 649.9	233.68						
28	前鳞骨鲻	88.72	5 549.6	36.31	95.23	1 716.5	55.33			
29	大鳞鲛	56.85	1 049.9	54.14						
30	眶棘双边鱼	5.10	1 499.9	3.40						

续表

序号	种名	2017年10月调查			2016年9月调查			2005年11月调查		
		重量密度/（kg·km^{-2}）	尾数密度/（尾·km^{-2}）	单位重量/（g·尾$^{-1}$）	重量密度/（kg·km^{-2}）	尾数密度/（尾·km^{-2}）	单位重量/（g·尾$^{-1}$）	重量密度/（kg·km^{-2}）	尾数密度/（尾·km^{-2}）	单位重量/（g·尾$^{-1}$）
31	花鲈				64.1	2 521.8	25.33			
32	杜氏叫姑鱼	8.40	1 199.9	7.00						
33	皮氏叫姑鱼				115.71	2 966.8	39	124.79	12 799.0	9.8
34	浅色黄姑鱼	8.77	600.0	14.63	103.69	2 564.2	40.44			
35	白姑鱼	18.75	2 849.8	6.60						
36	截尾白姑鱼	17.55	7 049.4	2.49						
37	棘头梅童鱼	93.07	7 874.4	11.33	67.96	7 289.8	9.28	199.98	19 198.5	10.4
38	短吻鲾	41.62	7 574.4	5.72	94.05	7 501.8	12.46	351.97	102 391.8	3.4
39	短棘银鲈	0.60	75.0	8.00						
40	黑鲷				32.51	1 652.9	19.67			
41	黄鳍鲷	21.75	300.0	63.50	136.09	6 611.7	20.58			
42	舌虾虎鱼	1.09	150.0	7.25	47.93	4 407.8	10.88			
43	长丝虾虎鱼	4.09	375.0	11.32						
44	绿斑细棘虾虎鱼							6.40	1 599.9	4
45	褐栉虾虎鱼	1.50	300.0	5.00						

续表

序号	种名	2017年10月调查			2016年9月调查			2005年11月调查		
		重量密度/（kg·km^{-2}）	尾数密度/（尾·km^{-2}）	单位重量/（g·尾$^{-1}$）	重量密度/（kg·km^{-2}）	尾数密度/（尾·km^{-2}）	单位重量/（g·尾$^{-1}$）	重量密度/（kg·km^{-2}）	尾数密度/（尾·km^{-2}）	单位重量/（g·尾$^{-1}$）
46	矛尾虾虎鱼							57.60	12 799.0	4.5
47	红狼牙虾虎鱼	23.25	4 199.7	5.19	19.28	2 203.9	8.75	79.99	17 598.6	4.5
48	须鳗虾虎鱼				35.01	3 560.2	9.83			
49	孔虾虎鱼	9.15	1 424.9	5.77	49.59	4 407.8	11.25			
50	鲬	13.74	300.0	56.23				73.59	3 199.7	23
51	半滑舌鳎	0.72	225.0	3.30	19.84	1 652.9	12			
52	褐斑三线舌鳎	25.95	1 349.9	19.22						
53	黑鳃舌鳎	2.47	225.0	11.00				9.60	1 599.9	6
54	弓斑东方鲀	2.70	75.0	36.00	41.54	2 373.4	17.5	383.97	7 999.4	48

保护刀额新对虾资源量，增加渔民收入起到了重要作用。而花鲈、黑鲷和黄鳍鲷3个种类2005年11月在相近海域调查中并未捕获，而开展增殖放流活动后2016年调查中花鲈、黑鲷和黄鳍鲷均有捕获，而2017年调查中除黄鳍鲷仍存在一定的资源量外，花鲈和黑鲷均未捕获，这可能与花鲈在此季节根据盐度可能溯河索饵、黑鲷为礁区种类等原因有关，因此，开展长期的跟踪调查对于综合评价增殖放流效果至关重要。

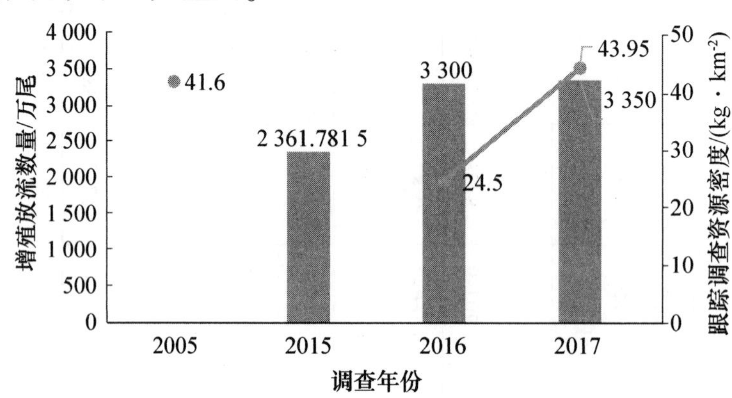

图 2-3-3-12 效果跟踪调查与2005年现状调查刀额新对虾资源密度情况比较

4）中山市增殖放流情况小结

增殖放流效果跟踪评估，是科学分析和预测增殖放流的生物增产效果及其经济效益，对生态系统结构与功能的影响及其对社会经济影响的基础，因此，开展增殖放流效果评估对于确定增殖生物的种类、数量以及规格具有重要的意义，开展增殖放流效果评估重要且迫切。

根据2016年和2017年跟踪调查结果，结合历史调查数据分析，我们可以看到，中山市多年来的增殖放流活动在养护水生生物资源、增加生物多样性方面起到了重要作用，部分增殖放流品种生物量显著增加，然而，我们也应当注意到相对于捕捞努力量来说，增殖放流的种类结构和数量仍然需要进一步的调整和增加。因此，加大水生生物增殖放流力度，合理调整增殖放流种类结构和数量，对于进一步增殖中山市水生生物资源具有重要意义。

4. 经验启示

（1）根据放流区域特性，合理的规划增殖放流品种是放流成功的前提。中山市地处河口区域，水生生物物种资源多样，水体盐度变化较大，因此，根据不同区域水体盐度情况，合理确定放流种类尤为重要，中山市每次增殖放流前都和科研单位通过前期调研，结合历史数据分析，确定放流站点的放流品种，并根据资源变动情况合理调整放流数量。

（2）引入科研院所开展放流过程监督，为放流成功提供保障。中山市海洋与渔业局在放流过程中与中国水产科学研究院南海水产研究所密切沟通合作，委托经验丰富的科研人员，从苗种场资质、苗种亲本来源、苗种质量、放流苗种规格与数量、放流过程、放流效果评估等方面对放流过程进行全程监督，为保障放流苗种品种、数量、规格、质量提供技术支持，为增殖放流活动的成功提供了技术保障。

（3）开展跟踪调查与效果评估，为第二年确定放流品种及其数量结构提供基础数据。中山市海洋与渔业局在放流后，坚持委托经验丰富的科研人员开展放流效果跟踪监测，通过调查放流区域附近水域的渔业资源种群结构、增殖放流种类的效果评估等内容，为下一步开展增殖放流活动，确定增殖放流种类和数量结构提供一手数据。

（三）大亚湾杨梅坑人工鱼礁建设

1. 发展历程

深圳市人工鱼礁建设项目于 2002 年列入广东省人工鱼礁建设规划，并于 2002 年 11 月成立了深圳市海洋与渔业服务中心，负责全市的海洋渔业资源增殖和人工鱼礁建设。为改善海洋生态环境，恢复日益衰退的海洋渔业，带动滨海旅游业及休闲渔业的发展，实现深圳市海洋渔业及其他海洋相关产业的可持续发展，深圳市政府颁布了《深圳市海域功能区划》，计划用 5 年时间在深圳东部海域建设 4 个人工鱼礁区，规划海域面积 8 km^2，包括杨梅坑人工鱼礁区 2.65 km^2，鹅公湾人工鱼礁区 2.54 km^2，东冲—西冲人工鱼礁区 2.15 km^2，背仔角人工鱼礁区 0.62 km^2。杨梅坑人工鱼礁区于 2003 年 5 月开建，至 2007 年 12 月建成，由 24 个礁群组成，投放 10 种类型的礁体 1 912 个，总量 9.98 万空方。礁区设计以保护恋礁性鱼类为主，提供头足类产卵场地为辅，兼顾底栖海洋生物增殖保护。期间，还在礁区附近进行了两次增殖放流，一期投放鱼、虾、贝苗共 22 000 万尾（粒）、二期投放 40 万尾黑鲷鱼苗、10 万尾真鲷鱼苗、20 万尾花尾胡椒鲷、10 万尾红鳍笛鲷鱼苗，标粗长毛对虾明 500 万尾、标粗刀额新对虾苗 500 万尾，30 t 花蛤苗、500 万粒华贵栉孔扇贝苗。

2. 主要做法

（1）政府重视，切实推进人工鱼礁建设。2001 年广东省九届人民代表大会第四次会议审议通过《建设人工鱼礁　保护海洋资源环境》议案，2002 年广东省省政府批准《议案》的实施方案，计划从 2002 年起至 2011 年，用 10 年时间，投资 8 亿元（省财政 5 亿元，市、县财政 3 亿元），广东省沿岸约 3 600万亩幼鱼幼虾繁育区里，按 10%左右（约 360 万亩）的比例，建设 12 个人工鱼礁区，共 100 座人工鱼礁。议案下达后各级政府部门高度重视，广东省海洋与渔业局成立了以局长为组长的领导小组，深圳市成立了由政府、海洋与渔业管理人员组成的人工鱼礁建设领导小组，并指派专人负责落实《议案》工作。

（2）依托科研机构人工鱼礁系统研究成果，指导杨梅坑人工鱼礁建设。以中国水产科学研究院南海水产研究所承担的我国“十一五”“863”计划现代农业技术领域项目“南海人工鱼礁生态增殖及海域生态调控技术”等科研项目科研成果为指导，系统地应用人工鱼礁的物理环境功能造成、礁体抗滑移抗倾覆、礁群礁区结构优化、鱼类生态诱集、礁区人工生物附着和生物资源增殖等研究成果对杨梅坑人工鱼礁区的礁型筛选、礁体材料筛选、礁区布局、礁区效果提升等方面进行指导，综合提升了杨梅坑人工鱼礁建设效果。

（3）建立了后续跟踪评估机制。杨梅坑人工鱼礁区投礁前本底调查于 2007 年 4 月进行，投礁后分别于 2008 年 3 月、2008 年 5 月、2008 年 8 月、2008 年 11 月和 2009 年 5 月进行了 5 次跟踪调查。根据杨梅坑人工鱼礁区已建礁区和试验礁区的地理分布位置及所处海区的水文状况，在监测海域共设计 12 个调查站位，其中 7 号站位和 10 号站位分别为已建礁区和试验礁区的中心点，2 号、3 号、8 号和 9 号站位分别为已建礁区的 4 个拐角（图 2-3-3-13），对杨梅坑人工鱼礁建设前后的海水环境要素、叶绿素 a 和初级生产力、浮游植物、浮游动物、底栖生物、鱼卵仔鱼和游泳生物等进行监测，并构建了生态系统服务功能评估方法，实现了杨梅坑人工鱼礁建设效果的定量评估。

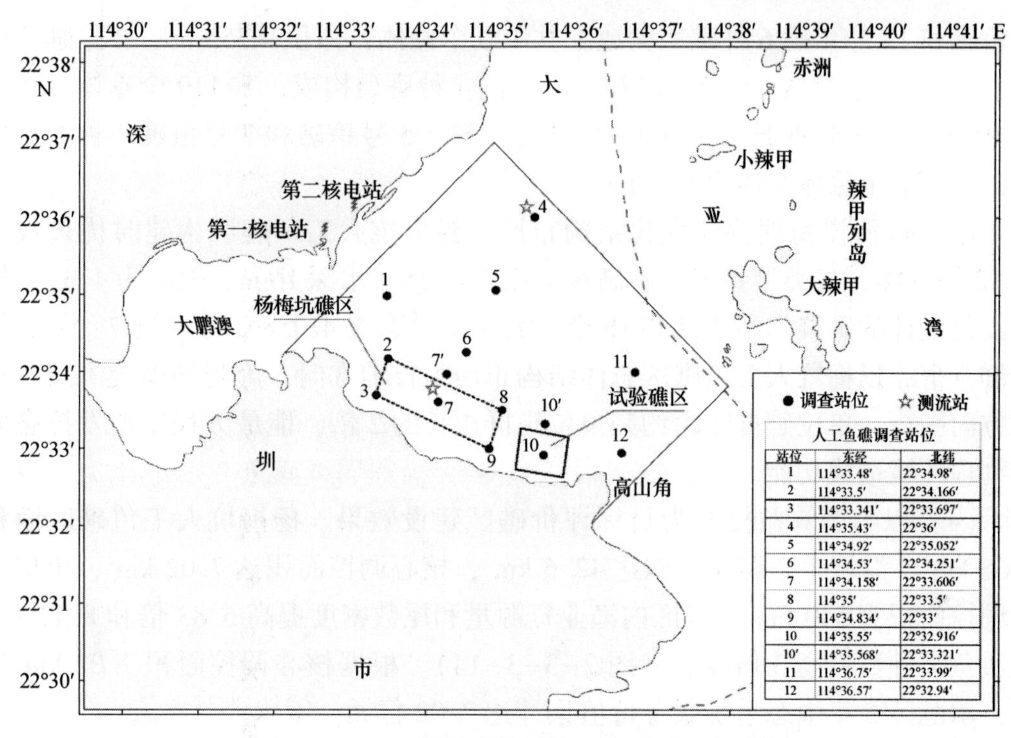

站位	东经	北纬
1	114°33.48′	22°34.98′
2	114°33.5′	22°34.166′
3	114°33.341′	22°33.697′
4	114°35.43′	22°36′
5	114°34.92′	22°35.052′
6	114°34.53′	22°34.251′
7	114°34.158′	22°33.606′
8	114°35′	22°33.5′
9	114°34.834′	22°33′
10	114°35.55′	22°32.916′
10′	114°35.568′	22°33.321′
11	114°36.75′	22°33.99′
12	114°36.57′	22°32.94′

图 2-3-3-13　深圳杨梅坑人工鱼礁生态调控区

3. 主要成效

根据深圳市杨梅坑海域与生物资源的特点，组装和集成“人工鱼礁关键技术研究与示范”成果，指导和完成了杨梅坑人工鱼礁区建设。

（1）建立多参数评价体系优选单礁构型。以深圳市水利规划设计院初步设计的 30 种礁体为基础，选择了 10 种设计礁体原型进行典型模拟研究。模拟研究比较了大亚湾不同海况条件下 10 种设计礁体原型的抗倾覆抗滑移能力，物理环境功能造成功能；模拟研究和掌握了 10 种单礁模型和 11 组多礁组合对 7 种试验生物诱集效果；研究和阐述了不同鱼礁材料和不同环境条件下的生物附着效果。根据中国水产科学研究院南海水产研究所的研究结果，对部分设计礁体原型进行了结构优化和改进，最终选定了 12 种礁型用于杨梅坑人工鱼礁生态调控区建设。

（2）以生物环境特征优化礁群类型。根据深圳杨梅坑人工鱼礁生态调控区的海况条件、海洋生态环境特点和主要渔业资源生物学习性，优化设计 3 种礁群类型。其中，1 号礁群由 7 号鱼礁、8 号鱼礁、9 号鱼礁、10 号鱼礁、11

号鱼礁和 12 号鱼礁 6 种礁型构成，共 120 个礁体，体积 9 355 m^3。2 号礁群由 1 号鱼礁、2 号鱼礁、6 号鱼礁和 7 号鱼礁 4 种礁型构成，共 119 个礁体，体积 5 103.8 m^3。3 号礁群由 3 号鱼礁、4 号鱼礁、5 号鱼礁和 7 号鱼礁 4 种礁型构成，共 137 个礁体，体积 6 111 m^3。

（3）以海洋物理特性优化结构布局。杨梅坑人工鱼礁区构建时优选投放了 12 种礁体，各类型鱼礁的礁高水深比为 0.25（水深 16 m、礁高为 4 m）。构建优化设计的礁群类型 3 种共 18 个，其中 1 号礁群 4 个，2 号礁群 7 个，3 号礁群 7 个。杨梅坑人工鱼礁区总体结构布局为长轴方向，为与杨梅坑海域主流轴方向平行，单位礁群间距约是单位礁群边长的 2 倍，能最大程度地发挥礁区的物理环境造成功能。

（4）以生态效益提升为目标评价礁区建设效果。杨梅坑人工鱼礁区面积 2.65 km^2，海域生态调控面积达 42.6 km^2，核心调控面积达 7.02 km^2，单位礁群调控面积为 540 hm^2。礁区内渔业资源量和尾数密度提高 6.83 倍和 8.11 倍，优质鱼类种数提高 3 倍以上（图 2-3-3-14）。根据核心调控面积 7.02 km^2计算，示范区 5 年生态系统服务价值累计达 7.02 亿元。

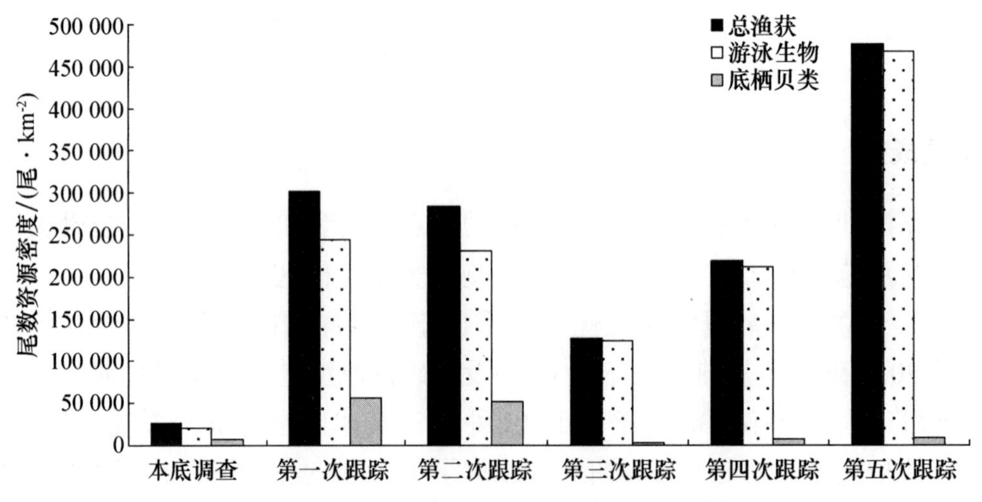

图 2-3-3-14 礁区各次拖网跟踪调查尾数资源密度与本底调查比较

4. 经验启示

（1）顶层设计，对建设过程进行指导。以 2001 年广东省第九届人民代表大会第四次会议审议通过《建设人工鱼礁 保护海洋资源环境》议案为依托，2002 年制定了详细的《议案》实施方案，成立了由广东省海洋与渔业局、中国水产科学研究院南海水产研究所和广东省海洋与渔业环境监测中心等科研管理部门组成的人工鱼礁建设专家指导咨询委员会，同时把人工鱼礁专业人才队伍建起来，与人工鱼礁议案实施有机地结合起来，切实推进和指导人工鱼礁建设。同时，依托我国“十一五”“863”计划现代农业技术领域项目“南海人工鱼礁生态增殖及海域生态调控技术”等科研项目的科研成果，指导广东省人工鱼礁建设实践，保障广东省人工鱼礁建设项目的成功开展。

（2）积极探索，不断开拓人工鱼礁建设新思路。《建设人工鱼礁保护海洋资源环境 》议案的实施，是一项全新的工作，在广东省乃至全国都是首创，既无现成的“蓝本”可供参考，又缺乏技术规范可以借鉴，在实施过程中，各级部门在坚持合理规划、科学调研的基础上，针对广东省海洋渔业资源的实际状况和渔区经济发展的现状，按照海洋产业结构调整的需要，人工鱼礁建设坚持“成熟一个、批准一个、建设一个”的思路，坚持做到“五个优先、五个结合”的原则。“五个优先”即：海洋渔业产业结构调整和海洋综合开发示范点优先原则；海洋渔业资源和海洋生态破坏严重亟需拯救的海区优先原则；保护特殊海洋物种和海洋水产自然保护区建设优先原则；带动相关传统产业结构优化升级和发展休闲渔业产业见效快的优先原则；试点先行与市、县配套积极的优先原则。“五个结合”即：人工鱼礁建设要坚持与海洋渔业产业结构的重大调整相结合；人工鱼礁建设与带动相关海洋产业的发展相结合；人工鱼礁建设与国土整治和修复改善海洋生态环境相结合；人工鱼礁建设与拯救珍稀濒危物种和保护海洋生物多样性相结合；人工鱼礁建设与海洋综合利用和依法管海用海相结合。

（3）加强规范，不断完善人工鱼礁建设程序。广东省人工鱼礁建设过程在严格执行《中华人民共和国招标投标法》《农业基本建设管理办法》等法规要求的基础上，先后制订了《广东省人工鱼礁管理规定》《广东省建设人工鱼礁议案资金管理办法》《广东省人工鱼礁建设审批要求》《广东省人工鱼礁建设技术规范》《广东省人工鱼礁建设监理标准》《广东省人工鱼礁建设竣工验收规定》等规章制度，对人工鱼礁礁区选址、礁体设计、工程施工、验收、投放等作了明确规定。既规范了广东省人工鱼礁建设程序，又为其他兄弟省、市、自治区建设人工鱼礁提供了可参照的依据。

（四）海洋工程项目渔业资源补偿增殖修复案例

1. 项目来源及实施目的

广西液化天然气（LNG）项目位于广西壮族自治区南端、北海市北海港东部的铁山港区石化作业区南港池南突堤端部，其地理位置约 21°24′57″N、109°31′40″E，项目工程于 2014 年 3 月正式建成，于 2016 年 3 月投入试运行。交通运输部水运科学研究所编制了《广西 LNG 项目海域环境评价影响报告》和《广西 LNG 项目对北部湾二长棘鲷长毛对虾国家级水产种质资源保护区影响评价专题报告》，并计算了工程在项目施工期间对海洋渔业资源损失估算的结果。

中石化北海液化天然气有限责任公司通过竞争性投标形式，确定由中国水产科学研究院南海水产研究所负责对广西液化天然气（LNG）项目施工期渔业资源补偿服务实施单位。根据国家及地方相关法律法规及标准，自 2016—2018 年，渔业资源补偿服务实施单位利用中石化北海液化天然气有限责任公司提供的针对广西液化天然气（LNG）项目码头及接收站工程施工期的渔业资源损失补偿金，在工程附近海域进行增殖放流修复。同时进行规范管理并在修复期间定期进行生物资源的跟踪监测和评估，以使项目实施海域生态得到良好修复。

2. 渔业资源增殖放流状况

本增殖放流项目分两次进行，放流时间分别为 2017 年 6 月 13 日和 2018 年 6 月 18 日。放流地点选于铁山港周边海域或涠洲岛附近海域的人工鱼礁区，该海域毗邻山口红树林自然保护区、合浦国家级儒艮自然保护区及营盘马氏珍珠贝自然保护区，被合浦海草床及北部湾二长棘鲷长毛对虾国家级水产种质资源保护区环绕，海域自然条件良好，水质肥沃、海域水生生物繁殖及生长的条件优越，浮游生物饵料资源丰富，属高生产力海域；海区地理环境良好，周围的保护区和海草床为放流对象提供了良好了适应场所，为躲避敌害和幼生期的人为捕捞提供了避难场所，是人工增殖放流的适宜区域。

根据农业部《水生生物增殖放流管理规定》中对放流品种的选择原则以及《农业部关于做好“十三五”水生生物增殖放流工作的指导意见（征求意见稿）》（2015 年 10 月）中规定适合北部湾增殖放流的种类。本项目选定的增殖放流种类包括真鲷、黑鲷和黄鳍鲷等 3 种重要经济鱼类；长毛对虾和墨吉对虾等 2 种经济虾类，两次放流鱼虾苗种数量总计约 20 476.753 万尾，各品种的苗种数量具体见表 2-3-3-5。

表 2-3-3-5　2017—2018 年鱼苗和虾苗增殖放流苗种规格及数量

苗品种	全长规格/cm	2017 年数量/万尾	2018 年数量/万尾
真鲷	3.5±0.5	160.000	142.857 1
黑鲷	3.5±0.5	240.000	218.181 8
黄鳍鲷	3.5±0.5	180.000	160.714 2
长毛对虾	1.5±0.3	5 000	4 687.50
墨吉对虾	1.5±0.3	5 000	4 687.50
合计	—	10 580	9 896.753
总计		20 476.753 万尾	

3. 放流效果评价

依据 2016 年 8 月《广西液化天然气（LNG）项目施工期渔业资源补偿服务实施方案》，为了评价增值放流的实施效果，项目组在放流前、后对放流海域渔业资源进行了跟踪监测。渔业资源跟踪监测分为两个阶段，放流前本底调查和放流后效果评估调查。放流前本底调查 3 个航次，调查时间分别为 2016 年 11 月（秋季）、2017 年 1 月（冬季）和 2017 年 4 月（春季）。放流后进行 5 个航次渔业资源跟踪监测，调查时间分别为 2017 年 8 月（夏季）、2017 年 11 月（秋季）、2018 年 1 月（冬季）、2018 年 4 月（春季）和 2018 年 8 月（夏季）。调查技术方案按照《海洋调查规范》（GB12763—2007）和《海洋生态资本评估技术导则》（GB/T 28058—2011）等相关法规、标准和规范的要求开展。根据渔业增殖放流的地点，在北部湾海域中方一侧对渔业资源调查和跟踪监测的站位进行了布设，共布设了 30 个调查站位（图 2-3-3-15）。

1）放流前、后渔业资源量变化比较

（1）总渔获率。增殖放流前后，鱼类游泳动物重量渔获率变化情况见图 2-3-3-16。放流前，三次本底调查的鱼类重量渔获率差异不大，最高为 6.75 kg/h（第二航次）；放流实施后，鱼类渔获率变化较为明显，最高为 33.61 kg/h（第八航次），最低则为 6.03 kg/h（第五航次）。放流前、后的鱼类重量渔获率平均值分别为 5.93 kg/h 和 17.36 kg/h，且放流后各航次调查结

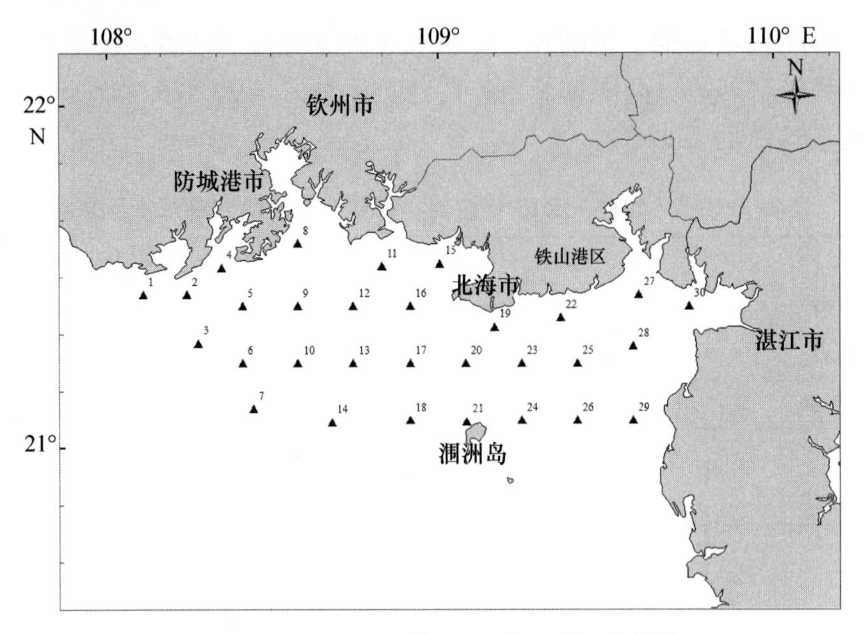

图 2-3-3-15　渔业资源跟踪监测调查站位

果均明显高于放流前同期渔获率水平（$P< 0.05$）。由此可见，项目的放流实施对鱼类资源的增殖效果较为显著。

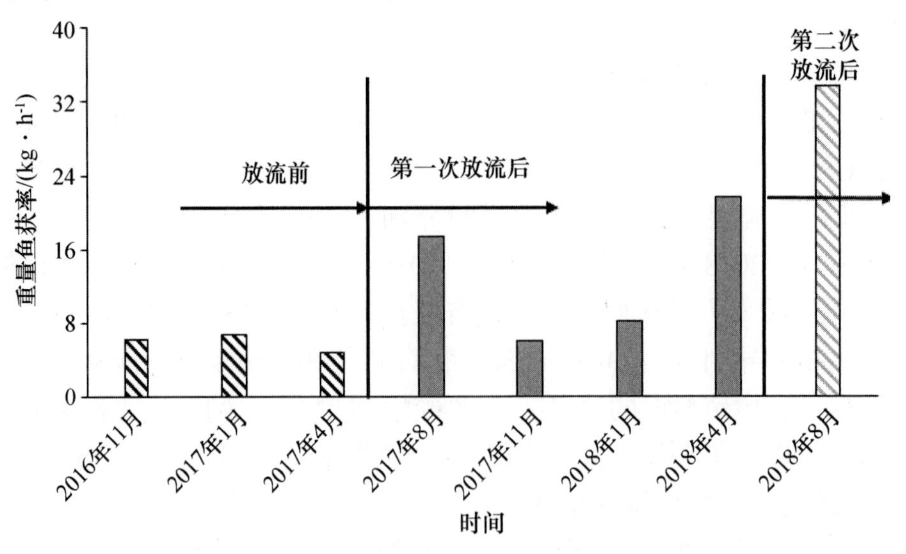

图 2-3-3-16　放流前、后鱼类重量渔获率变化

尾数渔获率方面，增殖放流前、后鱼类资源变化情况与重量渔获率相当，表现为放流后总体调查渔获率（2 107 个/h）均值显著高于放流前本底值

（562 个/h），单航次调查的鱼类尾数渔获率也表现为放流后显著高于放流前同季节水平（$P< 0.05$）。另外，第二次放流后的夏季调查（第八航次）渔获率也高于第一次放流后的夏季（第四航次）水平（图 2-3-3-17）。

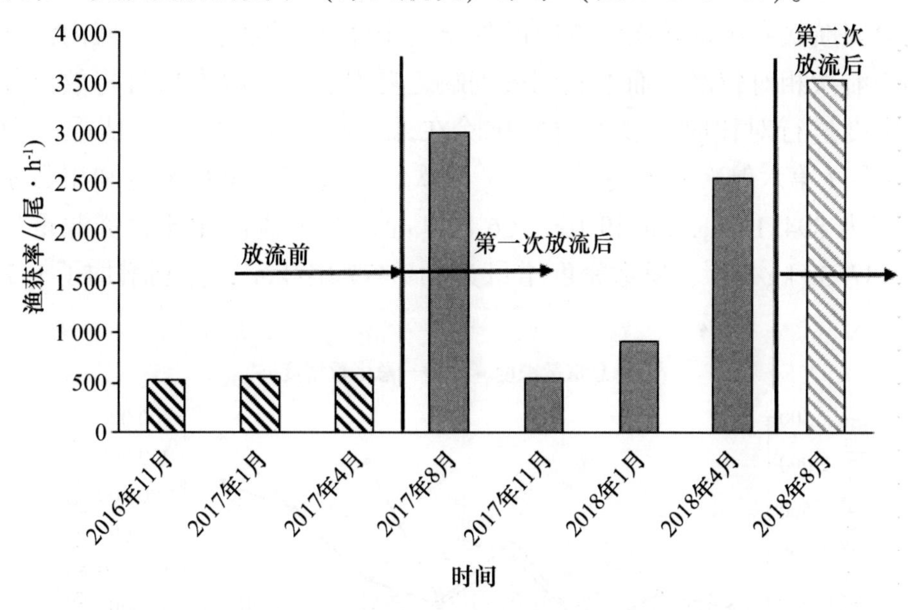

图 2-3-3-17　放流前、后鱼类尾数渔获率变化

（2）总渔业资源密度。通过对比分析增殖放流前、后渔业资源整体密度变化，可在一定程度上反映出项目放流对海域内渔业增殖的实施效果。图 2-3-3-18 所示为增殖放流前后附近海域资源重量和尾数密度变化，从图中可反映出，放流后整体渔业资源量呈较为明显的上升趋势。

重量密度方面，放流前本底调查海域内整体资源密度平均值为 406.77 kg/km^2，最高为第二航次（584.03 kg/km^2），最低为第三航次（192.28 kg/km^2）。放流后，五次效果评估调查渔业资源整体资源密度均值为 1 188.67 kg/km^2，密度最高的航次为第八航次，为 2 288.76 kg/km^2；最低为第五航次（469.71 kg/km^2），该航次资源量较低的原因可能有两个方面：①该调查航次处于秋季，近岸营养盐较为贫乏，游泳动物生长所需饵料量相对较低，致使部分群体向外迁移导致；②随着夏季休渔期结束，在近海作业的捕捞渔船数量急剧上升，人为捕捞强度持续加大，导致资源量呈现下滑趋势。

尾数渔获密度方面，整体变化趋势与重量密度相同，放流后资源密度整体呈上升趋势。放流前，本底调查尾数密度平均值为 41 229 尾/km^2，放流后评估调查结果的资源尾数密度均值为 167 129 尾/km^2，增量较为明显，各季节调查结果均高于放流前同期水平（$P< 0.05$）。值得注意的是，放流后的第六航次尾数渔获密度最高，为 241 010 尾/km²，因该航次捕获大量甲壳类动物须赤虾幼体，其尾数密度高达 88 471 尾/km²。

因第四航次和第八航次调查时间处于夏季休渔期刚结束，海域内渔获量较其余调查航次相对较高，而本底调查则缺乏夏季航次，故本项目将放流前后渔业资源密度进行对比时将夏季航次排除在外。经计算，放流后秋季（第五航次）、春季（第六航次）和冬季（第七航次）渔业资源重量密度和尾数密度平均值分别为 894.16 kg/km² 和 160 706 尾/km²。与放流前相比，资源重量密度增量为 487.39 kg/km²，尾数密度增量为 119 477 尾/km²，分别增加了 1.2 倍和 2.9 倍。

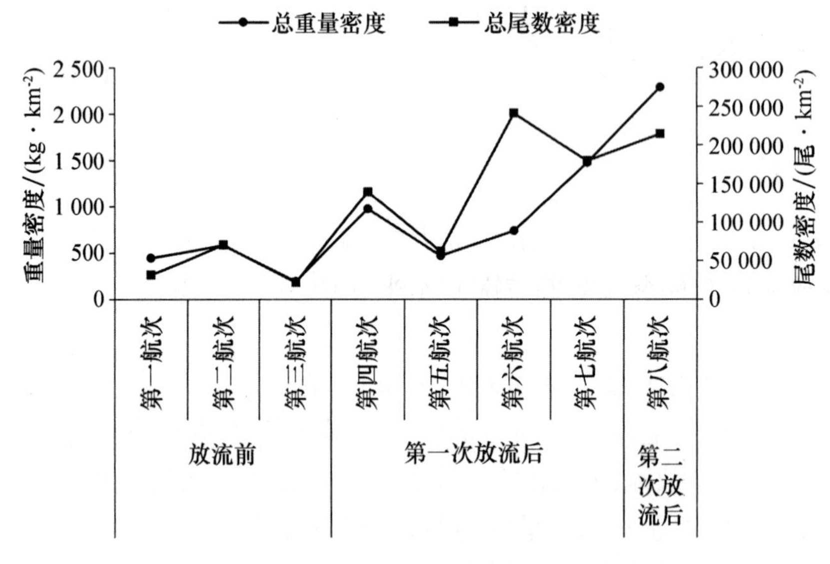

图 2-3-3-18　放流前、后渔业资源密度变化

（3）鱼类资源状况。增殖放流前后，鱼类游泳动物重量渔获率变化情况见图 2-3-3-19。放流前，三次本底调查的鱼类重量渔获率差异不大，最高为 6.75 kg/h（第二航次）；放流实施后，鱼类渔获率变化较为明显，最高为 33.61 kg/h（第八航次），最低则为 6.03 kg/h（第五航次）。放流前、后的鱼类重量渔获率平均值分别为 5.93 kg/h 和 17.36 kg/h，且放流后各航次调查结果均明显高于放流前同期渔获率水平（$P<0.05$）。由此可见，项目的放流实施对鱼类资源的增殖效果较为显著。

尾数渔获率方面，增殖放流前后鱼类资源变化情况与重量渔获率相当，表现为放流后总体调查渔获率（2 107 尾/h）均值显著高于放流前本底值（562

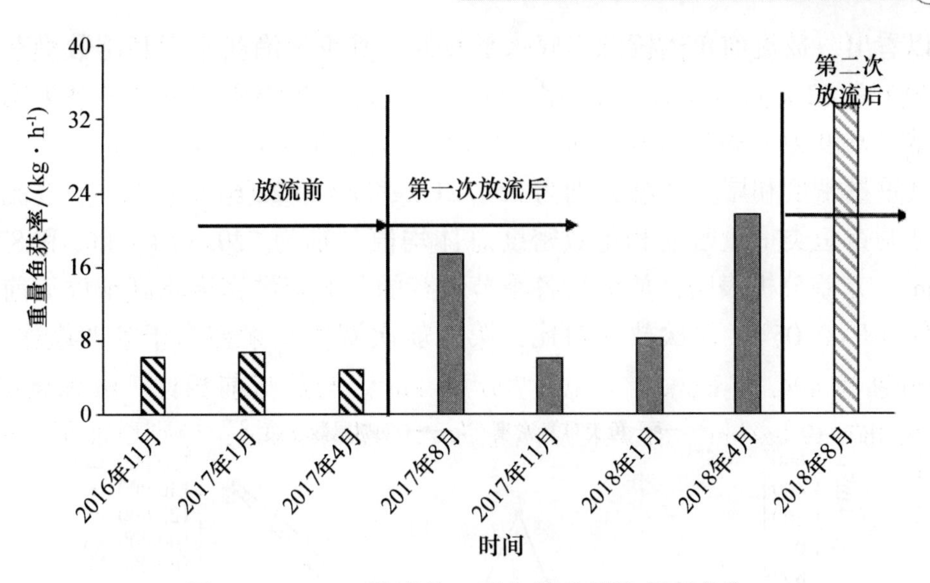

图 2-3-3-19　放流前、后鱼类重量渔获率变化

尾/h)，单航次调查的鱼类尾数渔获率也表现为放流后显著高于放流前同季节水平（$P < 0.05$）。另外，第二次放流后的夏季调查（第八航次）渔获率也高于第一次放流后的夏季（第四航次）水平（图 2-3-3-20）。

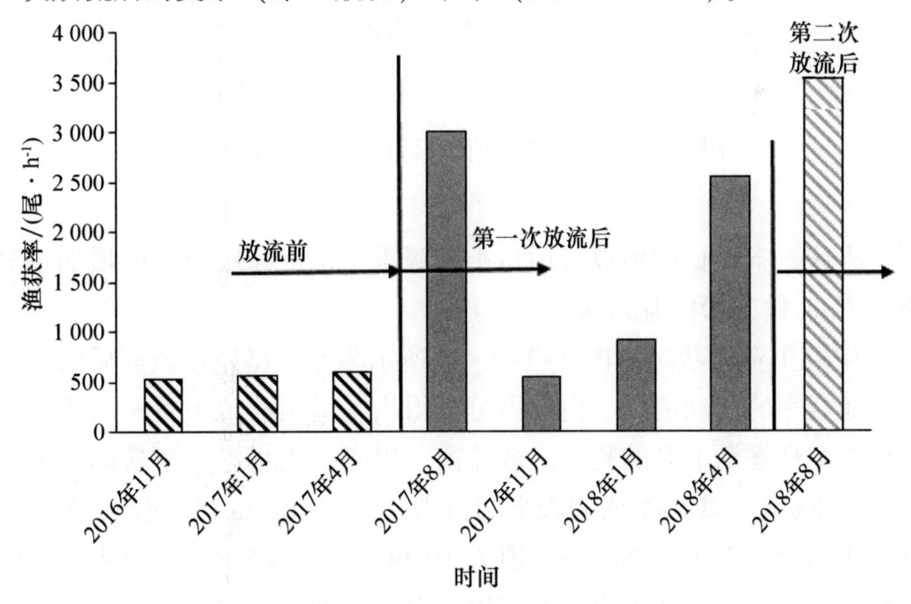

图 2-3-3-20　放流前、后鱼尾数渔获率变化

图 2-3-3-21 所示为放流前、后鱼类资源重量及尾数密度变化情况。从图

中可以看出，放流前鱼类资源本底水平较低，其重量渔获密度和尾数渔获密度分别为 190.82 kg/km²和 16 425 尾/km²。放流后，鱼类资源密度最高为第八航次，重量密度为 1 394.73 kg/km²，尾数密度为 146 304 尾/km²；最低为第五航次，其重量密度和尾数密度分别为 250.21 kg/km²和 22 614 尾/km²。放流后效果评估调查鱼类重量密度和尾数密度总体均值分别为 720.40 kg/km²和 87 441 尾/km²。方差分析表明，放流后各季节调查的鱼类资源密度均高于放流前同期本底值（$P<0.05$）；两次放流对比，第八航次调查结果亦高于第四航次（$P<0.05$）。

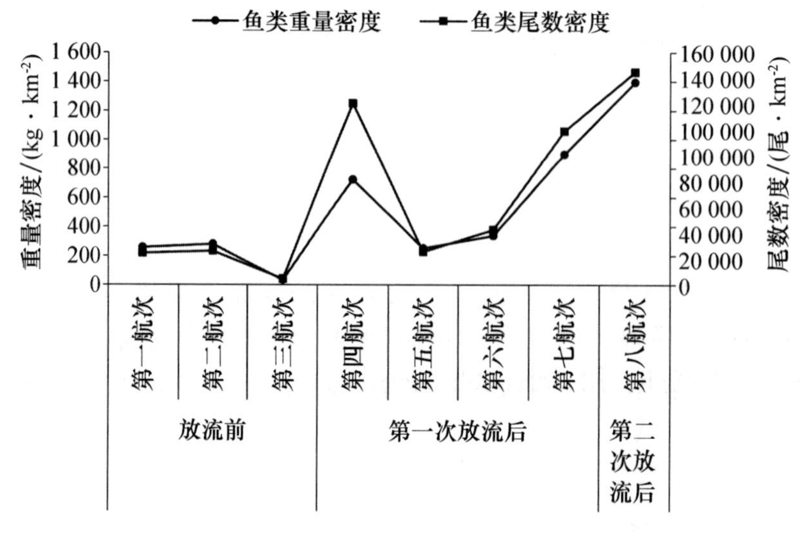

图 2-3-3-21　放流前、后鱼类资源密度变化

综上所述，本项目增殖放流后鱼类资源重量密度和尾数密度增加量分别为 529.58 kg/km²和 71 015 尾/km²。

（4）甲壳类资源状况。图 2-3-3-22 所示为渔业增殖放流前后附近海域甲壳类重量渔获率的变动情况。由图可分析得出，增殖放流项目实施后，甲壳类渔获率整体呈现逐渐上升的趋势。放流前，甲壳类重量渔获率最高为第二调查航次（6.56 kg/h），3 次本底调查平均值则为 4.18 kg/h；放流后，5 次效果评估调查渔获的甲壳类重量渔获率均值为 10.66 kg/h，高于放流前水平。同季节水平比较，所有效果评估调查航次的甲壳类重量渔获率都明显高于本底调查水平（$P<0.05$）。

尾数渔获率方面（图 2-3-3-23），放流前甲壳类渔获率最高为第二航次的 1 091 尾/h，最低为第一航次的 168 尾/h，3 次本底调查平均值为 558 尾/h。

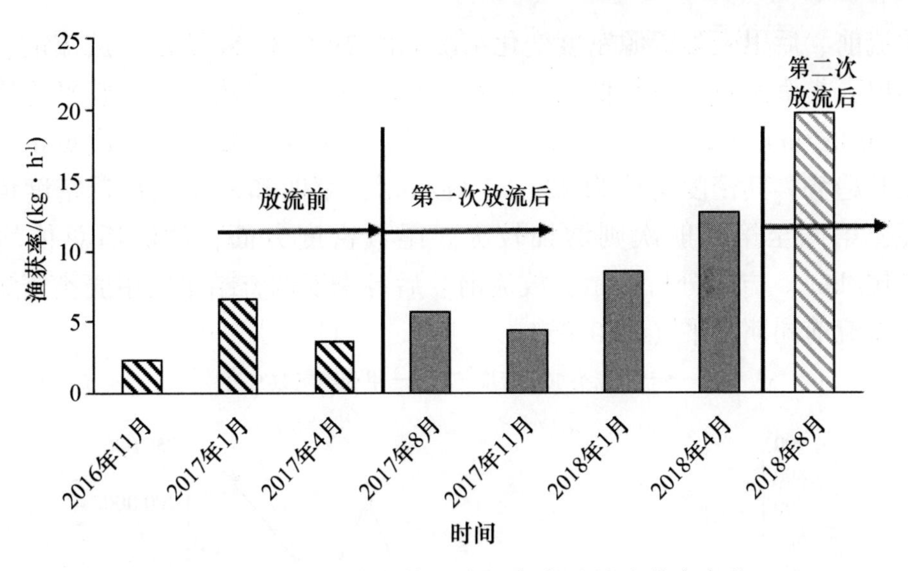

图 2-3-3-22　放流前、后甲壳类重量渔获率变化

放流后总体渔获率均值为 1 873 尾/h，其中最高出现在第六航次，为 4 850 尾/h，该次调查甲壳类尾数渔获率较高的原因是大量小型虾类须赤虾幼虾的出现，其渔获率高达 2 132 尾/h；第四航次调查的甲壳类密度较低，原因是该次捕获的甲壳类中以较大型的蟹类（如远海梭子蟹、锈斑蟳等）占优势，小型的虾蟹类则相对较少。同期水平比较，表现为各放流后评估调查航次甲壳类渔获率均高于放流前本底值（$P<0.05$）。

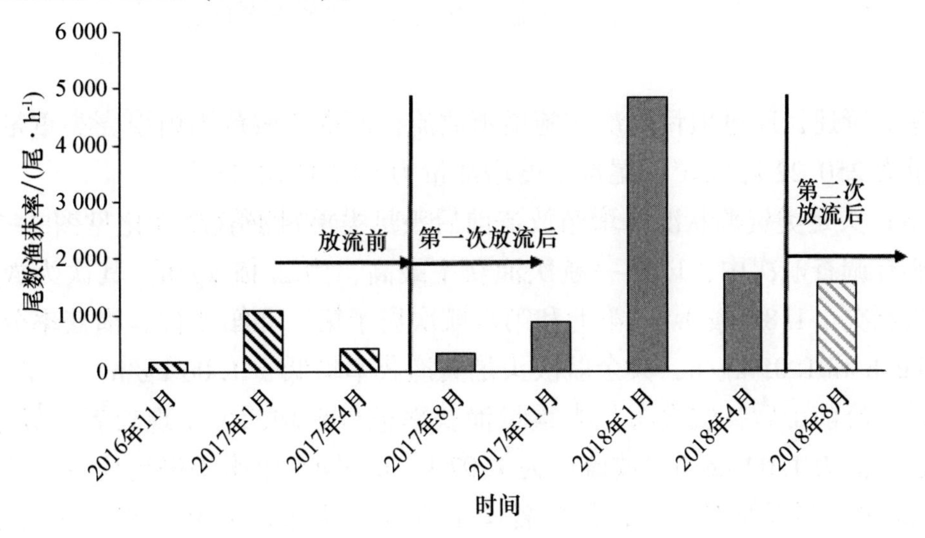

图 2-3-3-23　放流前、后甲壳类尾数渔获率变化

放流前、后甲壳类资源密度变化情况如图 2-3-3-24 所示。放流前，调查海域内甲壳类资源量相对较低，3 次调查重量密度和尾数密度本底平均值分别为 173.60 kg/km^{2}和 23 169 尾/km^2。放流后，甲壳类重量资源密度重量密度总体呈上升趋势，其密度均值为 423.83 kg/km^2，第四和五航次重量密度增幅不甚明显，第六至第八航次则增幅较大。尾数密度方面，放流后总体均值为 77 707 尾/km^2。方差分析显示，放流前、后各季度调查结果的甲壳类资源密度均高于放流前同期水平（$P<0.05$）。

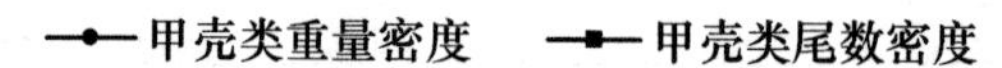

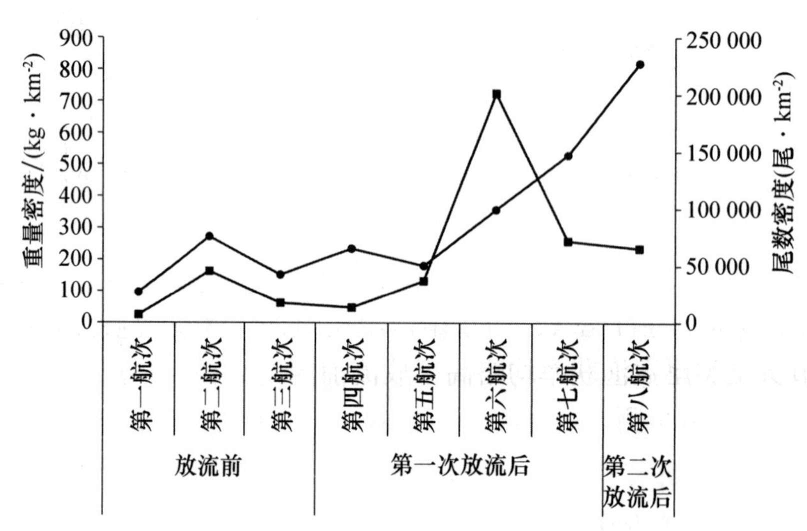

图 2-3-3-24　放流前、后甲壳类资源密度变化

综上所述，通过项目两次实施增殖放流，调查海域范围内甲壳类重量密度增加量为 250.22 kg/km^2，尾数密度增加量为 54 537 尾/km^2。

（5）头足类资源状况。增殖放流前后头足类重量渔获率变化见图 2-3-3-25。所有调查航次中，以第一航次渔获率最高，为 2.15 kg/h，其次为放流后的第八航次（1.82 kg/h），第七和第六航次居于第三和第四位，渔获率分别为 1.16 kg/h 和 1.05 kg/h，其余航次头足类渔获率均低于 1.00 kg/h。

对放流前、后各航次头足类重量渔获率进行平均，可发现二者差异不大，放流前均值为 1.02 kg/h，放流后为 1.07 kg/h。同季节水平进行比较，除秋季（第一航次和第五航次）外，其余各季节则表现为放流后略高于放流前水平，但差异不显著（$P>0.05$）。

头足类尾数渔获率在放流前、后的变化趋势与重量渔获率变化类似，整体

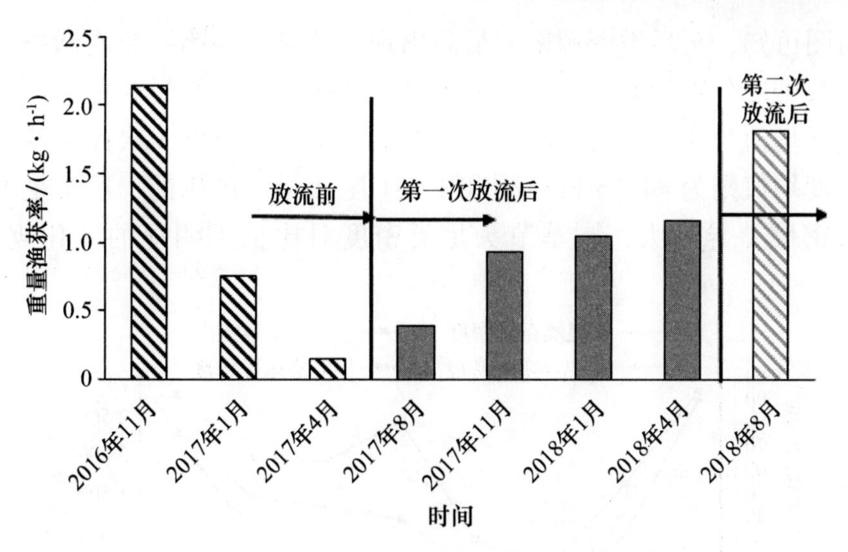

图 2-3-3-25　放流前、后头足类重量渔获率变化

表现为放流后平均水平（48 尾/h）略高于放流前水平（39 尾/h）（图 2-3-3-26）。在同季节水平进行比较，与重量密度类似，亦表现为除秋季航次外，放流后各季节头足类尾数渔获率均略高于放流前同期水平，方差分析结果 P 值均大于 0.05。由此可推测，本项目增殖放流对海域头足类资源增量影响相对较小。

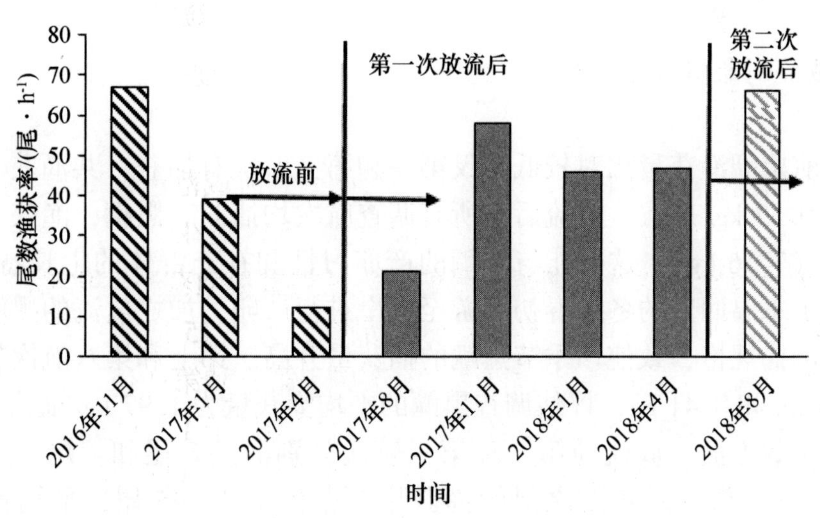

图 2-3-3-26　放流前、后头足类尾数渔获率变化

图 2-3-3-27 所示为项目增殖放流前、后附近海域内头足类资源密度变化

情况。由图可知，头足类资源密度最高出现在放流前的第一航次调查，其重量密度和尾数密度分别为 89.22 kg/km² 和 2 784 尾/km²。3 次本底调查的头足类资源密度平均值为 42.35 kg/km² 和 1 635 尾/km²，放流后 5 次评估调查的头足类资源密度均值则为 44.45 kg/km² 和 1 981 尾/km²。放流前、后头足类重量密度和尾数密度差异不大，同季节头足类密度对比也无明显的变化规律（$P>0.05$）。

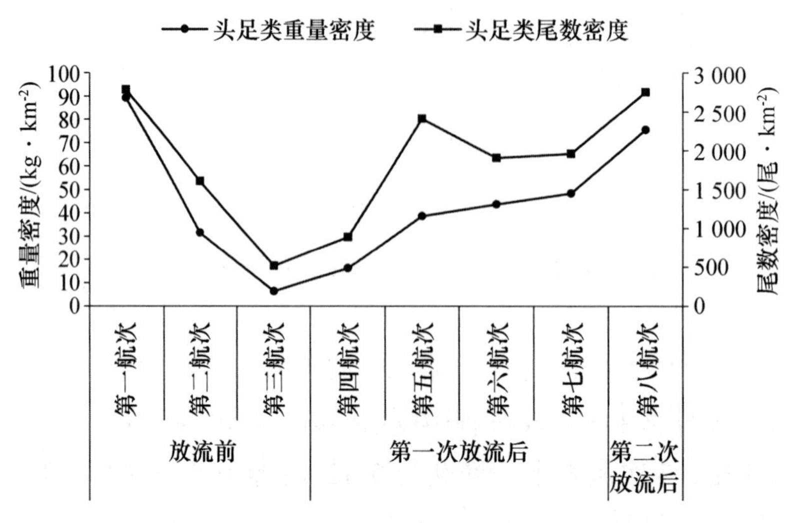

图 2-3-3-27 放流前、后头足类资源密度变化

2）放流对象资源量变化

黑鲷

放流前黑鲷渔获量相对较低，仅第一和第三航次有捕获，共渔获 1.12 kg，平均渔获 0.37 kg/航次。放流后，所有调查航次均捕获有黑鲷，渔获最多的为第六航次（7.16 kg），这可能与黑鲷的产卵习性和补充群体的生长特性有关，黑鲷喜好于水温回升的冬末春初洄游至近岸进行产卵，加之放流的黑鲷在此时也生长至可捕规格，致使该季节黑鲷的捕获量升高。第七和第八航次较低，分别为 0.24 kg 和 0.41 kg，评估调查黑鲷的平均渔获量为 1.97 kg/航次。

渔获尾数方面，放流前第一和第三航次分别渔获 8 尾和 4 尾，平均渔获 4.00 尾/航次；放流后各航次黑鲷渔获尾数范围为 1~45 尾，平均渔获量为 14.20 尾/航次，较放流前有明显提高。

经计算，放流前本底调查黑鲷的平均重量密度为 0.52 kg/km²。放流后评估调查黑鲷的平均重量密度则为 2.73 kg/km²，比放流前增加了 2.21 kg/km²，估算资源量约提高了 4.25 倍。尾数渔获密度本底均值为 5.53 尾/km²，放流后密度均值为 19.64 尾/km^2。

真鲷

真鲷在放流前的渔获频率较低，仅第一航次有捕获，渔获重量为 1.09 kg，本底调查平均渔获重量为 0.36 kg/航次。放流后，各评估调查航次均捕获有真鲷，渔获量最高的为第七航次，达 12.21 kg；其次为第四航次，渔获量为 4.73 kg；最低为第六航次，渔获量为 1.52 kg。放流后 5 次评估调查的真鲷渔获量均值为 4.85 kg/航次，较放流前有明显提升。

渔获尾数方面，放流前第一航次渔获 8 尾，3 次本底调查的渔获平均值为 2.67 尾。放流后仅第六航次为捕获真鲷，渔获最高的航次为第四航次（159 尾），评估调查真鲷的平均渔获尾数为 51.60 尾/航次，比放流前有大幅提升。

经计算，放流前真鲷的本底资源重量密度为 0.50 kg/km^2，尾数密度平均值为 3.69 尾/km^2。放流后，真鲷的重量密度和尾数密度均值分别为 6.71 kg/km^{2}和 71.37 尾/km^2，比放流前增加了 6.21 kg/km^{2}和 67.62 尾/km^2，增幅较为明显。

黄鳍鲷

黄鳍鲷在放流前 3 次本底调查中仅第一航次有出现，渔获重量为 0.35 kg，渔获尾数为 4 尾，3 次调查平均渔获为 0.12 kg/航次和 1.33 尾/航次。放流后效果评估调查，第六至第八 3 个航次渔获物中鉴定到放流目标种黄鳍鲷，分别渔获 1 尾、1 尾和 5 尾，重量分别为 1.00 kg、0.19 kg 和 0.44 kg。5 次评估调查的黄鳍鲷渔获尾数和重量平均值为 0.33 kg/航次和 1.40 尾/航次，与放流前相比有较大的提高。

经计算，黄鳍鲷在放流前本底调查的重量密度和尾数密度分别为 0.16 kg/km^{2}和 0.46 尾/km^2，放流后则分别为 0.45 kg/km^{2}和 1.94 尾/km^2。放流后海域内黄鳍鲷的资源量有一定提升，增加量为 0.29 kg/km^{2}和 1.48 尾/km^2。

长毛对虾

长毛对虾为北部湾近岸海域的常见经济虾类品种，在放流前、后的所有八次渔业资源调查中均有出现。放流前，3 次调查长毛对虾渔获量范围为 0.13~2.01 kg，平均值为 1.00 kg/航次，最高为第一航次，最低则出现在第三航次；尾数渔获范围为 8~47 尾，均值为 29.67 尾/航次。放流后，长毛对虾的渔获重量介于 0.65~13.61 kg，渔获尾数则介于 13~478 尾，各航次重量和尾数平均值分别为 3.32 kg/航次和 111.40 尾/航次。

经计算，长毛对虾在放流前本底调查的重量密度和尾数密度分别为 1.39 kg/km^{2}和 41.03 尾/km^2，放流后则分别为 4.59 kg/km^{2}和 154.08 尾/km^2。

放流后海域内长毛对虾的资源量有较大幅度的提升，增加量为 3.20 kg/km^{2}和 113.05 尾/km^2，重量密度和尾数密度分别增加了 2.30 倍和 2.76 倍。

墨吉对虾

本底调查，墨吉对虾在第一和第二航次有捕获，渔获重量分别为 0.16 kg 和 0.69 kg，渔获尾数分别为 8 尾和 16 尾。3 次本底调查的渔获重量和尾数算术平均值为 0.28 kg/航次和 8.00 尾/航次。放流后效果评估调查，墨吉对虾在所有调查航次均由渔获，渔获重量范围为 0.22～3.93 kg，尾数渔获范围为 6～126 尾，5 次调查的平均渔获为 1.30 kg/航次和 40.20 尾/航次。

经计算，放流前本底调查墨吉对虾的重量密度和尾数密度分别为 0.39 kg/km^{2}和 11.07 尾/km^2，放流后则分别为 1.82 kg/km^{2}和 55.60 尾/km^2。放流后海域内墨吉对虾的资源量有较大提升，增加量为 1.43 kg/km^{2}和 44.53 尾/km^2，增幅较为显著，重量密度和尾数密度增加量分别为 3.67 倍和 4.02 倍。

3）体外挂牌标志放流效果评价

本项目标志放流的鱼种选择鲈形目鲷科所属黑鲷为标志对象。黑鲷（*Acanthopagrus schlegelii*），俗称黑加吉、铜盆鱼、乌颊鱼、黑立、乌翅、海鲋等，属于鲈形目，鲷科。黑鲷呈侧扁长椭圆形，头大、前端钝尖、背面狭窄且倾斜度大。上、下颌等长，前端各有大的犬牙 6 个，上颌两侧臼齿发达，有 4～5 行，下颌两侧臼齿 3 行。体被弱栉鳞。背鳍棘强硬，臀鳍第二棘强大。体青灰色，具银光，体侧通常有黑色横带 7 条。

目前，国内对黑鲷的标志放流技术较为成熟，采用的标志方法主要以体外挂牌、剪鱼鳍等较为传统的方法为主。2007—2008 年，浙江省在人工鱼礁区和作为游钓场的自然礁区共放流黑鲷 450 万尾，当年标志鱼回收率达到了 3.9%；林金錶等 1997 年在大亚湾标志放流黑鲷 11 986 尾，回捕率达 8.0%；为适宜于标志放流跟踪调查的合适鱼种。

放流海域

本项目两次标记放流海域均选择在广西壮族自治区北海市铁山港区 LNG 码头附近海域，具体放流海区位置如图 2-3-3-28 所示。

标志方法与标志牌

标志牌与标志枪：本项目主要采用塑料椭圆标牌（POTs）的这种外部标志方式，用以监测标记回捕黑鲷的迁移路线和生长情况。虽然刺挂的 POTs 会给被标志黑鲷额外的能量消耗，但这种标志位于身体外部，容易识别从而有利于回捕调查，并且 POTs 这种标记方式能够在鱼体上保留较长的时间。因此，

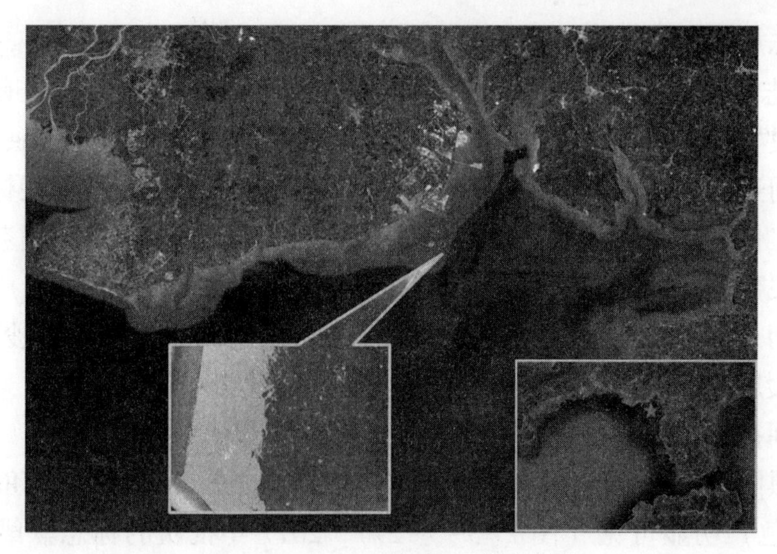

图 2-3-3-28　放流区域示意图

在标志放流后的相当一段时间内，被标志的黑鲷在渔获物中能很快被识别，并分拣出来。在本项目中，使用绿色外部 POTs（0.1 mm×8 mm×15 mm，0.01 g）来标记黑鲷幼鱼。POTs 上写明了放流单位以及联系方式，也有利于放流黑鲷的回捕反馈。

标志放流：本项目于 2017 年 6 月 13 日及 2018 年 6 月 16 日分两年/次实施了黑鲷 POTs 体外挂牌标志放流，按照上述步骤进行黑鲷放流幼鱼的体外标志工作，共计标志黑鲷幼鱼 52 860 尾。其中，2017 年 6 月 12 日标志黑鲷幼鱼 20 100尾，体长范围 43~61 mm，平均体长（50.58±3.78）mm；体重范围 1.0~6.5 g，平均体重，（3.35±1.20）g。2018 年 6 月 15 日标志黑鲷幼鱼 32 820 尾，体长范围 54~95 mm，平均体长（64.57±7.05）mm；体重范围 3.7~21.9 g，平均体重（7.44±2.96）g。

经过 24 h 暂养，分别于标志后第二天运输至指定放流海域放流，共计放流 52 437 尾（实际放流尾数，其中 2017 年实际放流 19 877 尾，2018 年实际放流 32 560 尾），放流时标志成活率约为 99.20%，POTs 保持率约为 99.18%。选择 6 月标志放流黑鲷幼鱼是因为大规格苗种的培育周期较长，另外，6 月正值南海禁渔期，可有效降低放流幼鱼的误捕。

标志鱼回收

项目组分别在每年放流后的休渔期结束后，开展了标志放流回捕调查工作，不定期张贴标志鱼回收广告并持续回收标志黑鲷，收集标志放流回捕数据。对标志放流回捕数据进行分析整理，截至 2018 年 10 月 31 日，统计了约 12 个月标志放流回捕结果。项目组通过制作张贴放流宣传海报和有奖回捕宣传海报、设立标志放流回收点、定期在放流海区的当地与周边鱼市、渔业公司及渔民之间进行放流回捕调查宣传、发放、张贴宣传海报等，开展标志放流黑鲷的回收工作，收集标志回捕数据。对捕获到的标志黑鲷并反馈捕获日期及捕获地点相关数据信息（包括鱼体重量和全长、捕获时间和地点等）的渔民提供现金奖励。宣传及标志黑鲷收集地区包括铁山港区、涠洲岛、沙田、营盘、石头埠、大风江口、江平等北部湾北部海区沿岸各地。

标志回捕调查结果分析

标志黑鲷回捕数据。2017 年和 2018 年回捕的标志黑鲷，其鱼体携带的 POTs（绿色）明显可见（图 2-3-3-29）。2017 年批次的标志黑鲷，至 2018 年 10 月末，共回捕了 381 尾带有绿色 POTs 的黑鲷，绝对回捕率为 1.92%（381/19 877≈1.92%），其中有 195 尾标志黑鲷被项目组实际收集获得，为实体鱼（即收回来的是携带有标牌的鱼），其他 186 尾仅送回标牌或回捕信息（即信息鱼）。2018 年批次的标志黑鲷，至 2018 年 10 月末，共回捕了 712 尾带有绿色 POTs 的黑鲷，回捕率为 2.19%（712/32 560≈2.19%），其中有 369 尾标志黑鲷被项目组实际收集获得，为实体鱼（即收回来的是携带有标牌的鱼），其他 343 尾仅送回标牌或回捕信息（即信息鱼）（表 2-3-3-6）。合计回捕到标志黑鲷 1 093 尾。

图 2-3-3-29　放流回捕的标志黑鲷

表 2-3-3-6 回捕标志黑鲷数量

回捕日期	回捕数量							
	2017 年批次标志回捕				2018 年批次标志回捕			
	定置网	垂钓	拖网	流刺网	定置网	垂钓	拖网	流刺网
2017 年 8 月	2[a]+12[b]	3[a]+17[b]	0	0				
2017 年 9 月	35[a]+40[b]	43[a]+23[b]	3[a]+24[b]	5[a]+1[b]				
2017 年 10 月	25[a]+13[b]	39[a]+43[b]	5[b]	12[a]				
2017 年 11 月	2[a]+1[b]	4[a]+2[b]	1[a]+2[b]	2[a]+1[b]				
2017 年 12 月	3[a]	1[a]	7[a]+1[b]	0				
2018 年 1 月	1[a]	3[a]	0	2[a]				
2018 年 2 月	0	1[a]	1[b]	1[a]				
2018 年 3 月	0	0	0	0				
2018 年 4 月	0	0	0	0				
2018 年 5 月	0	0	0	0				
2018 年 6 月	0	0	0	0				
2018 年 7 月	0	0	0	0				
2018 年 8 月	0	0	0	0	16[a]+42[b]	40[a]+55[b]	2[b]	8[a]+3[b]
2018 年 9 月	0	0	0	0	11[a]+32[b]	112[a]+65[b]	17[a]+29[b]	32[a]+19[b]
2018 年 10 月	0	0	0	0	27[a]+13[b]	73[a]+27[b]	26[a]+40[b]	7[a]+16[b]
总数	68[a]+66[b]	94[a]+85[b]	11[a]+33[b]	22[a]+2[b]	54[a]+87[b]	225[a]+147[b]	43[a]+71[b]	47[a]+38[b]
回捕总数	381				712			
	(195[a]+186[b])				(369[a]+343[b])			
总回捕率	1.92%				2.19%			

注：[a]被送回项目组的标志黑鲷，为实体鱼；[b]仅送回标牌或回捕信息的标志黑鲷，为信息鱼。

绝大部分回捕的黑鲷幼鱼，出现在回捕开始的 1~3 个月内。4 个月后回捕黑鲷逐渐变少：第 4 个月时有少量回捕个体出现，第 7 个月后没有回捕到。在标志黑鲷回捕开始的第 1 个月里，黑鲷主要被放流地点附近的定置网捕获或被垂钓爱好者钓获。在回捕开始的第 2~3 个月里，大多数的回捕发生在远离放流地点的海域，被拖网渔船、流刺网、垂钓等所捕获。由此推测，标志后的黑鲷被放入自然海域后，被近海渔民或垂钓爱好者所捕获。并且 2017 年及 2018 年的标志回捕实验结果均显示，在黑鲷回捕开始的第 2~6 个月回捕数量具有显著下降趋势。由反馈收集的回捕信息可知，标志黑鲷主要被拖网、定置网、流刺网和垂钓 4 种渔具渔法捕获。

放流标志黑鲷的迁移

2017 年和 2018 年的标志放流回捕工作中，黑鲷幼鱼均被放流到 LNG 码头附近海域，回捕开始的第 1~3 个月里，标志放流的黑鲷在有淡水冲入的河口附近被多次捕获发现。

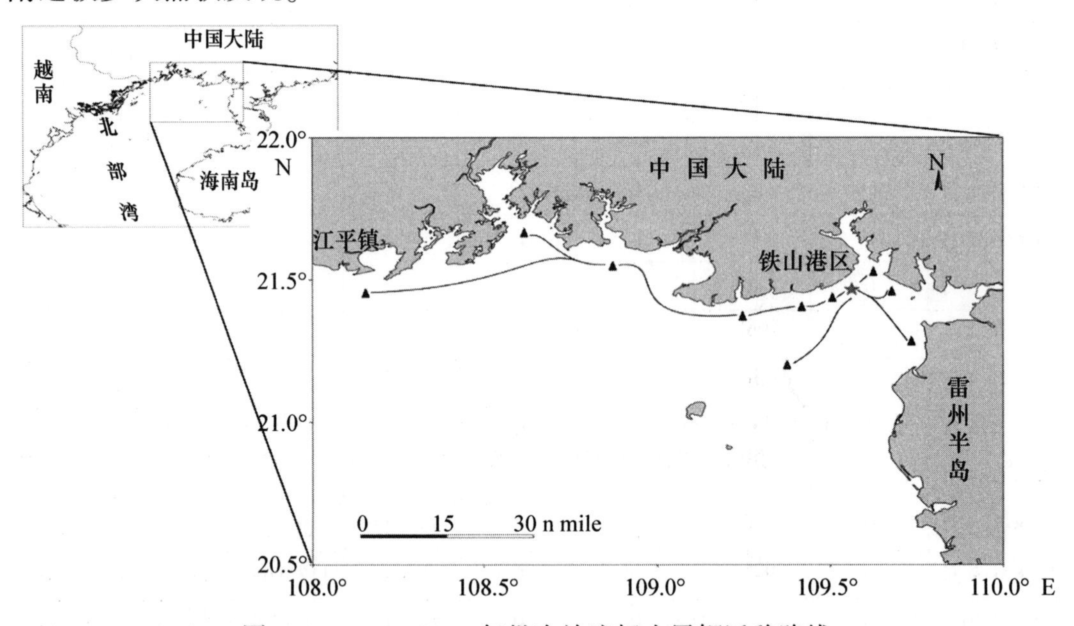

图 2-3-3-30　2017 年批次放流标志黑鲷迁移路线

注：★代表放流地点；▲代表回捕地点，但是▲的数量并不代表标志黑鲷的回捕数量；黑线为根据回捕黑鲷的地点推测出的迁移路线

经过进一步分析标志黑鲷回捕地点及相关迁移路径的数据，我们绘制出了放流后的黑鲷的迁移路线，包括 2017 年和 2018 年放流黑鲷的迁移路线图（图 2-3-3-30 和图 2-3-3-31）。结果表明，2017 年和 2018 年的标志黑鲷在放流后均呈近岸辐射状迁移扩散。回捕时间最长的黑鲷是在 2017 年的标志放流中，在放流后的第 187 天，回捕处距离放流地点 120 km（回捕地点为东兴市江平镇附近海域）。

在执行本项目标志鱼回捕跟踪调查任务期间，共开展了约 12 个月的标志回捕工作。标志后的黑鲷幼鱼一部分标志黑鲷在被流刺网、定置网及拖网捕获，一部分被垂钓的钓鱼爱好者钓获。

在传统的渔业生产中，虽然其生产效率不能与拖网等渔具渔法相比，钓具

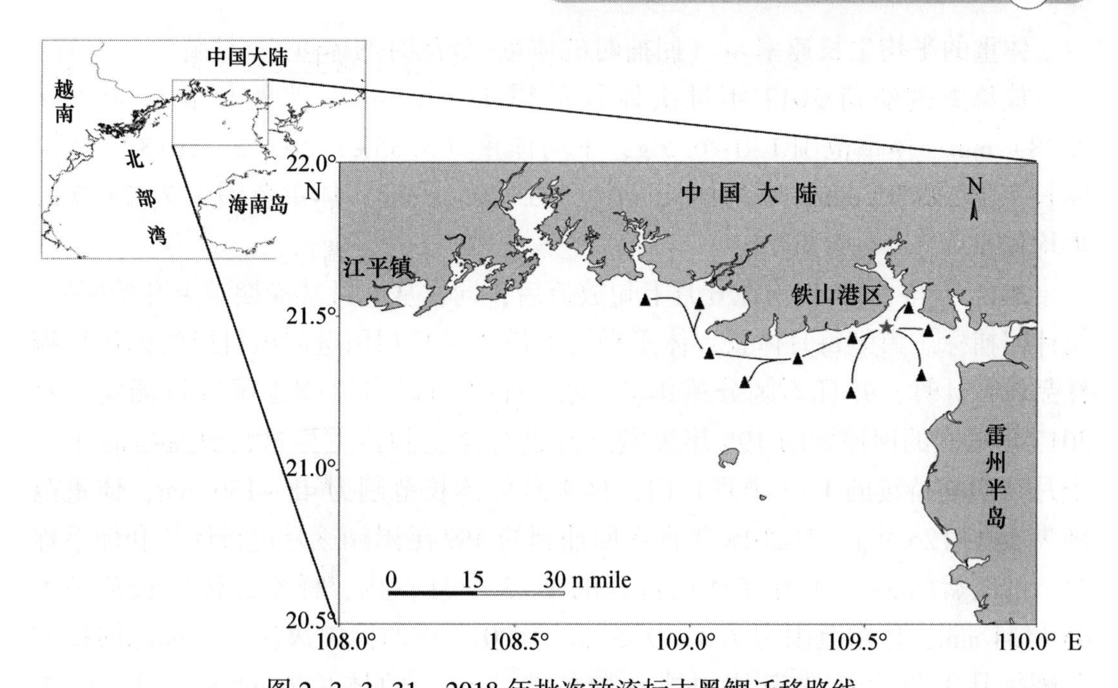

图 2-3-3-31 2018 年批次放流标志黑鲷迁移路线

注：★代表放流地点；▲代表回捕地点，但是▲的数量并不代表标志黑鲷的回捕数量；黑线为根据回捕黑鲷的地点推测出的迁移路线

仍作为一种重要的渔业捕捞生产方式被渔民使用；本项目标记放流跟踪监测选择黑鲷作为标记对象，其作为岩礁性鱼类，更是游钓、矶钓的目标鱼种之一。因此项目组反馈得到的信息显示，本项目执行过程中被钓具捕获的标志黑鲷占到了回捕总数比例的 50.41%，而这些标志黑鲷绝大多数是由钓鱼爱好者提供。据此推测，本项目放流的苗种所补充的渔业资源，除了供给渔业捕捞生产，其在海洋旅游、休闲游钓产业方面亦做出了一定的贡献。

放流标志黑鲷的生长

为了研究放流黑鲷幼鱼在自然海域中的生长，在实施每次标志黑鲷的放流前随机选取 100 尾黑鲷幼鱼进行测量。所有选取的幼鱼及后续回捕黑鲷在测量体长时精确到 0.1 cm，体重精确到 0.1 g。通过放流时间及回捕时间确定回捕鱼的月龄（month）：

月龄=（回捕日期-放流日期）/30

在本节中，根据 Isabel 等的方法，用每月的平均生长速率来评估放流黑鲷在野外的生长情况：

体长的平均生长速率 =（回捕时的体长-放流时的体长）/月龄

体重的平均生长速率 =（回捕时的体重-放流时的体重）/月龄

放流黑鲷幼苗 2017 年批次体长范围 43～61 mm，平均体长（50.58±3.78）mm；体重范围 1.0～6.5 g，平均体重（3.35±1.20）g。2018 年批次体长范围 54～95 mm，平均体长（64.57±7.05）mm；体重范围 3.7～21.9 g，平均体重（7.44±2.96）g。

2017 年与 2018 年均在 6 月上旬放流后，同样从 8 月禁渔期结束开始回捕，统计回捕标志黑鲷每月体长、体重平均生长率（只利用送回项目组的标记黑鲷样品进行计算，并且不区分雌雄）。对回捕到的标志黑鲷逐尾进行测定。对 2017 年批次的回捕到的 195 尾黑鲷逐月进行体长和体重称量，放流后的 3～9 个月（回捕持续的 1～7 个月）内，样本总体体长范围为 48～156 mm，体重范围为 2.9～126.9 g。对 2018 年批次回捕到的 369 尾黑鲷逐月进行体长和体重称量，放流后的 3～5 个月（回捕持续的 1～3 个月）内，样本总体体长范围为 65～134 mm，体重范围为 7.8～77.5 g。在 2017 年的标志放流中，标志回捕的黑鲷每月平均生长速率从回捕开始的第一个月的体长 6.44 mm/月，体重 1.67 g/月变化到回捕开始第七个月的体长 10.71 mm/月和体重 11.41 g/月。在 2018 年的标志放流中，标志回捕的黑鲷每月平均生长速率从回捕开始的第 1 个月的体长 6.05 mm/月，体重 2.81 g/月变化到到回捕开始第 3 个月的体长 8.58 mm/月和体重 6.14 g/月。（图 2-3-3-32 和图 2-3-3-33）。

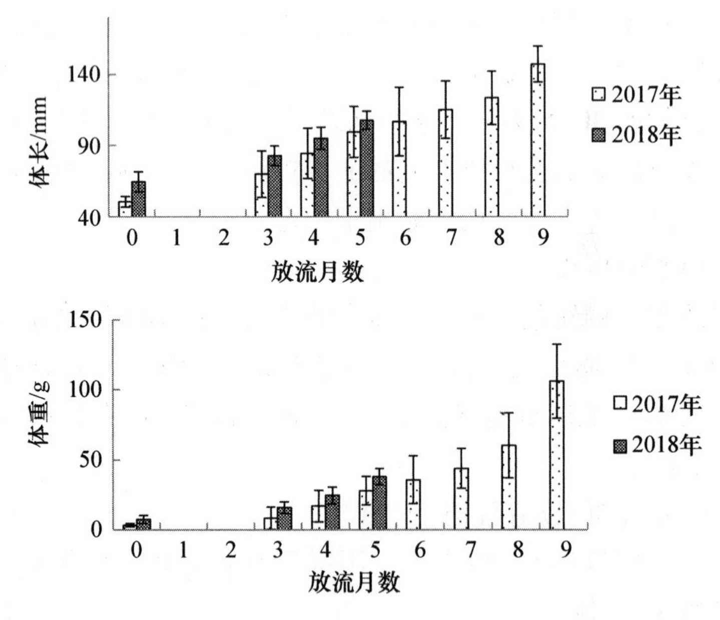

图 2-3-3-32　回捕标志黑鲷体长和体重生长

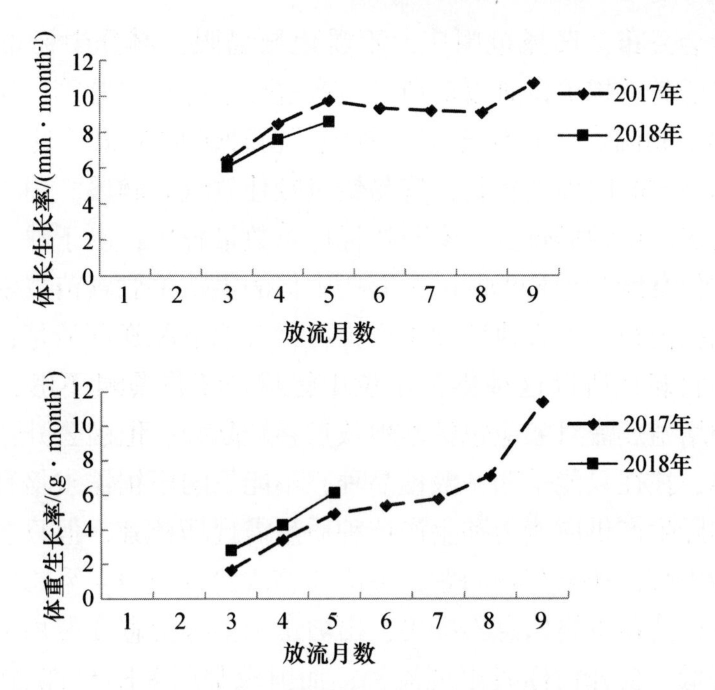

图 2-3-3-33　回捕标志黑鲷体长生长率和体重生长率变化

四、南海专属经济区渔业资源增殖面临的主要问题

（一）行政管理方面存在的问题与建议

1. 渔业资源增殖放流方面存在的主要问题及建议

1）存在的主要问题

（1）科技基础薄弱，本底资料欠缺。南海水生生物资源养护技术支撑机构少，基层科研部门在此领域技术基础薄弱，技术推广站等基础设施较差，普遍存在基础资料积累、资金和人才不足、调查监测手段科技含量低等问题，水生生物资源养护基础资料缺乏，资源本底情况不太清楚，珍稀特有物种的生活习性不掌握，达不到科学开展水生生物资源养护的要求。

（2）现有招投标制度及苗种供给和评价体系不科学。苗种供应体系不完善，本地苗种和原生苗种培育难度大、供应量和供苗时间满足不了需求，公开招标面向全社会公布，选择范围广，不受地域局限，部分中标单位是外地企业，增殖放流任务承担单位难以对苗种生产过程进行全程监管，无法保证放流效果。中央增殖放流资金和任务下达较晚，苗种供应和生长具有较强的季节性，当前招标模式时间周期较长，容易错过较佳放流时间段。用于开展增殖放流符合规定的水产苗种场较少，参与招标厂家数量较少；由于缺乏完善的增殖放流供苗单位信息库及黑名单制度，有些中标的供苗单位育苗技术和生产能力较差，代理招标公司只审查执照和生产许可，其他情况都不清楚，专家评标只是核查提供的材料，所以这种供苗单位中标后由于供应量不够，影响放流进度；渔业资源增殖放流对象应包括本地数量稀缺品种，但因公开招投标以及苗种场生产实际，往往只能采购一般性品种，不能采购根据需求培育的品种；养殖场苗种场实际生产供应能力和生产苗种质量需现场核查，但只能在确定中标单位之后才能进行，如果存在问题，解决和整改费时费力。采购中项目实施单位由于掌握水产苗种价格信息不准确，出塘价和招标价存在费用上的差价，因此出现询价较低，公开招标时出现流标，而财政部门又不允许当年重新询价，极大影响放流实施进度，或者错过最佳时间。增殖放流验收工作多要求公证人员参与，而公证人员在大多无相关技术背景，对于放流物种的鉴定和统计缺乏技术依据。

（3）民间放生行为缺乏有效监管。民间放生所放流的水生生物未进行检验检疫，放流苗种来源不清晰，放流物种不科学等诸多问题。水生生物的放生，在行为上与增殖放流是一样的，然而，我国针对民间放生相关的管理法规缺乏，现有的《野生动物保护法》、农业部《水生生物增殖放流管理规定》和渔业部门对放生管理作了一些规范，但管理条文简略、技术规程繁琐，加上实际执法问题，民间放生管理状况堪忧。目前，在广州水域中已发现清道夫、革胡子鲇、食蚊鱼、福寿螺、巴西龟等外来物种，这跟养殖、管理还有民间盲目放生都有一定关系。

（4）未形成有效的放流后效果跟踪、运行和管理机制。开展资源养护工作难度和工作成本大，缺乏健全的运行机制的管理措施。有效的跟踪监测和效果评价体系尚未形成，缺乏有效的跟踪监测手段，效果评估的科学性、真实性和代表性有待做进一步探索和研究。随着各有关部门的大力支持和社会的共同参与，水生生物增殖放流规模和参与程度不断扩大，但还存在着宣传力度不够，广大人民群众对增殖放流的作用和意义认识不足，对增殖放流活动的科学性缺乏了解等问题。沿海区域基层渔政工作基础薄弱，没有很好地落实管理职能，也缺乏工作专项资金、执法设备差、执法车（艇）设施陈旧。

2）相关对策与建议

（1）加强顶层设计，组建由管理人员、科研专家等组成的咨询团队。增殖放流是一个实现生物系统增殖的系统工程，开展海洋生物增殖放流需立足于南海不同区域的实际，深入研究，综合考虑生态效益、经济效益和社会效益，实施顶层设计，组建由管理人员和科研专家等组成的咨询团队，制定切实可行的增殖放流规划，筛选适宜的增殖放流品种，构建科学可行的增殖放流技术体系，为南海科学放生和资源增殖提供技术指导。

（2）培育和引导共进，逐步推进增殖放流站建设。目前南海区的增殖放流苗种供应体系，因各地苗种生产企业分布不均、苗种生产能力不同，导致各地增殖放流苗种采购过程中，出现苗种来源不清晰、苗种质量不可控、遗传风险增大等问题，因此，需根据各地实际情况，通过政府扶持、引导等方式，培育当地增殖放流苗种供应企业，同时，在符合条件的地方，推进增殖放流站建设，通过多种形式提高增殖放流苗种质量，控制苗种来源，降低放流风险，确保放流苗种的及时、足量供应。

（3）引入第三方验收制度，加强放流过程管控。放流过程管控是放流成功的关键环节，然而目前放流管理部门因为受人员、经费等所限，放流过程管控力度较小，难以对苗种生产和放流过程进行全程监管，不可避免地导致了放流品种来源不清、以次充好、放流数量不足等问题，无法保障放流成效。因此，引入由本领域科学家组成的第三方验收小组，从苗种亲本来源、苗种繁育过程、苗种质量控制、放流规格和数量查验等方面对放流过程进行监控，保障增殖放流的有效进行。

（4）构建效果评估机制，提高放流成效。建立完善的效果评估标准体系和风险评估体系，建立多元化长效科研资金投入机制，加大对渔业资源环境科研机构的支持，鼓励科研人员扎实开展基础研究，设立增殖放流专项跟踪调查项目，将政策与科研相结合，统筹规划，将科研成果落到实处，不盲目放流，建议选择适当范围的海域建立可视化的监测平台，对增殖放流效果进行可视化评估，增强各有关部门对增殖放流的信心。

（5）完善放流管理规章制度，加强民间放生管理。建立健全增殖放流的管理办法，加强对增殖放流苗种供应单位的审查和监管，加强民间放生行为的监管，开展民间放生行为备案制度，建立完善的民间放生行为管理和处罚规章制度，逐步完善后续监测和评估制度，定期进行跟踪调查和监测，开展系统全面地评估，基于评估结果及时调整管理模式，确保渔业资源持续健康发展。

（6）加强水产养殖技术系统研究，以养殖促养护。借鉴欧美发达国家大西洋鲑等渔业资源增殖经验，大力发展重要经济品种的陆基、近海和深远海网箱等的水产养殖技术，减少对野生资源的依赖，同时，出台相应的渔业管理政策，逐渐降低生计渔民捕捞配额，在培育和放流过程中重视生物和环境因子来改善存活率和回捕率，制定完善的鱼苗和成体生产、放流和捕捞策略，从而实现重要经济物种的资源养护和恢复。

2. 人工鱼礁建设存在的主要问题及建议

1）存在的主要问题

（1）资金投入不足，管理维护资金缺乏。当前我国人工鱼礁建设存在的主要问题之一是建设资金投入相对不足。以人工鱼礁建设为例，近几年来，日本每年投入沿海人工鱼礁建设资金为600亿日元（约合39亿元人民币）。我国海岸线长度略大于日本，但我国近5年来的人工鱼礁建设总经费约为20亿元，平均每年4亿元，投入规模仅约为日本的1/10。而在藻类种植增殖及海藻场建设方面，除了从2007年起在农业部、财政部组织实施的中央渔业资源保护项目中海洋牧场示范区建设项目中有一些投入，没有其他专项资金支持。受财力、物力投入不足等客观条件的所限，我国人工鱼礁建设虽然数量多但规模偏小，所建成的人工鱼礁过于偏重经济效益，而生态保护型人工鱼礁的发展受到制约。此外，南海各省、自治区人工鱼礁区建设当中资金方面的另一个突出问题是管理维护资金缺乏。目前下达经费对人工鱼礁的支持多数仅用于人工鱼礁区的建设，而缺少专门的管理维护费用，进而导致人工鱼礁的长期效益得不到充分发挥。

（2）政策支持力度不够。人工鱼礁的建设不同于一般海水养殖模式，具有明显的开放性特征，需要企业、学术机构、渔民和社会各界的多方参与。近年来，虽然中央和地方各级政府陆续出台了针对人工鱼礁建设的扶持政策方针，并且也起到了一定的效果，但在扶持力度、系统性等方面还远远不够，尚不能有效地缓解人工鱼礁建设面临的一些困境，政策支持不够的表现主要反映在以下3个方面：①现阶段人工鱼礁的相关扶持政策制定以地方政府为主，扶持对象多以承担人工鱼礁建设的企业为主，扶持范围过窄，不能够有效调动各种社会主体参与人工鱼礁建设的积极性，而在南海区该问题尤为突出，受到环境保护、用海审批等相关管理规定的限制，人工鱼礁的主要建设类型为生态养护型，而企业感兴趣的多为增殖型人工鱼礁，希望将人工鱼礁结合底播、网箱养殖作为人工鱼礁的主要内容，很难获得政策与资金上的支持，而在与休闲渔业结合的人工鱼礁建设方面，由于涉及船只管理、人员管理等问题，同样缺少必要的政策支持。②政策金融方面，政府和企业融资平台较少，政策扶持不够。人工鱼礁对资金的需求量较大，中央和地方政府应该尽快制定出符合人工鱼礁建设周期长、收益慢等特点的支持政策，满足人工鱼礁建设的金融需求。③税收政策方面，对于建设人工鱼礁的企业，各地方政府应当给与一定的税收优惠。企业建设人工鱼礁是为了经济效益，但应该看到人工鱼礁带来的环境和生态效益，为了促进企业对人工鱼礁的开发研究，应该向日本、美国等渔业发达国家学习，对相关企业主体给与一定的税收优惠。

（3）受海域使用政策制约严重。人工鱼礁作为一项改善海洋生态、保护渔业资源的利国利民的渔业大计，应该得到政府支持和鼓励，但我国现行政策却将其纳入严重改变海底地貌的渔业用海，限制了人工鱼礁的发展。部分地区海域使用金征收标准过高，一般在 2 万元/hm^2，约为普通增养殖用海的 60 余倍；人工鱼礁的海域使用期限短，通常为 15 年，对于人工鱼礁这种固定资产投入大、投资收益周期长的用海项目，动态回本周期约 8～10 年，过短的海域使用期限挫伤了企业等社会资金投入人工鱼礁建设的积极性，也容易导致“竭泽而渔”现象的发生，不利于长期持续地开展渔业资源增殖。

2）管理与维护问题

人工鱼礁的管理主要包括前期的统筹规划和后期的管理维护。目前，我国人工鱼礁普遍存在管理与维护不足的问题。

（1）统筹布局不足。我国部分地区的人工鱼礁建设统筹规划和科学布局不足，有的在没有进行必要的前期调查评估，在人工鱼礁的规划布局、礁区选址、建设规模和数量及人工鱼礁工程设计等方面尚缺乏科学的论证和统筹规划，布局不够合理，导致没有达到预期效果。同时，人工鱼礁的建设海域使用也面临制约“瓶颈”，人工鱼礁建设受填海造地、航道码头、管道电缆等用海影响较大，在海域使用权审批和海域使用金缴纳等方面，也缺少有力的扶持政策。以广西北海为例，北海南岸从冠头岭至铁山港湾，直线距离约 25 海里，期间分布 3 个大型工业和商业港，2 条海底通信光缆，计划建设 2 条海底输油和供水管道。适合建设人工鱼礁项目的海域多靠近海底管道、光缆或航道，建设空间寥寥无几。作为人工鱼礁投资主体的企业和个体养殖户，科学意识薄弱，往往只重视经济产出而忽略生态效益，使人工鱼礁建设选址存在较大的随意性、甚至对海区环境造成二次破坏。

（2）管理制度尚不健全。管理制度是人工鱼礁产业全面健康可持续发展的基础保障。我国现行的相关法律、法规缺乏人工鱼礁建设方面的相关规定，不适应人工鱼礁的建设和管理需求，致使人工鱼礁建设和管理存在许多真空地带。另外，地方相关规范、制度、规划和政策也不完善，黄、渤海三省一市只有山东省和河北省制定了人工鱼礁管理办法、山东省制定了人工鱼礁建设技术规范，东海区三省一市仅浙江省制定了浙江省人工鱼礁建设操作技术规程、江苏省连云港市制定了地方人工鱼礁管理条例，南海二省一自治区，广东省制定了人工鱼礁管理规定和人工鱼礁建设规范、广西防城港市和海南省也相继制定了地方人工鱼礁管理暂行办法，但在实践当中由于缺乏相关规范和制度的指引和管理，也缺乏相关的资金支持，造成了政府主导建设的人工鱼礁建成后出现责任主体不明确，后续监测和管理不到位，管理目标发生偏差等问题，影响了人工鱼礁作用的发挥。

（3）管理模式缺乏创新。当前人工鱼礁发展存在特色不够突出，趋同性较强，缺乏产品策划和消费群体定位，对各项休闲渔业优惠政策的研究相对滞后，探索发展休闲渔业下足，休闲渔业等配套服务还不完善，企业、科研机构资源聚合力不够等问题，亟需探索新的人工鱼礁运营模式。同时，我国现行的渔业生产经营多以个体为主，而人工鱼礁的建设和运营涉及政府、企业、渔民等多方利益主体，既是公益性项目又是经济效益性项目，产权明晰的管理运营机制是确保人工鱼礁建设的关键环节。我国现行的相关法律、法规缺乏人工鱼礁效益方面的规定，致使目前我国人工鱼礁效益收益方面存在矛盾。人工鱼礁管理主体责任尚不明确，获得财政资金扶持，财政资金和企业都有投入的项目，产权不清晰，容易造成国有资产流失及后续管理的矛盾。

（4）认识不到位、思想不统一。随着渔业资源环境压力的不断加大，渔业面临转方式调结构的形势越来越紧迫，压力也越来越大。部分地区渔业部门还没有认识到人工鱼礁对推进渔业资源生态修复和渔业产业转型升级的重要意义和作用，没有将这项工作纳入重要议事日程；部分地区工作积极性不够，片面强调客观因素，存在“等、靠、要”的思想，主动开展工作的能动性不足；部分地区在发展人工鱼礁的过程中，过于偏重考虑其经济效益，忽视了其生态效益。以上种种导致人工鱼礁在沿海地区的发展并不平衡，不利于统筹加快推进人工鱼礁的建设。

3）科技与支撑问题

（1）研究基础薄弱。人工鱼礁的建设是一个系统工程，涉及海洋物理、海洋化学、海洋地质、海洋生物及建筑工程等多个学科。目前，我国对人工鱼礁材料选择、礁体设计及其最佳配置、鱼礁投放技术、效果监测评估和鱼礁安全性评价等方面开展了一些研究，但是缺乏系统的研究，人工鱼礁基础研究进度滞后于建设速度。同时，人工鱼礁配套技术、环境优化技术研究的力度尚有不足，海水苗种培育、海底构造结构、海湾环境系统、鱼类和鱼群行为洄游观测等方面的研究更需加强。另外，从事人工鱼礁研究的机构严重不足，没有建立多层次的人才培养和引进机制，专业技术人才严重缺乏。

（2）科技水平落后。我国人工鱼礁技术开发水平，基本上处于初期探索阶段，虽然已取得一些关键技术的突破，但是仍然有相当多的领域研究尚未开展或尚未开展深入研究，现有技术分散，难以有效支撑我国大规模人工鱼礁建设、管理和开发利用。现有的技术多以追求个别品种的增养殖生产效益为目标，而不是以追求海洋生态系统修复和海洋生产力总体可持续开发为目标。目前，人工鱼礁相关研究的目标任务和研究深度远没有达到人工鱼礁国家战略所需要的高度。在具体做法上表现为缺乏总体观念和系统的开发思维，实施上缺乏层次部署，技术上缺乏系统性、针对性研究和技术开发，尤其是南海区的人工鱼礁建设需针对南海区水深更深、沙泥底质以及台风多等不利条件进行更科学的规划、设计与布局。

（3）支撑发展不足。我国人工鱼礁的建设理论和技术大部分来自于日、韩等国家的经验，而缺乏自主创新和自成体系的技术标准。目前，我国仅出台《SC/T 9416—2014 人工鱼礁建设技术规范》1 项关于人工鱼礁建设的水产行业标准、出台《SC/T 9417—2015 人工鱼礁资源养护效果评价技术规范》1 项关于人工鱼礁建设效果评估的水产行业标准，还没有形成人工鱼礁技术标准体系，使人工鱼礁建设和管理缺乏必要支撑。同时，由于产、学、研结合不密切，科技成果转化服务平台建设不完善等原因，使得很多最新科研成果只处于实验阶段，难以得到大范围的推广使用。

总体上来说，南海区人工鱼礁建设面临的主要矛盾集中表现在政策不明晰、资金不充足和管理不配套。

（二）渔业资源增殖管理体系方面存在的主要问题

1. 渔业资源增殖体系

现阶段我国渔业资源增殖体系统筹规划和科学布局不足。增殖放流涉及生态、环境、渔业资源、水生生物、水产养殖、捕捞等多学科，管理和技术并重，必须有专门机构和大量的专业人员参与做实做细，并不断完善，方能做大做强。但我国尚未成立专门负责渔业资源增殖及管理的机构，大多数由省级以下（含省级）渔政机构监管渔业资源增殖工作，这种事实和管理方式各自为政，形不成合力，而且管理与科研脱节，加上基础研究不足，管理缺乏科学依据，缺乏有效的技术支撑体系，从而导致无法制定行之有效的规划和目标，或已制定的规划不合理。因此，我国可借鉴日本开发栽培渔业官、民、学联合一体的组织形式，即政府主管部门、科研单位、栽培渔业协会的统一体，完善我国增殖放流的管理合作体系，促使增殖放流的整个过程相互衔接，紧密联系。增殖放流过程中，政府主管部门负责制定增殖放流的政策规划，科研教学机构根据现有科研、教学资源，发挥各自技术优势，对增殖放流的核心和关键技术进行多学科联合攻关，为加强增殖放流工作提供参考依据。渔政管理机构既要维护好增殖水域的渔业生产秩序，为增殖工作提供良好的外部环境，并切实做好渔业资源增殖保护费的征收等工作，为开展更大规模的增殖提供物质保障，实现良性循环。此外，还应当与环保部门积极配合加强对增殖水域的环境监测及污染治理，防止增殖水域遭到污染。

此外，苗种保质保量稳定供应是放流顺利实施的重要保证。放流苗种过度招标采购暴露出很多弊端。①项目执行进度较难把握。苗种繁育和增殖放流季节性都很强且最佳放流期很短，招标工作的运作过程又比较复杂，招标早了苗种还未繁育，招标晚了往往又已过了最佳放流期。②苗种质量难以保障。由于繁育场数量多、分布地域广、监管难度大，苗种质量难以保证。同时，苗种招标经常出现吃养殖“剩饭”的局面，加之往往是价格低者中标，苗种质量就更加难以保证，生态安全风险较大。③影响增殖放流工作深入持续开展。供苗单位不固定首先是不利于增殖放流供苗单位开展前期筹备和持续投入。某些物种的苗种如果不放流则市场没有销路，企业繁育了此类苗种后竞标一旦不中便会造成巨大损失。另外一些效益不好的增殖苗种少有企业生产。其次是不利于科研推广部门进行技术指导和科学试验，不利于政府相关部门进行有效监管和扶持。此外随着放流规模的不断增大，年年招标所产生的行政管理成本也很高等。因此应确立招标设立增殖站的定点供苗制度，渔业增殖站的设置坚持公开、公平、公正，按照竞争、择优、科学、规范原则，采取选择性招标方式。

省级渔业增殖站招标发布增殖站申报指南，明确增殖站设置的种类、数量、布局及具体要求。苗种生产单位按要求自愿填写申报书进行竞标，其最低门槛为苗种生产单位必须具备“四证”，即竞标增殖放流种类的水产苗种生产许可证、有效银行基本存款账户开户许可证、有效工商营业执照或事业单位法人证书、有效税务登记证。属地县、市两级渔业主管部门对竞标单位逐级审核把关后，按增殖站设置数量的 1∶3 比例上报，对竞标单位资质再行审查后，邀请有关专家组成专家评标组，由评标根据地方标准和相关规定，通过实地考查和现场质疑，对竞标单位的水域环境、地理环境、育苗设备设施、技术保障能力、经营管理等进行量化打分评标，提出书面评标结果和评标意见，审核通过后，予以公示、公布。招标产生的增殖站连续 3 年承担某物种的放流任务。为加强对增殖站的监管，对增殖站实行年度考核、评议的动态管理，对年度考核优秀的增殖站，在下轮增殖站招标时予以加分；对年度考核不合格的增殖站，给予“黄牌”警示，并适当减少其下年度放流任务；对被证实存在严重弄虚作假行为造成恶劣社会影响的、全部或异地购苗放流的、连续两年受到“黄牌”警示的，给予“红牌”处罚，撤销其增殖站资格，且不得参加下一轮的增殖站竞标。同时，放流苗种价格坚持市场化定价机制，一般按前 3 年市场平均价格确定下年度放流价格，克服了苗种市场价格波动大、变化快的困难，既坚持了市场化定价理念，又保持了放流价格的相对稳定，保证了放流苗种足量优质供应，确保增殖放流效果。年度放流任务下达后，及时与增殖站签订供苗合同，强化苗种供应管理。增殖站供苗制度不但能够保持供苗单位相对稳定，有利于企业有计划地及早安排苗种生产，而且便于行政主管部门从亲本开始，有针对性地加强对增殖站苗种生产各个环节的监管，确保苗种质量安全和生态安全。这样既保证了供苗队伍的活力，又增强了增殖站的责任感和危机感，并有效节省了年年招标产生的高额行政成本。

2. 资源增殖管理制度

管理制度是渔业资源增殖全面健康可持续发展的基础保障。我国现行的相关法律、法规缺乏渔业资源增殖方面的相关规定，不适应渔业资源增殖管理需求，致使存在许多真空地带。虽然增殖放流可在一定程度上满足恢复野生生物资源的需求，但不成功或反作用的可能和风险也同时存在，放流后的生态失衡、种间关系破坏、原有生物群落受到胁迫等负面效应在国内外也均有报道。近几年我国水生生物资源增殖放流事业取得了跨越式发展，很多地区提倡公众参与生物养护，促使公众认识到水生生物资源遭受破坏的现状，并意识到增殖放流的必要性，唤起公众参与增殖放流的热情，但迄今为止，除《中国水生生物资源养护行动纲要》确定的增殖放流目标任务外，从国家层面上尚未对水生生物增殖放流事业制定过具体规划予以指导，随着增殖放流规模的扩大和社会单位、个人开展增殖放流活动的增多，放流者在选择适宜放流对象、确定放流种苗最佳规格和数量、合理配比投放结构等方面存在着一定的盲目性，将会使潜在的生物多样性和水域生态安全问题更加突出。另外，人工鱼礁建设方面相关规范、制度、规划和政策也不完善，南海二省一自治区，广东省制定了人工鱼礁管理规定和人工鱼礁建设规范、广西防城港市和海南省三亚市制定了地方人工鱼礁管理暂行办法，由于缺乏相关规范和有关制度的指引和管理，人工鱼礁建成后的管理维护也不完善，部分地区的人工鱼礁存在重建设、轻管理现象，责任主体不明确，后续监测和管理不到位，管理目标发生偏差，往往更多地注重经济效益与短期利益，影响了人工鱼礁作用的发挥。

3. 资源增殖管理措施

多数地方重放流、轻管理，有的地方还存在“一放了事”的思想，影响了增殖放流的实际效果。增殖放流资源管护仅靠短期的海洋伏季休渔和江河湖泊禁渔远远不够，还需要通过延长保护期、建立增殖保护区、改革现行渔具渔法、建设保护型人工鱼礁等方式，继续加大增殖放流资源管护力度，增殖放流效果才能逐步凸显。人工鱼礁建设方面，有的在没有进行必要的前期调查评估，在规划布局、礁区选址、建设规模和数量及人工鱼礁工程设计等方面尚缺乏科学的论证和统筹规划，布局不够合理，导致没有达到预期效果。另外，人工鱼礁的建设海域使用也面临制约“瓶颈”。人工鱼礁建设受填海造地、航道码头、管道电缆等用海影响较大，在海域使用权审批和海域使用金缴纳等方面，也缺少有力的扶持政策。作为人工鱼礁投资主体的企业和个体养殖户，科学意识薄弱，往往只重视经济产出而忽略生态效益，使人工鱼礁建设选址存在较大的随意性，甚至对海区环境造成二次破坏。

4. 资源增殖管理力量

目前在渔业资源增殖管理方面还存在一些短板，面临较为严峻的挑战，将影响渔业资源增殖的效能。主要表现为：随着渔业资源环境压力的不断加大，渔业面临转方式调结构的形势越来越紧迫，压力也越来越大。部分地区渔业部门还没有认识到渔业资源增殖对推进渔业资源生态修复和渔业产业转型升级的重要意义和作用，没有将这项工作纳入重要议事日程；部分地区工作积极性不够，片面强调客观因素，存在“等、靠、要”的思想，主动开展工作的能动性不足；部分地区在渔业资源增殖的过程中，过于偏重考虑其经济效益，忽视了其生态效益。以上种种导致渔业资源增殖工作发展的不平衡。建议要增强资源养护管理力量，如建立健全的渔政监督管理机构，配备必要的管理手段；加强渔政监督管理工作；贯彻渔业法律规章，加强渔场管理；对增殖水域的保护对象和采捕标准、禁渔期、渔具和渔法、水域环境的保护、渔政监督管理、奖惩条例等应做出明确规定，公布于众，广为宣传，要求相关人员严格遵守；在放流苗种后的一定时间内，禁止捕捞以幼鱼幼虾为主的各种定置网作业和破坏资源的其他作业进入增殖水域生产；通过多种途径提高渔民对增殖渔业的积极性与主动性，使之正确处理好眼前利益与长远利益，局部利益与整体利益的关系。

五、发展思路与战略目标

（一）总体思路

1. 战略定位

按照党的十九大报告提出的坚持“陆海统筹，加快建设海洋强国”战略目标为指引，重点开展南海专属经济区渔业资源增殖工作，以南海专属经济区增殖放流和人工鱼礁建设的关键技术研发、科学管理为主要内容，推动南海渔业生态文明建设和实现渔业经济永续发展，初步构建“区域特色鲜明、目标定位清晰、布局科学合理、评估体系完善、管理规范有效、综合效益显著”的南海专属经济区渔业资源增殖养护体系，实现资源增殖、增加产量、保护生态的综合效益。

2. 战略原则

（1）生态优先原则。逐步落实基于生态系统适应性管理的资源养护，强调对渔业资源增殖前期的监测评估及种类甄选，避免完全的生产性放流，综合考虑生态效益和经济效益，实现渔业资源增殖放流从单一追求经济效益到注重放流水域综合生态效益的目标。

（2）科技引领原则。进一步加强渔业资源增殖养护的基础理论研究，研发关键技术，进一步加强技术集成创新，构建渔业资源增殖养护标准化技术体系，科学指导渔业资源增殖养护规划、实施、评估和管理，构建科技先行、创新引领的新模式。

（3）效益兼顾原则。注重以生产-生态-经济的综合效益为目标，逐步改变单一考虑生产增量为主要效益目标的增殖养护工作思路，以“资源增殖、增加产量、保护生态”的综合效益目标为导向，逐步建立和推广基于经济效益、生态效益和社会效益的渔业资源增殖养护模式（图 2-3-5-1）。

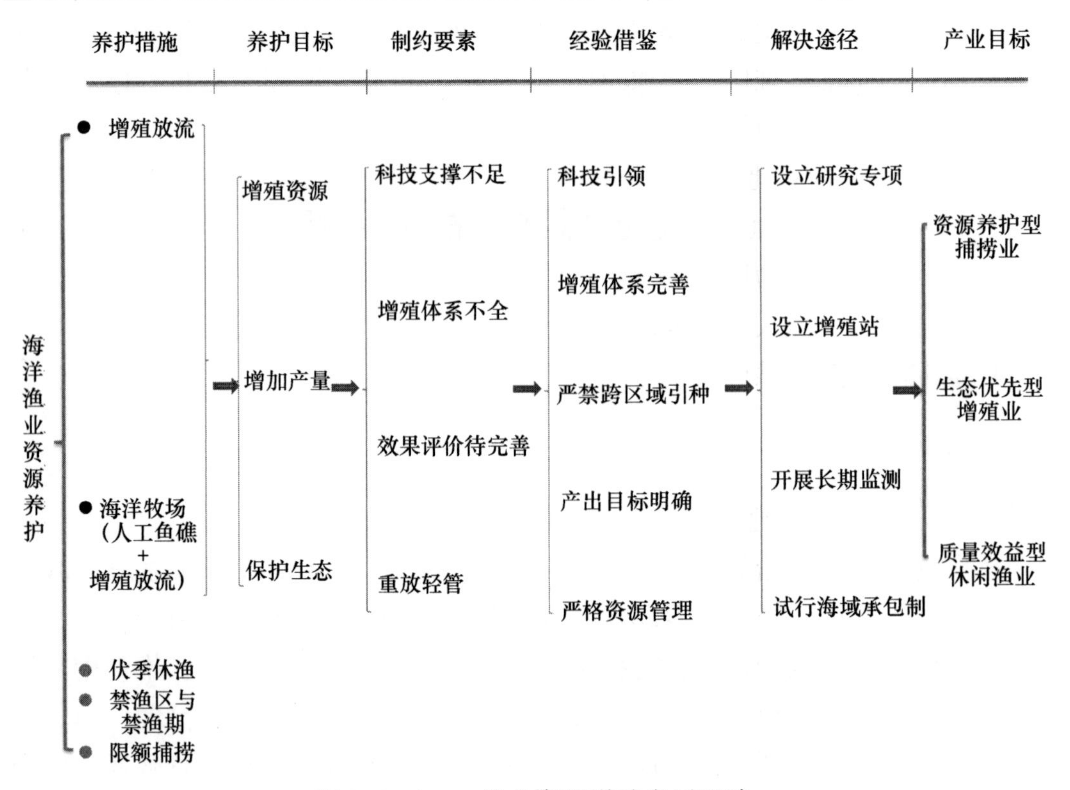

图 2-3-5-1　渔业资源增殖发展思路

3. 发展思路

以国家政策和战略目标为指引，坚持“生态优先、科技引领、效益兼顾”为基本原则，以南海专属经济区“渔业资源增殖放流”和“人工鱼礁建设”为主线。加强资源养护前期的科学论证，提高养护的精准性；加强资源养护的基础理论和关键技术研发，提高养护的科学性；加强资源养护的效果评价和运行管理，提高养护的有效性；加强资源养护的风险评价，提高养护管理的科学性。建立南海专属经济区资源养护示范区，有重点、有特色、分批次推进南海渔业资源增殖养护。

（二）战略目标

1. 2025 年目标

（1）增殖放流：建立渔业资源增殖站体系，掌握主要经济种类的苗种培育和驯化技术，强化生态增殖容量和承载力评估，健全和完善的放流前、中、后期评价管理制度，推广和应用以经济-生态-社会复合效应的增殖放流模式，基本实现生态系统适应性管理的资源养护。

（2）人工鱼礁：建立现代化人工鱼礁人工鱼礁研究平台，掌握适合我国不同海域特征的人工鱼礁构建技术体系，开发人工鱼礁人工鱼礁的材料、工艺、设备、环境、生物以及综合的系统设施和技术，构建适合我国不同海区特征的人工鱼礁建设模式，形成高效人工鱼礁产业，建立人工鱼礁生态产业化技术研究基地和人工鱼礁产业化示范区。

2. 2035 年目标

（1）增殖放流：健全和完善增殖放流标准化技术体系，建立科学完备的增殖放流管理制度和绩效评估制度，形成系统的可推广应用的增殖放流集成技术，在重要渔业水域分批推进实施基于生态系统适应性管理水平的增殖放流，实现资源增殖、增加产量、保护生态的综合效益。

（2）人工鱼礁：实现近海和岛礁人工鱼礁牧场的合理布局，典型渔业栖息地得到有效恢复；开发深远海人工鱼礁构建技术，人工鱼礁逐渐从近海走向深远海。

六、保障措施与政策建议

（一）保障措施

1. 做好顶层设计，注重规划先行

国家层面要编制全国渔业资源增殖放流和人工鱼礁建设国家规划，明确实施渔业资源增殖战略的工作重点，部署具体的重大工程和重大行动。各地区各部门也要根据渔业资源增殖的现状和需求，编制渔业资源增殖地方规划和专项规划或方案，依据科学资源评估状况，开展针对性的增殖放流与人工鱼礁建设；根据生物特性筛选适宜的放流规格和放流地点；寻找适宜方法，增加海洋生物食品供给。加强各类规划的统筹管理和系统衔接，有序推进渔业资源科学养护。

2. 加强基础研究，注重科学引领

基础科学知识是人类对自然和社会基本规律认识的总和。历史证明，国家创新发展“长周期”依赖于繁荣的基础研究催生出重大科学发现和重大技术创新。经济社会发展到一定的“瓶颈”时期，会对某些领域的基础研究提出强烈需求。在当前成熟的市场机制和严格的知识产权保护环境下，未来中国的科学研究更加需要强调原始性、前瞻性和引领性创新，注重新思想、新方法、新原理、新知识的源头储备。经过改革开放 40 年的发展，我国是当之无愧的渔业大国，渔业总产量多年来稳居世界前列，但我国渔业基础研究与我国渔业总产量的国际地位并不相适宜，基础研究长期相对滞后，因此，必须高度重视我国渔业资源增殖基础理论和重大科学问题的研究，完善学科布局，推动基础学科与应用学科均衡协调发展，鼓励开展跨学科研究。

3. 开展技术集成创新，注重示范带动

“十二五”以来，我国先后启动了十几项关于海洋、河口、内陆水域渔业资源增殖养护与人工鱼礁建设技术研究与示范类公益性行业科研专项，突破了

一系列重大关键技术，并取得了良好的示范效果。但总体上，关键技术创新、技术系统集成、产业示范带动等方面仍然存在很大差距。因此，必须进一步加强技术集成创新，开展大规模的示范带动。要开展的主要重点工作包括：①加强源头技术创新，提升示范模式的技术水平。针对当前渔业资源增殖的技术需求，进一步加强增殖种类筛选、增殖容量评估、增殖操控技术、增殖效果评价以及增殖生态风险评价等技术等研发，突破每个环节的核心技术。②加强协同创新，完善模式的技术体系。既要加强行业内协同，进一步整合行业现有技术成果，又要加强交叉学科的协同，建立协同创新与技术集成示范的研发体系，带动我国资源养护整体科研水平的提升。③大力推动成果转化示范，扩大示范带动影响力。④加强制度构建，推动模式研究的长效化和机制化。

4. 创新投融资机制，强化投入保障

渔业资源增殖是党和国家的大战略，要靠真金白银的投入。要健全投入保障制度，创新投融资机制，加快建立财政优先保障、金融重点倾斜、社会积极参与的多元投入机制，努力形成“支持保护精准有力、体制机制顺畅高效、微观主体充满活力”的制度环境。要建立健全资源养护专项保障的财政政策。资金来源要立足3个渠道。一是从国家海域使用金拿出部分资金专项用于渔业资源增殖，并通过加快完善立法予以明确；二是重大海洋及海岸工程建设生态补偿资金，全部拿出来用于资源养护与生态修复；三是通过发行政府债券筹集资金，专向用于渔业资源增殖领域的公益性项目建设。推广政府和社会资本合作PPP模式，尝试推行商业性金融机构和开发性金融机构激励制度，支持企业开展资源养护与生态保护。

5. 加强渔业资源管理，促进渔业资源增殖

采取严格、细致的措施确保野生资源的遗传多样性。引入所有放流亲本必须进行遗传检测的措施，限制通过资源增殖传播养殖物种基因型的可能性。

应用基于生态系统的渔业管理（EAFM）工具。探索实施《海洋资源保护法案》，确保对野生海洋生物资源和从中获得的遗传物质进行可持续和经济有利可图的管理，加强基于生态系统的渔业管理（EAFM），对渔业资源给予分类并进行不同目标的管理。

稳步降低海洋捕捞能力。在现行禁渔区、禁渔期、伏季休渔及渔船双控等管理措施的基础上，逐步终止捕捞渔船补贴和引入普适结构措施，减少渔船数量和降低捕捞能力的增长。科学适度地发展现代化人工鱼礁，逐步提高增殖渔业与休闲渔业在海洋渔业资源总量中的占比。

6. 拓展国际合作，加强技术交流与经验借鉴

我国大规模的增殖放流起始于2006年国务院《中国水生生物资源养护行动纲要》颁布实施之后，实施和技术研究相对较晚。为了比较国际上相关研究进展，根据WOS数据库中SCI集合中检索了增殖放流与人工鱼礁文献题录。文献检索显示，国际上关于增值放流的最早文献始于1979年，1990年前文献较少，1991年首次文献超过两位数，1997年后整体快速增长。2008年与2013年数量最多。

同时，采用CiteSpace软件对不同国家之间的合作紧密度进行了可视化呈现如下。节点表示每个国家，节点大小表示发表论文数量，连线表示国家之间的合作，连线越粗、位置越近则合作越紧密。可以看出，欧洲国家相关研究合作网络较密，芬兰、英国、挪威、爱尔兰、法国、意大利、西班牙、德国、冰岛等之间的合作连线较粗，位置也较近。美国作为论文最多的国家，与欧洲各国之间的合作略逊一筹。通过机构间合作紧密程度可视化展示，可以看出中国在该研究领域的合作网毫无关联，游离于合作网络之外，可见国内研究机构与海外研究机构在渔业增殖放流与人工鱼礁研究方面并未进行较多的合作研究，或未见国内外机构间合作研究成果被SCI收录。但国内的大学与研究机构间存在较为紧密的合作关系。因此，拓展国际合作，加强国际学术、技术、经验交流，十分急迫。

（二）政策建议

1. 设立重大研究专项

梳理渔业资源增殖重大基础研究不足，争取设立渔业资源增殖重点研发计划专项，突破渔业资源增殖基础理论创新，为我国渔业资源增殖提供理论支撑。以农业农村部职能履行需要，争取设立农业农村部财政专项，重点开展渔业资源增殖重大关键技术系统集成，示范推广，为渔业资源可持续利用产出提供技术保障。

2. 设立渔业资源增殖站

苗种保质保量稳定供应是放流顺利实施的重要保证。当前放流苗种普遍实行招标采购，但暴露出很多弊端。一是放流期难以保障，苗种繁育和增殖放流季节性都很强且最佳放流期很短，招标工作的运作过程又比较复杂，难以保障最佳放流期；二是苗种质量难以保障，由于繁育场数量多、分布地域广、监管难度大，苗种质量难以保证，加之往往是价格低者中标，苗种质量就更加难以保证，生态安全风险较大；三是影响增殖放流工作深入持续开展。供苗单位不固定，首先是不利于增殖放流供苗单位开展前期筹备和持续投入，其次是不利于科研推广部门进行技术指导和科学试验，不利于政府相关部门进行有效监管和扶持。

因此，建议以国家渔业科研机构试验基地为依托，设立覆盖渤海、黄海、东海和南海海区的国家级渔业资源增殖站，以地方省级渔业科研机构试验基地为依托，设立省级渔业资源增殖站。根据苗种行业特点及生物特性，结合放流种类、放流规模、实施范围广等情况，确立设立增殖站的定点供苗制度。

3. 开展长期性资源监测

科学评估增殖放流效果是合理确定放流时间、地点、种类、规格和数量的基础，也是确保增殖放流取得实效、生态安全得到保障的重要支撑。长期性、基础性科学监测和观测是评价增殖放流效果的基础。要加强基础理论研究和关键技术攻关，深入开展增殖放流跟踪调查和对比分析，从生态、经济和社会效益等方面，开展放流效果评价；要开展资源环境状况、水域生态容量、生态安全调查研究，以科学理论为引领，统筹规划、科学实施增殖放流工作。以农业农村部国家农业科学观测实验站为依托，开展渔业资源长期性、基础性科学观测，科学评估增殖放流效果。

4. 试行海域集体承包责任机制

中共中央、国务院印发了《乡村振兴战略规划（2018—2022 年）》提出，要“完善生态资源管护机制，设立生态管护员工作岗位，鼓励当地群众参与生态管护和管理服务”，“进一步健全自然资源有偿使用制度”等，对生态资源管护提出了新的方式指引。因此，近海渔业资源增殖，可以探讨推行以沿海主要渔业村、镇为基层单位，实行 15 m 以浅海域的集体承包，由村或镇作为统一体与地方政府签订承包责任书，在渔业行政管理部门的指导下，开展承包海域的资源保护和持续利用的责任。

七、南海重大项目建议

（一）增殖渔业生态基础研究

1. 必要性

增殖渔业生态学基础研究方面重点关注经济水生生物种群动态及其调控机制、评价人类活动对渔业的影响，探寻有效的保护措施促进渔业资源的恢复及关键栖息地的保护，力求渔业资源的可持续利用。当前，中国渔业的发展正处于现代化建设的关键转型期，衰退的近海渔业资源依然面临高强度的捕捞、人类活动造成的污染、养殖病害等多重胁迫。只有渔业生态的基础研究能够从根本上解答渔业资源生长、补充、变动的机制，才能为渔业资源生态、高效的食物产出提供科学解决方案，是渔业资源的健康发展、满足民众对高品质海鲜品的追求的根本途径，具有重要的理论意义和现实意义。

2. 主要内容

开展典型渔业水域栖息地质量现状评估及重要经济水生生物的栖息地适宜性分析，为鱼类及其他经济物种增殖放流、不同生活史阶段的栖息地利用状况提供基础数据；研究增殖水域的群落物种组成、结构与功能的变化特征、时空格局与调控机制，完善南海典型渔业水域生物功能与群落现状基础调查数据库；开展近海关键鱼类种群动态研究，研究关键种群的生长、补充、死亡、洄游、分布等关键生活史特征，研究资源衰退的渔业生物与当前仍在捕捞中占有重要地位的在生态策略上的差异性，为渔业资源总捕捞量及配额制度的实施提供基础数据；开展典型渔业水域生态系统结构与功能特征研究，研究生态系统结构能量流动特征研究，基于营养动力学（食物网）视角研究生态系统食物产出的机制；开展增殖种类生物学特征研究，开展增殖品种、野生种及其子代的生态适应性评价及遗传多样性对比，为增殖放流的科学开展提供参考依据。

3. 预期目标

建立典型渔业的栖息地质量现状数据库与适宜性评价图册；量化分析渔业

水域生态系统结构与功能，从关键种群、群落、生态系统 3 个层次建立基于生态系统的渔业生物学研究与管理框架，为典型渔业水域重要水生物的资源管理与量化评估提供较系统的基础信息。

（二）增殖放流重大关键技术研究

1. 必要性

当前我国渔业资源增殖放流是以追求经济效益为主要目的，而不是基于生态系统适应性管理的资源养护，资源养护效果十分有限。渔业资源增殖养护技术具有较强的系统性，实现生态型资源增殖的关键，首要的工作就是开展关键技术研发，集成示范并推广应用，实现渔业资源增殖、增加产量、保护生态的综合效益。

2. 主要内容

重点开展增殖种类甄选技术、渔业资源增殖技术、增殖放流成活率提升技术、增殖容量评估技术、增殖效果评估技术和增殖放流生态风险预警技术等方面的关键技术研发。主要包括：①开展渔业资源增殖放流的品种、数量、规格、区域等各因素的适宜性评价技术研究，建立适宜的放流种类结构和规模；②开展放流苗种培育、驯化和标记技术，放流苗种质量检测技术，放流苗种成活率提高技术的研发，提升增殖放流的有效性；③根据增殖水域的生态环境特征、放流品种的生物学及生态学特征等，不同种类之间的相互作用等，研发建立单一品种或多品种搭配增殖水域增殖容量技术；④从生态系统层面，提取生产—经济—生态等指标，构建资源增殖综合评价指标体系；⑤开展放流物种对同生态位物种的食物竞争、对饵料生物的捕食压力研究，同时开展渔业资源增殖放流群体的遗传风险评价，建立放流品种的生态风险预警评估技术。

3. 预期目标

构建包括放流前的甄选和评估技术、放流中的成活率提高技术、放流后的效果评价和生态风险预警技术等综合技术体系，指导构建更优化的渔业资源增殖放流模式。

（三）人工鱼礁建设重大关键技术研究

1. 必要性

海洋荒漠化和渔业资源枯竭趋势依在加剧，渔业资源生态修复与保护利用和渔民转产增收并重的发展机制亟待完善，人工鱼礁可控生态系统修复和渔业资源恢复能力亟待重大突破，栖息地构造工程化和海洋生物增殖养护水平急需提高，休闲渔业和产业链延长发展模式缺乏创新，科技投入不足和投融资方式急待创新。“十三五”期间，将依托国家重大研发计划等项目支持，创新构建人工鱼礁区域性综合开发模式，支撑近海资源生态有效修复和优质水产品高效产出，形成生态平衡人工鱼礁新业态。

2. 主要内容

研究养护型人工鱼礁海底与水体栖息地构建、海洋生物驯化增殖与养护利用等关键技术，研发“海底-海水-生物”三位一体的现代化海洋生态系统恢复与生态安全维护新模式。研究增殖型人工鱼礁海洋经济物种人工增殖种群和野生种群生态工程化调控、海洋动植物生态化利用等关键技术，研制渔获物精准产出装备和宏观、中观与微观三结合物联网整合系统。研究休闲型人工鱼礁生态平衡休闲渔业构建关键技术，研制海上管护平台与休闲渔业装备和信息化立体监控系统，开发休闲垂钓和渔业观光产业链延长产业模式。集成现代化人工鱼礁技术体系，建立现代化养护型、增殖型和休闲型海洋牧场示范区，规模化推广应用。

3. 预期目标

根据不同人工鱼礁类型的特点，系统地形成养护型、增殖型和休闲型三类现代化人工鱼礁关键技术体系，建立现代化养护型、增殖型和休闲型海洋牧场示范区，并进行规模化推广应用。

参考文献

陈海燕，林振龙，陈丕茂，等.2014.紫铜在海洋微生物作用下的电化学腐蚀行为[J].材料工程,(07):22-27.
陈丕茂.2009.南海北部放流物种选择和主要种类最适放流数量估算[J].中国渔业经济,27(02):39-50.
陈丕茂.2014.海洋牧场配套技术模式与示范[C]//水域生态环境修复学术研讨会.
陈心,冯全英,邓中日.2006.人工鱼礁建设现状及发展对策研究[J].海南大学学报(自然科学版),24:83-89.
陈勇,杨军,田涛,等.2014.獐子岛海洋牧场人工鱼礁区鱼类资源养护效果的初步研究[J].大连海洋大学学报,29:183-187.
程家骅,姜亚洲.2010.海洋生物资源增殖放流回顾与展望[J].中国水产科学,17:610-617.
单秀娟,窦硕增.2008.饥饿胁迫条件下黑鮸(*Miichthys miiuy*)仔鱼的生长与存活过程研究[J].海洋与湖沼,39:14-23.
单秀娟,金显仕,李忠义,等.2012.渤海鱼类群落结构及其主要增殖放流鱼类的资源量变化[J].渔业科学进展,33:1-9.
段丁毓,秦传新,马欢,等.2018.景观生态学视角下海洋牧场景观构成要素分析[J].海洋环境科学,37(06):849-56.
房元勇,唐衍力.2008.人工鱼礁增殖金乌贼资源研究进展[J].海洋科学,32:87-90.
付东伟,陈勇,陈衍顺,等.2014.方形人工鱼礁单体流场效应的PIV试验研究[J].大连海洋大学学报,29:82-85.
公丕海,李娇,关长涛,等.2014.莱州湾增殖礁附着牡蛎的固碳量试验与估算[J].应用生态学报,25:3032-3038.
桂建芳.2014.鱼类生物学和生物技术是水产养殖可持续发展的源泉[J].中国科学:生命科学,44:1195-1197.
韩光祖,刘玉琪,汤许耀.1988.增殖对虾受鱼类危害的初步研究[J].海洋湖沼通报,(2):73-81.
花俊.2015.海洋牧场水质环境监测系统的设计[D].青岛:中国海洋大学.
贾后磊,舒廷飞,温琰茂.2003.水产养殖容量的研究[J].水产科技情报,30:16-21.
姜亚洲,林楠,刘尊雷,等.2016.象山港黄姑鱼增殖放流效果评估及增殖群体利用方式优化[J].中国水产科学,23:641-647.
姜亚洲,林楠,杨林林,等.2014.渔业资源增殖放流的生态风险及其防控措施[J].中国水产科学,21:413-422.
李丹丹,陈丕茂,朱爱意,等.2018.密度胁迫对黑鲷运输存活率及免疫酶活性的影响[J].南方农业学报,49:1429-1446.
李陆嫔.2011.我国水生生物资源增殖放流的初步研究——基于效果评价体系的管理[D].上海:上海海洋大学.
梁君.2013.海洋渔业资源增殖放流效果的主要影响因素及对策研究[J].中国渔业经济,31:

122-134.

林会洁,秦传新,黎小国,等.2018.柘林湾海洋牧场不同功能区食物网结构[J].水产学报,42(07):1026-39.

林金錶,陈涛,陈琳.1997.大亚湾多种对虾放流技术和增殖效果的研究[J].水产学报,21:24-30.

林军,章守宇,叶灵娜.2013.基于流场数值仿真的人工鱼礁组合优化研究[J].水产学报,37:1023-1031.

刘洪生,马翔,章守宇,等.2009.人工鱼礁流场效应的模型实验[J].水产学报,33:229-236.

刘奇.2009.褐牙鲆标志技术与增殖放流试验研究[D].青岛:中国海洋大学.

刘同渝.2003.国内外人工鱼礁建设状况[J].渔业现代化,(02):36-37.

刘同渝.2003.人工鱼礁的流态效应[J].水产科技,(06):43-44.

刘彦,赵云鹏,崔勇,等.2012.正方体人工鱼礁流场效应试验研究[J].海洋工程,30:103-108.

吕少梁,王学锋,李纯厚.2019.鱼类放流标志步骤的优选及其在黄鳍棘鲷中的应用[J].水产学报,DOI:1000-0615(2019)02-0001-09.

罗虹霞,陈丕茂,袁华荣,等.2015.大亚湾紫海胆(*Anthocidaris crassispina*)增殖放流苗种生长情况[J].渔业科学进展,36:14-21.

马欢,秦传新,陈丕茂,等.2019.柘林湾海洋牧场生态系统服务价值评估[J].南方水产科学,15(01):10-9.

聂永康,陈丕茂,周艳波,等.2016.南方紫海胆增殖放流对虾类和蟹类行为的影响[J].安徽农业科学,44:7-11.

潘绪伟,杨林林,纪炜炜,等.2010.增殖放流技术研究进展[J].江苏农业科学,(04):236-240.

2015.秦传新,陈丕茂,徐海龙,等译.人工鱼礁评估及其在自然海洋生境中的应用[M].北京:海洋出版社.

秦传新,陈丕茂,张安凯,等.2015.珠海万山海域生态系统服务价值与能值评估[J].应用生态学报,26:1847-1853.

石瑞花,许士国.2008.河流生物栖息地调查及评估方法[J].应用生态学报,(19):2081-2086.

舒黎明,陈丕茂,黎小国,等.2015.柘林湾及其邻近海域大型底栖动物的种类组成和季节变化特征[J].应用海洋学报,34:124-132.

唐启升,邱显寅,王俊山.1994.山东近海魁蚶资源增殖的研究[J].应用生态学报,(5):396-402.

唐启升,韦晟,姜卫民.1997.渤海莱州湾渔业资源增殖的敌害生物及其对增殖种类的危害[J].应用生态学报,(8):199-206.

唐启升.1996.关于容纳量及其研究[J].海洋水产研究,17:1-6.

唐卫星,陈毅峰.2012.大头鲤原种种群的遗传现状[J].动物学杂志,47:8-15.

唐衍力.2013.人工鱼礁水动力的实验研究与流场的数值模拟[D].青岛:中国海洋大学.

唐振朝,陈丕茂,贾晓平.2011.大亚湾不同波浪、水深与坡度条件下车叶型人工鱼礁的安全重量[J].水产学报,35:1650-1657.

陶峰,唐振朝,陈丕茂,等.2009.方型对角中连式礁体与方型对角板隔式礁体的稳定性[J].中国水产科学,16:773-780.

汪振华,章守宇,王凯,等.2010.三横山人工鱼礁区鱼类和大型无脊椎动物诱集效果初探[J].水产学报,34:751-759.

王宏,陈丕茂,章守宇,等.2009.人工鱼礁对渔业资源增殖的影响[J].广东农业科学,(08):18-21.

王莲莲,陈丕茂,陈勇,等.2015.贝壳礁构建和生态效应研究进展[J].大连海洋大学学报,30(04):449-454..

王伟定,俞国平,梁君.2009.东海区适宜增殖放流种类的筛选与应用[J].浙江海洋学院学报(自然科学版),28:379-383.

王学锋,曾嘉维,韩兆方,等.2016.湛江湾海域夏季鱼类群落的完整性评价[J].上海海洋大学学报,25:801-808.

吴伟,姜少杰,袁俊,等.2016.带叶轮的人工鱼礁流场效应的数值模拟研究[J].科技创新与应用,32:16-18.

吴忠鑫,张秀梅,张磊,等.2013.基于线性食物网模型估算荣成俚岛人工鱼礁区刺参和皱纹盘鲍的生态容纳量[J].中国水产科学,20:327-337.

伍献文,钟麟.1964.鲩、青、鲢、鳙的人工繁殖在我国的进展和成就[J].科学通报,(9):900-907.

徐开达,徐汉祥,王洋,等.2018.金属线码标记技术在渔业生物增殖放流中的应用[J].渔业现代化,45:75-80.

杨刚,张涛,庄平,等.2014.长江口棘头梅童鱼幼鱼栖息地的初步评估[J].应用生态学报,25:2418-2424.

杨洪生.2018.海洋牧场监测与生物承载力评估[M].北京:科学出版社.

杨君兴,潘晓赋,陈小勇.2013.中国淡水鱼类人工增殖放流现状[J].动物学研究,34:267-280.

杨文波,李继龙,张彬,等.2009.水生生物资源增殖的服务功能分析和品种选择[J].中国渔业经济,27:88-96.

于杰,陈丕茂,秦传新,等.2015.基于Geoserver的WebGIS在海洋牧场可持续管理中的应用[J].广东农业科学,163-168.

余景,胡启伟,袁华荣,等.2018.基于遥感数据的大亚湾伏季休渔效果评价[J].南方水产科学,(14):1-9.

曾旭,章守宇,汪振华,等.2016.马鞍列岛褐菖鲉 *Sebasticus marmoratus* 栖息地适宜性评价[J].生态学报,36:3765-3774.

张辉,姜亚洲,袁兴伟,等.2015.大黄鱼耳石锶标志技术[J].中国水产科学,22:1270-1277.

张俊,陈丕茂,房立晨,等.2015.南海柘林湾— 南澳岛海洋牧场渔业资源本底声学评估[J].水产学报,39:1187-1198.

章守宇,汪振华.2011.鱼类关键生境研究进展[J].渔业现代化,38:58-65.

郑元甲,洪万树,张其永.2013.中国主要海洋底层鱼类生物学研究的回顾与展望[J].水产学报,37:151-160.

郑元甲,李建生,张其永,等.2014.中国重要海洋中上层经济鱼类生物学研究进展[J].水产学报,38:149-160.

周艳波,陈丕茂,冯雪,等.2014.麻醉标志方法对3种鱼类增殖放流存活率的影响[J].广东农业科学,123-130.

周永东.2004.浙江沿海渔业资源放流增殖的回顾与展望[J].海洋渔业,26:131-139.

Benaka L.1999.Fish Habitat:Essential Fish Habitat and Rehabilitation[M].American Fisheries Society.

Benndorf J,Wissel B,Sell A F,et al.2000.Food web manipulation by extreme enhancement of piscivory:an invertebrate predator compensates for the effects of planktivorous fish on a plankton community[J].Limnologica,(30):235-245.

Chen P,Qin C,Yu J,et al.2015.Evaluation of the effect of stock enhancement in the coastal waters of Guangdong,China[J].Fisheries Management and Ecology,22(2):172-180.

Christensen V,Pauly D.1992.Ecopath II- a software for blancing steady-stage ecosystem modles and calculating network characteristics[J].Ecological Modelling,(61):169-185.

Maccall AD.1990.Dynamic geography of marine fish populations[M].Seattle,WA:University of Washinton Press.

Mace P M.2001.A new role for MSY in single-species and ecosystem approaches to fisheries stock assessment and management[J].Fish and Fisheries,(2):2-32.

Mustafa S.2003.Stock enhancement and sea ranching:objectives and potential[J].Reviews in Fish Biology and Fisheries,13:141-149.

Noble T H,Smith-Keune C,Jerry D R.2014.Genetic investigation of the large-scale escape of a tropical fish,barramundi Lates calcarifer,from a sea-cage facility in northern Australia[J].Aquaculture Environment Interactions,(5):173-183.

Qin C,Chen P,Zhang A,et al.2018.Impacts of marine ranching construction on sediment pore water characteristic and nutrient flux across the sediment-water interface in a subtropical marine ranching (Zhelin Bay, China) [J]. Applied Ecology and Environmental Research, 16 (1): 163-179.

Simon K S,Townsend C R.2003.Impacts of freshwater invaders at different levels of ecological organisation,with emphasis on salmonids and ecosystem consequences[J].Frewshwater Biology,

(48):982-994.

Wang Q,Zhuang Z,Deng J,et al.2006.Stock enhancement and translocation of the shrimp *Penaeus chinensis* in China[J].Fisheries Research, (80):67-79.

Wang X,Wang L,Lv S,et al.2018.Stock discrimination and connectivity assessment of yellowfin seabream (*Acanthopagrus latus*) in northern South China Sea using otolith elemental fingerprints [J].Saudi Journal of Biological Sciences, (25):1163-1169.

专题组主要成员

组　长 李纯厚　中国水产科学研究院南海水产研究所
成　员 秦传新　中国水产科学研究院南海水产研究所
刘　永　中国水产科学研究院南海水产研究所
唐振朝　中国水产科学研究院南海水产研究所
肖雅元　中国水产科学研究院南海水产研究所
孙典荣　中国水产科学研究院南海水产研究所
明俊超　中国水产科学研究院南海水产研究所
王学锋　广东海洋大学
余　景　中国水产科学研究院南海水产研究所
王　腾　中国水产科学研究院南海水产研究所
周艳波　中国水产科学研究院南海水产研究所
陈丕茂　中国水产科学研究院南海水产研究所
周李梅　中国水产科学研究院南海水产研究所